기본부터 다지는

기초 수학

대학교재연구회 지음

KM 경문사

머리말

대학에서 모든 과학과 공학 분야의 전공을 올바르게 배우기 위해서 무엇보다 수학의 기본 지식이 절대적으로 필요하다. 교양수학 강의를 담당하면서 최근에 보게 되는 두드러진 현상은 수학과목(특히 미분적분학)을 수강하는 상당수의 학생들이 수학의 기초 소양이 부족하여 큰 어려움을 겪고 있다는 것이다. 학생들에게 이러한 사실을 바로 인식하게 하고 도움이 될 조치가 필요함을 절실히 느꼈다.

기초수학을 빠른 시간 내에 보충하기를 바라는 마음에서 기초적인 수학 내용에 보다 쉽게 접근하여 그러한 소양 부족을 슬기롭게 극복해 나갈 수 있도록 지도하기 위한 한 방법으로서 이 책을 펴내게 되었다.

이 책은 전공에서 필요한 수학을 이해하고 학습하는 데 도움이 되도록 그 전 단계의 내용을 다루고 있다. 기본적인 개념에 대한 상세한 설명과 충분한 예제로 학생들이 쉽게 이해할 수 있도록 하였으며, 또 각 절마다 적절한 연습문제와 각 장마다 풍부한 종합문제를 제시하여 문제 해결력을 높이는 데 도움이 되도록 하였다.

이 책은 총 13장으로 일주일에 3시간 정도로 한 학기에 학습할 수 있는 양으로 구성하였다. 1장에서는 기본 개념인 명제와 집합, 2장에서는 실수와 복소수, 3~4장에서는 여러 형태의 함수들에 관한 내용을, 5장에서는 실수의 삼각함수와 역삼각함수 및 삼각방정식, 사인법칙, 코사인법칙 등 주로 삼각함수에 대한 내용을 소개하고, 6장에서는 해석적 삼각함수와 삼각법의 응용에 관한 내용을, 7

장에서는 지수함수와 로그함수에 관한 내용을 다루었으며, 8장에서는 원추곡선을 중심으로 해석기하학의 내용을, 9장에서는 방정식과 부등식에 관하여 다루었다. 10장에서는 수학적 귀납법과 수열을, 11장에서는 수열의 극한과 함수의 연속에 관하여 다루었고, 12~13장에서는 미분법과 적분법과 그 응용에 대한 기초적인 내용을 다루었다.

이 책이 독자들의 학습과 발전에 도움이 된다면 그보다 더 큰 바람은 없다. 그래도 의도에 비해 부족한 부분이 있으리라 여겨지는데 독자들의 아낌없는 지적은 내용을 더욱 만족스럽게 보완하는 데 많은 도움이 될 것이다. 또한 이 책의 저변에는 수학이 결코 어려운 것이 아니고, 누구나 가까이 할 수 있는 내용이라는 것을 보여주기 위한 저자들의 마음이 담겨 있음을 밝힌다.

끝으로 이 책이 완성되기까지 도움을 주신 분들과 어려운 여건 속에도 출판을 맡아주신 경문사 여러분께 감사드린다.

저자 일동

차례

CHAPTER 5 삼각함수

CHAPTER 6 해석적 삼각함수와 삼각법의 응용

CHAPTER 7 지수함수와 로그함수

CHAPTER 8 해석기하학

CHAPTER 13 적분

Chapter 01

명제와 집합

1.1 명제

우리는 일상생활에서 어떤 사실에 대하여 옳고 그름을 정확히 판단하여야 할 경우가 흔히 있다. 이 절에서 주어진 명제의 옳고 그름을 판단하는 방법과 기준에 대하여 알아보자. 먼저 명제라 함은 옳고 그름을 판단할 수 있는 문장을 의미한다. 예를 들어

"사람은 동물이다."

라는 문장을 생각해보자. 우리 모두 이 문장은 참이라는 사실을 알고 있다. 따라서 이것은 참인 명제이다. 그러나

"여러분이 공부를 열심히 하는 것은 여러분의 자유이다."

라는 문장을 생각해보자. 이 문장은 참, 거짓을 논할 수 있는 문장이 아니다. 그러므로 이 문장은 참 또는 거짓을 이야기할 수 없다. 따라서 이 문장은 명제가 아니다.

정의 1.1.1

명제 참, 거짓을 명확히 구별할 수 있는 문장을 **명제**(statement)라 하고, 흔히 기호로 알파벳 소문자 p, q, r 등으로 나타낸다. 그리고 주어진 명제의 참, 거짓을 이 명제의 **진리값**(truth value)이라 하고 참이면 진리값을 T(True), 거짓이면 진리값을 F(False)로 적는다.

일반적으로 우리가 사용하는 명제는 여러 개의 명제들이 합성된 경우가 대다수이다. 이제 여러 개의 명제를 합성하는 몇 가지 예를 들어보자.

정의 1.1.2

논리곱 두 명제 p, q를 '그리고(and)'로 연결시킨 명제를 p, q의 **논리곱**(conjunction)이라 부르고 기호로

$$p \wedge q$$

로 표기한다.

예를 들어, "나는 남학생이다."라는 명제는 "나는 남자이다."라는 명제와 "나는 학생이다."라는 두 명제의 논리곱이다.

정의 1.1.3

논리합 두 명제 p, q를 '또는(or)'으로 연결시킨 명제를 p, q의 **논리합**(disjunction)이라 부르고 기호로

$$p \vee q$$

로 표기한다.

예를 들어, "모든 대학생은 공부를 열심히 한다."라는 명제와 "모든 대학생은 머리가 좋다."라는 명제의 논리합은 "모든 대학생은 공부를 열심히 하거나 머리가 좋다."라는 명제이다.

정의 1.1.4

부정 주어진 명제 p에 대하여 '아니다(not)'를 붙인 명제를 p의 **부정**(negation)이라 부르고 기호로

$$\sim p$$

로 표기한다.

예를 들어, "나는 공부를 열심히 한다."라는 명제의 부정은 "나는 공부를 열심히 하지 않는다."라는 명제이다. 주어진 명제의 부정인 명제를 찾는 것은 생각보다 쉽지 않다. 예를 들어

"모든 학생들이 열심히 공부한다."

라는 명제의 부정은

"모든 학생들이 열심히 공부한다는 것은 아니다."

이다. 즉,

"모든 학생들이 열심히 공부하는 것은 아니다."

이다. 따라서 모든 학생들이 공부를 열심히 하지 않는다는 뜻이 아니고 공부를 열심히 하지 않는 학생이 있다는 뜻이다.

주의 주어진 명제 p에 대하여 "모두 p이다."라는 명제의 부정은 "p가 아닌 것이 존재한다."라는 명제이고, 역으로 "p가 존재한다."는 명제의 역은 "모두 p가 아니다."라는 명제이다.

정의 1.1.5

조건명제 두 명제 p, q를 "p이면 q이다."로 연결시킨 명제를 p, q의 **조건명제**(conditional statement)라 하고 기호로

$$p \to q$$

로 표기한다.

만약 $p \to q$가 참이면, p는 q이기 위한 **충분조건**(sufficient condition)이라 하고 q는 p이기 위한 **필요조건**(necessary condition)이라 한다. 또한 만약 $p \to q$가 참이고 $q \to p$도 참이면, p는 q의 필요충분조건이라 하고 기호로 $p \leftrightarrow q$로 표기한다.

예를 들어, 명제 "정수 n이 6의 배수이면 n은 3의 배수이다."는 "n이 6의 배수이다."라는 명제와 "n은 3의 배수이다."라는 명제의 조건명제이다. 이때 "n이 6의 배수이다."는 "n이 3의 배수이다."이기 위한 충분조건이고, "n이 3의 배수이다."는 "n이 6의 배수이다."이기 위한 필요조건이다.

주어진 합성명제의 참, 거짓을 조사하기 위해 흔히 진리표를 작성한다.

정의 1.1.6

진리값 명제 p, q에 대하여 합성명제 $p \wedge q$, $p \vee q$, $\sim p$, $p \to q$, $p \leftrightarrow q$의 **진리값**을 다음과 같이 정의한다.

p	q	$p \wedge q$	$p \vee q$	$\sim p$	$p \to q$	$p \leftrightarrow q$
T	T	T	T	F	T	T
T	F	F	T	F	F	F
F	T	F	T	T	T	F
F	F	F	F	T	T	T

위의 정의를 살펴보면 논리곱은 두 명제가 모두 참일 때만 참이고 나머지 경우는 모두 거짓이다. 그리고 논리합은 두 명제가 모두 거짓일 때만 거짓이고 나머지는 모두 참이다. 위의 정의에서 특기할 사항은 조건명제 $p \to q$의 경우, 가정명제 p가 거짓이면 결론명제 q의 참과 거짓에 관계없이 조건명제는 참이다.

예제 1.1.7

명제 $(p \wedge q) \vee r$의 진리표를 작성하여라.

풀이

p	q	r	$p \wedge q$	$(p \wedge q) \vee r$
T	T	T	T	T
T	T	F	T	T
T	F	T	F	T
T	F	F	F	F
F	T	T	F	T
F	T	F	F	F
F	F	T	F	T
F	F	F	F	F

✲

예제 1.1.8

명제 $(p \vee r) \wedge (q \vee r)$의 진리표를 작성하라.

풀이

p	q	r	$p \vee r$	$q \vee r$	$(p \vee r) \wedge (q \vee r)$
T	T	T	T	T	T
T	T	F	T	T	T
T	F	T	T	T	T
T	F	F	T	F	F
F	T	T	T	T	T
F	T	F	F	T	F
F	F	T	T	T	T
F	F	F	F	F	F

✲

위의 두 예제에서 주어진 명제 $(p \wedge q) \vee r$과 $(p \vee r) \wedge (q \vee r)$의 진리값이 일치함을 알 수 있다. 이와 같이 진리값이 일치하는 두 명제를 논리적으로 동등하다고 말한다.

정의 1.1.9

논리적으로 동등 두 명제 p, q의 진리값이 같으면 두 명제는 **논리적으로 동등**(logically equivalent)하다고 말하고 기호로

$$p \equiv q$$

로 표기한다.

따라서 위의 예제의 결과에 의해

$$(p \wedge q) \vee r \equiv (p \vee r) \wedge (q \vee r)$$

이다. 두 명제 p, q가 논리적으로 동등한 명제이면, p가 참임을 보이기 위해 q가 참임을 보이면 된다. 물론 역으로 q가 참임을 보이기 위해 p가 참임을 보여도 된다.

정의 1.1.10

대우명제 주어진 조건명제 $p \rightarrow q$에 대하여 $\sim q \rightarrow \sim p$를 $p \rightarrow q$의 **대우명제**(contraposition statement)라 한다.

정리 1.1.11

명제 p, q에 대하여 조건명제 $p \rightarrow q$와 대우명제 $\sim q \rightarrow \sim p$는 논리적으로 동등하다.

증명 진리표를 아래와 같이 만들어 보면 $p \rightarrow q$와 $\sim q \rightarrow \sim p$가 논리적으로 동등함을 알 수 있다.

p	q	$p \rightarrow q$	$\sim q$	$\sim p$	$\sim q \rightarrow \sim p$
T	T	T	F	F	T
T	F	F	T	F	F
F	T	T	F	T	T
F	F	T	T	T	T

✲

수학에서 흔히 이용하는 증명 기법으로 주어진 조건명제가 그 대우명제와 논리적으로 동등함을 이용하여 조건명제를 증명하는 대신 그 대우명제를 증명하는 경우가 있다.

다음 정리에서 논리적으로 동등한 명제들을 알아본다. 증명은 진리표를 작성하여 진리값을 비교함으로써 할 수 있다. 여기서 진리표 작성은 연습문제로 남긴다.

정리 1.1.12

p, q, r이 명제들일 때 다음이 성립한다.

(1) $p \vee q \equiv q \vee p$, $p \wedge q \equiv q \wedge p$ (교환법칙)

(2) $(p \wedge q) \vee r \equiv (p \vee r) \wedge (q \vee r)$

$(p \vee q) \wedge r \equiv (p \wedge r) \vee (q \wedge r)$ (분배법칙)

(3) $(p \wedge q) \wedge r \equiv p \wedge (q \wedge r)$

$(p \vee q) \vee r \equiv p \vee (q \vee r)$ (결합법칙)

(4) $\sim (p \vee q) \equiv (\sim p) \wedge (\sim q)$

$\sim (p \wedge q) \equiv (\sim p) \vee (\sim q)$ (드 모르간의 법칙)

연습문제 1.1

1 "모든 실수는 유리수들의 수열의 극한이다."의 대우명제를 적어라.

2 "만약 $x \neq y$이면 $f(x) \neq f(y)$이다."의 대우명제를 적어라.

3 진리표를 이용하여 명제 $p \to q$와 $(\sim p) \vee q$가 논리적으로 동등한 명제임을 보여라.

4 "상자 속의 모든 공은 붉은색이다."의 대우명제는?

(1) 상자 속에 붉은색 이외의 공이 있다.

(2) 상자 속에 붉은색 이외의 공이 없다.

(3) 상자 속의 어떤 공은 붉다.

(4) 상자 속의 어떤 공은 검다.

(5) 상자 속의 모든 공은 붉은색이 아니다.

5 다음 진리표의 빈칸에 들어갈 진리값을 번호순서대로 적은 것은?

p	q	$p \wedge q$	$p \vee q$	$\sim p$	$p \to q$	$p \leftrightarrow q$
T	T	T	T	F	T	T
T	F	①	T	F	F	F
F	T	F	②	T	③	F
F	F	F	F	T	T	④

(1) F, T, T, T　　(2) T, T, T, T　　(3) F, T, F, T

(4) F, F, T, T　　(5) F, F, F, F

1.2 집합

집합이란 일반적으로 "우리의 인식이나 사고를 통하여 뚜렷이 구별되는 사물들의 모임"을 의미한다.

정의 1.2.1

원소, 공집합 집합 X를 구성하고 있는 사물 x를 X의 **원소**(element)라 하고 기호로 $x \in X$로 적는다. 반면 x가 X의 원소가 아니면 $x \notin X$로 적는다. 원소를 하나도 가지고 있지 않는 집합을 **공집합**(empty set)이라 하고 기호로 $\varnothing$로 적는다. 집합 X의 원소의 개수가 유한이면 X를 **유한집합**(finite set), X의 원소의 개수가 무한이면 X를 **무한집합**(infinite set)이라 한다.

일반적으로 집합은 알파벳의 대문자 A, B, C,… 등으로, 원소는 소문자 a, b, c,… 등으로 나타낸다.

집합을 표현하는 방법은 두 가지가 있다. 하나는 흔히 원소나열법이라 불리며, 이 방법은 괄호 { } 안에 집합의 원소를 일일이 나열하는 것이다. 단, 이때 같은 원소를 두 번 쓰지는 않으며 원소를 나열한 순서는 집합에 미치는 영향이 없다. 또 다른 하나는 괄호 안에 수직선분 |을 긋고 왼쪽에 모임의 대상 x, 즉 원소를 쓰고 오른쪽에 그 원소들이 만족하는 성질(명제) $p(x)$를 쓴다. 즉 $X=\{x \mid p(x)\}$는 $p(x)$를 만족하는 모든 대상 x들의 모임이다.

"우리의 인식이나 사고를 통하여 뚜렷이 구별되는 사물들의 모임"이란 집합의 정의는 19세기 말 칸토어(Georg Cantor, 1845~1918)에 의해 처음 제시되었다. 그러나 이러한 집합의 정의에는 20세기 초 여러 수학자들에 의해 모순이 있음이 밝혀졌다. 대표적인 인물로 우리가 잘 알고 있는 철학자인 동시에 수학자인 러셀(Bertrand Russell, 1872~1970)이 있다. 1902년에 발견된 러셀의 모순은 집합론의 가장 기초적 영역에서의 모순이었고, 따라서 이 모순이 무시될 수 없었다. 여기서 잠깐 러셀의 궤변(paradox)을 간단히 살펴보자.

집합의 원소들 자신이 집합일 수도 있다. 이러한 상황은 수학의 여러 분야에서 자주 등장한다. 예를 들어, 직선들의 집합에서 직선은 그 자체가 점들의 집합이다.

〈러셀의 궤변〉

"이제 S를 자신이 자신의 원소가 아닌 모든 집합들의 집합이라고 하자. 즉

$$S=\{A \mid A \notin A\}$$

라 하자. 그러면 S 자신이 S의 원소인가? 만약 S가 S의 원소이면($S \in S$), S는 S의 원소가 아니다($S \notin S$). 그리고 만약 S가 S의 원소가 아니면($S \notin S$), S는 S의 원소이다($S \in S$). 그러므로 S가 S의 원소이기($S \in S$) 위한 필요충분조건은 S가 S의 원소가 아니다($S \notin S$). 이것은 바로 모순이다."

러셀의 궤변은 매우 단순한 논리적 궤변이다. 일반적으로 수학에서 이러한 종류의 모순에 다다랐을 때 우리는 가정에 문제가 있는 것으로 생각한다. 이 경우에, 자신이 자신의 원소가 되지 않는 집합을 언급하는 것이 의미가 없거나 혹은 자신이 자신의 원소가 되지 않는 모든 집합들의 집합이 존재하지 않는다는 결론에 도달하게 된다.

이외에도 베리(Berry)의 궤변을 비롯한 여러 궤변이 등장하였고 이러한 문제를 해결하기 위해 공리적 기초를 가진 집합론이 등장하였다. 기하학에서 '점'과 '직선'이 정의되지 않은 용어로 사용하듯이 공리적 집합론에서 '집합'과 '원소'를 정의되지 않은 용어로 둔다. 지금까지 알려진 집합의 성질들을 공리로 두고, 칸토어의 이론의 모든 유용한 결과들은 증명이 가능하고 반면에 궤변들은 생기지 않도록 하였다. 그러나 이러한 공리적 집합론은 매우 복잡하고 어렵다. 그래서 기초수학에서는 공리적 집합론 대신 칸토어가 정의한 직관적인 집합의 정의를 사용하기로 한다. 즉 이 책에서는 집합을 "뚜렷이 구별되는 대상들의 모임"으로 정의하고 그 개별 대상을 그 집합의 원소로 정의한다.

앞으로 이 책에서 자주 사용하게 되는 실수 집합의 특정 부분집합 기호를 아래에 소개한다.

자연수 집합 $\mathbf{N}$: 자연수 전체의 집합
정수 집합 $\mathbf{Z}$: 정수 전체의 집합
유리수 집합 $\mathbf{Q}$: 유리수 전체의 집합
실수 집합 $\mathbf{R}$: 실수 전체의 집합

예제 1.2.2

(1) $X = \{$홍길동, 김철수, 박영희$\}$라면, X의 원소의 개수는 3이며 홍길동, 김철수, 박영희의 모임이다.

(2) $X = \{x \in \mathbf{Z} \mid x^2 = 1\}$이라면 X의 원소는 제곱하여 1인 정수들이다. 즉 $x = 1$ 또는 -1이다. 그러므로 $X = \{1, -1\}$이다.

(3) $X_1 = \{ax \mid a \in \mathbf{R}\}$, $X_2 = \{ax \mid x \in \mathbf{R}\}$의 차이를 알아보자. X_1, X_2의 원소의 형태는 다같이 ax의 꼴이나 X_1의 원소는 x의 왼쪽에 실수를 곱한 것, 즉 $2x$, $\sqrt{2}x, \dots$이고 X_2의 원소는 a의 오른쪽에 실수를 곱

한 것, 즉 $a2$, $a\sqrt{2}, \ldots$이다. 만약 $a \neq 0$인 실수이면 $X_2 = \mathbf{R}$이다. ✲

정의 1.2.3

부분집합, 집합의 상등 집합 X_1의 모든 원소가 집합 X_2의 원소일 때 X_1은 X_2의 **부분집합(subset)**이라고 하며 기호로 $X_1 \subseteq X_2$로 적는다.
만약 $X_1 \subseteq X_2$이고 $X_2 \subseteq X_1$이면 두 집합 X_1과 X_2는 **같다(equal)**고 하며 기호로 $X_1 = X_2$로 적는다.

따라서 $X_1 \subseteq X_2$는 조건명제 "$x \in X_1$이면 $x \in X_2$이다."가 참임을 뜻한다. 즉, 명제 $x \in X_1$이 명제 $x \in X_2$의 충분조건이다. 그리고 $X_1 = X_2$는 명제 $x \in X_1$이 명제 $x \in X_2$의 필요충분조건임을 뜻한다. 만약 $X_1 = \varnothing$이면 명제 "$x \in X_1$이면"이 거짓이다. 그러므로 조건명제에서 가정이 거짓이면 그 조건명제는 항상 참이다. 따라서 "$x \subset X_1$이면 $x \subset X_2$이디"는 참이디. 즉, $\varnothing \subseteq X_2$이다. 결과적으로 공집합은 모든 집합의 부분집합임을 뜻한다.

예제 1.2.4

(1) 명백히 $\mathbf{N} \subseteq \mathbf{Z} \subseteq \mathbf{Q} \subseteq \mathbf{R}$이다.

(2) 예제 1.2.2의 (3)에서 a와 x가 모두 0이 아닌 실수이면 $X_1 = X_2 = \mathbf{R}$이다.

(3) $X_1 = \left\{(x, y, z) \mid x, y, z \in \mathbf{R} \text{이고 } \dfrac{x}{1} = \dfrac{y}{2} = \dfrac{z}{3}\right\}$,

$X_2 = \{(x, y, z) \mid x, y, z \in \mathbf{R} \text{이고 } x + y - z = 0\}$

이라 두면 $X_1 \subseteq X_2$이다. 왜냐하면 $(x, y, z) \in X_1$이면 $x = \dfrac{y}{2} = \dfrac{z}{3}$이므로 $x = \dfrac{y}{2} = \dfrac{z}{3} = t$라 두면 $x = t$, $y = 2t$, $z = 3t$이다. 따라서 $x + y - z = t + 2t - 3t = 0$이므로 $(x, y, z) \in X_2$이 되어 $X_1 \subseteq X_2$가 된다. ✲

정의 1.2.5

합집합, 교집합 두 집합 X_1, X_2의 **합집합(union)** $X_1 \cup X_2$와 **교집합(intersection)** $X_1 \cap X_2$를 각각 다음과 같이 정의한다.

$$X_1 \cup X_2 = \{x \mid x \in X_1 \text{ 또는 } x \in X_2\},$$
$$X_1 \cap X_2 = \{x \mid x \in X_1 \text{ 그리고 } x \in X_2\}$$

즉 $x \in X_1 \cup X_2$이면 x가 X_1이나 X_2 중에 적어도 한 집합에는 속한다는 의미이며, $x \in X_1 \cap X_2$이면 x가 X_1과 X_2 두 집합에 공통적으로 속한다는 뜻이다.

따라서 명제 $x \in X_1 \cup X_2$는 명제 $x \in X_1$과 명제 $x \in X_2$의 논리합이고 명제 $x \in X_1 \cap X_2$는 $x \in X_1$과 명제 $x \in X_2$의 논리곱이다.

물론 두 개 이상의 여러 집합들의 합집합과 교집합도 같은 방법으로 정의할 수 있다. 만약 첨자 $i \in I$에 대하여 X_i가 집합들이면

$$\bigcup_{i \in I} X_i = \{x \mid x \in X_i \text{를 만족하는 } i \in I\text{가 존재한다.}\},$$
$$\bigcap_{i \in I} X_i = \{x \mid \text{모든 } i \in I\text{에 대하여 } x \in X_i\text{이다.}\}$$

로 정의한다. 이때 집합 I를 **첨자집합**(index set)이라 한다.

예제 1.2.6

다음 사실을 증명하여라.

(1) $X_1 \subseteq X_2$이면 $X_1 \cup X_2 = X_2$, $X_1 \cap X_2 = X_1$이다.

(2) $(X_1 \cup X_2) \cap X_3 = (X_1 \cap X_3) \cup (X_2 \cap X_3)$

증명 (1) $x \in X_1 \cup X_2$이면 $x \in X_1$ 또는 $x \in X_2$이다. 만약 $x \in X_1$이면 $X_1 \subseteq X_2$이므로 $x \in X_2$이다. 만약 $x \in X_2$이면 당연히 $x \in X_2$이다. 그러므로 $X_1 \cup X_2 = X_2$이다. $X_1 \cap X_2 = X_1$의 증명은 각자에게 맡긴다.

(2)
$$\begin{aligned} x \in (X_1 \cup X_2) \cap X_3 &\Leftrightarrow x \in X_1 \cup X_2 \text{ 그리고 } x \in X_3 \\ &\Leftrightarrow (x \in X_1 \text{ 또는 } x \in X_2) \text{ 그리고 } x \in X_3 \\ &\Leftrightarrow (x \in X_1 \text{ 그리고 } X_3) \text{ 또는 } (x \in X_2 \text{ 그리고 } X_3) \\ &\Leftrightarrow x \in (X_1 \cap X_3) \cup (X_2 \cap X_3) \end{aligned}$$ ✲

정의 1.2.7

전체집합, 여집합, 차집합 다루고자 하는 모든 사물들의 집합을 **전체집합**(universal set)이라 부르고 흔히 U로 적는다. U의 부분집합 A에 대하여 집합

$$A^c = \{x \in U \mid x \notin A\}$$

를 A의 **여집합**(complement)이라 부른다. 그리고 U의 두 부분집합 A, B에 대하여

$$A-B=A\cap B^c$$

를 **차집합**(difference)이라 부른다. 즉, 차집합은 A의 원소이면서 B에 속하지 않는 원소들의 집합이다.

전체집합은 다루고자 하는 대상들의 전체집합인데, 실수들에 대하여 다루고 싶으면 실수 전체의 집합이 전체집합이 되고, 정수들에 대하여 다루고 싶으면 정수 전체의 집합이 전체집합이 된다.

정리 1.2.8

전체집합 U와 U의 부분집합 A, B, C에 대하여 다음 성질을 만족한다.

(1) $A\cup B=B\cup A$, $A\cap B=B\cap A$ (교환법칙)

(2) $(A\cup B)\cup C=A\cup(B\cup C)$, $(A\cap B)\cap C=A\cap(B\cap C)$ (결합법칙)

(3) $(A\cup B)\cap C=(A\cap C)\cup(B\cap C)$, $(A\cap B)\cup C=(A\cup C)\cap(B\cup C)$ (분배법칙)

(4) $(A\cup B)^c=A^c\cap B^c$, $(A\cap B)^c=A^c\cup B^c$ (드 모르간의 법칙)

정의 1.2.9

집합의 곱(set product) 두 집합 X_1, X_2의 **곱**(Cartesian product) $X_1\times X_2$를 X_1과 X_2의 원소들의 순서쌍들의 집합으로 정의한다. 즉

$$X_1\times X_2=\{(x_1,\ x_2)\mid x_1\in X_1 \text{ 그리고 } x_2\in X_2\}$$

이다. 만약 $X_1=X_2=X$이면 $X_1\times X_2=X^2$로 적는다. 이때 X^2의 원소는 순서쌍이므로 순서에 관계가 있다. 즉, $x\neq y\in X$에 대하여 $(x,\ y)\neq(y,\ x)$이다.

또한 두 개 이상의 유한개의 집합들의 곱도 같은 방법으로 정의할 수 있다. 만약 $i\in I=\{1,\ 2,\ldots,\ n\}$에 대하여 X_i가 집합들이면, X_i의 곱을

$$\prod_{i=1}^{n}X_i=\{(x_1,\ x_2,\ldots,\ x_n)\mid \text{모든 } i\in I\text{에 대하여 } x_i\in X_i\text{이다.}\}$$

로 정의한다. 만약 $X_i=X$이면 $\prod_{i=1}^{n}X_i=X^n$으로 적는다.

유한집합 A에 대하여 A에 속하는 원소의 개수를 $|A|$로 적는다. 다음 정리에서 원소의 개수를 계산하는 몇 가지 성질을 알아보자.

정리 1.2.10

유한집합 A, B에 대하여 다음 성질이 성립한다.

(1) $|A \cup B| = |A| + |B| - |A \cap B|$

(2) $A \cap B = \varnothing$ 이면 $|A \cup B| = |A| + |B|$이다.

(3) $|A \times B| = |A||B|$

연습문제 1.2

1 다음에서 집합이 아닌 것은?

(1) 키가 큰 사람들의 모임

(2) 모든 한국 사람들의 모임

(3) 모든 실수들의 모임

(4) 2보다 작은 자연수들의 모임

(5) 0과 1 사이의 유리수들의 모임

2 집합 $A = \{a, b\}$의 모든 부분집합을 적어라.

3 집합 $(A \cap B) \cup (A - B)$를 간단히 표현하여라.

4 집합 $A = \{a, b, c\}$, $B = \{1, 2\}$에 대하여 $A \times B$의 원소를 모두 적어라.

5 $(A - B) - C$와 같은 집합은?

(1) $A - (B \cup C)$ (2) $A - (B \cap C)$ (3) $A - (B - C)$

(4) $A \cap (B - C)$ (5) $A \cup (B - C)$

6 $(A - B) \cup (B - A)$와 같은 집합은?

(1) $A - (A \cap B)$ (2) $B - (A \cap B)$ (3) $A \times B - (A \cap B)$

(4) $(A \cup B) - (A \cap B)$ (5) $(A \cup B) - A$

제1장 종합문제

01 $a=0$은 $a^2=a$이기 위한 (   )조건이다.

(1) 필요　(2) 충분　(3) 필요충분　(4) 아무 조건도 아니다.

02 $a=b$는 $a-b=0$이기 위한 (   )조건이다.

(1) 필요　(2) 충분　(3) 필요충분　(4) 아무 조건도 아니다.

03 다음에서 항상 참인 명제를 구하여라.

(1) $(p \to q) \wedge p$　(2) $[(p \to q) \wedge p] \to p$　(3) $[(p \to q) \wedge p] \to q$

(4) $p \to q$　(5) $p \vee (\sim q)$

04 명제 $p \vee (p \wedge q)$와 논리적으로 상등인 명제를 구하여라.

(1) $p \vee q$　(2) q　(3) $(\sim p) \vee (\sim q)$

(4) $(\sim p) \wedge q$　(5) p

05 "모든 유리수는 정수들의 분수 꼴이다."의 대우명제는?

(1) 정수들의 분수 꼴인 유리수는 존재하지 않는다.

(2) 정수들의 분수 꼴이 아닌 유리수는 존재하지 않는다.

(3) 정수들의 분수 꼴인 유리수는 존재한다.

(4) 정수들의 분수 꼴이 아닌 유리수는 존재한다.

(5) 정수들의 분수 꼴이 아닌 실수는 모두 유리수이다.

06 명제 "자연수 n에 대하여 n^2이 짝수이면 n도 짝수이다."의 대우명제는?

(1) 자연수 n에 대하여 n이 홀수이면 n^2도 홀수이다.

(2) 자연수 n에 대하여 n이 짝수이면 n^2도 짝수이다.

(3) 자연수 n에 대하여 n이 홀수이면 n^2은 짝수이다.

(4) 자연수 n에 대하여 n^2이 짝수이면 n은 홀수이다.

(5) 자연수 n에 대하여 n^2이 홀수이면 n은 짝수이다.

07 $A \subseteq B$일 때 다음 성질 중 참이 아닌 것은?

(1) $\varnothing \subseteq A$　(2) $A \cap B = A$　(3) $A \cup B = B$

(4) $B - A = B \cap A^c$　(5) $A - B = A$

08 $|A| = 3$일 때 A의 부분집합의 수는?

(1) 4　(2) 8　(3) 9　(4) 12　(5) 16　(6) 20

09 $|A| = 8$, $|B| = 20$, $|A \cap B| = 5$일 때 $|A \cup B|$는?

(1) 5　(2) 15　(3) 18　(4) 23　(5) 28

10 $|A| = 3$일 때 $|A^4|$는?

(1) 12　(2) 3^4　(3) 4^3　(4) 7　(5) 4^4

11 집합 $A \cup (B - A)$와 같은 집합은?

(1) A　(2) B　(3) $A \cap B$　(4) $A \cup B$　(5) $A - B$

12 $A - (A - B)$와 같은 집합은?

(1) A　(2) B　(3) $A \cap B$　(4) $A \cup B$　(5) $A - B$

Chapter 02

실수와 복소수

2.1 실수

수의 체계와 덧셈, 곱셈 등의 연산을 조금 공리적으로 생각해보자.

유한집합의 원소의 개수를 헤아릴 때 자연수의 필요성을 느낀다. 유한집합 A의 원소의 개수 $|A|$는 자연수 $1, 2, 3, \ldots$ 들이다. 자연스럽게 공집합의 원소의 개수를 표현하기 위해 수 0이 필요하다. 공통 원소가 없는 $A \cap B = \varnothing$ 인 두 유한집합 A, B에 대하여, $A \cup B$의 원소의 개수를 이용하여 자연수의 덧셈을 정의한다. 즉,

$$|A \cup B| = |A| + |B|$$

로 정의된다.

한편, 수 0의 특수한 성질로서 모든 자연수 x에 대하여 $x + 0 = x$임을 알고 있다. 그래서 0을 자연수의 덧셈에 대한 항등원이라 한다.

그리고 자연수 x에 대하여 $x + n = 0$을 만족하는 수 n을 $n = -x$로 적고 x의 덧셈에 관한 역원이라 한다. 이제 모든 자연수와 0 그리고 모든 자연수의 덧셈에 관한 역원들의 모임을 정수 집합이라 하면, 정수 집합은

$$\mathbf{Z} = \{\ldots, -3, -2, -1, 0, 1, 2, 3, \ldots\}$$

이다.

두 자연수 x, y의 곱 xy를 다음과 같이 정의한다. 만약 $|A| = x$, $|B| = y$를 만족하는 집합 A, B에 대하여

$$xy = |A \times B|$$

로 정의하면 모든 자연수 x에 대하여

$$x1 = x, \ x0 = 0$$

이다. 따라서 1은 자연수들의 곱셈에 관한 항등원이다.

여기서 $(-1)(-1) = 1$로 정의하여 곱셈을 정수들의 곱셈으로 확장한다. 예를 들어,

$$(-3)(-2) = (-1)(-1)3 \cdot 2 = 6$$

이다. 이제 정수들의 곱셈으로 유리수를 정의해보자.

일반적으로 정수 x, y에 대하여

$$xa = y$$

를 만족하는 정수 a는 존재하지 않는 경우가 있다. 예를 들어,

$$2a = 1$$

을 만족하는 정수 a는 존재하지 않는다.

정수들에 관한 이와 같은 일차방정식의 해를 생각해야 하는 경우가 많다. 그래서 정수 $x \neq 0$, y에 대하여 일차방정식 $xa = y$를 만족하는 해 a를

$$a = \frac{y}{x}$$

로 표기하고, 이와 같은 수를 유리수라 한다. 즉, 분모와 분자가 정수인 분수의 꼴로 표현되는 수를 유리수라 한다. 그러나 하나의 유리수 x에 대하여 이러한 분수로의 표현이 단 한 가지만 존재하는 것은 아니다. 예를 들어, $\frac{2}{3} = \frac{4}{6} = \frac{200}{300}$ 등과 같이 하나의 유리수를 여러 가지로 표현할 수 있다.

이제 정수들의 덧셈과 곱셈을 유리수로 확장해보자. 두 유리수 $\frac{b}{a}$, $\frac{d}{c}$에 대하여

$$\frac{b}{a} + \frac{d}{c} = x$$

라 두면 양변에 정수 ac를 곱하여

$$bc + ad = acx$$

를 얻는다. 그러므로

$$x = \frac{bc + ad}{ac}$$

이다. 마찬가지로

$$\frac{b}{a} \cdot \frac{d}{c} = x$$

라 두면 양변에 정수 ac를 곱하여

$$bd = acx$$

를 얻는다. 그러므로

$$x = \frac{bd}{ac}$$

를 얻는다. 그러나 이들 수만으로 이차방정식

$$x^2 = 2$$

의 해를 구할 수 없다. 다음 예제에서 이 사실을 증명한다.

예제 2.1.1

$x^2 = 2$를 만족하는 유리수 x는 존재하지 않는다.

증명 $x^2 = 2$를 만족하는 유리수 $r \in \mathbf{Q}$가 있다고 가정하자. 그러면 r이 유리수이므로 정수 p, $q \in \mathbf{Z}$가 존재하여 $q \neq 0$이고 $r = \frac{p}{q}$(기약분수)로 표현된다. 이때 p와 q는 공통인수가 없는 정수라고 가정하자. $r^2 = 2$이므로, $p^2 = 2q^2$이다. 따라서 p^2이 짝수(2의 배수)이다. 그러므로 p도 짝수이다. 즉 어떤 정수 $n \in \mathbf{Z}$가 존재하여

$$p = 2n$$

으로 표현된다. 따라서 $4n^2 = 2q^2$이고, 이것은 $2n^2 = q^2$이다. 그러므로 q 역시 짝수이다. 이것은 p와 q는 공통인수가 없는 정수라고 한 가정과 모순된다. ✲

한 변의 길이가 1인 정사각형의 대각선의 길이에 해당되는 수는 피타고라스 정리에 의해서 방정식 $x^2 - 2 = 0$의 해이다. 이와 같이 정수를 계수로 갖는 대수방정식의 해가 되는 수를 대수적 수(algebraic number)라 부른다. 반면 우리가 잘 알고 있는 π, e 등의 수는 정수를 계수로 갖는 대수방정식의 해가 될 수 없는 수이다. 이러한 수를 초월수(transcendental number)라 부른다. 이러한 사실에 의해 유리수에서 실수로의 확장은 대수방정식의 근을 추가하는 것으로는 불가능함을 알 수 있다. 따라서 이제 대수적 관점보다 해석적 관점의 도입이 필요하다. 뒤에서 구체적으로 공부할 기회가 있으므로 여기서는 매우 간단히 소개한다.

유리수들의 수열 $\{a_n\}$이 어떤 수 a에 한없이 가까이 접근할 때 수열 $\{a_n\}$이 a에

수렴한다고 하고 기호로

$$\lim_{n\to\infty} a_n = a$$

라 적는다. 이때 a는 수열 $\{a_n\}$의 극한값이라 하며, 유리수 수열의 극한값으로 표현될 수 있는 수를 실수라 부른다. 물론 모든 유리수 a는 유리수들의 수열 $a, a, a, \ldots$의 극한값이므로 a는 실수이다. 예를 들어, $\sqrt{2}$는 수열

$$1,\ 1.4,\ 1.41,\ 1.414,\ 1.4142, \ldots$$

의 극한값이고, 모든 유한소수는 유리수이므로 $\sqrt{2}$는 실수이다. 또한 다른 측면에서 관찰하면 모든 유리수는 정수부와 소수부의 합으로 표현되며, 따라서 이들의 극한값인 실수도 정수부와 소수부의 합으로 표현된다. 즉 모든 실수 a는

$$a = [a] + \alpha,\ 0 \le \alpha < 1$$

로 표현된다. 여기서 $[a]$는 a를 넘지 않는 최대의 정수를 의미한다. 예를 들어, a가 정수이면 $a = [a]$이다. 그리고

$$\frac{4}{3} = 1 + 0.333\cdots = \left[\frac{4}{3}\right] + \alpha,\ \ \alpha = 0.333\cdots$$

이므로, $\frac{4}{3}$의 정수부 $\left[\frac{4}{3}\right]$는 1이고 소수부는 $\alpha = 0.333\cdots$이다.

a의 소수부 α는 크게 두 종류로 분류할 수 있다. 하나는 순환소수이고 또 다른 하나는 순환하지 않는 소수이다. 순환소수란 순환마디라고 불리는 숫자의 모임이 순서대로 반복하여 나타나는 소수를 의미한다. 따라서 모든 자리의 숫자가 예측 가능하다. 모든 순환소수는 무한등비급수의 합으로 표현되며, 유리수이다. 또한 역으로 모든 유리수는 순환소수로 표현이 가능하다. 예를 들어,

$$2 = 1.999\cdots = 1.\dot{9},$$

$$\frac{1}{2} = 0.5 = 0.4999\cdots = 0.4\dot{9}$$

$$\frac{25}{99} = 0.252525\cdots = 0.\dot{2}\dot{5}$$

등은 순환소수로 표현된다. 그리고 무리수

$$\sqrt{2} = 1.414213\cdots$$

$$e = 2.71828\cdots$$

$$\pi = 3.141592\cdots$$

등은 순환하지 않는 무한소수이다. 이와 같이 순환하는 무한소수로 표현되는 수를 유리수(rational number)라 부르고, 순환하지 않는 무한소수는 무리수(irrational number)라 부른다. 따라서 모든 실수는 유리수와 무리수로 분류된다. 편의상 이 책에서는 유리수 전체의 집합은 $\mathbf{Q}$, 실수 전체의 집합을 $\mathbf{R}$로 표기한다.

유리수의 덧셈과 곱셈연산을 이용하여 실수들의 덧셈과 곱셈연산을 아래와 같이 정의한다. 만약

$$a = \lim_{n\to\infty} a_n, \quad b = \lim_{n\to\infty} b_n$$

이면

$$a+b = \lim_{n\to\infty}(a_n + b_n), \quad ab = \lim_{n\to\infty} a_n b_n$$

으로 정의한다. 이와 같이 정의하면 모든 실수의 덧셈과 곱셈은 다음의 성질을 가진다.

정리 2.1.2

실수의 연산에 관한 기본성질 모든 실수 $a, b, c \in \mathbf{R}$에 대하여 다음이 성립한다.

(1) $a+b \in \mathbf{R}$, $ab \in \mathbf{R}$

(2) $a+b = b+a$, $ab = ba$

(3) $(a+b)+c = a+(b+c)$, $a(bc) = (ab)c$

(4) $a(b+c) = ab+ac$

(5) $a+0 = a$, $a \cdot 1 = a$

(6) $a+(-a) = 0$, $a \cdot \dfrac{1}{a} = 1 \ (a \neq 0)$

모든 실수는 양의 실수, 0과 음의 실수로 분류된다. 즉 모든 실수는 이들 셋 중 한 가지 경우에 해당된다. 이 사실을 이용하여 실수들의 대소 관계를 정의한다.

임의의 두 실수 a, b에 대하여 $a-b$가 실수이므로

$$a-b>0, \ a-b=0, \ a-b<0$$

중에 한 경우가 된다. 만약 $a-b>0$이면, a가 b보다 크다고 하고 $a>b$로 표기한다. 즉,

$$a-b>0 \Leftrightarrow a>b$$

이다. 그러면 임의의 두 실수는 크기 비교가 가능하다. 다음 정리에서 대소 관계에 관한 기본성질을 알아본다.

정리 2.1.3

대소 관계의 기본성질 모든 실수 a, b, c에 대하여 다음이 성립한다.

(1) $a > b,\ b > c \Rightarrow a > c$

(2) $a > b \Rightarrow a + c > b + c$

(3) $a > b,\ c > 0 \Rightarrow ac > bc$

(4) $a > b,\ c < 0 \Rightarrow ac < bc$

데데킨트(Richard Dedekind, 1831~1916)는 유리수와 무리수의 관계를 이용하여 모든 실수들의 집합 $\mathbf{R}$과 직선상의 점들의 집합 사이에 일대일 대응이 존재함을 보였다. 이러한 성질을 실수의 연속성이라 부른다. 이런 성질을 이용하여 직선상의 점에 실수를 대응시킨 직선을 수직선이라 부른다. 수직선은 기준점을 0으로 대응시키고 오른쪽에 양의 실수를, 왼쪽에 음의 실수를 대응시킨다.

정리 2.1.4

실수의 연속성(continuity of real numbers) 모든 실수들의 집합 $\mathbf{R}$과 직선상의 점들의 집합 사이에 일대일 대응이 존재한다.

만약 a, b가 서로 다른 유리수이면, a, b의 산술평균인 $\dfrac{a+b}{2}$도 유리수이고 a, b 사이에 존재한다. 또한 $a,\ \dfrac{a+b}{2}$의 산술평균 $\dfrac{a+\dfrac{a+b}{2}}{2}$도 유리수이고 $a,\ \dfrac{a+b}{2}$ 사이에 존재한다.

이러한 과정을 무한히 여러 번 반복하면 a, b 사이에 무수히 많은 유리수가 존재함을 알 수 있다. 실제로 다음 정리는 임의의 서로 다른 두 실수 사이에 무수히 많은 유리수가 존재함을 말해주는데, 이러한 사실을 유리수의 조밀성이라 부른다.

정리 2.1.5

유리수의 조밀성(density) 서로 다른 두 실수 사이에 무수히 많은 유리수가 존재한다.

유리수의 조밀성과 더불어 무리수도 이러한 성질을 가진다. 즉, 서로 다른 두 실수 사이에 무수히 많은 무리수가 존재한다. 다음 보조정리를 이용하여 이 사실을 보인다.

보조정리 2.1.6

유리수와 무리수의 합은 무리수이다.

증명 위의 정리가 거짓이라 가정하면 유리수 r과 무리수 s가 존재하여 그것의 합 $t=r+s$가 유리수인 것이 있다. 그러면 $s=t-r$은 유리수가 되므로 모순이다. ✲

정리 2.1.7

a, b가 $a<b$인 임의의 실수라 하면, $a<s<b$를 만족하는 무리수 s가 존재한다.

증명 정리 2.1.5에 의하여 $a-\sqrt{2}<r_1<b-\sqrt{2}$를 만족하는 유리수 r_1이 존재한다. $s=r_1+\sqrt{2}$라고 두면 보조정리 2.1.6에 의하여 s는 무리수이고, $a<s<b$를 만족한다. ✲

이 정리를 이용하면 서로 다른 두 실수 사이에 무수히 많은 무리수가 존재함을 알 수 있다. 이제 실수의 부분집합에 대하여 대소 관계를 이용하여 얻을 수 있는 성질을 알아본다. 먼저, 이 책에서 사용하게 될 기호를 정의한다.

정리 2.1.8

$a<b$인 실수 a, b에 대해서,

$$(a,\ b)=\{x\in\mathbf{R} \mid a<x<b\}$$
$$[a,\ b]=\{x\in\mathbf{R} \mid a\leqq x\leqq b\}$$
$$[a,\ b)=\{x\in\mathbf{R} \mid a\leqq x<b\}$$
$$(a,\ b]=\{x\in\mathbf{R} \mid a<x\leqq b\}$$
$$(-\infty,\ a)=\{x\in\mathbf{R} \mid x<a\}$$
$$(-\infty,\ a]=\{x\in\mathbf{R} \mid x\leqq a\}$$
$$[a,\ \infty)=\{x\in\mathbf{R} \mid a\leqq x\}$$
$$(a,\ \infty)=\{x\in\mathbf{R} \mid x>a\}$$
$$(-\infty,\ \infty)=\mathbf{R}$$

로 정의한다.

여기서, $(c,\ d)$를 개구간(open interval), $[c,\ d]$를 폐구간(closed interval), $[c,\ d)$ 또는 $(c,\ d]$를 반개구간(half open interval)이라고 부른다.

정의 2.1.9

모든 실수 x에 대해서 x의 **절댓값**(absolute value)을 다음과 같이 정의하고 $|x|$로 표기한다.

$$|x| = \begin{cases} x, & x \geq 0 \\ -x, & x < 0 \end{cases}$$

그러면 절댓값 기호는 다음과 같은 성질을 가진다.

정리 2.1.10

(1) 양수 $\epsilon > 0$에 대해서

$$|x| < \epsilon \quad \Leftrightarrow \quad -\epsilon < x < \epsilon$$

$$|x| \leqq \epsilon \quad \Leftrightarrow \quad -\epsilon \leqq x \leqq \epsilon$$

(2) $x \in \mathbf{R} \quad \Rightarrow \quad x \leqq |x|$

(3) $x,\ y \in \mathbf{R} \quad \Rightarrow \quad |x \cdot y| = |x| \cdot |y|$

(4) $x,\ y \in \mathbf{R} \quad \Rightarrow \quad |x+y| \leqq |x| + |y|$

증명 (2)와 (4)만 증명하고 나머지는 생략한다. 만약 $x \geqq 0$이면 $x = |x| \leqq |x|$이고, $x < 0$이면 $x = -|x| < |x|$이다. 따라서 어떤 경우에도 $x \leqq |x|$가 성립한다. 또 만약 $x + y \geqq 0$이면

$$|x+y| = x + y \leqq |x| + |y|$$

이고, $x + y < 0$이면

$$|x+y| = -(x+y) = -x - y \leqq |x| + |y|$$

이므로, (4)가 성립한다. ✲

정의 2.1.11

실수 집합 $\mathbf{R}$의 공집합이 아닌 부분집합 X에 대해서 실수 $a \in \mathbf{R}$가 존재하여 모든 원소 $x \in X$가 $x \leqq a$를 만족할 때, X를 **위(상방)로 유계**(bounded above)라 하고, 실수 a를 X의 **상계**(upper bound)라고 한다.
또한 실수 집합 $\mathbf{R}$의 공집합이 아닌 부분집합 X에 대해서 실수 $a \in \mathbf{R}$가 존재하여 모든 원소 $x \in X$가 $x \geqq a$를 만족할 때, X를 **아래(하방)로 유계**(bounded below)라 하고, 실수 a를 X의 **하계**(lower bound)라고 한다.

정의 2.1.12

X를 실수 집합 $\mathbf{R}$의 공집합이 아닌 부분집합이라 하자. 이때 다음 두 조건을 만족하는 실수 $a \in \mathbf{R}$를 X의 **상한**(least upper bound)이라고 한다.

(i) a는 X의 상계이다.

(ii) 만약 b가 X의 상계이면 $a \leq b$이다.

또 다음 조건을 만족하는 $a \in \mathbf{R}$를 X의 **하한**(greatest lower bound)이라고 한다.

(i) a는 X의 하계이다.

(ii) 만약 b가 X의 하계이면 $b \leq a$이다.

상한에 대한 정의 2.1.12의 (ii)는 "만약 $b < a$이면 b는 X의 상한이 아니다."는 말과 같다. 즉 이것은 다음과 동치인 명제(대우명제)이다.

(ii′) 만약 $b < a$이면 $x \in X$가 존재하여 $b < x$이다.

a가 어떤 집합 X의 상한이라는 것을 증명할 때 가끔 (ii)보다 (ii′)을 사용하는 것이 더 쉽다. 하한에 대한 정의 2.1.12의 (ii)도 같은 요령으로 다시 서술할 수 있다.

다음의 정리는 어떤 집합이 상한을 가지면 그것은 일의적(하나 뿐)이라는 것을 의미한다.

정리 2.1.13

실수 집합 $\mathbf{R}$의 공집합이 아닌 부분집합 X에 대해서 a, b가 X의 상한이라고 하면 $a = b$이다.

증명 정의 2.1.12에 의하여 a가 상한이고 b는 상계라 보면, $a \leq b$이다. 한편 b가 상한이고 a를 상계라 보면, $b \leq a$이다. 따라서 $a = b$이다. ✲

정리 2.1.13은 하한의 경우에도 같은 논리가 성립한다.

이제부터 집합 X의 상한을 $\sup X$로 표기하고, X의 하한을 $\inf X$로 표기한다. 예를 들면,

$$\sup(0,\ 1) = \sup[0,\ 1] = 1$$

이고

$$\inf(0,\ 1) = \inf[0,\ 1] = 0$$

이다.

다음 정리에서 위로 유계인 모든 부분집합은 상한을 가짐을 증명없이 소개한다. 흔히 이 정리는 공리로서 받아들여지고 있다.

정리 2.1.14

위로 유계인 공집합이 아닌 실수의 부분집합은 반드시 상한을 갖는다.

정리 2.1.14를 이용하여 아래로 유계인 모든 실수의 부분집합은 하한을 가짐을 증명할 수 있다.

정리 2.1.15

아래로 유계인 공집합이 아닌 실수의 부분집합은 반드시 하한을 갖는다.

증명 X를 공집합이 아닌 아래로 유계인 부분집합이라 하고, Y를 X의 모든 하계들의 집합이라고 하자. 그러면 모든 $c \in X$와 $y \in Y$에 대해서 $y \leqq c$이다. 따라서 Y는 위로 유계이다. 그러므로 정리 2.1.14에 의하여 Y는 상한을 갖는다. 그것을 a라고 하자. 여기서 a가 X의 하한이라는 것을 보이자. 임의의 $x \in X$는 모든 $y \in Y$에 대해서 $y \leqq x$이다. 그러므로 x는 Y의 상계이다. 그런데 a는 Y의 상한이므로 $a \leqq x$이다. 따라서 a는 X의 하계이다. b를 X의 임의의 하계라고 하자. 그러면 $b \in Y$이므로 $b \leqq a$이다. 따라서 정의 2.1.12에 의하여 a는 X의 하한임을 알 수 있다. ✲

이제 자연수 집합의 성질을 공부한다. $\mathbf{N} = \{n \mid n \geqq 1$인 정수$\}$는 양의 정수(자연수)의 집합이라 하자. 그러면 $1 \in \mathbf{N}$ 이고, 만약 $n \in \mathbf{N}$ 이면 $n+1 \in \mathbf{N}$ 이다. 이런 성질을 이용하여 자연수에 관한 어떤 명제가 참임을 증명할 때 가장 많이 사용되는 수학적 귀납법을 소개한다.

정리 2.1.16

수학적 귀납법(mathematical induction) 각 양의 정수 n에 대해서 명제 $S(n)$이 주어져 있다고 하자. 다음의 (1)과 (2)가 성립하면 $S(n)$은 모든 양의 정수 n에 대해서 참이다.

(1) $S(1)$이 참이다.

(2) 만약 $S(n)$이 참이면, $S(n+1)$도 참이다.

수학적 귀납법에 의한 증명의 예를 다음 정리에서 알아본다.

정리 2.1.17

n이 양의 정수이면, $n \geqq 1$이다.

증명 $S(n)$을 '$n \geqq 1$'인 명제라고 하자. $1 \geqq 1$이므로 $S(1)$이 참이다. 또 만약 $S(n)$이 참이면(즉 $n \geqq 1$이면), $n+1 > n$이므로 $n+1 \geqq 1$이다. 따라서 $S(n+1)$이 참이다. 그러므로 모든 양의 정수 n에 대해서 $S(n)$이 참이다. ✲

다음은 양의 정수에 대한 정렬정리(well-ordering theorem)라 한다. 이 정리의 증명은 n이 양의 정수이면 n과 $n+1$ 사이엔 양의 정수가 없다는 보조정리를 이용하게 된다.

보조정리 2.1.18

n을 양의 정수라고 하자. 그러면 $n < m < n+1$을 만족하는 양의 정수 m은 존재하지 않는다.

정리 2.1.19

정렬정리 X를 공집합이 아닌 양의 정수들의 부분집합이라 하면(즉 $X \neq \varnothing$, $X \subset \mathrm{N}$), X는 최소원소(least element)를 갖는다. 즉 모든 $x \in X$에 대해서 $a \leqq x$를 만족하는 X의 원소 a가 존재한다.

정리 2.1.20

양의 정수집합 N은 위로 유계가 아니다.

증명 양의 정수집합 N이 위로 유계라고 가정하자. 그러면 정리 2.1.14에 의해서 N은 상한 a를 가진다. 따라서 $a-1$은 N의 상한이 아니기 때문에 $a-1 < n$을 만족하는 $n \in \mathrm{N}$이 존재한다. 그러면 $n+1 \in \mathrm{N}$이다. $a < n+1$이므로 a가 N의 상한이라는 데 모순된다. ✲

따름정리 2.1.21

a, b가 양의 실수이면, $a < nb$를 만족하는 양의 정수 n이 반드시 존재한다.

증명 N은 위로 유계가 아니기 때문에 $\frac{a}{b} < n$인 $n \in \mathrm{N}$이 존재한다. 따라서 $a < nb$이다. ✲

따름정리 2.1.22

ϵ이 양의 실수이면, $\frac{1}{n} < \epsilon$인 양의 정수 n이 반드시 존재한다.

연습문제 2.1

1 모든 $x \in \mathbf{R}$에 대해서 $-(-x) = x$임을 증명하여라.

2 x, y, $z \in \mathbf{R}$에 대해서 만약 $xy = xz$이고 $x \neq 0$이면 $y = z$임을 증명하여라.

3 $r^3 = 2$를 만족하는 유리수 r은 존재하지 않음을 증명하여라.

4 X를 상한 a를 갖는 집합이라고 하자. 만약 $\epsilon > 0$이라고 하면

$$a - \epsilon < x \leq a$$

를 만족하는 $x \in X$가 존재함을 증명하여라.

5 X, Y를 각각 상한 a, b를 갖는 실수들의 집합이라고 하면, $a+b$는 집합 $X+Y = \{x+y \mid x \in X,\ y \in Y\}$의 상한임을 증명하여라.

6 수학적 귀납법을 이용하여

$$1+2+3+\cdots+n = \frac{n(n+1)}{2}$$

을 증명하여라.

2.2 복소수

모든 실수 x에 대하여 $x^2 \geq 0$임을 알고 있다. 따라서 이차방정식

$$x^2 + 1 = 0$$

을 만족하는 실수 x는 존재하지 않는다. 방정식

$$x^2 + 1 = 0$$

을 만족하는 가상의 수 i를 허수단위라 하고 기호로

$$i = \sqrt{-1}$$

로 표기한다. 실수 a, b에 대해서 $a + bi$를 복소수라 하고, 이때 a를 $a + bi$의 실수부라 하며 b를 $a + bi$의 허수부라고 한다. 허수부가 0이면 복소수는 실수가 되므로 실수도 복소수의 특수한 경우로 간주할 수 있다. 그리고 모든 복소수의 집합

$$\mathbf{C} = \{a + bi \mid a, b \in \mathbf{R}\}$$

을 복소수 집합이라 한다. 이제 모든 실수 a에 대하여 $\sqrt{a}$는 그 자체로서 의미를 가진다. 즉, 양의 실수 a에 대하여 $\sqrt{a}$는 이차방정식

$$x^2 = a$$

의 양수인 근을 의미하고, 음의 실수 a에 대하여 $\sqrt{a}$는

$$\sqrt{a} = \sqrt{-a}\, i$$

를 의미한다. 그러면 이미 알고 있는 이차방정식의 근의 공식을 이용하면, 방정식

$$ax^2 + bx + c = 0 \ (a, b, c \in \mathbf{R}, \ a \neq 0)$$

의 근은

$$x = \frac{-b \pm \sqrt{b^2 - 4ac}}{2a}$$

이다. 따라서 실수를 계수로 갖는 모든 이차방정식은 복소수근을 가진다. 실제로 실수계수를 갖는 모든 n차 방정식은 복소수근을 가진다. 이러한 측면에서 복소수들의 집합은 매우 중요한 의미를 가진다.

정의 2.2.1

복소수의 상등 두 복소수 $z_1 = a+bi$, $z_2 = c+di\,(a, b, c, d \in \mathbf{R})$가 동일하다(같다)는 것은 실수부들이 동일하며 허수부들도 동일함을 의미한다. 즉

$$z_1 = z_2 \quad \Leftrightarrow \quad a=c,\ b=d$$

예제 2.2.2

다음 등식을 만족하는 실수 x, y를 구하여라.

$$x+y+(x-y)i = 2+4i$$

(풀이) x, y가 실수이므로 양변의 실수부와 허수부를 비교하여 방정식

$$\begin{cases} x+y=2 \\ x-y=4 \end{cases}$$

를 얻는다. 이 방정식을 풀면

$$x=3,\ y=-1$$

을 얻는다. ✲

복소수들의 덧셈과 곱셈을 다음과 같이 정의한다.

정의 2.2.3

두 복소수 $z_1 = a+bi$, $z_2 = c+di\,(a, b, c, d \in \mathbf{R})$에 대하여

$$z_1 + z_2 = (a+c) + (b+d)i$$
$$z_1 z_2 = (ac-bd) + (ad+bc)i$$

로 정의한다.

정리 2.2.4

복소수연산의 기본성질 복소수 z_1, z_2, z_3에 대하여 다음 성질이 성립한다.

(1) $z_1 + z_2 \in \mathbf{C}$, $z_1 z_2 \in \mathbf{C}$

(2) $z_1 + z_2 = z_2 + z_1$, $z_1 z_2 = z_2 z_1$

(3) $(z_1 + z_2) + z_3 = z_1 + (z_2 + z_3)$, $(z_1 z_2) z_3 = z_1 (z_2 z_3)$

(4) $z_1 (z_2 + z_3) = z_1 z_2 + z_1 z_3$

(5) $z_1 + 0 = z_1$, $z_1 \cdot 1 = z_1$

(6) $z_1 = a + bi \ (a, \ b \in \mathbf{R}) \ \Rightarrow \ -z_1 = -a - bi \in \mathbf{C}, \ z_1 + (-z_1) = 0$

(7) $z_1 = a + bi \neq 0 \ (a, \ b \in \mathbf{R}) \ \Rightarrow \ \dfrac{1}{z_1} = \dfrac{a}{a^2 + b^2} + \dfrac{-b}{a^2 + b^2} i, \ z_1 \cdot \dfrac{1}{z_1} = 1$

정의 2.2.5

켤레복소수(conjugate complex number) 복소수 $z = a + bi \ (a, \ b \in \mathbf{R})$에 대하여

$$\bar{z} = a - bi$$

를 z의 **켤레복소수**라 부른다.

정리 2.2.6

두 복소수 $z_1 = a + bi, \ z_2 = c + di \ (a, b, c, d \in \mathbf{R})$와 실수 α와 양의 정수 n에 대하여 다음이 성립한다.

(1) $z_1 + \overline{z_1} = 2a \in \mathbf{R}, \ z_1 \overline{z_1} = a^2 + b^2 \in \mathbf{R}$

(2) $\overline{z_1 + z_2} = \overline{z_1} + \overline{z_2}, \ \overline{z_1 z_2} = \overline{z_1} \ \overline{z_2}, \ (\overline{z_1})^n = \overline{(z_1)^n}$

(3) $\overline{\alpha} = \alpha, \ \overline{\alpha z_1} = \alpha \overline{z_1}$

(4) $z_2 \neq 0$이면 $\overline{\left(\dfrac{z_1}{z_2}\right)} = \dfrac{\overline{z_1}}{\overline{z_2}}$

앞에서 언급한 이차방정식

$$ax^2 + bx + c = 0 \ (a \neq 0, \ a, \ b, \ c \in \mathbf{R})$$

의 근은

$$x = \frac{-b \pm \sqrt{b^2 - 4ac}}{2a}$$

이다. 만약 $D = b^2 - 4ac < 0$이면 한 근을

$$z_1 = \frac{-b}{2a} + \frac{\sqrt{-D}\, i}{2a}$$

라 두면 나머지 한 근은 $\overline{z_1}$이다. 일반적으로 실수를 계수로 갖는 방정식의 한 근이 복소수 z_1이면 z_1의 켤레복소수 $\overline{z_1}$도 그 방정식의 근이다. 이 사실을 다음 정리에서 소개한다.

정리 2.2.7

실수 $a_0, a_1, a_2, \dots, a_n$을 계수로 갖는 대수방정식

$$f(x) = a_0 + a_1 x + a_2 x^2 + \cdots + a_n x^n = 0$$

에서 만약 복소수 $z = a + bi$ $(a,\ b \in \mathbf{R})$가 근이면, z의 켤레복소수 $\bar{z} = a - bi$도 근이다.

증명 z가 $f(x) = 0$의 근이므로

$$f(z) = a_0 + a_1 z + a_2 z^2 + \cdots + a_n z^n = 0$$

이다. 따라서

$$\begin{aligned} f(\bar{z}) &= a_0 + a_1 \bar{z} + a_2 (\bar{z})^2 + \cdots + a_n (\bar{z})^n \\ &= \overline{a_0 + a_1 z + a_2 z^2 + \cdots + a_n z^n} = \bar{0} = 0 \end{aligned}$$

이다. 그러므로 $\bar{z} = a - bi$도 $f(x) = 0$의 근이다. ✲

연습문제 2.2

1 실수의 부분집합

$$Q(\sqrt{3}) = \{a + b\sqrt{3} \mid a,\ b : \text{유리수}\}$$

는 실수의 사칙연산에 의해 닫혀 있음을 보여라.

2 다음 복소수를 계산하여 $a + bi$의 꼴로 표현하여라.

(1) $(2+3i) - (5-4i)$

(2) $(2+3i)(5-4i)$

(3) $\dfrac{1}{2+3i}$

(4) $\dfrac{5-4i}{2-3i}$

(5) $\sqrt{i}$

(6) $i^{1000} + i^{1001} + i^{1002} + i^{1003}$

3 $z = 2 + i$일 때 $z^4 + (\bar{z})^4$의 값을 구하여라.

4 $z^2 = 3 - 4i$를 만족하는 모든 복소수 z를 구하여라.

제2장 종합문제

01 $x,\ y \in \mathbf{R}$에 대해서 $xy=0$이기 위한 필요충분조건은 $x=0$이거나 $y=0$임을 증명하여라.

02 모든 $x \in \mathbf{R}$에 대해서 $(-1)x=-x$임을 증명하여라.

03 $x,\ y \in \mathbf{R}$에 대해서 $x \leqq y$이고 $y \leqq x$이면 $x=y$임을 증명하여라.

04 $x,\ y \in \mathbf{R}$에 대해서 $xy>0$이면 $x>0$이고 $y>0$이거나, $x<0$이고 $y<0$임을 증명하여라.

05 $x,\ y \in \mathbf{R}$에 대해서 $x^2+y^2 \geqq 2xy$임을 증명하여라.

06 $x,\ y \in \mathbf{R}$에 대해서 만약 $0<xy$이고 $x<y$이면 $\dfrac{1}{y}<\dfrac{1}{x}$임을 증명하여라.

07 모든 $x,\ y,\ z,\ w \in \mathbf{R}$에 대해서 $x+y>z$이고 $w>x$이면 $w+y>z$임을 증명하여라.

08 (이항정리) $a,\ b$가 실수이고 n이 양의 정수이면

$$(a+b)^n=\binom{n}{0}a^n+\binom{n}{1}a^{n-1}b+\binom{n}{2}a^{n-2}b^2+\cdots+\binom{n}{n-1}ab^{n-1}+\binom{n}{n}b^n$$

임을 증명하여라(여기서, $\dbinom{n}{k}=\dfrac{n!}{k!(n-k)!}$이다).

09 $r^2=3$을 만족하는 유리수 r은 존재하지 않음을 증명하여라.

10 방정식 $z\bar{z}=1$을 만족하는 모든 복소수 z를 구하여라.

11 $\dfrac{\bar{z}}{z}=a+bi$이면 $a^2+b^2=1$임을 보여라.

12 (이항정리) a, b가 복소수이고 n이 양의 정수이면

$$(a+b)^n = \binom{n}{0}a^n + \binom{n}{1}a^{n-1}b + \binom{n}{2}a^{n-2}b^2 + \cdots + \binom{n}{n-1}ab^{n-1} + \binom{n}{n}b^n$$

임을 증명하여라(여기서, $\binom{n}{k} = \dfrac{n!}{k!(n-k)!}$ 이다).

Chapter 03

함수

3.1 함수

함수의 개념은 수학의 모든 분야에서 기본이 되는 부분이다. 이 절에서는 함수의 정확한 정의를 하고 함수에 대한 여러 가지 성질을 공부한다.

정의 3.1.1

공집합이 아닌 두 실수들의 집합 X와 Y에 대하여 집합 X의 각 원소를 Y의 오직 하나의 원소에 대응시키는 규칙 f를 X에서 Y로의 **함수**(function)라 하고, 이것을 기호로 $f : X \to Y$와 같이 나타낸다. 그리고 이때 X를 이 함수 f의 **정의역**(domain), Y를 f의 **공역**(codomain)이라고 한다.
X의 각 원소 x에 대하여, 대응되는 Y의 원소 y(또는 $f(x)$)를 f에 의한 x의 **함숫값**(value) 또는 **상**(image)이라고 한다. Y의 원소 중에서 정의역의 모든 원소들의 상의 집합 $f(X) = \{f(x) | x \in X\}$를 f의 **치역**(range)이라고 한다.

그림 3.1을 보면 X의 어떤 원소에 대해서도 상이 아닌 Y의 원소가 있을 수 있기 때문에, 함수의 치역은 Y의 부분집합으로 $f(X) \neq Y$일 수 있다.

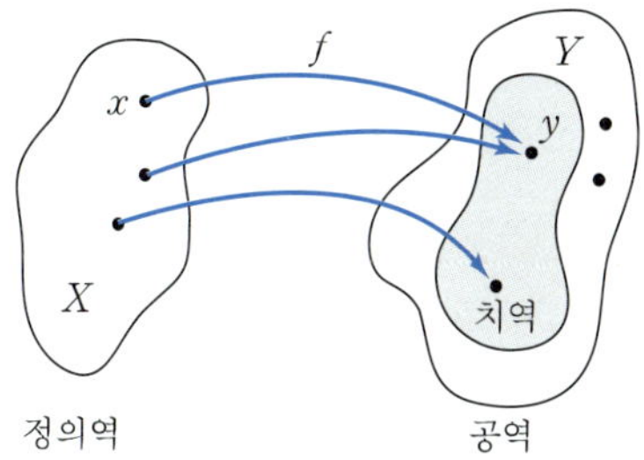

그림 3.1

예제 3.1.2

다음 방정식으로 주어진 함수를 생각해보자.

$$y = 2x + 3,\ 1 \leqq x \leqq 6$$

(풀이) 정의역 $1 \leqq x \leqq 6$은 수 x가 1부터 6까지의 실수로 제한되어 있다는 것을 나타낸다. 규칙 $y = 2x + 3$은 수 x가 2배 되고 그 결과에 3을 더해서 y를 얻는다는 것을 나타낸다. 예를 들면, $x = \frac{3}{2}$에서 함수의 값(즉, $x = \frac{3}{2}$의 상)은

$$y = 2 \cdot \frac{3}{2} + 3 = 6$$

이다. ✲

일반적으로 함수 f를 정의하는 규칙이 x와 y의 방정식으로 주어진다면, 우리는 함수 f가 암시적으로 주어졌다고 말한다. 만약 방정식을 x의 항으로 y에 대해서 풀 수 있다면 그때 $y = f(x)$라 적고, 함수 f가 명백히 주어졌다고 말한다. 사실 우리는 방정식 $y = f(x)$에 의해서 정의된 함수 f를 의미할 때 '함수 $y = f(x)$'라고 통상적으로 쓴다. 비록 이러한 사용이 전적으로 옳은 것은 아니지만 일반적이며 오해나 혼란을 야기하지 않는다. 예를 들면,

암시적 형태	명백한 형태
$3x + y = 4$	$y = f(x) = -3x + 4$
$y - 6 = 0$	$y = f(x) = 6$
$xy = 1$	$y = f(x) = \frac{1}{x}$

일반적으로 함수 f의 정의역은 명시되지 않는다. 대신에 함수를 정의하는 규칙이나 방정식은 주어진다. 그런 경우 f의 정의역은 규칙이 의미가 통하는, 좀더 정확하게 $f(x)$가 실수가 되는 실수들의 가장 큰 집합이라는 사실을 우리는 자동적으로 가정한다. 치역은 정의역 안에 있는 수들의 모든 상들로 이루어질 것이다.

예제 3.1.3

다음 각 함수의 정의역과 치역을 구하여라.

(1) $f(x) = x^2$ (2) $g(x) = \frac{1}{x}$ (3) $h(x) = \sqrt{x}$

(풀이) (1) 수에 제곱을 하는 연산은 임의의 실수에 대하여 행하여질 수 있다. 그러므로, f의 정의역은 모든 실수의 집합이다. 실수를 제곱하면 음수가 아닌 실수를

얻으므로 f의 치역은 음수가 아닌 실수의 집합이다.

(2) 1을 0이 아닌 임의의 실수로 나눌 수 있으나 0으로 나눌 수는 없으므로, g의 정의역은 0을 제외한 모든 실수들이다. g의 치역도 0을 제외한 모든 실수이다.

(3) 음수의 제곱근은 정의가 되지 않기 때문에 h의 정의역은 음이 아닌 모든 실수들로 이루어진다. 음수가 아닌 실수의 제곱근은 음수가 아닌 실수이므로, h의 치역은 음수가 아닌 모든 실수들의 집합이다. ✲

예제 3.1.4

다음 함수의 정의역을 구하여라.

(1) $f(x)=1+\dfrac{2}{3-x}$ (2) $f(x)=\dfrac{3x}{x^2-4}$ (3) $g(x)=\sqrt{4-3x}$

풀이 (1) 함수 f는 2를 $3-x$로 나누어 1을 더하는 것이다. 그러나 0으로 나눌 수 없으므로, 분모 $3-x$는 0일 수 없다. 그래서 x는 3이 될 수 없다. 따라서 함수 f의 정의역은 $\{x|x \neq 3\}$이다.

(2) 함수 f는 $3x$를 x^2-4로 나누는 것이다. 그러나 0으로 나눌 수 없으므로, 분모 x^2-4는 0일 수 없다. 그래서 x는 2 또는 -2가 될 수 없다. 따라서 함수 f의 정의역은 $\{x|x \neq -2,\ x \neq 2\}$이다.

(3) 함수 g는 $4-3x$의 제곱근을 취하는 것이다. 그러나 음수가 아닌 수만이 실제곱근을 가질 수 있으므로

$$4-3x \geqq 0$$
$$-3x \geqq -4$$
$$x \leqq \frac{4}{3}$$

g의 정의역은 $\left\{x \middle| x \leqq \frac{4}{3}\right\}$ 또는 $\left(-\infty,\ \frac{4}{3}\right]$이다. ✲

연습문제 3.1

1 아래의 함수에 대한 다음의 값들을 구하여라.

(a) $f(0)$	(b) $f(1)$	(c) $f(-1)$	(d) $f(2)$

(1) $f(x)=-3x^2+2x-4$　　(2) $f(x)=|x|+4$

(3) $f(x)=\sqrt{x^2+x}$　　(4) $f(x)=\dfrac{2x+1}{3x-5}$

2 아래의 함수에 대한 다음의 값들을 구하여라.

(a) $f(-x)$	(b) $-f(x)$	(c) $f(2x)$
(d) $f(x-3)$	(e) $f\left(\dfrac{1}{x}\right)$	(f) $\dfrac{1}{f(x)}$

(1) $f(x)=x^3-3x$　　(2) $f(x)=\dfrac{x}{x^2+1}$　　(3) $f(x)=|x|$

3 다음 함수의 정의역을 구하여라.

(1) $f(x)=\dfrac{x}{x^2-1}$　　(2) $f(x)=\dfrac{x-4}{x^3-4x}$

(3) $p(x)=\sqrt{\dfrac{x-2}{x-1}}$　　(4) $q(x)=\sqrt{x^2-x-2}$

4 $f(x)=2x^3+Ax^2+4x-5$에서 $f(2)=3$을 만족하는 A의 값을 구하여라.

5 $f(x)=\dfrac{x-B}{x-A}$이고 $f(2)=0$이며, 그리고 $f(1)$은 정의가 되지 않는 A와 B의 값을 구하여라.

6 높이 h, 반지름이 r인 직원기둥의 부피는 $V=\pi r^2 h$이다. 높이가 반지름의 두 배라면, 부피 V를 r로 나타내어라.

7 오른쪽 그림처럼 중심이 원점이고 반지름이 2인 반원 안에 직사각형이 내접해 있다. 직사각형의 한 꼭짓점을 1사분면의 반원 위에 $P(x, y)$라 하자.

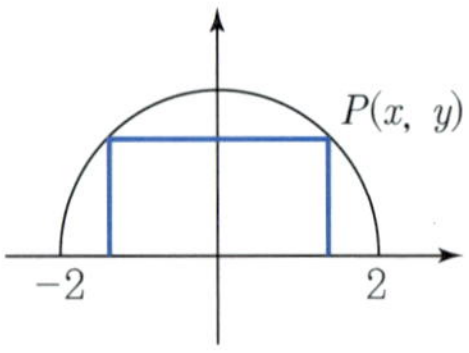

(1) 사각형의 넓이 A를 x로 나타내어라.

(2) 사각형의 둘레 B를 x로 나타내어라.

3.2 함수의 표현

정의 3.2.1

구간 I 안에 있는 임의의 원소 x_1과 $x_2(x_1 < x_2)$에 대하여 $f(x_1) < f(x_2)$를 만족하는 함수 f를 구간 I에서 **(순)증가**(strictly increasing)한다고 한다.
구간 I 안에 있는 임의의 원소 x_1과 $x_2(x_1 < x_2)$에 대하여 $f(x_1) > f(x_2)$를 만족하는 함수 f를 구간 I에서 **(순)감소**(strictly decreasing)한다고 한다.
구간 I 안에 있는 모든 원소 x에 대하여 $f(x)$의 값이 항상 같을 때, 함수 f를 구간 I에서 **상수함수**(constant function)라 한다.

예제 3.2.2

그림 3.2에서 주어진 함수는 어디에서 증가함수인가? 어디에서 감소함수인가? 어디에서 상수함수인가?

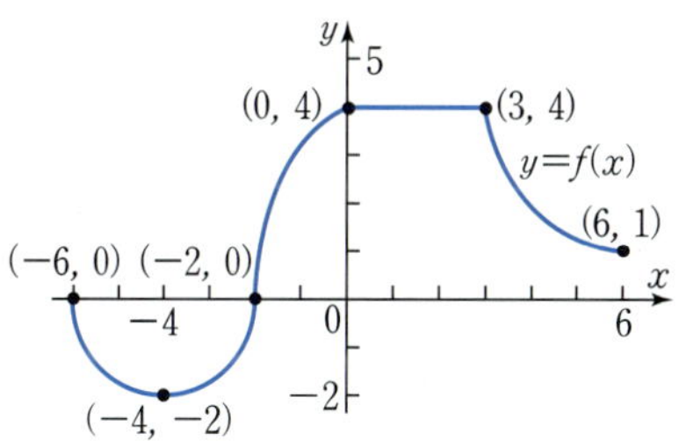

| 그림 3.2 |

풀이 그래프는 $-4 \leq x \leq 0$에서 상승하고 있다. 즉 함수는 $[-4, 0]$에서 증가한다. $-6 \leq x \leq -4$와 $3 \leq x \leq 6$에서 감소하고 있다. 즉 함수는 $[-6, -4]$와 $[3, 6]$에서 감소한다. $0 \leq x \leq 3$에서, 즉 $[0, 3]$에서 상수함수이다. ✲

정의 3.2.3

정의역 안에 있는 모든 x에 대하여 $-x$ 역시 정의역 안에 있고 $f(-x) = f(x)$를 만족하는 함수 f를 **우함수**(even function)라 한다.
정의역 안에 있는 모든 x에 대하여 $-x$ 역시 정의역 안에 있고 $f(-x) = -f(x)$를 만족하는 함수 f를 **기함수**(odd function)라 한다.

위 정의에 의해 다음 정리는 자명하다.

정리 3.2.4

함수가 우함수가 될 필요충분조건은 함수의 그래프가 y축에 대하여 대칭이다. 함수가 기함수가 될 필요충분조건은 함수의 그래프가 원점에 대하여 대칭이다.

예제 3.2.5

다음 함수들이 우함수인지, 기함수인지, 또는 우함수도 기함수도 아닌지를 그래프를 그리지 말고 판별하여라.

(1) $f(x) = x^2 - 5$
(2) $g(x) = x^3 - 1$
(3) $h(x) = 5x^3 - x$
(4) $s(x) = |x|$

풀이 (1) $f(x) = x^2 - 5$에서 x를 $-x$로 대체하면,

$$f(-x) = (-x)^2 - 5 = x^2 - 5$$

이다. $f(-x) = f(x)$이기 때문에 f는 우함수이고, f의 그래프는 y축에 대하여 대칭이다.

(2) x를 $-x$로 대체하면,

$$g(-x) = (-x)^3 - 1 = -x^3 - 1$$

이다. $g(-x) \neq g(x)$이며 $g(-x) \neq -g(x)$이기 때문에 g는 우함수도 기함수도 아니며, g의 그래프는 y축이나 원점에 대하여 대칭이 아니다.

(3) $h(x)$에서 x를 $-x$로 대체하면,

$$h(-x) = 5(-x)^3 - (-x) = -5x^3 + x$$

이다. $h(-x) = -h(x)$이기 때문에 h는 기함수이고, h의 그래프는 원점에 대하여 대칭이다.

(4) $s(x) = |x|$에서 x를 $-x$로 대체하면,

$$s(-x) = |-x| = |x|$$

이다. 따라서 $s(-x) = s(x)$이기 때문에 s는 우함수이고, s의 그래프는 y축에 대하여 대칭이다. ✲

그래프 그리는 방법

수직이동

실수 c가 함수 $y = f(x)$의 오른쪽에 더해진다면, 새로운 함수 $y = f(x) + c$의 그래

프는 f의 그래프가 수직적으로 위(만약 $c > 0$이라면)로 또는 아래(만약 $c < 0$이라면)로 이동된 것이다.

수평이동

상수 c가 함수 f의 독립변수 x에 더해진다면, 새로운 함수 $g(x) = f(x+c)$의 그래프는 f의 그래프가 수평적으로 왼쪽(만약 $c > 0$이라면) 또는 오른쪽(만약 $c < 0$이라면)으로 이동된 것이다.

예제 3.2.6

함수 $y = (x-1)^3 + 3$의 그래프를 그려라.

풀이 $y=(x-1)^3$의 그래프를 얻기 위해서 $y=x^3$의 그래프를 수평으로 오른쪽으로 1만큼 이동한다. 그리고 $y=(x-1)^3+3$을 얻기 위해 $y=(x-1)^3$의 그래프를 수직으로 위로 3만큼 이동시킨다. 그림 3.3을 보아라.

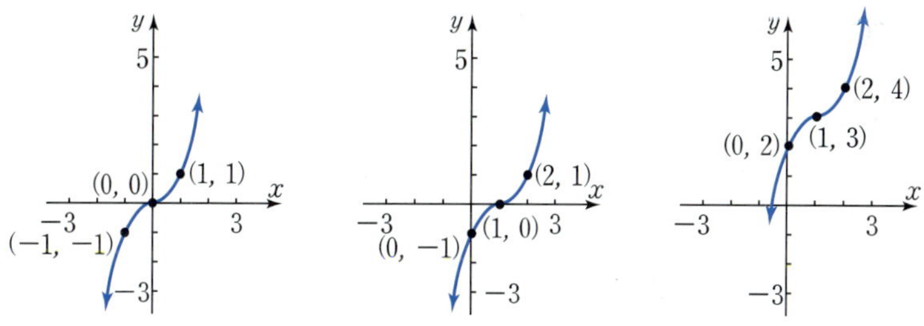

(a) $y=x^3$ (b) $y=(x-1)^3$ (c) $y=(x-1)^3+3$

그림 3.3

수축과 확장

함수 $y = f(x)$의 오른쪽에 양수 r이 곱해질 때, 새 함수 $y = rf(x)$의 그래프는 $y = f(x)$의 그래프를 수직적으로 '수축'(만약 $0 < r < 1$인 경우)하거나 '확장'(만약 $r > 1$인 경우)한 것이다.

예제 3.2.7

$y = 3|x|$의 그래프를 얻기 위해 $y = |x|$의 그래프를 이용하여라.

풀이 그림 3.4 참조

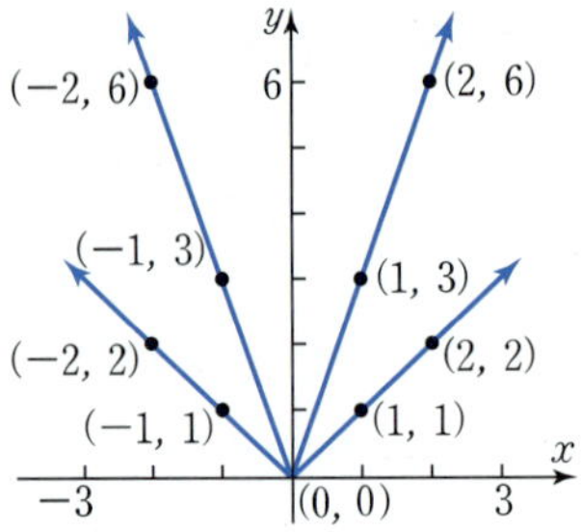

그림 3.4

✲

x축 대칭

함수 $y=f(x)$의 우변에 -1이 곱해지면, 새 함수 $y=-f(x)$의 그래프는 함수 $y=f(x)$의 그래프가 x축에 대칭된 형태로 나타난다.

y축 대칭

함수 $y=f(x)$의 그래프를 알고 있을 때, 새로운 함수 $y=f(-x)$의 그래프는 $y=f(x)$의 그래프에 대해 y축 대칭이다.

예제 3.2.8

함수 $y=\sqrt{x-2}+3$의 그래프를 그려라.

풀이 $y=\sqrt{x-2}+3$의 그래프를 그리기 위해 다음 단계를 이용하자.

단계 1: $y=\sqrt{x}$, 제곱근 함수

단계 2: $y=\sqrt{x-2}$, 수평으로 오른쪽 2칸 이동

단계 3: $y=\sqrt{x-2}+3$, 수직으로 위로 3칸 이동(그림 3.5 참조)

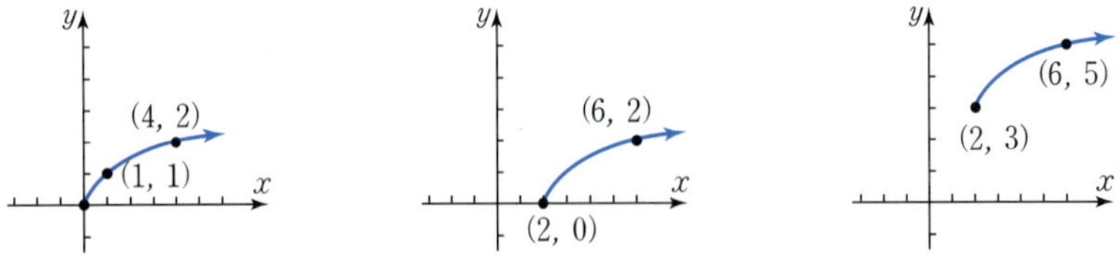

(a) $y=\sqrt{x}$ (b) $y=\sqrt{x-2}$ (c) $y=\sqrt{x-2}+3$

그림 3.5

✲

예제 3.2.9

함수 $y=\sqrt{1-x}+2$의 그래프를 그려라.

풀이 $y=\sqrt{1-x}+2$의 그래프를 그리기 위해 다음 단계를 이용하자.

단계 1: $y=\sqrt{x}$, 제곱근 함수

단계 2: $y=\sqrt{-x}$, y축 대칭

단계 3: $y=\sqrt{1-x}$, x 대신 $x-1$ 또는 $-x$ 대신 $-(x-1)$을 대입, 수평으로 오른쪽 1칸 이동

단계 4: $y=\sqrt{1-x}+2$, 수직으로 위로 2칸 이동(그림 3.6 참조)

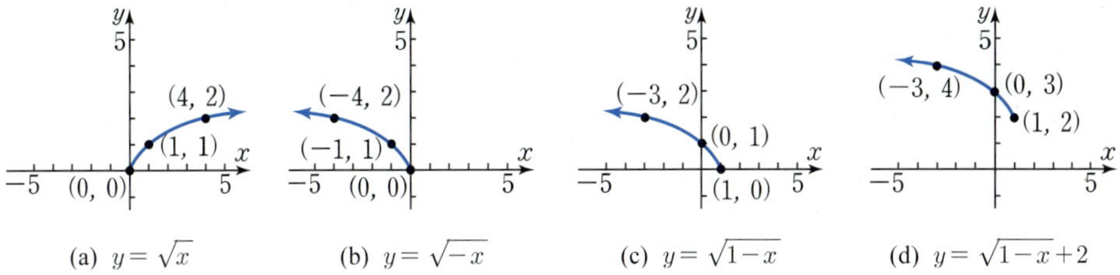

그림 3.6

함수의 연산과 성질

이 절에서 몇 가지 함수의 연산을 소개하고자 한다.

f와 g가 함수일 때,

f와 g의 합: $(f+g)(x)=f(x)+g(x)$

f와 g의 차: $(f-g)(x)=f(x)-g(x)$

f와 g의 곱: $(f\cdot g)(x)=f(x)\cdot g(x)$

f와 g의 몫: $\left(\dfrac{f}{g}\right)(x)=\dfrac{f(x)}{g(x)}$

각 경우에, 결과적으로 생기는 함수의 정의역은 f와 g의 정의역의 공통 영역으로 구성된다. 그러나 몫함수 $\dfrac{f}{g}$의 정의역은 f와 g의 정의역의 공통 영역에서 $g(x)=0$이 되는 수 x는 제외된다.

정의 3.2.10

함수 $f: X\to Y$에서 $A\subseteq X$, $C\subseteq Y$이면,

$$f(A)=\{f(x)\in Y\mid x\in A\}$$

를 f에 의한 A의 **상**(image)이라 하고

$$f^{-1}(C)=\{x\in X\mid f(x)\in C\}$$

를 f에 의한 C의 **역상**(inverse image)이라 한다.

정리 3.2.11

$f : X \to Y$는 함수이고 $A,\ B \subseteq X,\ C,\ D \subseteq Y$라 하면 다음이 성립한다.

(1) $f(A \cup B) = f(A) \cup f(B)$

(2) $f^{-1}(C \cup D) = f^{-1}(C) \cup f^{-1}(D)$

(3) $f^{-1}(C \cap D) = f^{-1}(C) \cap f^{-1}(D)$

(4) $f(A \cap B) \subseteq f(A) \cap f(B)$

증명 (1), (3), (4)의 증명은 독자에게 맡기고, 여기서는 (2)만 증명해보자.

$$
\begin{aligned}
& x \in f^{-1}(C \cup D) \\
& \Leftrightarrow f(x) \in C \cup D \\
& \Leftrightarrow f(x) \in C \text{ 혹은 } f(x) \in D \\
& \Leftrightarrow x \in f^{-1}(C) \text{ 혹은 } x \in f^{-1}(D) \\
& \Leftrightarrow x \in f^{-1}(C) \cup f^{-1}(D)
\end{aligned}
$$

따라서 $f^{-1}(C \cup D) = f^{-1}(C) \cup f^{-1}(D)$이다. ✲

합성함수

함수 $y = (2x+3)^2$은 함수 $y = f(u) = u^2$에 함수 $u = g(x) = 2x+3$을 대입하여 얻을 수 있다. 즉, $y = f(u) = f(g(x)) = (2x+3)^2$이다. 이 방법을 합성이라 한다. 일반적으로 f와 g를 각각의 함수라 생각하고 x는 $g(x)$의 정의역 안의 수라 가정하자. 이때 f의 정의역에 $g(x)$가 속한다면, $g(x)$에서 f를 계산하여 $f(g(x))$를 얻을 수 있다.

x가 g의 정의역 안에 있고 $g(x)$가 f의 정의역 안에 있는 모든 x에 대해선 이처럼 할 수 있다. 결과적으로 x에서 $f(g(x))$로의 대응을 g와 f의 합성함수(composite functions)라 한다(그림 3.7 참조).

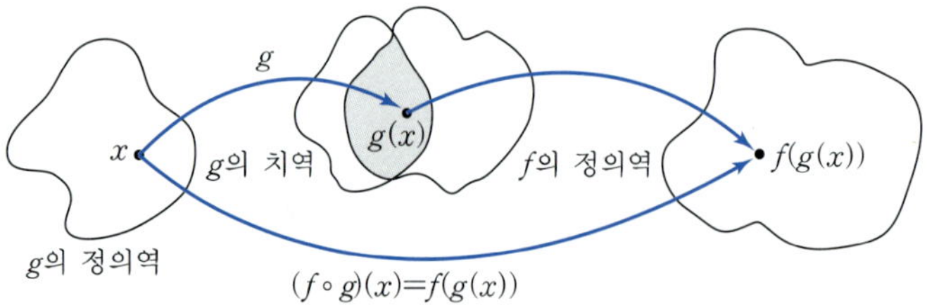

그림 3.7

주어진 두 함수 g와 f의 합성함수는 $f \circ g$로 나타내어지고 아래와 같이 정의된다.

$$(f \circ g)(x) = f(g(x))$$

이때, $f \circ g$의 정의역은 $g(x)$가 f의 정의역 안에 있는 g의 정의역 안에 있는 모든 원소 x이다.

예제 3.2.12

$f(x) = \sqrt{x}$, $g(x) = x^3 - 1$일 때, 다음 합성함수를 찾고 정의역을 명시하여라.

(1) $f \circ g$　　(2) $g \circ f$　　(3) $f \circ f$　　(4) $g \circ g$

풀이 (1) $(f \circ g)(x) = f(g(x)) = f(x^3 - 1) = \sqrt{x^3 - 1}$
함수 $f \circ g$의 정의역은 $[1, \infty)$이다. 이 조건은 함수 g의 $x^3 - 1 \geq 0$이 되게 하는 함수 g의 정의역 구간을 찾는 것이다.

(2) $(g \circ f)(x) = g(f(x)) = g(\sqrt{x}) = (\sqrt{x})^3 - 1 = x^{\frac{3}{2}} - 1$
함수 $g \circ f$의 정의역은 $[0, \infty)$이다.

(3) $(f \circ f)(x) = f(f(x)) = f(\sqrt{x}) = \sqrt{\sqrt{x}} = \sqrt[4]{x}$
함수 $f \circ f$의 정의역은 $[0, \infty)$이다.

(4) $(g \circ g)(x) = g(g(x)) = g(x^3 - 1) = (x^3 - 1)^3 - 1 = x^9 - 3x^6 + 3x^3 - 2$
함수 $g \circ g$의 정의역은 $(-\infty, \infty)$이다. ✲

위 예제 3.2.12 (1)과 (2)에서 $f \circ g$와 $g \circ f$가 다르다는 것을 보여주고 있다.

연습문제 3.2

1 다음 함수들이 우함수인지, 기함수인지, 또는 우함수도 기함수도 아닌지를 그래프를 그리지 말고 판별하어라.

(1) $f(x) = 2x^3$　　(2) $g(x) = 2x^2 - 5$

(3) $F(x) = \sqrt[3]{x}$

2 수평이동, 수축, 확장, 대칭시키는 방법을 사용하여 다음 함수의 그래프를 그려라.

(1) $y = \dfrac{1}{2x}$　　(2) $y = \sqrt{-x} - 2$

3 $f(x)=\frac{1}{2x}$, $g(x)=\sqrt{-x}-2$일 때 다음 각 함수와 그 정의역을 구하여라.

(1) $(f+g)(x)$

(2) $(f-g)(x)$

(3) $(f \cdot g)(x)$

(4) $\left(\frac{f}{g}\right)(x)$

4 정리 3.2.11에서 일반적으로 $f(A\cap B)=f(A)\cap f(B)$는 성립하지 않음을 보여라.

5 $f(x)=3x+2$, $g(x)=2x^2-1$에 대해서 아래의 값을 찾아라.

(1) $(f\circ g)(2)$

(2) $(g\circ f)(2)$

(3) $(f\circ f)(1)$

(4) $(g\circ g)(0)$

6 $f(x)=\sqrt{x+1}$, $g(x)=3x$에 대해서 아래의 값을 찾아라.

(1) $(f\circ g)(2)$

(2) $(g\circ f)(2)$

(3) $(f\circ f)(1)$

(4) $(g\circ g)(0)$

3.3 역함수

정의 3.3.1

어떤 함수 f의 정의역 안의 서로 다른 임의의 두 원소에 대한 함숫값이 서로 다를 때, 즉 $x_1 \neq x_2$이면 $f(x_1) \neq f(x_2)$일 때, 함수 f를 **일대일 함수**(injective function 또는 one-to-one function)라 한다.

예를 들어 함수 $y = x$는 일대일 함수이고, 정의역이 $(-\infty, \infty)$인 $y = x^2$은 $x = 2$와 $x = -2$에서 같은 값을 가지므로 일대일 함수가 아니다.

다음 정리는 직관적으로 이해가 되므로 증명하지 않는다.

정리 3.3.2

증가(감소)함수는 일대일 함수이다.

함수 $y = f(x)$가 일대일 함수라면, 치역의 임의의 원소 y에 대하여 정의역의 단 하나의 원소 x가 대응된다. 따라서 f의 치역의 모든 원소에서 f의 정의역의 모든 원소로의 대응이 함수가 되는데, 이를 f의 **역함수**(inverse function)라 하고 f^{-1}로 표시한다. 즉, $f(a) = b$이면 $f^{-1}(b) = a$이다.

함수 $y = f(x)$가 일대일 함수이면, f의 역함수 f^{-1}는 f의 정의역의 임의의 원소 x에 대해서 $f^{-1}(f(x)) = x$인 함수이다. 또한 f^{-1}의 정의역, 즉 f의 치역의 임의의 원소 x에 대해서 $f(f^{-1}(x)) = x$가 되는 함수이다.

주의 f^{-1}의 -1은 지수가 아니다. 따라서 f^{-1}는 f의 역수도 아니다. f^{-1}는 역함수를 뜻한다.

f의 정의역 $= f^{-1}$의 치역　　　f의 치역 $= f^{-1}$의 정의역

$f^{-1}(f(x)) = x$　　　$f(f^{-1}(x)) = x$

예제 3.3.3

(1) $f(x) = 2x + 3$의 역함수는 $f^{-1}(x) = \frac{1}{2}(x-3)$임을 알 수 있다.

$$f^{-1}(f(x))=f^{-1}(2x+3)=\frac{1}{2}[(2x+3)-3]=\frac{1}{2}(2x)=x$$

그리고

$$f(f^{-1}(x))=f\left(\frac{1}{2}(x-3)\right)=2\left[\frac{1}{2}(x-3)\right]+3=(x-3)+3=x$$

(2) $h(x)=x^2(x \geq 0)$의 역함수는 $h^{-1}(x)=\sqrt{x}$ 임을 알 수 있다.

$$h^{-1}(h(x))=h^{-1}(x^2)=\sqrt{x^2}=x$$

그리고

$$h(h^{-1}(x))=h(\sqrt{x})=(\sqrt{x})^2=x$$

(3) $g(x)=x^3$의 역함수가 $g^{-1}(x)=\sqrt[3]{x}$ 임을 알 수 있다.

$$g^{-1}(g(x))=g^{-1}(x^3)=\sqrt[3]{x^3}=x$$

그리고

$$g(g^{-1}(x))=g(\sqrt[3]{x})=(\sqrt[3]{x})^3=x$$

✲

역함수를 구하는 방법을 요약해보면,

1단계: 함수 $y=f(x)$가 일대일 함수인지를 판별하자.
f가 일대일 함수가 아니면 f는 역함수가 없고,
f가 일대일 함수이면 f는 역함수 f^{-1}를 가진다.

2단계: $y=f(x)$에서 변수 x, y를 서로 바꾼다.

$$x=f(y)$$

3단계: 가능하다면 y에 대해서 정리하여 f^{-1}의 형태로 바꾼다. 즉,

$$y=f^{-1}(x)$$

4단계: $f^{-1}(f(x))=x$, $f(f^{-1}(x))=x$에 의해 결과를 증명한다.

위 과정에서 x, y를 서로 바꾸는 것은 다음 정리를 말한다.

정리 3.3.4

함수 f의 그래프와 그 역함수 f^{-1}의 그래프는 직선 $y=x$에 관해 서로 대칭이다.

그림 3.8에서는 함수 f의 그래프가 주어져 있을 때, 직선 $y = x$를 따라 지면을 접으면 그 역함수 f^{-1}의 그래프를 얻을 수 있다.

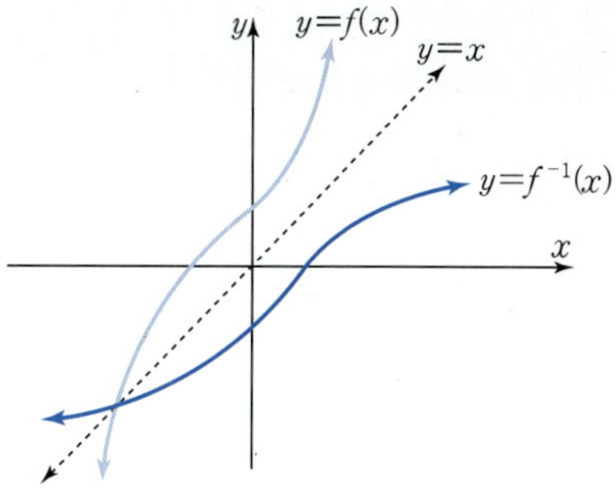

그림 3.8

함수 $y = f(x)$가 일대일 함수가 아니라면 역함수가 존재하지 않는다. 그러나 때로는 일대일 함수가 아닌 함수의 정의역을 적당히 축소하여 일대일 함수를 만들어 낼 수 있다.

예제 3.3.5

$f(x) = x^2\,(x \geqq 0)$의 역함수를 구하여라.

풀이 $f(x) = x^2$은 일대일 함수가 아니다. 그러나 f의 정의역을 일부분으로 축소하면 $(x \geqq 0)$ 증가함수를 얻을 수 있고, 구간 $[0,\ \infty)$에서 $f(x) = x^2$은 일대일 함수이다.

f^{-1}를 구하기 위해 위의 단계를 따라해보자.

1단계: $y = x^2(x \geqq 0)$은 일대일 함수이다. 따라서 역함수 f^{-1}를 가진다.

2단계: $y = x^2(x \geqq 0)$에서 변수 x, y를 서로 바꾼다.

$$x = y^2\ (y \geqq 0)$$

3단계: y에 대해서 정리한다. y가 0보다 크거나 같기 때문에 한 개의 방정식을 가진다. 즉, $y = \sqrt{x}$, 따라서

$$f^{-1}(x) = \sqrt{x}$$

4단계: $f^{-1}(f(x)) = f^{-1}(x^2) = \sqrt{x^2} = |x| = x\ (x \geqq 0)$

$f(f^{-1}(x)) = f(\sqrt{x}) = (\sqrt{x})^2 = x$ ✲

예제 3.3.6

$f(x)=x^3-1$의 역함수를 구하여라.

풀이 $f(x)=x^3-1$은 실수 전체에서 일대일 함수이다.
f^{-1}를 구하기 위해 위의 단계를 따라해보자.
1단계: $y=x^3-1$은 실수 전체에서 일대일 함수이므로 역함수 f^{-1}를 가진다.
2단계: $y=x^3-1$에서 변수 x, y를 서로 바꾼다.

$$x=y^3-1$$

3단계: y에 대해서 정리한다.

$$y^3=x+1,\quad y=\sqrt[3]{x+1}$$

따라서

$$f^{-1}(x)=\sqrt[3]{x+1}$$

4단계: $f^{-1}(f(x))=f^{-1}(x^3-1)=\sqrt[3]{(x^3-1)+1}=x$
$f(f^{-1}(x))=f(\sqrt[3]{x+1})=x+1-1=x$ ✻

연습문제 3.3

1 다음 함수가 일대일 함수인지 조사하여라.

(1) $y=2x+5$
(2) $y=3x^2+1$
(3) $y=\sqrt[3]{x}$
(4) $y=3x^2+1(x\geq 0)$

2 다음 함수의 역함수가 존재하는지 조사하고, 역함수가 존재하면 역함수를 구하여라.

(1) $y=x^2+4$
(2) $y=x^2+4(x\geq 0)$
(3) $y=\dfrac{1}{x+2}$
(4) $y=(x-1)^3+2$

3 함수 f와 g가 서로 역함수임을 $f(g(x))=x$, $g(f(x))=x$를 이용하여 증명하여라.

(1) $f(x)=4x-8$, $g(x)=\dfrac{x}{4}+2$

(2) $f(x)=x^3-8$, $g(x)=\sqrt[3]{x+8}$

(3) $f(x)=\frac{1}{x}$, $g(x)=\frac{1}{x}$

(4) $f(x)=\frac{2x+3}{x+4}$, $g(x)=\frac{4x-3}{2-x}$

4 $g: X \to Y$, $f: Y \to Z$라고 하자.

(1) g, f가 일대일 함수이면 $f \circ g$도 일대일 함수이고 $(f \circ g)^{-1} = g^{-1} \circ f^{-1}$임을 증명하여라.

(2) g, f가 위의 함수이면 $f \circ g$도 함수임을 증명하여라.

(3) 만약 $A \subseteq Z$이면 $(f \circ g)^{-1}(A) = g^{-1}(f^{-1}(A))$임을 증명하여라.

5 $f: X \to Y$라고 하자. f가 일대일이기 위한 필요충분조건은 모든 A, $B \subseteq X$에 대해서

$$f(A \cap B) = f(A) \cap f(B)$$

임을 증명하여라.

제3장 종합문제

01 $f(x)=\dfrac{3x+8}{2x-A}$이고 $f(0)=2$를 만족하는 A의 값을 구하여라.

02 바위가 목성 위 20m의 높이에서 떨어진다면, x초 후에 높이 H[m]는

$$H(x)=20-4.9x^2$$

으로 주어진다.

(1) $x=1$초, $x=1.1$초, $x=1.2$초 후에 바위의 높이를 구하여라.

(2) 바위가 언제 목성 표면에 도달하겠는가?

03 직사각형의 한 변의 길이가 다른 변의 두 배라면, 직사각형의 넓이 A를 짧은 변의 길이 x의 함수로서 표현하여라.

04 $f(x)=\dfrac{x+2}{x-6}$일 때,

(1) 점 $(3,\ 14)$는 f의 그래프 위에 있는가?

(2) $x=4$일 때 $f(x)$를 구하여라.

(3) $f(x)=2$인 x를 구하여라.

(4) f의 정의역을 구하여라.

05 그래프를 그리지 않고 각 함수가 우함수인지, 기함수인지, 또는 우함수도 기함수도 아닌지를 설명하여라.

(1) $f(x)=x+|x|$　　(2) $g(x)=\dfrac{1}{x^2}$　　(3) $h(x)=\dfrac{x^3}{3x^2-9}$

06 수평이동, 수축, 확장, 대칭시키는 방법을 사용하여 각각의 함수 그래프를 그려라.

(1) $f(x)=(x+1)^2-3$　　(2) $g(x)=\sqrt{x-2}+1$

07 함수 $f(x)$가 오른쪽 그림과 같을 때,

(1) $y=|f(x)|$의 그래프를 그려라.

(2) $y=f(|x|)$의 그래프를 그려라.

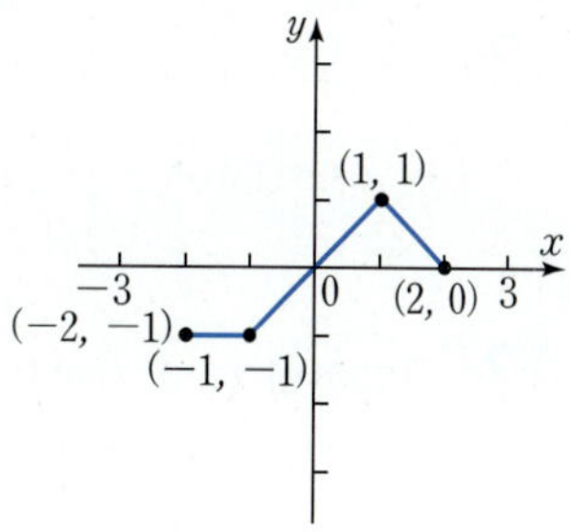

08 주어진 함수 f와 g에 대해서 아래의 함수를 찾아라.

(a) $(f\circ g)(2)$	(b) $(g\circ f)(2)$	(c) $(f\circ f)(1)$	(d) $(g\circ g)(0)$

(1) $f(x)=2x^2,\ g(x)=1-3x^2$

(2) $f(x)=|x-2|,\ g(x)=\dfrac{3}{x^2+2}$

09 $(f\circ g)(x)=x,\ (g\circ f)(x)=x$임을 보여라.

(1) $f(x)=2x-6,\ g(x)=\dfrac{1}{2}(x+6)$

(2) $f(x)=ax+b,\ g(x)=\dfrac{1}{a}(x-b),\ a\neq 0$

10 $f(x)=x^2,\ g(x)=3x,\ h(x)=\sqrt{x}+1$을 이용하여 아래의 각 함수를 f, g, h의 합성함수로 표현하여라.

(1) $F(x)=3x^2$ (2) $G(x)=3\sqrt{x}+3$ (3) $R(x)=9x$

(4) $P(x)=x^4$ (5) $Q(x)=\sqrt{\sqrt{x}+1}+1$

11 함수 f가 일대일 함수이다. 그 역함수를 찾고, 그것을 증명하여라. f와 f^{-1}의 정의역과 치역을 말하여라.

(1) $f(x)=\dfrac{1}{1-x}$ (2) $f(x)=\dfrac{2x}{x-1}$

(3) $f(x)=\dfrac{2x-3}{x+4}$ (4) $f(x)=2\sqrt[3]{x}$

12 직원뿔의 부피는 $V=\frac{1}{3}\pi r^2 h$이다. 높이가 반지름의 두 배라고 할 때, 부피 V를 r로 나타내어라.

13 삼각형의 한 꼭짓점은 $y=9-x^2\,(0<x<3)$ 위에 있고 다른 꼭짓점은 원점에 있으며, 세 번째 꼭짓점은 x축의 양의 부분 위 점 $(x,\ 0)$에 있다. 삼각형의 넓이 A를 x로 나타내어라.

14 $f: X \to Y$, $A \subseteq X$, $B \subseteq Y$일 때 다음을 증명하여라.

(1) $f(f^{-1}(B)) \subseteq B$

(2) $A \subseteq f^{-1}(f(A))$

Chapter 04

여러 가지 함수

4.1 정함수

일차함수(직선)

일차함수는 다음과 같은 형태의 함수를 의미한다.

$$f(x) = ax + b$$

단, a, b는 실수이고, $a \neq 0$이다. 일차함수의 정의역은 실수 전체이다.

$x_1 \neq x_2$인 두 점 $P = (x_1,\ y_1)$, $Q = (x_2,\ y_2)$를 품는 직선 L의 기울기(slope) m은 아래와 같이 정의한다.

$$m = \frac{y_2 - y_1}{x_2 - x_1},\quad x_1 \neq x_2$$

예제 4.1.1

기울기가 아래와 같고 점 (3, 2)를 지나는 직선의 그래프를 그려라.

(1) $\frac{3}{4}$ (2) $-\frac{4}{5}$

풀이 그림 4.1과 4.2 참조

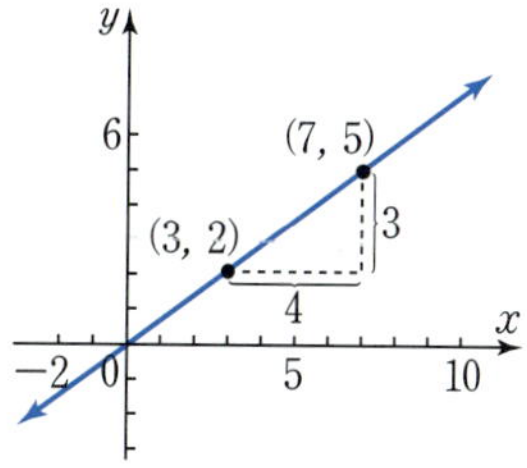

그림 4.1

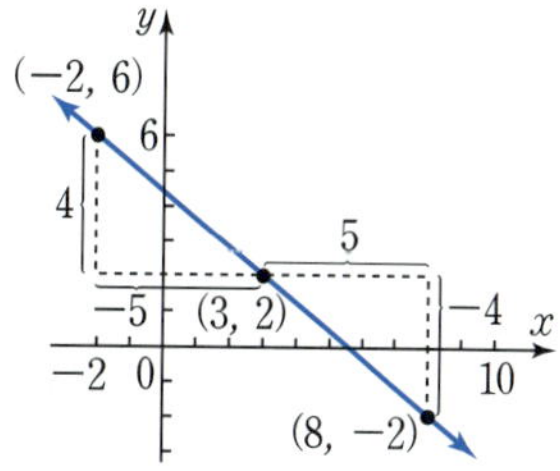

그림 4.2

✲

점 $(x_1,\ y_1)$을 지나는 기울기 m인 직선 상의 점을 $(x,\ y)$라 하면 $m=\dfrac{y-y_1}{x-x_1}$이므로 $y-y_1=m(x-x_1)$이다. 따라서

정리 4.1.2

점 $(x_1,\ y_1)$을 지나는 기울기 m인 직선의 방정식은

$$y-y_1=m(x-x_1)$$

예제 4.1.3

점 (3, 2)를 지나는 기울기 4인 직선의 방정식을 구하여라.

풀이 $y-y_1=m(x-x_1)$에서 $y-2=4(x-3)$이므로 $y=4x-10$이다(그림 4.3 참조).

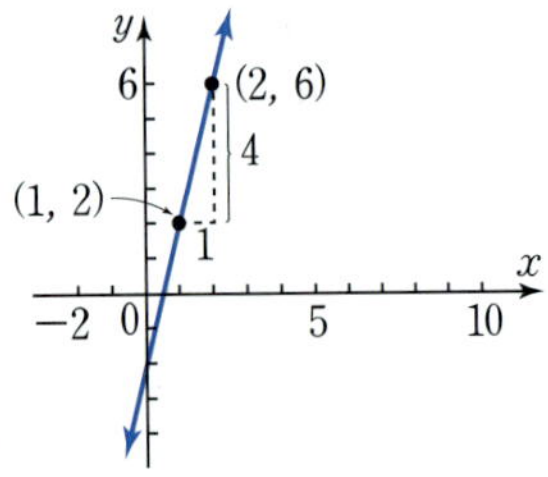

그림 4.3

예제 4.1.4

점 (2, 3), (−4, 5)를 지나는 직선의 방정식을 구하여라.

풀이 직선의 기울기 $m=\dfrac{5-3}{-4-2}=\dfrac{1}{-3}$이므로 직선의 방정식은

$$y-3=-\frac{1}{3}(x-2)$$

이다. 즉, $y=-\dfrac{1}{3}x+\dfrac{11}{3}$이다.

기울기가 m인 직선이 $y=b$에서 y축을 지난다면 $x=0$일 때 $y=b$가 된다. 즉, 기울기가 m이면서 $(0,b)$를 지나는 직선의 방정식은

$$y-b=m(x-0)$$

이므로 $y=mx+b$이다. 따라서

정리 4.1.5

y축 절편이 b이고 기울기 m인 직선의 방정식은

$$y=mx+b$$

예제 4.1.6

직선 $2x+4y-8=0$의 y축 절편 b와 기울기 m을 구하여라.

풀이 $2x+4y-8=0$에서 $y=-\frac{1}{2}x+2$이다. 따라서 기울기는 $-\frac{1}{2}$이고 y축 교점은 2이다(그림 4.4 참고).

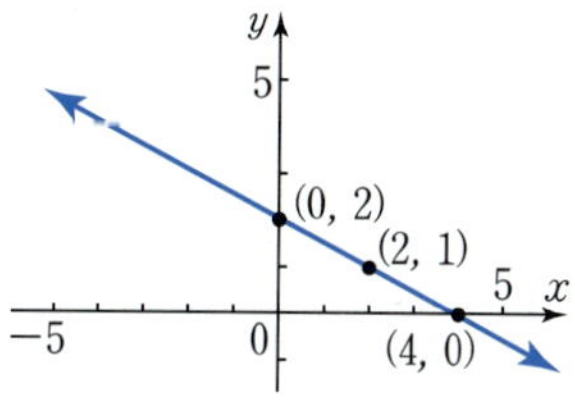

그림 4.4

✲

두 직선의 평행과 수직

정리 4.1.7

수직선이 아닌 두 직선이 평행할 필요충분조건은 기울기가 같고 y절편이 다를 때이다.

예제 4.1.8

다음 두 직선이 평행임을 보여라.

$$L: 2x+3y-6=0,\ M: 4x+6y=0$$

풀이 L, M의 기울기는 모두 $-\frac{2}{3}$이고 y절편은 서로 다르므로 두 직선은 평행하다.

✲

정리 4.1.9

수직선이 아닌 두 직선이 수직일 필요충분조건은 두 기울기의 곱이 -1이다.

예제 4.1.10

기울기가 $\frac{3}{2}$인 직선은 기울기가 $-\frac{2}{3}$인 직선과 수직이다. ✲

예제 4.1.11

직선 $2x+y-3=0$과 수직이면서 $(3, 7)$을 지나는 직선의 방정식을 구하여라.

(풀이) 주어진 방정식은 $y=-2x+3$이므로 기울기가 -2이다. 그래서 구하고자 하는 방정식의 기울기는 $\frac{1}{2}$이 된다. 즉,

$$y=\frac{1}{2}x+b$$

이다. 또한, $(3, 7)$을 지나므로 $7=\frac{3}{2}+b$를 만족하므로 $b=\frac{11}{2}$이다. 그러므로 구하고자 하는 직선의 방정식은

$$y=\frac{1}{2}x+\frac{11}{2}$$

이다. ✲

이차함수

이차함수(quadratic function)는 다음과 같은 형태의 함수를 의미한다.

$$f(x)=ax^2+bx+c$$

단, a, b, c는 실수이고, $a\neq 0$이다. 이차함수의 정의역은 실수 전체이다.

이차함수의 그래프

그림 4.5(a)는 $f(x)=ax^2$의 그래프를 $a=1,\ 3,\ \frac{1}{2}$인 경우에 같은 좌표평면에 그린 것이다. 여기서, a의 값에 따라서 그래프의 폭이 넓어지고 좁아짐에 주목하자. 즉, a가 크면 클수록 그 폭이 좁아진다.

그리고 $a<0$인 경우의 $f(x)=ax^2$의 그래프는 $f(x)=|a|x^2$의 그래프를 x축에 대하여 대칭 이동한 것임을 그림 4.5(b)를 통하여 알 수 있다.

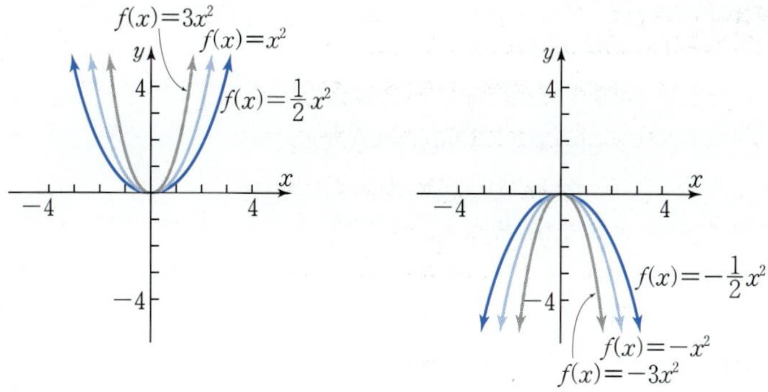

(a) (b)

그림 4.5

예제 4.1.12

이차함수 $f(x)=2x^2+8x+5$의 그래프를 그려라.

풀이 먼저, $2x^2+8x+5$를 완전제곱 꼴로 변형하자.

$$\begin{aligned} f(x) &= 2x^2+8x+5=2(x^2+4x)+5=2(x^2+4x+4)+5-8 \\ &= 2(x+2)^2-3 \end{aligned}$$

이제, $f(x)=2x^2+8x+5$는 다음의 세 가지 과정을 거쳐서 얻을 수 있다. 먼저, $y=2x^2$의 그래프를 그린다[그림 4.6(a)]. 다음으로, 그 그래프를 x축을 따라서 위쪽으로 2만큼 이동한다[그림 4.6(b)]. 마지막으로, 두 번째 단계에서 얻어진 그래프를 y축을 따라서 아래로 3만큼 이동한다[그림 4.6(c)]. 마지막으로 얻어진 그래프가 $f(x)=2x^2+8x+5$의 그래프이다. 이 그래프는 대칭축의 방정식이 $x=-2$이며 아래로 볼록인 포물선이고, 그 꼭짓점(최저점)의 좌표가 $(-2,-3)$이다.

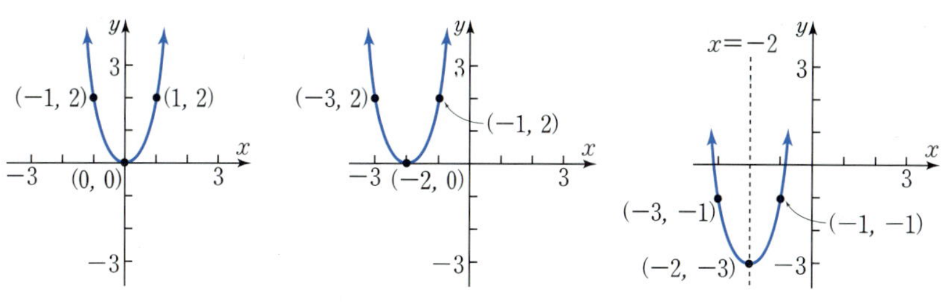

(a) $y=2x^2$ (b) $y=2(x+2)^2$ (c) $y=2(x+2)^2-3$

그림 4.6 $f(x)=2x^2+8x+5$의 그래프 ✲

이차함수를 완전제곱 꼴로 바꾸어보자.

$$f(x)=ax^2+bx+c=a\left(x^2+\frac{b}{a}x\right)+c$$

$$= a\left(x^2 + \frac{b}{a}x + \frac{b^2}{4a^2}\right) + c - a\left(\frac{b^2}{4a^2}\right)$$

$$= a\left(x + \frac{b}{2a}\right)^2 + c - \frac{b^2}{4a}$$

$$= a\left(x + \frac{b}{2a}\right)^2 + \frac{4ac - b^2}{4a}$$

정리 4.1.13

이차함수 $f(x) = ax^2 + bx + c,\ a \neq 0$의 그래프는 꼭짓점을 $\left(-\frac{b}{2a},\ \frac{4ac - b^2}{4a}\right) = \left(-\frac{b}{2a},\ f\left(-\frac{b}{2a}\right)\right)$, 대칭축을 $x = -\frac{b}{2a}$로 가지는 포물선으로서, $a > 0$인 경우에는 아래로 볼록이고, $a < 0$인 경우에는 위로 볼록이다.

예제 4.1.14

$f(x) = 2x^2 + x + 1$의 그래프를 그려라.

풀이 이차함수 $f(x) = 2x^2 + x + 1$에서 $a = 2,\ b = 1,\ c = 1$이다. 먼저, $a = 2 > 0$이므로 그래프는 아래로 볼록이다. 그리고 꼭짓점의 x좌표는 $\frac{-b}{2a} = -\frac{1}{4}$이고, 꼭짓점의 y좌표는

$$f\left(-\frac{1}{4}\right) = 2\left(\frac{1}{6}\right) + \left(-\frac{1}{4}\right) + 1 = \frac{7}{8}$$

이므로, 꼭짓점의 좌표는 $\left(-\frac{1}{4},\ \frac{7}{8}\right)$이고, 대칭축은 $x = -\frac{1}{4}$이다.

한편, $f(0) = 1$이므로 y절편은 1이고, $b^2 - 4ac = 1 - 8 = -7 < 0$이므로 x절편은 없다. 그리고 y절편과 대칭축을 이용하여 그래프 위의 점 $\left(-\frac{1}{2},\ 1\right)$을 얻을 수 있다. 이들 정보를 이용하여 함수 $f(x) = 2x^2 + x + 1$의 그래프를 그림 4.7과 같이 얻을 수 있다.

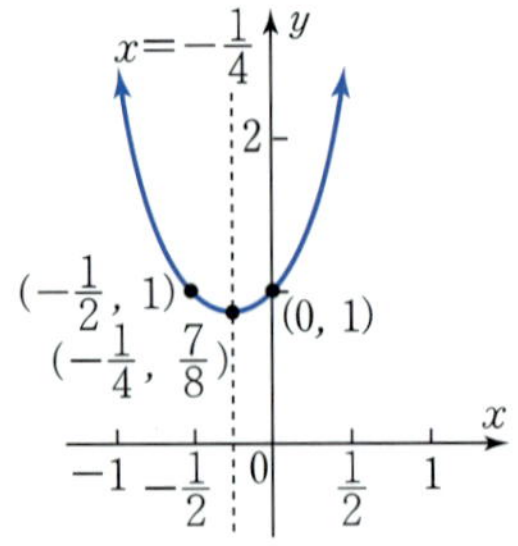

| 그림 4.7 | $f(x) = 2x^2 + x + 1$의 그래프 ✲

이차함수의 응용

이차함수 $f(x)=ax^2+bx+c,\ a\neq 0$의 그래프에서 꼭짓점은 가장 높은 점$(a<0)$이거나 가장 낮은 점$(a>0)$이 된다. 따라서, $a<0$인 경우에는 $f\left(-\dfrac{b}{2a}\right)$가 최댓값이고, $a>0$인 경우에는 $f\left(-\dfrac{b}{2a}\right)$가 최솟값이다.

예제 4.1.15

높이가 100m인 두 개의 기둥에 연결된 케이블로 지탱되는 총 길이가 400m인 현수교가 있다. 현수교를 지탱하는 케이블은 아래로 볼록인 포물선 형태이고, 다리의 중심에서 길과 맞닿아 있다. 이때, 중심에서 거리가 100m인 지점에서의 케이블의 높이를 구하여라. (단, 도로는 수평인 것으로 생각한다.)

풀이 먼저, 도로의 표면이 x축이 되고, 다리의 중심이 원점이 되도록 좌표를 설정하자. 그러면 두 기둥은 중심에서 거리가 200m인 지점에 놓일 것이고, 끝점의 좌표가 $(200,\ 100)$, $(-200,\ 100)$이 될 것이다(그림 4.8 참조). 케이블은 아래로 볼록이고 꼭짓점이 $(0,0)$인 포물선이 되므로, 이차함수 $y=ax^2,\ a>0$의 그래프가 된다. 이제 a를 결정하자. 한편, $(200,\ 100)$이 그래프에 놓여 있으므로, a는 방정식 $100=a(200)^2$을 만족해야 하므로 $a=\dfrac{1}{400}$이다. 따라서, 구하고자 하는 높이는 $x=100$에서의 함숫값이므로, $\dfrac{1}{400}(100)^2=25$이다.

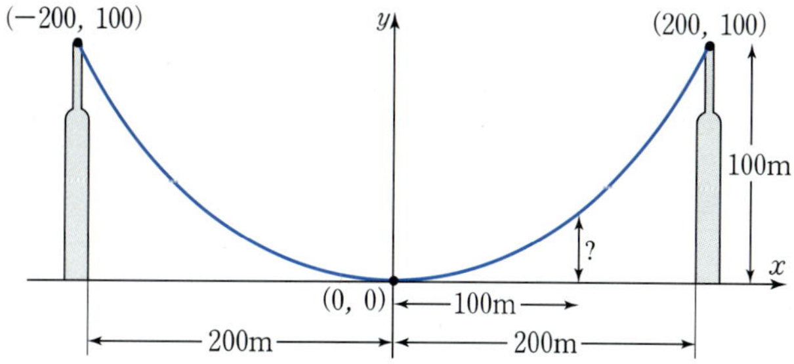

| 그림 4.8 |

정함수

다음과 같은 형태의 함수를 정함수(polynomial function)라 부른다.

$$f(x)=a_nx^n+a_{n-1}x^{n-1}+\cdots+a_1x+a_0$$

단, $a_n(\neq 0)$, $a_{n-1},\ldots,\ a_1,\ a_0$는 실수이고, n은 음이 아닌 정수이며, 정의역은 모든

실수이다. 즉, 정함수는 한 개의 변수를 가지는 다항식의 값을 취하는 함수이다. 이때 n을 위 정함수의 차수(degree)라 한다. 따라서 차수가 1, 2인 함수는 각각 앞에서 배운 일차함수, 이차함수이다.

정함수의 그래프 그리기

삼차 이상인 정함수의 그래프를 그리는 것은 간단하지 않다. 그러나 정함수의 그래프는 부드러운 연결곡선, 즉 끊김과 뾰족한 점이 없는 곡선임이 잘 알려져 있다. 정함수의 그래프에서 x절편은 x축을 여러 개의 구간으로 나누는데, 각 구간에서 그래프가 x축 위에 놓이거나 x축 아래에 놓이게 된다.

정의 4.1.16

정함수 f에 대하여 $f(r)=0$을 만족하는 실수 r을 f의 근이라고 부른다. 따라서, 정함수의 근은 그래프의 x절편이다. 정함수 f가 $(x-r)^m$을 인수로 가지며, $(x-r)^{m+1}$을 인수로 가지지 않을 때, r을 **중복도가** m**인 근**이라 부른다.

예제 4.1.17

정함수 $f(x)=5(x-2)(x+3)^2\left(x-\frac{1}{2}\right)^4$에서 2, -3, $\frac{1}{2}$이 근이고, 중복도는 순서대로 1, 2, 4이다. ✲

연습문제 4.1

1 다음 성질을 갖는 직선의 방정식을 구하여라.

(1) 기울기 $=2$, 점 $(-2, 3)$을 지남.

(2) 점 $(-3, 4)$, $(2, 5)$를 지남.

(3) x축 절편 $=2$, y축 절편 $=-1$.

(4) $2x-y+2=0$과 평행, 점 $(0, 0)$을 지남.

(5) $y=\frac{1}{2}x+4$와 수직, 점 $(1,-2)$를 지남.

(6) $2x+y-2=0$과 수직, 점 $(-3, 0)$을 지남.

2 기울기를 이용하여 꼭짓점이 $(-1, 0)$, $(2, 3)$, $(1, -2)$, $(4, 1)$인 사각형은 직사각형임을 보여라.

3 다음 각 이차함수의 볼록성, 꼭짓점, 대칭축, x절편, y절편, 최대, 최소를 구하고, 이를 이용하여 함수의 그래프를 그려라.

(1) $f(x)=x^2+4x+2$ (2) $f(x)=-x^2-2x$

4 합이 30이면서 그 곱이 최대가 되는 두 양의 수를 구하여라.

5 다음 함수들이 정함수인지 아닌지를 설명하고, 정함수인 경우 차수를 찾아라.

(1) $f(x)=x(x-1)$ (2) $g(x)=x^{\frac{3}{2}}-x^2+2$

6 다음 각 정함수 x 절편을 구하고, 그 그래프를 그려라.

(1) $y=x^3-x$ (2) $y=x^4-x^2$

7 다음 각 정함수 f의 모든 실근과 그들의 중복도를 찾아라.

(1) $f(x)=3(x-4)(x+5)^2$ (2) $f(x)=4(x^2+1)(x-2)^3$

4.2 유리함수

다음과 같이 분모와 분자가 정함수이고, 분모가 영함수가 아닌 함수를 유리함수(rational function)라 부른다.

$$R(x)=\frac{p(x)}{q(x)}$$

유리함수의 정의역은 실수 전체에서 분모 $q(x)$의 근을 제외한 범위이다. 유리함수 $R(x)=\frac{p(x)}{q(x)}$는 $p(x)$와 $q(x)$가 공통인수를 가지고 있지 않을 때 기약(irreducible)이라고 부른다. 지금부터는 기약인 유리함수만 다룬다. 기약 유리함수 $R(x)=\frac{p(x)}{q(x)}$에서 분자 $p(x)$의 근은 $R(x)$의 x절편이 되므로, $R(x)$의 그래프를 그릴 때 중요한 역할을 하며, 분모 $q(x)$의 근은 $R(x)$의 정의역에는 포함되지 않으나 $R(x)$의 그래프를 그릴 때 역시 중요한 역할을 한다.

점근선

정의 4.2.1

함수의 **점근선**(asymptote)이란 직선으로서 함수의 그래프의 어떤 부분이 접하지는 않으나 점점 가까워지는 것을 의미한다. 특히, $x \to -\infty$일 때 $R(x) \to L$이거나 $x \to \infty$일 때 $R(x) \to L$일 때, $y = L$을 **수평점근선**(horizontal asymptote)이라 부르고, $x \to c$일 때 $R(x) \to \infty$ 또는 $R(x) \to -\infty$이면, $x = c$를 **수직점근선**(vertical asymptote)이라 부른다. 수평점근선도 아니고 수직점근선도 아닌 점근선을 **사선점근선**(oblique asymptote)이라 부른다.

주의

1. 점근선은 함수 그래프의 일부분은 아니지만 함수의 그래프를 그리는 데 많은 유용한 정보를 준다. 그림 4.9는 함수의 다양한 형태의 점근선을 보여준다.
2. 함수의 그래프는 수직점근선과는 만나지 않는다.
3. 수평점근선은 $|x|$가 굉장히 큰 x에 대한 함수의 그래프에 대한 정보를 준다.
4. 수직점근선은 주어진 점 $x = c$에서의 함수의 그래프에 대한 정보를 준다.

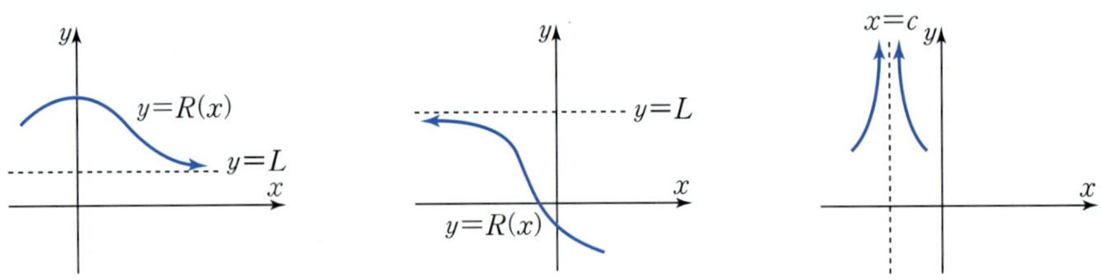

(a) $x \to \infty$, $R(x) \to L$
$y = L$: 수평점근선

(b) $x \to -\infty$, $R(x) \to L$
$y = L$: 수평점근선

(c) $x \to c$, $|R(x)| \to \infty$
$x = c$: 수직점근선

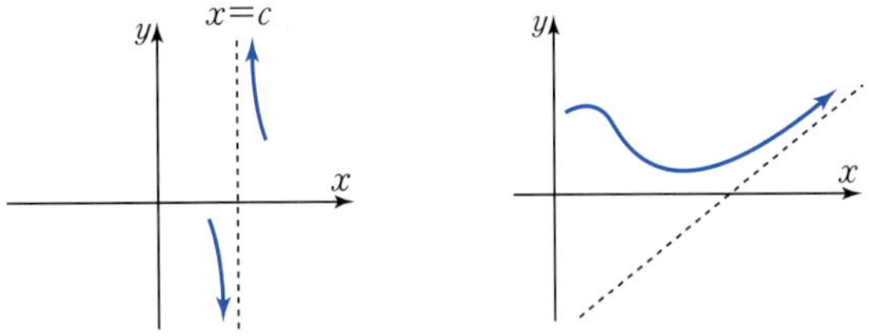

(d) $x \to c$, $|R(x)| \to \infty$
$x = c$: 수직점근선

(e) 사선점근선

그림 4.9 다양한 점근선

점근선 찾기

수직점근선 찾기

기약 유리함수 $R(x)=\dfrac{p(x)}{q(x)}$의 그래프가 수직점근선 $x=c$를 가지면, $x\to c$일 때 $|R(x)|\to\infty$를 만족해야 하므로 $(x-c)$는 $q(x)$의 인자이어야 한다. 즉, c는 $q(x)=0$의 근이어야 한다. 여기서, $R(x)$가 기약이라는 조건이 없으면, c가 $q(x)=0$의 근이면서 $x=c$가 수직점근선이 아닌 c가 있을 수 있다(연습문제 4 참조).

예제 4.2.2

다음 유리함수들의 수직점근선을 찾아라.

(1) $R(x)=\dfrac{x}{x^2-4}$ (2) $R(x)=\dfrac{x+3}{x-1}$ (3) $R(x)=\dfrac{x^2}{x^2+1}$

풀이 (1) $x^2-4=(x-2)(x+2)$이므로, $x=-2$, $x=2$가 수직점근선이다.
(2) $x=1$이 수직점근선이다.
(3) x^2+1이 근을 가지지 않으므로 수직점근선은 없다. ✲

수평점근선과 사선점근선 찾기

기약 유리함수 $R(x)=\dfrac{p(x)}{q(x)}$의 수평점근선과 사선점근선을 찾기 위해서는 $x\to\infty$나 $x\to-\infty$일 때의 함숫값의 변화의 추이를 알아야 한다.

i) $R(x)$가 진분수인 경우(분자 $p(x)$의 차수가 분모 $q(x)$의 차수 미만인 경우)
$x\to\infty$나 $x\to-\infty$일 때 $R(x)\to 0$이다. 따라서, $y=0$이 수평점근선이다.

ii) $R(x)$가 가분수인 경우(분자 $p(x)$의 차수가 분모 $q(x)$의 차수 이상인 경우)
이 경우는 나눗셈을 이용한다. 나눗셈을 시행하면 표준형

$$R(x)=\frac{p(x)}{q(x)}=f(x)+r(x),\ f(x):\text{정함수},\ r(x):\text{진분수}$$

인 유리함수를 얻는다. 그러면 $x\to\infty$나 $x\to-\infty$일 때 $R(x)\to f(x)$가 된다.

주의 유리함수 $R(x)=\dfrac{p(x)}{q(x)}$는 항상 $R(x)=\dfrac{p(x)}{q(x)}=f(x)+r(x)$로 표현할 수 있다. 진분수인 경우는 $f(x)=0$이다. 이렇게 생각하면 어느 경우라도 $x\to\infty$나 $x\to-\infty$일 때 $R(x)\to f(x)$가 된다.

이제, 점근선은 직선이라는 사실과 표준형에서 $f(x)=0$(진분수인 경우)이거나 $f(x)=0$의 차수가 $p(x)$의 차수와 $q(x)$의 차수의 차(가분수인 경우)와 같음을 염두에 두면 다음을 얻는다.

유리함수의 수평점근선과 사선점근선 찾는 방법

$$R(x)=\frac{p(x)}{q(x)}=\frac{a_n x^n + a_{n-1}x^{n-1}+\cdots+a_1 x + a_0}{b_m x^m + b_{m-1}x^{m-1}+\cdots+b_1 x + b_0}=f(x)+r(x)$$ 일 때

(1) $n<m$: $y=f(x)=0$이 수평점근선이다.

(2) $n=m$: $y=f(x)=\dfrac{a_m}{b_m}$이 수평점근선이다.

(3) $n=m+1$: $y=f(x)$이 사선점근선이다.

(4) $n>m+1$: 수평점근선과 사선점근선 모두 존재하지 않으나, $|x|$가 굉장히 큰 x에 대해서 함수의 그래프는 $y=f(x)$의 그래프에 접근한다.

예제 4.2.3

다음 유리함수의 수평점근선 또는 사선점근선을 찾아라.

(1) $R(x)=\dfrac{x-2}{4x^2+x+1}$ (2) $R(x)=\dfrac{3x^4-x^2}{x^3-x^2+1}$

(3) $R(x)=\dfrac{8x^2-x+2}{4x^2-1}$ (4) $R(x)=\dfrac{2x^5-x^3+2}{x^3-1}$

풀이 (1) $R(x)$가 진분수이므로, $y=0$이 수평점근선이다.

(2) $R(x)=\dfrac{3x^4-x^2}{x^3-x^2+1}=3x+3+\dfrac{2x^2-3x-3}{x^3-x^2+1}$이므로, $y=3x+3$이 사선점근선이다.

(3) 분자의 차수 = 분모의 차수이므로, $y=\dfrac{8}{4}=2$가 수평점근선이다.

(4) 분자의 차수 = 분모의 차수+2이므로, 수평점근선과 사선점근선 모두 존재하지 않는다. 한편,

$$R(x)=\frac{2x^5-x^3+2}{x^3-1}=2x^2-1+\frac{2x^2+1}{x^3-1}$$

이므로 $|x|$가 굉장히 큰 x에 대해서 함수의 그래프는 함수 $y=2x^2-1$의 그래프에 접근한다. ✲

유리함수 $R(x)=\dfrac{p(x)}{q(x)}$의 그래프를 그리는 방법

1단계: x절편과 y절편을 찾는다.

x절편 : $p(x)=0$의 근

y절편 : $R(0)$의 값(0에서 $R(x)$가 정의되는 경우)

2단계: 대칭성 조사

$R(-x)=R(x)$: y축에 대칭, $R(-x)=-R(x)$: 원점에 대칭

3단계: 수직점근선을 찾는다. $q(x)=0$의 근을 찾는다.

4단계: 수평점근선 또는 사선점근선을 찾는다. 점근선과 만나는 그래프의 점의 존재 여부를 알아본다.

5단계: 그래프가 4단계에서 찾은 점근선 위 또는 아래에 놓이는 구간을 찾는다.

6단계: 얻어진 정보를 이용하여 그래프를 그린다.

다음 예제들은 이 방법을 사용하여 실제로 그래프를 그리는 방법을 예시한다.

예제 4.2.4

유리함수 $R(x)=\dfrac{x-1}{x^2-4}$의 개형을 그려라.

풀이 먼저, $R(x)=\dfrac{x-1}{x^2-4}=\dfrac{x-1}{(x+2)(x-2)}$임에 유의하자.

1단계: x절편 1, y절편 $R(0)=\dfrac{1}{4}$

2단계: $R(-x)=\dfrac{-x-1}{x^2-4}$이므로, 우함수도 기함수도 아니므로 대칭성이 없음.

3단계: $x=-2$, $x=2$가 수직점근선임.

4단계: 분자의 차수가 분모의 차수 미만이므로, $y=0$, 즉 x축이 수평점근선이다. 그리고 이 수평점근선과 함수의 그래프가 만나는지 여부를 알아보기 위해서 $R(x)=0$을 풀면 $x=1$이 근이고, 따라서 $(1, 0)$에서 수평점근선과 그래프가 민닌디.

5단계 : 분자의 근은 1, 분모의 근은 $-2, 2$이므로, x축을 네 개의 구간으로 나누어 생각하자.

$x<-2$: $R(-3)=-0.8$, x축 아래에 그래프가 놓임.

$-2<x<1$: $R(0)=0.25$, x축 위에 그래프가 놓임.

$1<x<2$: $R\left(\dfrac{3}{2}\right)=-\dfrac{2}{7}$, x축 아래에 그래프가 놓임.

$2<x$: $R(3)=0.4$, x축 위에 그래프가 놓임.

6단계: 먼저 위에서 얻어진 점들을 좌표평면에 표시한다. 이제 각 구간별로 그래프의 개형을 살펴보자. $x<-2$인 경우에는 x축 아래에 그래프가 놓이고 x축이 수평점근선이므로, x축을 따라가는 작은 화살표를 그래프의 일부분으로 생각하여 그리자. 또한, $x=-2$가 수직점근선이고 x축 아래에 그

래프가 놓이므로, 왼쪽에서 $x=-2$에 접근하는 작은 화살표를 그래프의 일부분으로 생각하여 그리자. 이제, 나머지 부분도 비슷한 방법으로 생각하여 그림 4.10(a)를 얻는다. 마지막으로 이를 자연스럽게 연결하여 그림 4.10(b)를 얻는다.

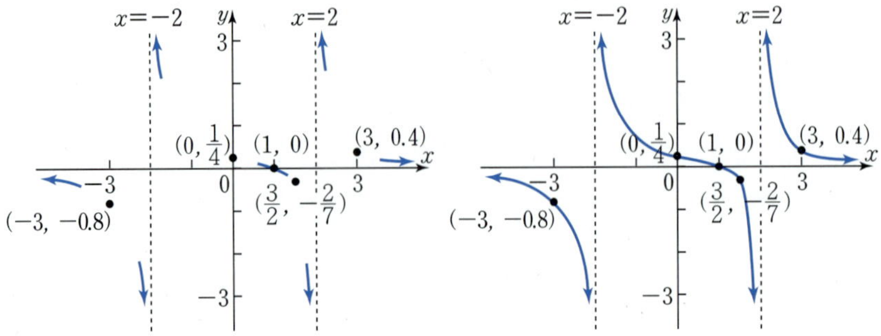

| 그림 4.10 | $R(x)=\dfrac{x-1}{x^2-4}$의 그래프

무리함수

유리수와 무리수가 대응되듯이 유리함수와 대응하여 무리함수를 간략히 소개하고 이 장을 마친다. 이미 앞에서 무리함수를 사용하여 왔지만 무리함수(irrational function)란 유리함수가 아닌 $\sqrt{f(x)}$, $\sqrt[3]{f(x)}$ 등의 $\sqrt[n]{f(x)}$를 품는 함수를 말한다. 여기서 $f(x)$가 정함수, 유리함수일 때를 주로 다루기로 하자. 예를 들어 $\sqrt{x-1}$, $\sqrt[3]{\dfrac{x+1}{x-1}}+5x$ 등은 무리함수이다.

무리함수의 정의역을 구하기 위해 먼저 $\sqrt[n]{f(x)}$의 정의역을 생각해보면, n이 짝수일 때 $f(x)\geq 0$을 만족하는 영역에서 정의되고, n이 홀수이면 $f(x)$가 음수인 영역에서도 $\sqrt[n]{f(x)}$가 정의됨을 알 수 있다.

예제 4.2.5

다음 함수의 정의역을 구하여라.

(1) $y=\sqrt{\dfrac{x-1}{x+1}}+\dfrac{2}{x-2}$ (2) $y=\sqrt[3]{\dfrac{x-1}{x+1}}+\dfrac{2}{x-2}$

풀이 (1) 먼저 $\sqrt{\dfrac{x-1}{x+1}}$의 정의역은 $\dfrac{x-1}{x+1}\geq 0$이어야 하므로 $(-\infty,\ -1)\cup[1,\ \infty)$이다. 또한 $\dfrac{2}{x-2}$의 정의역은 $\{x|x\neq 2\}$이므로, 주어진 함수의 정의역은 이 두 함수의 정의역의 공통부분인 $(-\infty,\ -1)\cup[1,\ 2)\cup(2,\ \infty)$이다.

(2) $\sqrt[3]{\dfrac{x-1}{x+1}}$ 의 정의역은 $\{x|x\neq-1\}$이고, $\dfrac{2}{x-2}$의 정의역은 $\{x|x\neq 2\}$이므로, 주어진 함수의 정의역은 $\{x|x\neq-1,\ x\neq 2\}$, 즉 $(-\infty,\ -1)\cup(-1,\ 2)\cup(2,\ \infty)$이다. ✲

예제 4.2.6

$y=\sqrt{ax+b}+c,\ a>0$의 역함수를 구하여라.

(풀이) 먼저 이 함수의 정의역은 $ax+b\geq 0$이어야 하므로 $[-b/a,\ \infty)$이고, 치역은 $[c,\ \infty)$이다. 그리고 일대일 함수이다. x, y를 바꾸고 정리하면 다음을 얻는다.

$$x=\sqrt{ay+b}+c \ \Rightarrow\ (x-c)^2=ay+b$$
$$\Leftrightarrow\ y=\frac{1}{a}(x-c)^2-\frac{b}{a}$$ ✲

연습문제 4.2

1 다음 유리함수의 정의역을 찾아라.

(1) $H(x)=\dfrac{-4x^2}{(x-2)(x+1)}$ (2) $F(x)=\dfrac{3x(x-1)}{2x^2-5x-3}$

(3) $R(x)=\dfrac{x}{x^3-8}$ (4) $R(x)=\dfrac{x}{x^4-1}$

2 다음 유리함수의 수평, 수직, 사선점근선을 찾아라.

(1) $R(x)=\dfrac{x}{x+1}$ (2) $H(x)=\dfrac{x^4+2x^2+1}{3x^2-x+1}$

(3) $G(x)=\dfrac{x^3}{x^4-1}$ (4) $F(x)=\dfrac{3x^4+1}{x^3+5x}$

3 다음 유리함수의 그래프를 그려라.

(1) $H(x)=\dfrac{-2}{x+1}$ (2) $F(x)=\dfrac{1}{x^2+4x+4}$

(3) $R(x)=\dfrac{x^2-4}{x^2}$

4 $x=0$이 유리함수 $R(x)=\dfrac{x(x-1)}{x(x+1)}$의 수직점근선이 아님을 보여라.

5 $F(x)=1-\dfrac{1}{x}$, $G(x)=\dfrac{x^2+x-12}{x+2}$일 때,

(1) $F(x)$, $G(x)$의 정의역을 구하여라.

(2) $F(x)$, $G(x)$의 점근선을 찾아라.

(3) $F(x)$, $G(x)$의 그래프를 그려라.

제4장 종합문제

01 다음 성질을 갖는 직선의 방정식을 구하여라.

(1) 기울기 $=-\dfrac{2}{3}$, 점 $(1, -1)$을 지남.

(2) 기울기 $=-3$, y축 절편 $=3$

(3) x축 절편 $=-4$, y축 절편 $=4$

(4) $x-2y+5=0$과 평행, 점 $(0, 0)$을 지남.

(5) $y=2x-3$과 수직, 점 $(1,-2)$를 지남.

(6) $x-2y+5=0$과 수직, 점 $(0, 4)$를 지남.

(7) 기울기를 이용하여 꼭짓점이 $(-2, 5)$, $(1, 3)$, $(-1, 0)$인 삼각형은 직각삼각형임을 보여라.

(8) 기울기를 이용하여 꼭짓점이 $(1, -1)$, $(4, 1)$, $(2, 2)$, $(5, 4)$인 사각형이 평행사변형임을 보여라.

02 다음 함수들의 그래프를 함수 $y=x^2$의 그래프를 평행이동, 대칭이동, 축소, 확대하여 그려라.

(1) $f(x)=\dfrac{1}{4}x^2+2$

(2) $f(x)=-x^2+1$

(3) $f(x)=2x^2-4x+1$

(4) $f(x)=\dfrac{1}{2}x^2+x-1$

03 다음 각 이차함수의 볼록성, 꼭짓점, 대칭축, x절편, y절편에 대한 정보를 구하고, 구한 정보를 이용하여 함수의 그래프를 그려라.

(1) $f(x)=2x^2+4$

(2) $f(x)=-2x^2+4x+6$

04 다음 각 이차함수가 최댓값, 최솟값을 가지는지를 결정하고, 그 값을 구하여라.

(1) $f(x)=6x^2+12x-3$

(2) $f(x)=-x^2+10x-4$

(3) $f(x)=-2x^2+8x+3$

(4) $f(x)=4x^2-4x$

05 둘레가 100인 사각형의 넓이가 최대일 때 가로, 세로 길이와 그 넓이를 구하여라.

06 함수 $f(x)=ax^2+bx+c$의 그래프는 꼭짓점이 직선 $x=1$에 놓여 있고, 두 점 $(0,\ 2)$, $(1,\ 8)$을 지난다고 한다. 이때, a, b, c를 결정하여라.

07 다음 함수들이 정함수인지 아닌지를 설명하고, 정함수인 경우 차수를 찾아라.

(1) $f(x)=3x^2-4x^4$

(2) $f(x)=1-\dfrac{1}{x}$

(3) $F(x)=5x^4-\pi x^3+\dfrac{1}{2}$

(4) $F(x)=\dfrac{x^2-5}{x^3}$

08 다음 각 정함수 f의 모든 실근과 그들의 중복도를 찾아라.

(1) $f(x)=-2\left(x+\dfrac{1}{2}\right)^2(x^2+4)^2$

(2) $f(x)=(x-5)^3(x+4)^2$

09 다음 유리함수의 그래프를 그려라.

(1) $R(x)=\dfrac{x^2}{x^2+x-6}$

(2) $R(x)=\dfrac{x^2+x-12}{x-4}$

10 기약 유리함수 $R(x)=\dfrac{p(x)}{q(x)}$의 그래프가 $x=4$를 수직점근선으로 가지면 $(x-4)$가 $q(x)$의 인자가 됨을 보여라.

11 기약 유리함수 $R(x)=\dfrac{p(x)}{q(x)}$의 그래프가 $y=2$를 수직점근선으로 가지면 $p(x)$의 차수와 $q(x)$의 차수가 같음을 보여라.

Chapter 05

삼각함수

삼각함수는 그리스의 천문학자들에 의해서 시작되었는데 오늘날의 sin, cos, tan 등의 표기법은 18세기 오일러(Euler)에 의해서 확립되었다. 삼각함수는 전통적인 측량과 항해 등에 사용될 뿐만 아니라 물체의 진동, 전자파 등의 파동, 생태계의 변동, 등락을 거듭하는 주식 가격의 변동 등을 분석하고 파악할 때에도 사용되고 있다.

5.1 각의 측정

두 개의 반직선이 한 점에서 만날 때 이루는 각의 크기를 측정하자. 이때 두 반직선이 만나는 점을 꼭짓점(vertex)이라 한다. 기준이 되는 하나의 반직선을 기준선(initial side)이라 하고 나머지 반직선을 동경(terminal side)이라 한다. 각(angle)은 꼭짓점에서 기준선을 기준방향으로 잡고 동경의 상대적인 방향을 수치로 나타낸다. 기준선으로부터 동경까지 반시계 방향으로 측정한 각을 양의 각이라 하고, 시계 방향으로 측정한 각을 음의 각이라 한다. 통상 직교좌표 평면에서 원점이 꼭짓점일 때, 양의 x축을 기준선으로 하여 각을 측정한다.

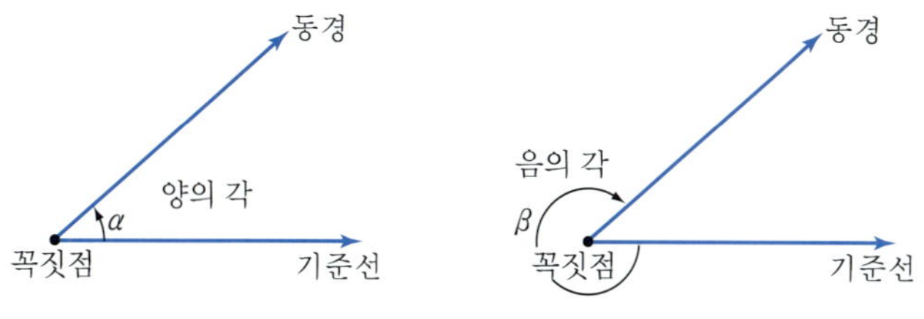

그림 5.1

각의 단위로는 각도(degree)와 호도(radian) 두 가지가 있는데, 먼저 각도에 대해서 알아보자.

정의 5.1.1

60분법 동경이 기준선에서 출발하여 꼭짓점을 중심으로 반시계 방향으로 한 바퀴 회전해서 다시 기준선과 일치할 때의 각의 크기를 360등분한 것을 1도라 하고 $1°$로 표기한다. 즉 꼭짓점을 중심으로 기준선에서 동경이 반시계 방향으로 한바퀴 회전할 때의 각의 크기를 $360°$로 정한다.

각도는 일상적인 지리상의 방향이나 시간과 관련된 내용을 표현할 때 편리하다.

꼭짓점을 중심으로 기준선에서 동경이 반시계 방향으로 반 바퀴 회전한 각의 크기는 $180°$이고, $\frac{1}{4}$바퀴 회전한 각의 크기는 $90°$이다. 또한 꼭짓점을 중심으로 기준선에서 동경이 시계 방향으로 한 바퀴 회전한 각의 크기는 $-360°$이고, 시계 방향으로 반 바퀴 회전한 각의 크기는 $-180°$이며, 시계 방향으로 $\frac{1}{4}$바퀴 회전한 각의 크기는 $-90°$이다.

특히 $0°$와 $90°$ 사이의 각을 예각(acute angle)이라 하고, $\pm 90°$를 직각(right angle)이라 한다. 꼭짓점을 중심으로 기준선에서 동경이 반시계 방향으로 2바퀴 회전한 각의 크기는 $360° \times 2 = (360 \times 2)°$이고, 일반적으로 반시계 방향으로 n바퀴 회전한 각의 크기는 $360° \times n = (360n)°$이다.

꼭짓점을 중심으로 기준선에서 동경이 시계 방향으로 2바퀴 회전한 각의 크기는 $(-360°) \times 2 = -(360 \times 2)°$이고, 일반적으로 시계 방향으로 n바퀴 회전한 각의 크기는 $(-360°) \times n = -(360n)°$이다.

이제 꼭짓점 O와 기준선 $\overline{OL}$을 고정하고 동경 $\overline{OP}$의 상대적 방향을 생각하자.

$\theta°$를 기준선 $\overline{OL}$과 동경 $\overline{OP}$ 사이의 각 $\angle LOP$라 하자.(통상, 각 $\angle LOP$를 측정할 경우 기준선에서 가까운 방향으로 한다. 즉 $-180° < \theta° \leq 180°$가 되도록 한다.)

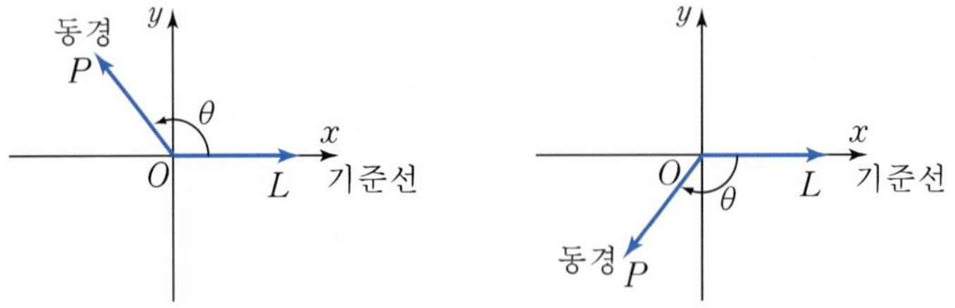

그림 5.2

그러면 임의의 정수 n에 대해서 다음의 각도에 대응되는 동경도 역시 $\overline{OP}$임을 알 수 있다.

$$\alpha° = \theta° + (360n)° \quad (n\text{은 임의의 정수}) \tag{1}$$

즉, $\alpha°$는 동경이 꼭짓점을 중심으로 기준선에서(n이 양이면 반시계 방향으로, 음이면 시계 방향으로) n바퀴 회전하고, 다시 $\theta°$만큼 회전한 각도이다. 그러므로 $\alpha°$는 $\theta°$와 동일한 동경 $\overline{OP}$의 방향을 나타낸다.

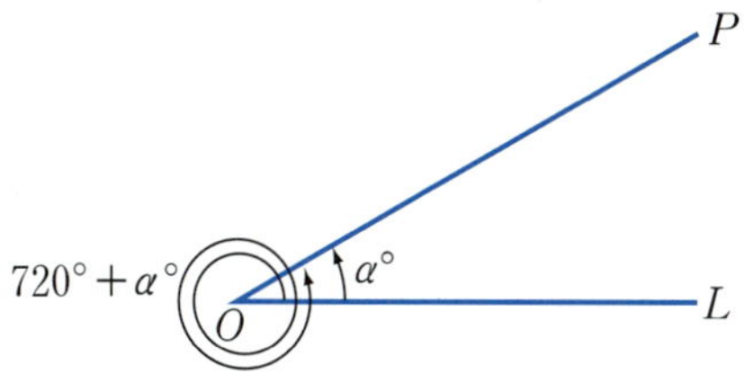

그림 5.3

이때 $\alpha° = \theta° + (360n)°$를 동경 $\overline{OP}$의 일반각(general angle)이라 한다.

이제 호도에 대해서 알아보자. 각을 다룰 때, 꼭짓점 O를 중심으로 하는 원에서 기준선과 동경을 각각 중심 O와 원주상의 두 점 L과 P를 잇는 두 개의 반지름과 $\overline{OP}$로 간주하면 편리하다.

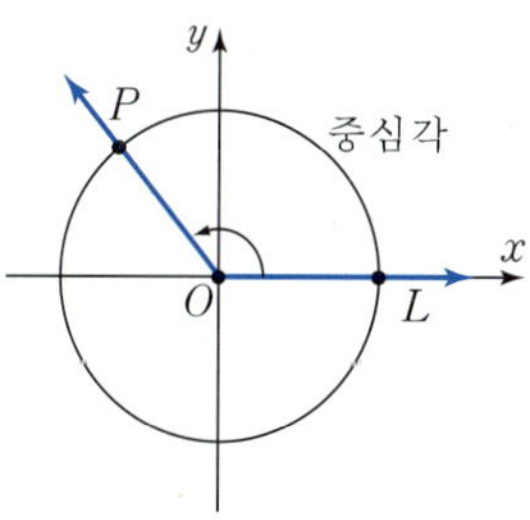

그림 5.4

이때 두 반지름 $\overline{OL}$과 $\overline{OP}$의 사이각 $\angle LOP$를 중심각(central angle)이라 한다.

모든 원은 서로 닮은 도형이어서 비례관계를 조사할 때는 임의의 한 원에 대해서만 생각하면 되므로, 이제부터 중심이 O이고 반지름이 $r > 0$인 원에 대해서 생각하자.

호 $\widehat{LP}$의 길이는 중심각 $\angle LOP$의 크기에 정비례한다. 그러므로 각을 중심으로 생각하면, 호 $\widehat{LP}$의 길이로써 중심각 $\angle LOP$의 크기를 표현할 수 있다.

정의 5.1.2

호도법(circular measure) 반지름이 r인 원에서 호 $\widehat{LP}$의 길이가 반지름 r과 같을 때, 반시계 방향으로 측정한 중심각 $\angle LOP$의 크기를 1호도(radian)로 정한다.

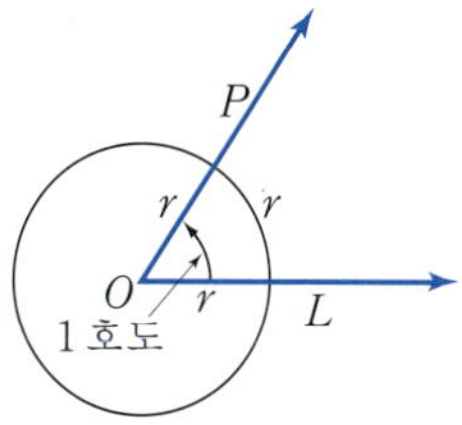

그림 5.5

호도는 호의 길이와 부채꼴의 넓이, 그리고 함수의 극한이나 미분적분과 관련된 내용을 표현할 때 매우 편리하다.

위의 정의에 의해서 다음 정리를 얻는다.

정리 5.1.3

반지름이 r인 원에서 중심각이 $\angle LOP=\theta$, $(0 \leqq \theta \leqq 2\pi)$일 때 다음이 성립한다.

(1) 호 $\widehat{LP}$의 길이는 $l=r\theta$이다.

(2) 부채꼴 LOP의 넓이는 $A=\frac{1}{2}r^2\theta=\frac{1}{2}rl$이다.

증명 원에서 호의 길이와 부채꼴의 넓이는 그 중심각에 정비례함을 알 수 있다. 정의 5.1.2에 의해서 호 $\widehat{LP}$의 길이는 $l=r\theta$이다.

원의 전체 넓이는 πr^2이므로, 부채꼴의 넓이 A는 다음 비례식을 만족한다.

$$A : \pi r^2 = \theta : 2\pi$$

따라서 $A=\pi r^2 \times \frac{\theta}{2\pi}=\frac{1}{2}r^2\theta=\frac{1}{2}rl$을 얻는다. ✲

예제 5.1.4

반지름이 3인 원에서 다음을 구하여라.

(1) 중심각이 $\frac{\pi}{6}$인 호의 길이

(2) 중심각이 $\frac{\pi}{6}$인 부채꼴의 넓이

풀이 호의 길이는

$$l=3\times\frac{\pi}{6}=\frac{\pi}{2}$$

이고, 부채꼴의 넓이는

$$A=\frac{1}{2}\times 3\times\frac{\pi}{2}=\frac{3\pi}{4}$$

✲

반지름이 r인 원의 원주는 $2\pi r$이므로, 동경 $\overline{OP}$가 반시계 방향으로 원을 한 바퀴 회전할 때 생기는 각의 크기는 2π호도이고, 반시계 방향으로 반 바퀴 회전할 때 생기는 각의 크기는 π호도이며, 반시계 방향으로 $\frac{1}{4}$바퀴 회전할 때 생기는 각의 크

기는 $\frac{\pi}{2}$ 호도이다. 또한 동경 $\overline{OP}$가 시계 방향으로 원을 한 바퀴 회전할 때 생기는 각의 크기는 -2π호도이고, 시계 방향으로 반 바퀴 회전할 때 생기는 각의 크기는 $-\pi$호도이며, 시계 방향으로 $\frac{1}{4}$바퀴 회전할 때 생기는 각의 크기는 $-\frac{\pi}{2}$호도이다.

동경 $\overline{OP}$가 반시계 방향으로 n바퀴 회전하는 각의 크기는 $2n\pi$호도이고, 동경 $\overline{OP}$가 시계 방향으로 n바퀴 회전하는 각의 크기는 $-2n\pi$호도이다.

참고 특별한 언급이 없는 한 각의 크기를 나타내는 수치는 그 단위를 호도로 간주하며, 편의상 '호도' 표시를 생략한다.

이제 기준선 $\overline{OL}$을 양의 x축으로 고정하고, 동경 $\overline{OP}$의 상대적 위치를 생각하자. α를 기준선 $\overline{OL}$과 동경 $\overline{OP}$ 사이의 각 $\angle LOP$라 하자(편의상 각 $\angle LOP$는 기준선에서 가까운 쪽으로 측정하자. 즉 $-\pi < \alpha \leq \pi$가 되도록 한다). 그러면 임의의 정수 n에 대해서 다음의 각에 대응되는 동경도 역시 $\overline{OP}$임을 알 수 있다.

$$\theta = \alpha + 2n\pi \quad (n\text{은 임의의 정수})$$

즉, θ는 동경이 기준선 $\overline{OL}$에서(n이 양이면 반시계 방향으로, 음이면 시계 방향으로) n바퀴 회전하고, 다시 α만큼 회전한 각이다. 그러므로 $\theta = \alpha + 2n\pi$와 α는 동일한 동경 $\overline{OP}$를 나타낸다. 이때 $\theta = \alpha + 2n\pi$를 동경 $\overline{OP}$의 일반각이라 한다.

각도와 호도 사이의 관계를 보자. 각 $\angle LOP$가 각도로는 $b°$이고 호도로는 θ라 하자. 그러면 $360°$가 2π이므로 다음의 비례식이 성립한다.

$$b° : \theta = 360° : 2\pi$$

즉, $2\pi b° = 360° \theta$이므로 다음의 변환공식을 얻는다.

$$\theta = \frac{\pi}{180°} b°, \qquad b° = \frac{180°}{\pi}\theta$$

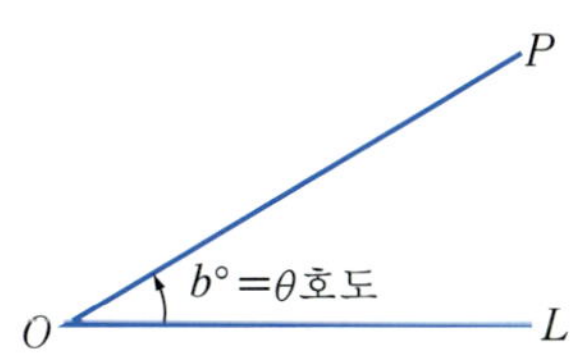

그림 5.6

예제 5.1.5

다음에서 각도는 호도로, 호도는 각도로 변환하여라.

(1) $60°$, $45°$, $150°$, $-30°$

(2) $\dfrac{\pi}{6}$, $\dfrac{3\pi}{2}$, $-\dfrac{3\pi}{4}$, $\dfrac{7\pi}{3}$

풀이 (1) $60° = \dfrac{\pi}{180°}60° = \dfrac{\pi}{3}$, $45° = \dfrac{\pi}{180°}45° = \dfrac{\pi}{4}$,

$150° = \dfrac{\pi}{180°}150° = \dfrac{5\pi}{6}$, $-30° = \dfrac{\pi}{180°}(-30°) = -\dfrac{\pi}{6}$

(2) $\dfrac{\pi}{6} = \dfrac{180°}{\pi}\dfrac{\pi}{6} = 30°$, $\dfrac{3\pi}{2} = \dfrac{180°}{\pi}\dfrac{3\pi}{2} = 270°$,

$-\dfrac{3\pi}{4} = \dfrac{180°}{\pi}\left(-\dfrac{3\pi}{4}\right) = -135°$, $\dfrac{7\pi}{3} = \dfrac{180°}{\pi}\dfrac{7\pi}{3} = 420°$ ✲

연습문제 5.1

1 반지름이 r인 부채꼴의 넓이를 a, 호의 길이를 s, 호의 중심각을 θ라 할 때, 다음을 계산하여라.

(1) $r = 10$, $\theta = \dfrac{\pi}{12}$, s　　(2) $\theta = \dfrac{1}{3}$, $s = 6$, r

(3) $r = 6$, $s = 8$, θ　　(4) $r = 3$, $\theta = \dfrac{\pi}{8}$, a

2 다음 각도를 호도로 변환하여라.

(1) $30°$　　(2) $120°$　　(3) $240°$

(4) $-60°$　　(5) $225°$　　(6) $135°$

3 다음 호도를 각도로 변환하여라.

(1) $\dfrac{\pi}{3}$　　(2) $\dfrac{5\pi}{6}$　　(3) $-\dfrac{5\pi}{4}$

(4) $-\dfrac{2\pi}{3}$　　(5) $\dfrac{9\pi}{4}$　　(6) $\dfrac{5\pi}{12}$

5.2 삼각함수의 정의

이제부터 특별한 언급이 없는 한 각의 단위는 항상 호도를 사용한다. 먼저 각 θ를 예각($0 < \theta < \frac{\pi}{2}$)이라 가정하고, 한 각이 θ인 직각삼각형의 세 변들 사이의 크기의 비를 조사하자. 한 각이 θ인 모든 직각삼각형들은 닮은 도형이므로 세 변들 사이의 크기의 비는 동일하다. 그래서 대표로 한 각이 θ인 하나의 직각삼각형에 대해서만 생각하면 된다.

직각삼각형 $\triangle OAP$에서 각 $\angle OAP = \frac{\pi}{2}$, 각 $\angle AOP = \theta$라 하고, 변의 크기가 변 $OA = a$, 변 $AP = b$, 빗변 $OP = c$라 하자.

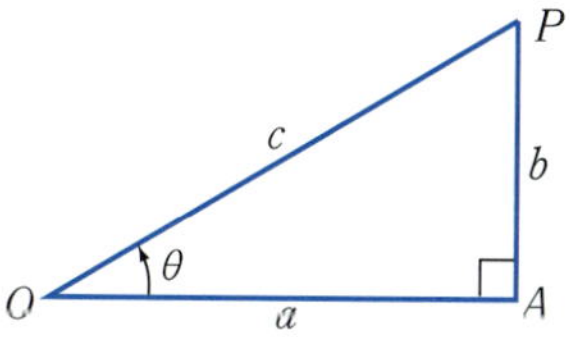

그림 5.7

정의 5.2.1

θ에 대한 삼각함수를 한 각이 θ인 직각삼각형 $\triangle OAP$(그림 5.7 참조)를 이용하여 다음과 같이 정의한다. $0 < \theta < \frac{\pi}{2}$에 대해서,

$$\sin\theta = \frac{b}{c},\ \ \cos\theta = \frac{a}{c},\ \ \tan\theta = \frac{b}{a}$$

여기서 빗변의 크기 c는 그대로 두고 각 θ를 0으로 점점 감소시키면 b는 0으로 점점 감소하고 a는 c로 점점 증가함을 알 수 있다. 그러므로 자연스럽게 다음과 같이 정의한다.

$$\sin 0 = 0,\ \cos 0 = 1,\ \tan 0 = 0$$

또한 빗변의 크기 c는 그대로 두고 각 θ를 $\frac{\pi}{2}$로 점점 증가시키면 b는 c로 점점 증가하고 a는 0으로 점점 감소함을 알 수 있다. 그러므로 다음과 같이 정의한다.

$$\sin\frac{\pi}{2} = 1,\ \cos\frac{\pi}{2} = 0,\ \tan\frac{\pi}{2} = \infty$$

위의 정의로부터 다음을 알 수 있다.

정리 5.2.2

임의의 $0 \leq \theta \leq \frac{\pi}{2}$ 에 대해서 다음 등식이 성립한다.

(1) $\tan\theta = \dfrac{\sin\theta}{\cos\theta}$, $(\theta \neq \frac{\pi}{2})$

(2) $\sin\left(\dfrac{\pi}{2} - \theta\right) = \cos\theta$

(3) $\cos\left(\dfrac{\pi}{2} - \theta\right) = \sin\theta$

(4) $\tan\left(\dfrac{\pi}{2} - \theta\right) = \dfrac{1}{\tan\theta}$, $(0 < \theta < \frac{\pi}{2})$

증명 (1) 정의 5.2.1로부터 $\dfrac{\sin\theta}{\cos\theta} = \tan\theta$를 얻는다.

(2) $\beta = \dfrac{\pi}{2} - \theta$라 두자. 그러면 $0 \leq \beta \leq \dfrac{\pi}{2}$이고, 직각삼각형 $\triangle OAP$ (그림 5.7 참조)에서 정의 5.2.1로부터 다음을 얻는다.

$$\sin\beta = \frac{a}{c} = \cos\theta$$

(3)과 (4)도 $\triangle OAP$ (그림 5.7 참조)에서 정의 5.2.1로부터 쉽게 얻어진다. ✲

예제 5.2.3

다음의 θ에 대하여 $\sin\theta$, $\cos\theta$, $\tan\theta$를 계산하여라.

(1) $\theta_1 = \dfrac{\pi}{3}$　　(2) $\theta_2 = \dfrac{\pi}{6}$　　(3) $\theta_3 = \dfrac{\pi}{4}$

풀이 (1) 먼저 편의상 한 변의 길이가 2인 정삼각형 $\triangle OLP$에서 변 OL의 중점을 A라 하면 $\triangle OAP$는 각 $\angle OAP = \dfrac{\pi}{2}$, $\angle AOP = \dfrac{\pi}{3}$인 직각삼각형이고 빗변 OP의 길이는 2이며, 변 OA의 길이는 1이다.

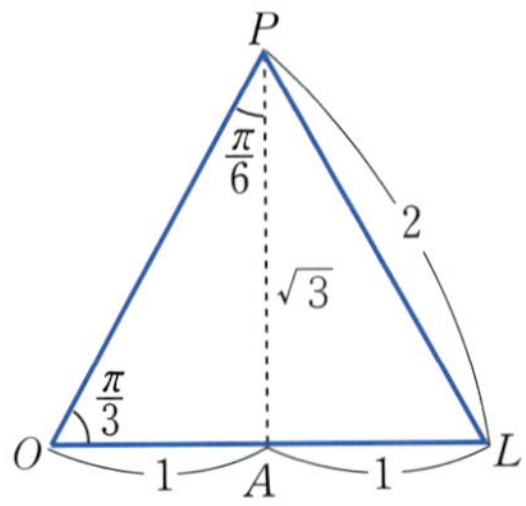

| 그림 5.8 |

$\triangle OAP$에 대하여 피타고라스 공식을 사용하면 변 AP의 길이는 $\sqrt{3}$이다. 따라서 정의 5.2.1에 의해서 다음을 얻는다.

$$\sin\frac{\pi}{3} = \frac{\sqrt{3}}{2}, \quad \cos\frac{\pi}{3} = \frac{1}{2}, \quad \tan\frac{\pi}{3} = \sqrt{3}$$

(2) 한편, $\theta_2 = \frac{\pi}{6} = \frac{\pi}{2} - \frac{\pi}{3}$이므로, 정리 5.2.2에 의해서 다음을 얻는다.

$$\sin\frac{\pi}{6} = \cos\frac{\pi}{3} = \frac{1}{2}, \quad \cos\frac{\pi}{6} = \sin\frac{\pi}{3} = \frac{\sqrt{3}}{2}, \quad \tan\frac{\pi}{6} = \frac{1}{\tan\frac{\pi}{3}} = \frac{1}{\sqrt{3}}$$

(3) 이제 편의상 밑변과 높이의 길이가 각각 1인 이등변 직각삼각형 $\triangle OAP$를 생각하자.

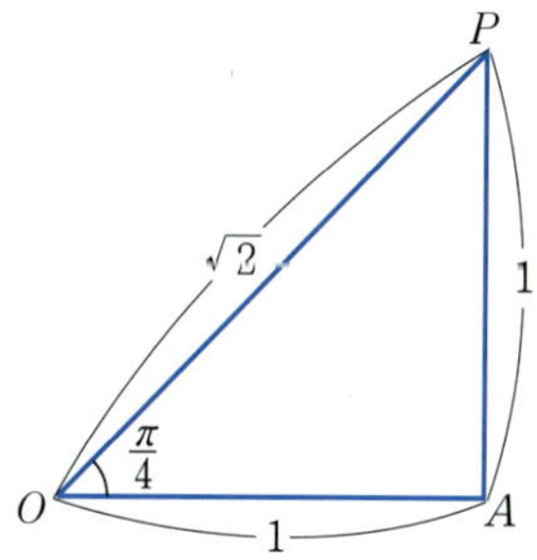

그림 5.9

그러면 $\triangle OAP$에서 각 $\angle OAP = \frac{\pi}{2}$, $\angle AOP = \angle OPA = \frac{\pi}{4}$이고, 변 OA의 길이=변 AP의 길이$=1$이다. $\triangle OAP$에 대하여 피타고라스 공식을 사용하면 빗변 OP의 길이는 $\sqrt{2}$이다. 따라서 정의 5.2.1에 의해서 다음을 얻는다.

$$\sin\frac{\pi}{4} = \cos\frac{\pi}{4} = \frac{\sqrt{2}}{2}, \quad \tan\frac{\pi}{4} = 1$$ ✲

예제 5.2.4

산의 높이를 측정하기 위하여 측량사는 그림 5.10과 같이 한 지점에서 산 정상의 고도를 측정하고, 다시 100m 산 쪽으로 다가가서 산 정상의 고도를 측정하였다. 첫 번째 지점에서의 고도각은 α이며, 두 번째 지점에서의 고도각은 β이다($\alpha < \beta$). 그리고 측정시 측량사의 눈의 높이가 지면으로부터 2m라면, 산의 높이는 지면으로부터 얼마인가?

풀이 그림에서 $\tan\alpha = \frac{b}{a+100}$, $\tan\beta = \frac{b}{a}$이므로

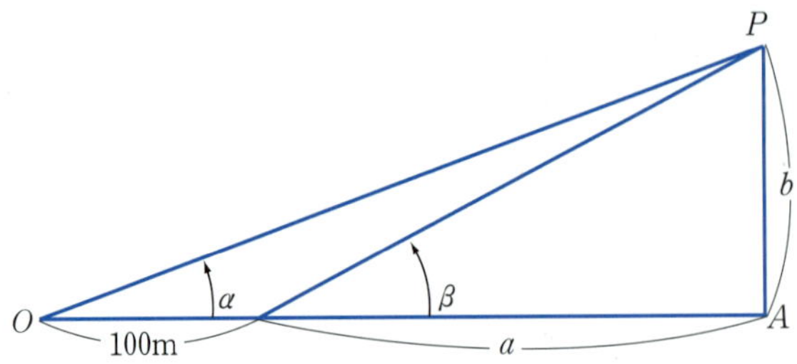

❙ 그림 5.10 ❙

$$a+100=\frac{b}{\tan\alpha},\ a=\frac{b}{\tan\beta}$$

이다. 따라서 $a=\frac{b}{\tan\alpha}-100=\frac{b}{\tan\beta}$이다. 그러므로, b에 대하여 풀면 다음을 얻는다.

$$b=\frac{100\tan\alpha\tan\beta}{\tan\beta-\tan\alpha}$$

따라서 산의 높이는 $\left(\frac{100\tan\alpha\tan\beta}{\tan\beta-\tan\alpha}+2\right)$m이다. ✲

직각삼각형 $\triangle OAP$에서 편의상 빗변 OP의 길이를 1이라 두자. 그리고 $\triangle OAP$에서 점 O를 원점으로, 점 P를 반지름 1인 단위 원상의 한 점으로 간주하고 P의 직교좌표를 $(a,\ b)$라 하자. 그러면 $a^2+b^2=1$이다. 점 A를 x축상의 점 $(a,\ 0)$이라 간주하고, 각 θ는 양의 x축에서 동경 $\overline{OP}$ 사이의 중심각(점 P의 편각이라 함)이라 하자.

만약 $0\leq\theta\leq\frac{\pi}{2}$이면 다음을 얻는다.

$$\cos\theta=a;\ P\text{의 }x\text{좌표}$$
$$\sin\theta=b;\ P\text{의 }y\text{좌표}$$
$$\tan\theta=\frac{b}{a};\ \frac{P\text{의 }y\text{좌표}}{P\text{의 }x\text{좌표}}\ (\theta\neq\frac{\pi}{2})$$

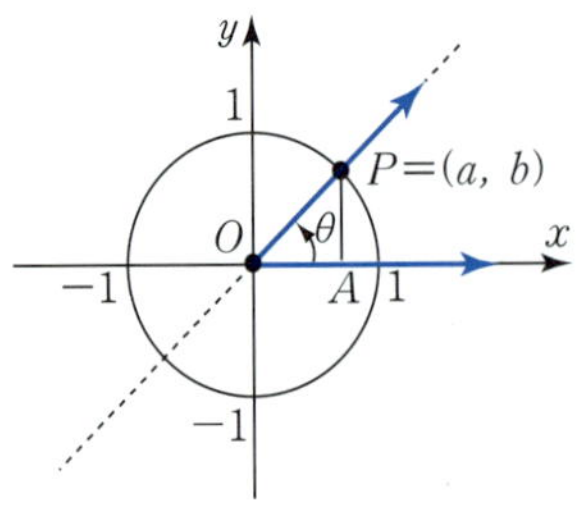

❙ 그림 5.11 ❙

지금까지 각 θ의 범위가 $0 \leqq \theta \leqq \frac{\pi}{2}$(1사분면 각)인 경우의 삼각함수에 대해서 알아 보았다. 이제부터 삼각함수의 정의역을 구간 $\left[0, \frac{\pi}{2}\right]$에서 실수 전체 $(-\infty, \infty)$로 확장하여 정의하자. 즉 임의의 각 θ에 대하여 삼각함수를 정의하자. 평면상의 한 점 P의 직교좌표가 (x, y)일 때, 편의상 $P(x, y)$로 나타내자.

일반적으로 평면상의 한 점 P에 대해서 양의 x축과 동경 $\overline{OP}$의 사이각 θ를 점 P의 편각(argument)이라 한다. 특히 $-\pi < \theta \leqq \pi$인 편각을 P의 주편각(principal argument)이라 한다.

만약 θ_0가 점 P의 주편각이면, $\theta = 2n\pi + \theta_0$ (n은 정수)가 모두 점 P의 편각이 된다.

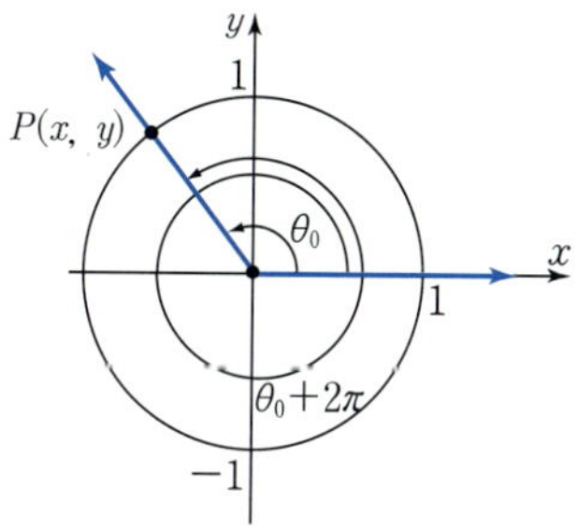

그림 5.12

정의 5.2.5

단위 원상의 한 점 $P(x, y)$의 편각을 θ라 하자. 그러면 기본 삼각함수를 다음과 같이 정의한다. (단, $x^2 + y^2 = 1$ 이다.)

(1) $\cos\theta = x$

(2) $\sin\theta = y$

(3) $x \neq 0$(즉 $\theta \neq n\pi + \frac{\pi}{2}$, n은 정수)일 때,

$$\tan\theta = \frac{\sin\theta}{\cos\theta} = \frac{y}{x}$$

참고 점 P의 x 좌표가 0이면, P의 주편각은 다음과 같다.

$$\theta_0 = \frac{\pi}{2} \quad \text{또는} \quad \theta_0 = -\frac{\pi}{2} = -\pi + \frac{\pi}{2}$$

따라서 점 P의 x 좌표가 0이면, P의 편각은 다음의 형태이다.

$$\theta = n\pi + \frac{\pi}{2}, \quad n\text{은 정수}$$

그러므로 $\tan\left(n\pi + \frac{\pi}{2}\right)$는 정의되지 않는다. (단, n은 정수이다.)

정의 5.2.6

단위 원상의 한 점 $P(x,\ y)$의 편각을 θ라 하자. 그러면 그 외 삼각함수를 다음과 같이 정의한다. (단, $x^2+y^2=1$이다.)

(1) $x \neq 0$일 때, $\sec\theta = \dfrac{1}{x}$

(2) $y \neq 0$일 때, $\csc\theta = \dfrac{1}{y}$

(3) $y \neq 0$일 때, $\cot\theta = \dfrac{\cos\theta}{\sin\theta} = \dfrac{x}{y}$

주의

점 P의 x좌표가 0이면, P의 편각은 $\theta = n\pi + \frac{\pi}{2}$이다($n$은 정수). 따라서 $\sec\left(n\pi + \frac{\pi}{2}\right)$는 정의되지 않는다($n$은 정수).

또한 점 P의 y좌표가 0이면, P의 편각은 $\theta = n\pi$이다(n은 정수). 따라서 $\csc n\pi$와 $\cot n\pi$는 정의되지 않는다(n은 정수).

그리고 정의 5.2.5와 정의 5.2.6에서 $\cos\theta$와 $\sec\theta$, $\sin\theta$와 $\csc\theta$, $\tan\theta$와 $\cot\theta$는 각각 서로 역수 관계임을 알 수 있다.

정리 5.2.7

실수 θ에 대해서 다음을 얻는다.

(1) $\theta \neq n\pi \pm \dfrac{\pi}{2}$일 때, $\sec\theta = \dfrac{1}{\cos\theta}$

(2) $\theta \neq n\pi$일 때, $\csc\theta = \dfrac{1}{\sin\theta}$

(3) $\theta \neq n\pi$일 때, $\cot\theta = \dfrac{1}{\tan\theta}$

(여기서 n은 정수이고, 편의상 $\dfrac{1}{\pm\infty} = 0$으로 간주한다.)

정리 5.2.8

반지름이 r인 원상의 한 점 $P(x,\ y)$의 편각을 θ라 하자. 그러면 다음을 얻는다. (단, $0 < r = \sqrt{x^2+y^2}$ 이다.)

(1) $\cos\theta = \dfrac{x}{r}$

(2) $\sin\theta = \dfrac{y}{r}$

(3) $x \neq 0$(즉 $\theta \neq n\pi + \dfrac{\pi}{2}$, n은 정수)일 때, $\tan\theta = \dfrac{\sin\theta}{\cos\theta} = \dfrac{y}{x}$

(4) $x \neq 0$(즉 $\theta \neq n\pi + \dfrac{\pi}{2}$, n은 정수)일 때, $\sec\theta = \dfrac{r}{x}$

(5) $y \neq 0$(즉 $\theta \neq n\pi$, n은 정수)일 때, $\csc\theta = \dfrac{r}{y}$

(6) $y \neq 0$(즉 $\theta \neq n\pi$, n은 정수)일 때, $\cot\theta = \dfrac{\cos\theta}{\sin\theta} = \dfrac{x}{y}$

증명 반지름이 r인 원과 반지름이 1인 단위 원의 닮음비는 $r : 1$이다. 여기서 $r = \sqrt{x^2+y^2}$ 이므로, 점 $Q\left(\dfrac{x}{r}, \dfrac{y}{r}\right)$는 단위 원상에 있다. 즉,

$$\left(\frac{x}{r}\right)^2 + \left(\frac{y}{r}\right)^2 = 1$$

그리고 $Q\left(\dfrac{x}{r}, \dfrac{y}{r}\right)$의 편각과 $P(x, y)$의 편각은 일치한다. 따라서 $Q\left(\dfrac{x}{r}, \dfrac{y}{r}\right)$의 편각도 θ이다. 그러므로 정의 5.2.5와 정의 5.2.6에 의해서 정리 5.2.8이 성립한다. ✲

주의 정리 5.2.8을 역으로 이용해보자. 즉 직교좌표 평면상의 한 점 $P(x, y)$의 편각은 θ라 하고, 원점 O와 점 P 사이의 거리를 r이라 하자. 그러면 다음을 알 수 있다.

(1) $r = \sqrt{x^2+y^2}$

(2) $x = r\cos\theta$, $y = r\sin\theta$

(3) $x \neq 0$일 때, $\dfrac{y}{x} = \tan\theta$

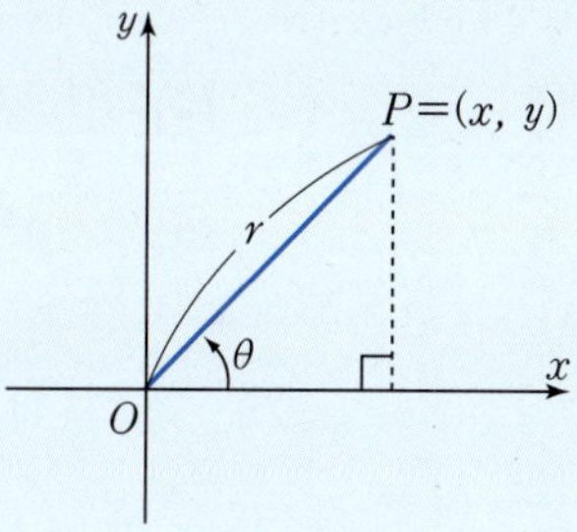

▎그림 5.13 ▎

예제 5.2.9

다음의 각 θ에 대해서 $\cos\theta$와 $\sec\theta$, $\sin\theta$와 $\csc\theta$, $\tan\theta$와 $\cot\theta$의 값을 계산하여라.

(1) $\theta_1 = \dfrac{\pi}{6}$ (2) $\theta_2 = \dfrac{10\pi}{3}$ (3) $\theta_3 = -\dfrac{\pi}{4}$ (4) $\theta_4 = \dfrac{3\pi}{2}$

풀이 단위 원을 생각하자. 단위 원상에서 편각 θ_j에 대응되는 점을 각각 P_j라 하자 ($j = 1, 2, 3, 4$). 그러면 직각삼각형에 대한 피타고라스 공식에 의해서 다음의 좌

표를 얻을 수 있다.

$$P_1=\left(\frac{\sqrt{3}}{2},\ \frac{1}{2}\right),\ P_2=\left(-\frac{1}{2},\ -\frac{\sqrt{3}}{2}\right),\ P_3=\left(\frac{\sqrt{2}}{2},\ -\frac{\sqrt{2}}{2}\right),\ P_4=(0,\ -1)$$

따라서 정의 5.2.5와 정의 5.2.6에 의해서 다음을 얻는다.

(1) $\cos\theta_1=\frac{\sqrt{3}}{2},\ \sin\theta_1=\frac{1}{2},\ \tan\theta_1=\frac{\sqrt{3}}{3},$

$\sec\theta_1=\frac{2\sqrt{3}}{3},\ \csc\theta_1=2,\ \cot\theta_1=\sqrt{3}$

(2) $\cos\theta_2=-\frac{1}{2},\ \sin\theta_2=-\frac{\sqrt{3}}{2},\ \tan\theta_2=\sqrt{3},$

$\sec\theta_2=-2,\ \csc\theta_2=-\frac{2\sqrt{3}}{3},\ \cot\theta_2=\frac{\sqrt{3}}{3}$

(3) $\cos\theta_3=\frac{\sqrt{2}}{2},\ \sin\theta_3=-\frac{\sqrt{2}}{2},\ \tan\theta_3=-1,$

$\sec\theta_3=\sqrt{2},\ \csc\theta_3=-\sqrt{2},\ \cot\theta_3=-1$

(4) $\sec\theta_4$는 정의 안됨, $\csc\theta_4=-1,\ \cot\theta_4=0$ ✲

연습문제 5.2

1 다음 값을 계산하여라.

(1) $\sin 45°+\cos 60°$ (2) $\sin 90°+\tan 45°$

(3) $2\sin\frac{\pi}{3}-3\cos\frac{\pi}{6}$ (4) $2\sin\frac{\pi}{4}+3\tan\frac{\pi}{4}$

(5) $3\csc\frac{\pi}{3}+\cot\frac{\pi}{4}$ (6) $\sin\frac{\pi}{4}-\cos\frac{\pi}{4}$

2 다음 점 $P=(x,\ y)$의 편각을 θ라 할 때, $\sin\theta,\ \cos\theta,\ \tan\theta$를 계산하여라.

(1) $(-3,\ 4)$ (2) $(2,\ -3)$ (3) $(-2,\ -2)$

(4) $(1,\ -1)$ (5) $(2,\ 2)$ (6) $(-3,\ -2)$

3 다음 삼각함수의 값을 계산하여라.

(1) $\sin\theta=0.1$일 때, $\sin(\theta+\pi)$

(2) $\cos\theta=0.3$일 때, $\cos(\theta+\pi)$

(3) $\tan\theta=3$일 때, $\tan\left(\theta+\frac{\pi}{2}\right)$

(4) $\cot\theta = -2$일 때, $\cot\left(\theta + \frac{\pi}{2}\right)$

(5) $\sin\theta = 0.2$, $\tan\theta < 0$일 때, $\sec\theta$

(6) $\cos\theta = 0.4$, $\tan\theta < 0$일 때, $\csc\theta$

5.3 삼각함수의 성질

편의상 θ_0가 평면상의 한 점 P의 주편각이라 하자. 이때,

(1) 점 P가 평면상의 1사분면에 속할 때, 즉 $0 < \theta_0 < \frac{\pi}{2}$일 때,

$\theta = 2n\pi + \theta_0$를 1사분면의 각이라 한다($n$은 정수).

(2) 점 P가 평면상의 2사분면에 속할 때, 즉 $\frac{\pi}{2} < \theta_0 < \pi$일 때,

$\theta = 2n\pi + \theta_0$를 2사분면의 각이라 한다($n$은 정수).

(3) 점 P가 평면상의 3사분면에 속할 때, 즉 $-\pi < \theta_0 < -\frac{\pi}{2}$일 때,

$\theta = 2n\pi + \theta_0$를 3사분면의 각이라 한다($n$은 정수).

(4) 점 P가 평면상의 4사분면에 속할 때, 즉 $-\frac{\pi}{2} < \theta_0 < 0$일 때,

$\theta = 2n\pi + \theta_0$를 4사분면의 각이라 한다($n$은 정수).

5.2절의 정의 5.2.5로부터 다음을 알 수 있다.

정리 5.3.1

임의의 θ에 대해서 다음이 성립한다(표 5.1 참조).

(1) $-1 \leq \sin\theta \leq 1$, $-1 \leq \cos\theta \leq 1$

(2) $-\infty < \tan\theta < \infty$, $(\theta \neq n\pi + \frac{\pi}{2}$, n은 정수)

(3) θ가 1사분면의 각일 때, $0 < \cos\theta$, $0 < \sin\theta$, $0 < \tan\theta$

(4) θ가 2사분면의 각일 때, $0 > \cos\theta$, $0 < \sin\theta$, $0 > \tan\theta$

(5) θ가 3사분면의 각일 때, $0 > \cos\theta$, $0 > \sin\theta$, $0 < \tan\theta$

(6) θ가 4사분면의 각일 때, $0 < \cos\theta$, $0 > \sin\theta$, $0 > \tan\theta$

| 표 5.1 |

	$\sin\theta$	$\cos\theta$	$\tan\theta$	$\csc\theta$	$\sec\theta$	$\cot\theta$
1사분면	+	+	+	+	+	+
2사분면	+	−	−	+	−	−
3사분면	−	−	+	−	−	+
4사분면	−	+	−	−	+	−

삼각함수의 기본적인 성질을 살펴보자.

정리 5.3.2

임의의 θ에 대해서 다음이 성립한다(n은 정수).

(1) $\cos(-\theta) = \cos\theta$

(2) $\sin(-\theta) = -\sin\theta$

(3) $\tan(-\theta) = -\tan\theta$, $(\theta \neq n\pi \pm \frac{\pi}{2})$

(4) $\sec(-\theta) = \sec\theta$, $(\theta \neq n\pi \pm \frac{\pi}{2})$

(5) $\csc(-\theta) = -\csc\theta$, $(\theta \neq n\pi)$

(6) $\cot(-\theta) = -\cot\theta$, $(\theta \neq n\pi)$

증명 단위 원상에서 편각 θ에 대응되는 점을 $P(x, y)$라 하자. 그러면 편각 $-\theta$에 대응되는 점은 $Q(x, -y)$이다. 따라서 5.2절의 정의 5.2.5에 의해서 다음을 얻는다.

$$\cos(-\theta) = \cos\theta, \ \sin(-\theta) = -\sin\theta, \ \tan(-\theta) = -\tan\theta$$

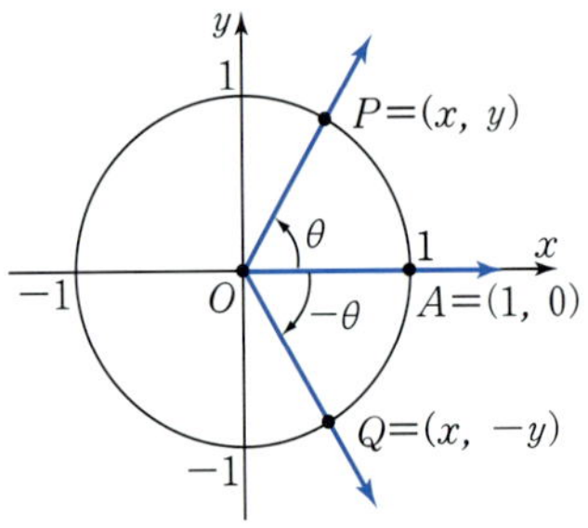

| 그림 5.14 |

또한 5.2절의 정의 5.2.5에 의해서 다음을 얻는다.

$$\sec(-\theta) = \sec\theta, \ \csc(-\theta) = -\csc\theta, \ \cot(-\theta) = -\cot\theta$$ ✲

참고 정리 5.3.2에 의해서 $\sin\theta$, $\csc\theta$, $\tan\theta$와 $\cot\theta$는 기함수이고 $\cos\theta$와 $\sec\theta$는 우함수이다.

정리 5.3.3

임의의 θ에 대해서 다음 등식이 성립한다(n은 정수).

(1) $\sin^2\theta + \cos^2\theta = 1$

(2) $1 + \tan^2\theta = \dfrac{1}{\cos^2\theta} = \sec^2\theta$, $(\theta \neq n\pi + \dfrac{\pi}{2})$

(3) $1 + \cot^2\theta = \dfrac{1}{\sin^2\theta} = \csc^2\theta$, $(\theta \neq n\pi)$

증명 단위 원상에서 편각 θ에 대응되는 점을 $P(x, y)$라 하자.

(1) 피타고라스의 공식에 의해서 정의 5.2.5로부터

$$\sin^2\theta + \cos^2\theta = x^2 + y^2 = 1$$

을 얻는다.

(2) $\theta \neq n\pi + \dfrac{\pi}{2}$일 때 $\sin^2\theta + \cos^2\theta = 1$을 $\cos^2\theta$로 나누면,

$$1 + \tan^2\theta = \sec^2\theta$$

(3) $\theta \neq n\pi$일 때 $\sin^2\theta + \cos^2\theta = 1$을 $\sin^2\theta$로 나누면,

$$1 + \cot^2\theta = \csc^2\theta$$

✲

예제 5.3.4

$\sin\theta = \dfrac{1}{3}$, $\tan\theta < 0$일 때, $\cos\theta$와 $\tan\theta$를 구하여라.

풀이 $\sin\theta > 0$, $\tan\theta < 0$이므로 θ는 2사분면의 각이다. 따라서 $\cos\theta < 0$이다.
$\sin^2\theta + \cos^2\theta = 1$이므로,

$$\cos\theta = -\sqrt{1 - \sin^2\theta} = -\sqrt{1 - \frac{1}{9}} = -\frac{2\sqrt{2}}{3}$$

이다. 그러므로 $\tan\theta = \dfrac{\sin\theta}{\cos\theta} = -\dfrac{\sqrt{2}}{4}$이다.

✲

예제 5.3.5

$\tan\theta = 3$, $\cos\theta < 0$일 때, $\cos\theta$와 $\sin\theta$를 구하여라.

풀이 $\tan\theta > 0$, $\cos\theta < 0$이므로 θ는 3사분면의 각이다. 따라서 $\sin\theta < 0$이다.

$$1+\tan^2\theta = \frac{1}{\cos^2\theta}$$ 이므로, $\cos\theta = -\frac{1}{\sqrt{10}}$ 이다. 또한

$$\cot\theta = \frac{1}{\tan\theta} = \frac{1}{3},\ 1+\cot^2\theta = \frac{1}{\sin^2\theta}$$

이므로, $\sin\theta = -\sqrt{\frac{1}{1+\cot^2\theta}} = -\frac{3}{\sqrt{10}}$ 이다. ✲

이제 삼각함수의 주기성을 알아보자.

정의 5.3.6

임의의 θ에 대해서 $f(\theta+T)=f(\theta)$를 만족하는 양수 T가 존재하면, 함수 $f(\theta)$를 **주기함수(periodic function)**라 한다. 여기서 위의 등식을 만족하는 가장 작은 양수 T를 함수 $f(\theta)$의 **기본주기**(또는 간단히 주기)라 한다.

5.2절의 정의 5.2.5에 의해서 다음을 알 수 있다.

정리 5.3.7

임의의 θ에 대해 다음의 등식이 성립한다.

(1) $\cos(\theta+2\pi)=\cos\theta$

(2) $\sin(\theta+2\pi)=\sin\theta$

(3) $\tan(\theta+\pi)=\tan\theta,\ (\theta\neq n\pi+\frac{\pi}{2},\ n$은 정수$)$

(4) $\sec(\theta+2\pi)=\sec\theta,\ (\theta\neq n\pi+\frac{\pi}{2},\ n$은 정수$)$

(5) $\csc(\theta+2\pi)=\csc\theta,\ (\theta\neq n\pi,\ n$은 정수$)$

(6) $\cot(\theta+\pi)=\cot\theta,\ (\theta\neq n\pi,\ n$은 정수$)$

참고 5.2절의 정의 5.2.5와 정의 5.2.6에 의해서 $\cos\theta$와 $\sin\theta$, $\sec\theta$와 $\csc\theta$의 기본주기는 2π이고 $\tan\theta$와 $\cot\theta$의 기본주기는 π이다.

따름정리 5.3.8

임의의 θ와 임의의 정수 k에 대하여 다음의 등식이 성립한다.

(1) $\cos(\theta+2k\pi)=\cos\theta$

(2) $\sin(\theta+2k\pi)=\sin\theta$

(3) $\tan(\theta + k\pi) = \tan\theta$, ($\theta \neq n\pi + \frac{\pi}{2}$, n은 정수)
(4) $\sec(\theta + 2k\pi) = \sec\theta$, ($\theta \neq n\pi + \frac{\pi}{2}$, n은 정수)
(5) $\csc(\theta + 2k\pi) = \csc\theta$, ($\theta \neq n\pi$, n은 정수)
(6) $\cot(\theta + k\pi) = \cot\theta$, ($\theta \neq n\pi$, n은 정수)

예제 5.3.9

다음의 값을 계산하여라.

(1) $\sin\frac{17\pi}{4}$ (2) $\cos 5\pi$ (3) $\tan\left(-\frac{7\pi}{4}\right)$ (4) $\sec\frac{25\pi}{6}$

풀이 $\cos\theta$, $\sin\theta$와 $\sec\theta$의 기본주기는 2π이고, $\tan\theta$의 기본주기는 π이다. 따라서

(1) $\sin\frac{17\pi}{4} = \sin\left(\frac{\pi}{4} + 4\pi\right) = \sin\frac{\pi}{4} = \frac{\sqrt{2}}{2}$

(2) $\cos 5\pi = \cos(\pi + 4\pi) = \cos\pi = -1$

(3) $\tan\left(-\frac{7\pi}{4}\right) = \tan\left(-\frac{7\pi}{4} + 2\pi\right) = \tan\frac{\pi}{4} = 1$

(4) $\sec\frac{25\pi}{6} = \sec\left(\frac{\pi}{6} + 4\pi\right) = \sec\frac{\pi}{6} = \frac{2\sqrt{3}}{3}$ *

연습문제 5.3

1 다음 삼각함수의 값을 계산하여라.

(1) $\sin 405°$ (2) $\cos(-420°)$ (3) $\tan 405°$

(4) $\cos\frac{33\pi}{4}$ (5) $\csc\left(-\frac{9\pi}{2}\right)$ (6) $\tan\frac{19\pi}{6}$

2 다음 삼각함수의 값을 계산하여라.

(1) $\cos\theta = -0.3$, $\csc\theta > 0$일 때, $\sin\theta$

(2) $\sin\theta = 0.4$, $\cos\theta < 0$일 때, $\tan\theta$

(3) $\sin\theta = -0.2$, $\sec\theta > 0$일 때, $\cot\theta$

(4) $\sec\theta = 2$, $\sin\theta < 0$일 때, $\tan\theta$

(5) $\tan\theta = -3$, $\sin\theta > 0$일 때, $\cos\theta$

(6) $\cot\theta = 1.2$, $\cos\theta < 0$일 때, $\sin\theta$

3 다음 삼각함수의 값을 정수 k에 따라 간단히 표현하여라.

(1) $\sin\left(k\pi+\dfrac{\pi}{2}\right)$ (2) $\sin\left(\dfrac{k\pi}{2}\right)$ (3) $\sin\left(k\pi-\dfrac{\pi}{2}\right)$

(4) $\cos(k\pi+\pi)$ (5) $\cos\left(\dfrac{k\pi}{2}\right)$ (6) $\cos k\pi$

5.4 삼각함수의 그래프

이 절에서는 6개의 삼각함수 $y=\sin x$, $y=\cos x$, $y=\tan x$, $y=\csc x$, $y=\sec x$ 및 $y=\cot x$의 그래프를 알아본다. 특별한 언급이 없는 한 독립변수 x를 호도(radian)로 간주한다.

$y=\sin x$의 그래프

사인함수는 주기가 2π이므로 구간 $[0, 2\pi]$에서 $y=\sin x$의 그래프를 그리고, 나머지 구간에서 그래프는 2π마다 이 부분을 반복함으로써 그릴 수 있다.

먼저 $0 \leqq x \leqq 2\pi$에서 $y=\sin x$상의 특정한 점을 모은 표 5.2를 구성한다. 표 5.2에서 보듯이 $y=\sin x$, $0 \leqq x \leqq 2\pi$의 그래프는 원점에서 시작되며 다음을 알 수 있다.

표 5.2

x	$y=\sin x$	(x, y)
0	0	$(0, 0)$
$\frac{\pi}{6}$	$\frac{1}{2}$	$\left(\frac{\pi}{6}, \frac{1}{2}\right)$
$\frac{\pi}{2}$	1	$\left(\frac{\pi}{2}, 1\right)$
$\frac{5\pi}{6}$	$\frac{1}{2}$	$\left(\frac{5\pi}{6}, \frac{1}{2}\right)$
π	-1	$(\pi, 0)$
$\frac{7\pi}{6}$	$-\frac{1}{2}$	$\left(\frac{7\pi}{6}, -\frac{1}{2}\right)$
$\frac{3\pi}{2}$	-1	$\left(\frac{3\pi}{2}, -1\right)$
$\frac{11\pi}{6}$	$-\frac{1}{2}$	$\left(\frac{11\pi}{6}, -\frac{1}{2}\right)$
2π	0	$(2\pi, 0)$

(1) x가 0에서 $\frac{\pi}{2}$까지 증가할 때, y의 값은 0에서 1로 증가한다.

(2) x가 $\frac{\pi}{2}$에서 π로, π에서 $\frac{3\pi}{2}$로 증가할 때, 각각 y의 값은 1에서 0으로, 0에서 -1로 감소한다.

(3) x가 $\frac{3\pi}{2}$에서 2π로 증가할 때, y의 값은 -1에서 0으로 증가한다.

표 5.2에서의 점들을 부드러운 곡선으로 연결하여 한 주기 내에서 $y=\sin x$의 그래프(그림 5.15 참조)를 얻는다.

그림 5.15의 그래프는 $y=\sin x$의 한 주기이므로, $y=\sin x$의 완전한 그래프를 얻기 위해서는 이 주기 내의 그래프를 양쪽 방향으로 반복하면 된다.

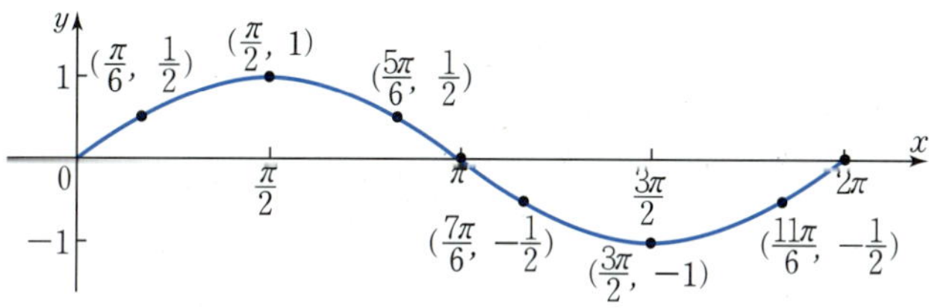

그림 5.15 $y=\sin x,\ 0 \leqq x \leqq 2\pi$

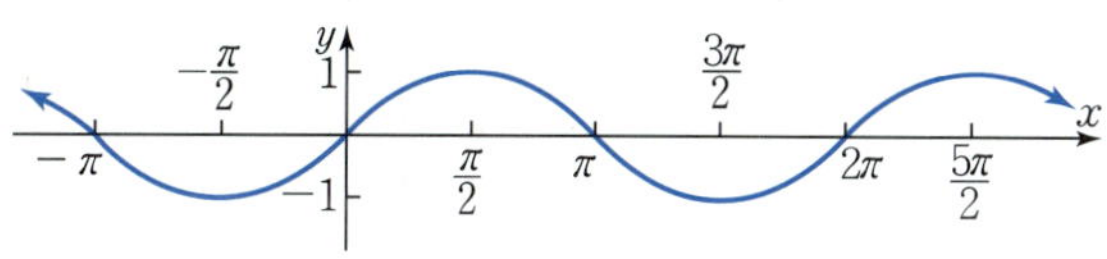

그림 5.16 $y=\sin x,\ -\infty < x < \infty$

여기서 $y=\sin x$의 그래프는 다음과 같은 특징을 나타내준다.

1. 정의역은 실수 전체집합이고 치역은 $[-1, 1]$이다.
2. 사인함수는 기함수이다. 즉 그래프는 원점에 관하여 대칭이다.
3. 사인함수는 주기함수이고 그 주기는 2π이다.
4. y절편은 0이고 x절편은 $\ldots, -2\pi,\ -\pi,\ 0,\ \pi,\ 2\pi,\ 3\pi, \ldots$이다.
5. 사인함수는 $x=\ldots, -3\pi/2,\ \pi/2,\ 5\pi/2,\ 9\pi/2, \ldots$일 때 최댓값 1을 가지고, $x=\ldots, -\pi/2,\ 3\pi/2,\ 7\pi/2,\ 11\pi/2, \ldots$일 때 최솟값 -1을 갖는다.

$y=\sin x$의 그래프를 이용하여 다양한 함수의 그래프를 그릴 수 있다.

예제 5.4.1

$y=\sin x$의 그래프를 이용하여 $y=-\sin x+2$의 그래프를 그려라.

풀이 $y=\sin x$의 그래프를 x축에 관하여 반사(대칭)시켜서 $y=-\sin x$의 그래프를 얻고, 이것을 다시 y축에 수직으로 2만큼 평행이동(들어 올림)한다. ✲

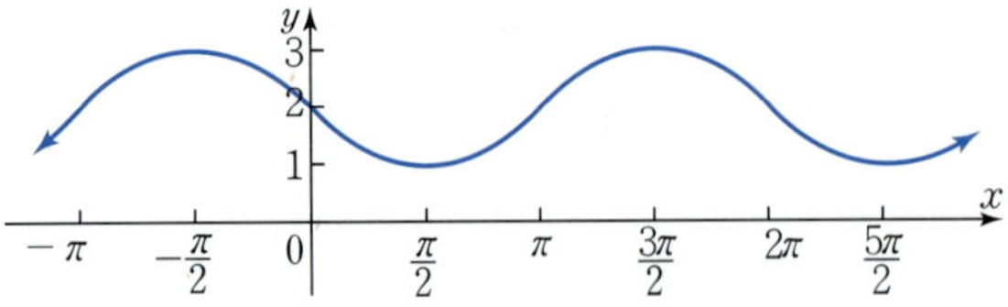

그림 5.17 $y=-\sin x+2$ ✲

예제 5.4.2

$y=\sin x$의 그래프를 이용하여 $y=\sin\left(x-\frac{\pi}{4}\right)$의 그래프를 그려라.

풀이 $y=\sin x$의 그래프를 양의 x축 방향으로 $\frac{\pi}{4}$만큼 평행이동시킨다.

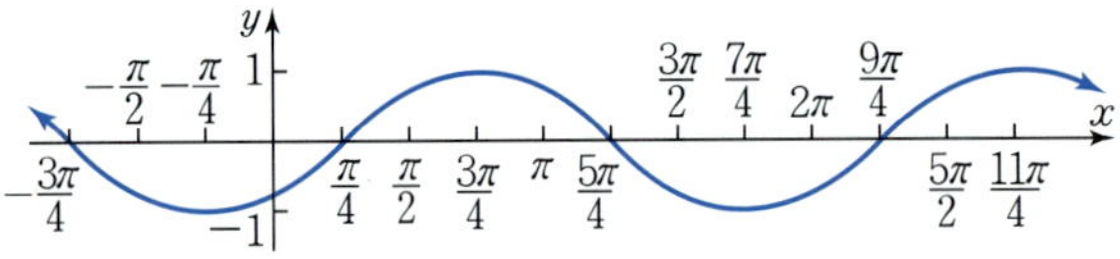

그림 5.18 $y=\sin\left(x-\frac{\pi}{4}\right)$ ✲

예제 5.4.3

$y=\sin x$의 그래프를 이용하여 $y=\sin 3x$의 그래프를 그려라.

풀이 $y=\sin 3x$의 주기는 $\frac{2\pi}{3}$이므로, $y=\sin x$의 그래프를 주기가 $\frac{2\pi}{3}$가 되도록 수평으로 압축하면 된다. 이에 관하여는 다음 절에서 자세하게 다룬다.

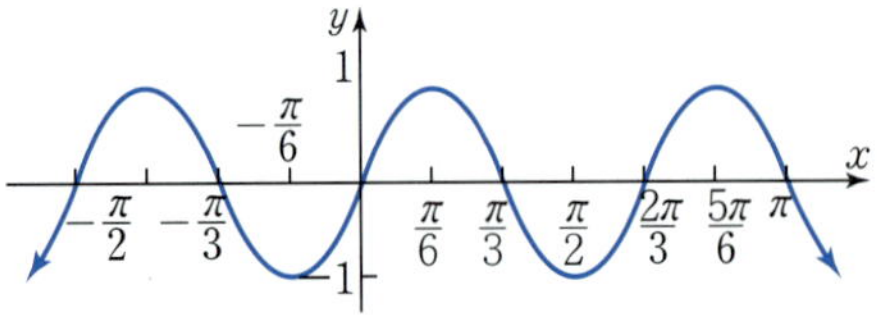

그림 5.19 $y=\sin 3x$ ✲

$y = \cos x$의 그래프

코사인함수는 주기가 2π이므로 구간 $[0, 2\pi]$에서 그래프를 그리고, 나머지 구간에서 그래프는 2π마다 이 부분을 반복함으로써 그릴 수 있다. 그래서 사인함수에서처럼 구간 $[0, 2\pi]$에서 $y = \cos x$상의 특정한 점을 모은 표 5.3을 만들자.

표 5.3에서 보듯이 $y = \cos x$, $0 \leqq x \leqq 2\pi$의 그래프는 점 (0, 1)에서 시작되며 다음을 알 수 있다.

(1) x가 0에서 $\frac{\pi}{2}$, $\frac{\pi}{2}$에서 π까지 증가할 때, 각각 y의 값은 1에서 0으로, 0에서 -1로 감소한다.

(2) x가 π에서 $\frac{3\pi}{2}$, $\frac{3\pi}{2}$에서 2π까지 증가할 때, 각각 y의 값은 -1에서 0으로, 0에서 1로 증가한다.

표 5.3

x	$y = \cos x$	(x, y)
0	1	(0, 1)
$\frac{\pi}{3}$	$\frac{1}{2}$	$\left(\frac{\pi}{3}, \frac{1}{2}\right)$
$\frac{\pi}{2}$	0	$\left(\frac{\pi}{2}, 0\right)$
$\frac{2\pi}{3}$	$-\frac{1}{2}$	$\left(\frac{2\pi}{3}, -\frac{1}{2}\right)$
π	-1	$(\pi, -1)$
$\frac{4\pi}{3}$	$-\frac{1}{2}$	$\left(\frac{4\pi}{3}, -\frac{1}{2}\right)$
$\frac{3\pi}{2}$	0	$\left(\frac{3\pi}{2}, 0\right)$
$\frac{5\pi}{3}$	$\frac{1}{2}$	$\left(\frac{5\pi}{3}, \frac{1}{2}\right)$
2π	1	$(2\pi, 1)$

앞에서처럼 표 5.3을 이용하여 그림 5.20처럼 한 주기 내에서 $y = \cos x$의 그래프를 얻는다.

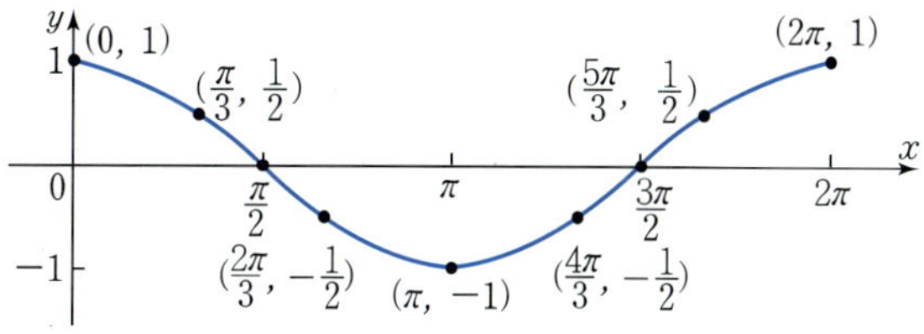

그림 5.20 $y = \cos x$, $0 \leqq x \leqq 2\pi$

$y = \cos x$의 완전한 그래프를 얻기 위해서는 한 주기 내의 그래프를 양쪽 방향으로 반복함으로써 완성할 수 있다(그림 5.21 참조).

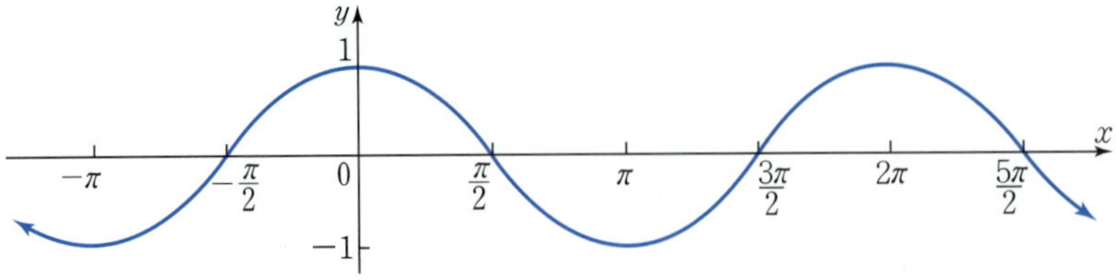

| 그림 5.21 | $y = \cos x,\ -\infty \leq x \leq \infty$

여기서 $y = \cos x$의 그래프는 다음과 같은 특징을 나타내준다.

1. 정의역은 실수 전체집합이고 치역은 $[-1,\ 1]$이다.
2. 코사인함수는 우함수이다. 즉 그래프는 y축에 관하여 대칭이다.
3. 코사인함수는 주기함수이고 그 주기는 2π이다.
4. y절편은 1이고 x절편은 $\dots, -\frac{3\pi}{2},\ -\frac{\pi}{2},\ \frac{\pi}{2},\ \frac{3\pi}{2},\ \frac{5\pi}{2}, \dots$이다.
5. 코사인함수는 $x = \dots, -2\pi,\ 0,\ 2\pi,\ 4\pi, \dots$일 때 최댓값 1을 가지고, $x = \dots, -\pi,\ \pi,\ 3\pi,\ 5\pi, \dots$일 때 최솟값 -1을 갖는다.

$y = \cos x$의 그래프를 사용하여 다양한 함수의 그래프를 그릴 수 있다.

예제 5.4.4

$y = \cos x$의 그래프를 이용하여 $y = 2\cos x$의 그래프를 그려라.

(풀이) $y = \cos x$의 그래프를 y축의 양쪽($\pm$) 방향으로 2배 늘이면 된다.

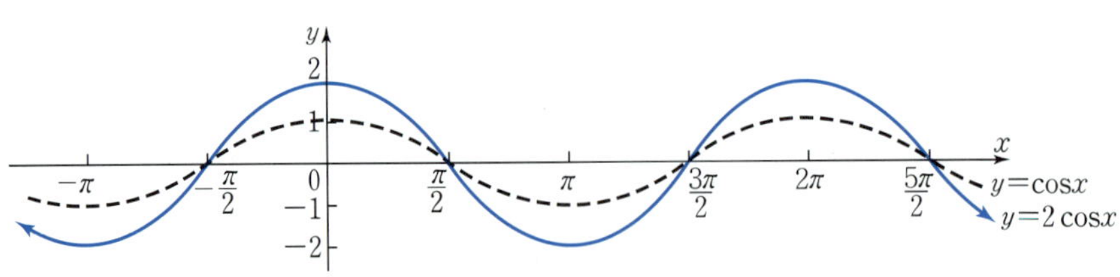

| 그림 5.22 | $y = 2\cos x$ ✲

예제 5.4.5

$y = \cos x$의 그래프를 이용하여 $y = \cos 3x$의 그래프를 그려라.

(풀이) $y=\cos 3x$의 주기는 $\frac{2\pi}{3}$이므로, $y=\cos x$의 그래프를 주기가 $\frac{2\pi}{3}$가 되도록 수평으로 압축하면 된다. 이에 관하여는 다음 절에서 자세하게 다룬다.

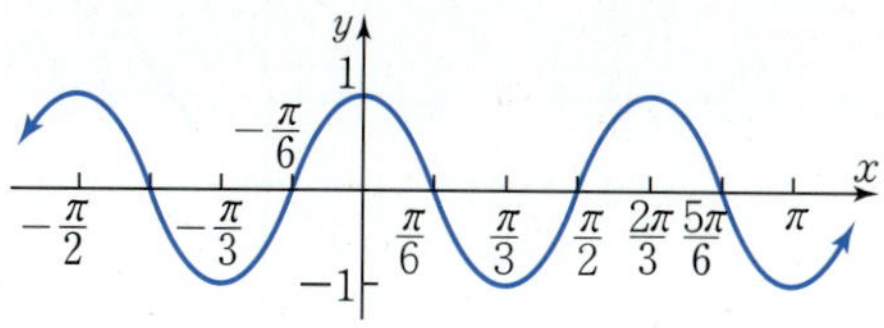

| 그림 5.23 | $y=\cos 3x$ ✲

$y=\tan x$의 그래프

탄젠트함수의 주기는 π이므로 길이가 π인 구간에서 $y=\tan x$의 그래프를 그리고, 나머지 구간에서 그래프는 π마다 이 부분을 반복함으로써 그릴 수 있다. 탄젠트함수는 $\dots, -\frac{3\pi}{2}, -\frac{\pi}{2}, \frac{\pi}{2}, \frac{3\pi}{2}, \dots$에서 정의되지 않으므로, 길이가 π인 구간 $\left(-\frac{\pi}{2}, \frac{\pi}{2}\right)$에서 먼저 $y=\tan x$의 그래프를 그리자.

$-\frac{\pi}{2} < x < \frac{\pi}{2}$에서 $y=\tan x$상의 특정한 점을 모은 표 5.4를 구성하자.

표 5.4에서의 점들을 부드러운 곡선으로 연결하여 그림 5.24처럼 구간 $\left[-\frac{\pi}{3}, \frac{\pi}{3}\right]$ 내에서 $y-\tan x$의 부분 그래프를 얻는다.

| 표 5.4 |

x	$y=\tan x$	(x, y)
$-\frac{\pi}{3}$	$-\sqrt{3}\approx-1.73$	$\left(-\frac{\pi}{3}, -\sqrt{3}\right)$
$-\frac{\pi}{4}$	1	$\left(-\frac{\pi}{4}, -1\right)$
$-\frac{\pi}{6}$	$-\frac{\sqrt{3}}{3}\approx-0.58$	$\left(-\frac{\pi}{6}, -\frac{\sqrt{3}}{3}\right)$
0	0	$(0, 0)$
$\frac{\pi}{6}$	$\frac{\sqrt{3}}{3}\approx0.58$	$\left(\frac{\pi}{6}, \frac{\sqrt{3}}{3}\right)$
$\frac{\pi}{4}$	1	$\left(\frac{\pi}{4}, 1\right)$
$\frac{\pi}{3}$	$\sqrt{3}\approx1.73$	$\left(\frac{\pi}{3}, \sqrt{3}\right)$

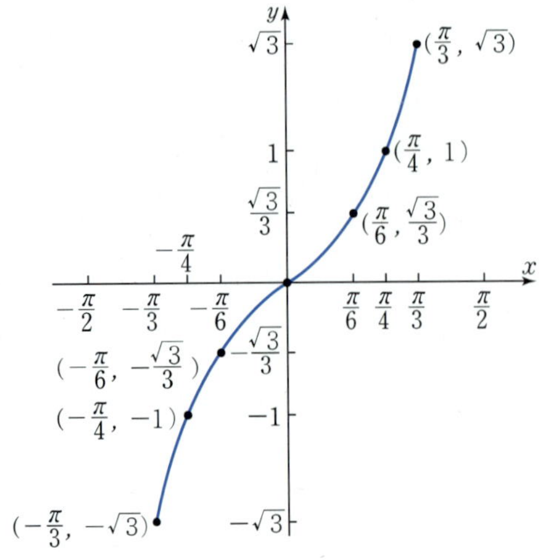

| 그림 5.24 | $y = \tan x,\ -\frac{\pi}{3} \leq x \leq \frac{\pi}{3}$

$\left(-\frac{\pi}{2}, \frac{\pi}{2}\right)$에서 $y = \tan x$의 그래프를 완성하기 위해서는 x가 $-\frac{\pi}{2}$와 $\frac{\pi}{2}$에 가까이 갈 때의 함숫값의 변화를 알아야 하는데, $y = \tan x$는 이들 $-\frac{\pi}{2}$와 $\frac{\pi}{2}$에서 정의되지 않기 때문에 주의하여야 한다.

그래서 $\tan x = \dfrac{\sin x}{\cos x}$를 이용하자. x가 $\frac{\pi}{2}$에 좌측에서 가까이 가면 $\sin x$는 1에 가까이 가고 $\cos x$는 양으로 0에 가까이 가므로 $\dfrac{\sin x}{\cos x}$는 점점 큰 값이 된다. 즉 x가 $\frac{\pi}{2}$에 접근하면 $\sin x$는 1에 근접하고 $\cos x$는 0에 근접한다. 그러므로 $\tan x$는 ∞로 발산해간다. 바꾸어 말하면, 수직선 $x = \frac{\pi}{2}$가 $y = \tan x$ 그래프의 수직점근선이 된다. x가 $-\frac{\pi}{2}$에 우측에서 가까이 가면 $\sin x$는 -1에 가까이 가고 $\cos x$는 양으로 0에 가까이 간다. 따라서 $\dfrac{\sin x}{\cos x}$는 $-\infty$로 발산해간다. 다시 말하면, 수직선 $x = -\frac{\pi}{2}$도 $y = \tan x$ 그래프의 수직점근선이 된다. 이와 같은 성질을 이용해서 $\left(-\frac{\pi}{2}, \frac{\pi}{2}\right)$에서 $y = \tan x$ 그래프를 그리고, 나머지 구간에서 그래프는 이 부분을 π마다 반복함으로써 그림 5.25에서 보는 것처럼 $y = \tan x$의 그래프를 얻을 수 있다.

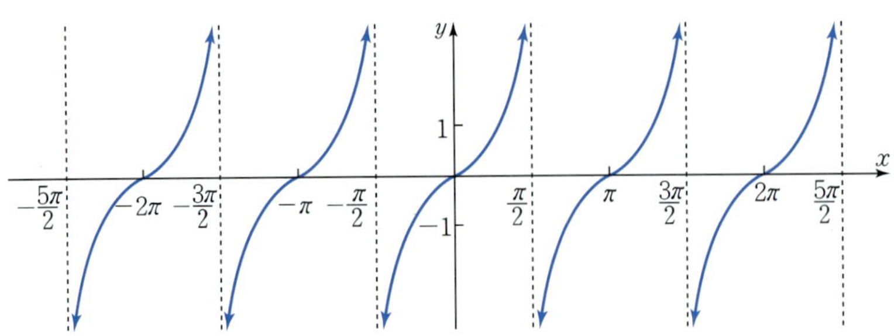

| 그림 5.25 | $y = \tan x,\ x \neq m\frac{\pi}{2}$ (m은 홀수)

$y = \tan x$의 그래프는 다음과 같은 특징을 나타내준다.

1. 정의역은 실수 전체집합에서 $n\pi + \frac{\pi}{2}$(n은 정수)를 제외한 부분이고, 치역은 실수 전체집합이다.
2. 탄젠트함수는 기함수이다. 즉 그래프는 원점에 관하여 대칭이다.
3. 탄젠트함수는 주기함수이고 그 주기는 π이다.
4. y절편은 0이고 x절편은 $\ldots, -2\pi, -\pi, 0, \pi, 2\pi, 3\pi, \ldots$이다.
5. $x = \ldots, -\frac{3\pi}{2}, -\frac{\pi}{2}, \frac{\pi}{2}, \frac{3\pi}{2}, \ldots$이 수직점근선이다.

예제 5.4.6

$y = \tan\left(x + \frac{\pi}{4}\right)$의 그래프를 그려라.

풀이 먼저 $y = \tan x$의 그래프를 그리고 x축의 음의 방향으로 $\frac{\pi}{4}$만큼 평행이동시킨다.

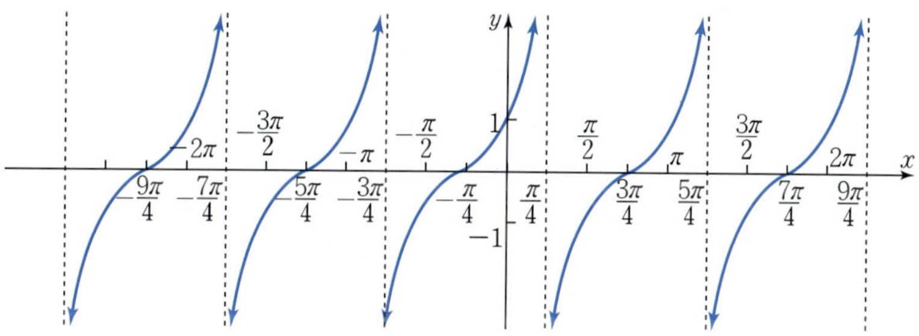

그림 5.26 $y = \tan\left(x + \frac{\pi}{4}\right)$

✲

$y = \csc x$, $y = \sec x$, $y = \cot x$의 그래프

역수 함수로 취급되는 코시컨트(cosecant)함수와 시컨트(secant)함수의 그래프는

$$\csc x = \frac{1}{\sin x}, \quad \sec x = \frac{1}{\cos x}$$

을 이용하여 그린다. 예를 들어, x에서 코시컨트함수 $y = \csc x$의 값은 사인함수 $\sin x$의 값의 역수이다. 단, 이때 사인함수의 값이 0이 아니어야 한다. 만약 $\sin x$의 값이 0이 되는 $x = n\pi$(n은 정수)에서는 코시컨트함수는 정의되지 않는다. 따라서 $x = n\pi$가 $y = \csc x$의 수직점근선이 된다(그림 5.27 참조).

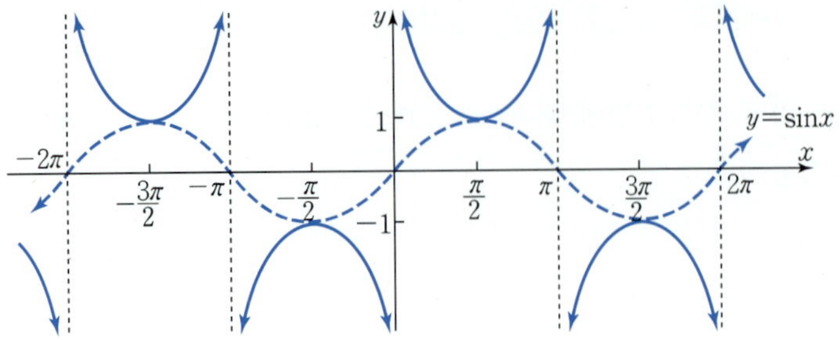

$-\infty < x < \infty$에서 π의 정수배가 되는 점 제외, $|y| \geq 1$

▎그림 5.27 ▎ $y = \csc x$

코시컨트함수의 그래프를 얻는 것과 같은 방법으로 시컨트함수 $y = \sec x$의 그래프를 그려보면 그림 5.28과 같다.

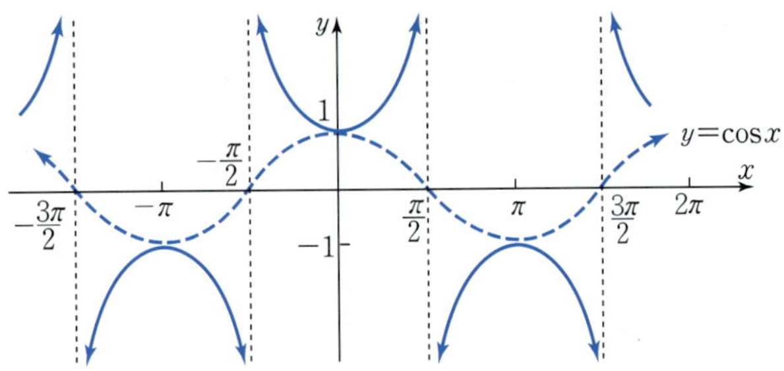

$-\infty < x < \infty$에서 $\frac{\pi}{2}n(n = 2m - 1,\ m$은 정수)인 점 제외, $|y| \geq 1$

▎그림 5.28 ▎ $y = \sec x$

$y = \cot x$의 그래프는 $y = \tan x$의 그래프를 그릴 때와 같은 방법으로 그릴 수 있다. $\cot x = \dfrac{\cos x}{\sin x}$이므로, $y = \cot x$의 주기는 π이고 $x = n\pi$(n은 정수)에서는 정의되지 않는다. 따라서 구간 $(0, \pi)$에서 먼저 $y = \cot x$의 그래프를 그리고, 나머지 구간에서 그래프는 이 부분을 반복함으로써 전체 그래프를 그릴 수 있다.

표 5.5는 $0 < x < \pi$에서 $y = \cot x$상의 특정한 점들을 모은 표이다.

x가 0에 우측에서 접근할 때 $\cos x$는 1에 근접하고, $\sin x$는 양으로 0에 근접하므로 $\cot x = \dfrac{\cos x}{\sin x}$는 점점 양으로 큰 값이 된다. 따라서 x가 0에 우측에서 접근할 때 $\cot x$는 ∞로 발산한다. 같은 방법으로 x가 π에 좌측에서 접근할 때 $\cos x$는 -1에 근접하고, $\sin x$는 양으로 0에 근접하므로 x가 π에 좌측에서 접근할 때 $\cot x = \dfrac{\cos x}{\sin x}$는 음이고 $-\infty$로 발산한다(그림 5.29 참조).

‖ 표 5.5 ‖

x	$y=\cot x$	$(x,\ y)$
$\frac{\pi}{6}$	$\sqrt{3}$	$\left(\frac{\pi}{6},\ \sqrt{3}\right)$
$\frac{\pi}{4}$	1	$\left(\frac{\pi}{4},\ 1\right)$
$\frac{\pi}{3}$	$\frac{\sqrt{3}}{3}$	$\left(\frac{\pi}{3},\ \frac{\sqrt{3}}{3}\right)$
$\frac{\pi}{2}$	0	$\left(\frac{\pi}{2},\ 0\right)$
$\frac{2\pi}{3}$	$-\frac{\sqrt{3}}{3}$	$\left(\frac{2\pi}{3},\ -\frac{\sqrt{3}}{3}\right)$
$\frac{3\pi}{4}$	-1	$\left(\frac{3\pi}{4},\ -1\right)$
$\frac{5\pi}{6}$	$-\sqrt{3}$	$\left(\frac{5\pi}{6},\ -\sqrt{3}\right)$

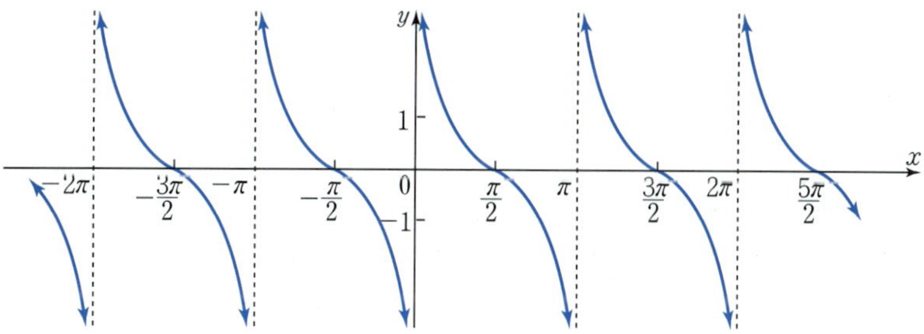

$-\infty < x < \infty$ 에서 π의 정수배인 점 제외, $-\infty < y < \infty$

‖ 그림 5.29 ‖ $y=\cot x$

연습문제 5.4

1 $y=\sin x$와 $y=\cos x$의 y절편은 무엇인가?

2 $-\pi \leqq x \leqq \pi$에서 $y=\sin x$의 그래프가 증가하는 구간은?

3 삼각함수 중에서 그래프가 y축에 관하여 대칭인 것은?

4 $y=\sin x$에서 가장 큰 함숫값은?

5 $0 \leqq x \leqq 2\pi$에서 $\sin x = 0$인 x의 값은?

6 (1) $-2\pi \leqq x \leqq 2\pi$에서, $y = \sec x$가 수직점근선을 가지는 점은?
(2) $-2\pi \leqq x \leqq 2\pi$에서, $y = \tan x$가 수직점근선을 가지는 점은?
(3) $-2\pi \leqq x \leqq 2\pi$에서, $\sec x = 1$인 값은? 또 $\sec x = -1$인 값은?
(4) $-2\pi \leqq x \leqq 2\pi$에서, $\sin x = 1$인 값은? 또 $\sin x = -1$인 값은?

7 다음 함수들의 그래프를 그리고 주기를 찾아라.

(1) $y = 3\sin x$ (2) $y = \cos\left(x + \frac{\pi}{4}\right)$ (3) $y = \tan x - 1$
(4) $y = -2\sin x$ (5) $y = \sin \pi x$ (6) $y = 2\sec x$
(7) $y = -\sec x$ (8) $y = \sec\left(x - \frac{\pi}{2}\right)$ (9) $y = \tan(x - \pi)$
(10) $y = 3\sin 2x$ (11) $y = 3\tan 2x$ (12) $y = \sec 2x$
(13) $y = \cot \pi x$ (14) $y = -3\tan 4x$ (15) $y = 2\sec \frac{1}{2}x$

5.5 사인함수의 그래프

토지의 측량 등에 사용되는 삼각측량법의 기초 역할을 하던 사인함수와 코사인함수는 오늘날 주기적인 현상이나 진동하는 현상을 표현할 때 아주 편리하게 사용된다.

$\sin x$와 $\cos x$의 그래프는 5.4절에서 보면 위상 차이($\frac{\pi}{2}$만큼 수평으로 평행이동)만 있을 뿐 기본적으로 같다. 즉 $y = \cos x$의 그래프는 $y = \sin x$의 그래프를 x축의 음의 방향(좌측)으로 $\frac{\pi}{2}$만큼 수평이동한 것이다.

이런 사실을 수식으로 표현하면 다음의 항등식으로 나타난다(다음 절에서 증명함).

$$\cos x = \sin\left(x + \frac{\pi}{2}\right)$$

따라서 코사인함수는 적절히 사인함수로 변환할 수 있으므로, 사인함수를 주로 다룬다.

$y = \sin x$의 값이 -1과 1 사이에 있음을 안다. 즉 임의의 실수 x에 대해서 $-1 \leq \sin x \leq 1$이다. 따라서 $A \neq 0$일 때, $y = A\sin x$의 값은 $-|A|$와 $|A|$ 사이에 있다. 즉 다음 부등식을 만족한다.

$$-|A| \leq A\sin x \leq |A|$$

이때 $|A|$를 $y = A\sin x$의 진폭(amplitude)이라 한다[그림 5.30(a) 참조].

역시 $-|A| \leq A\cos x \leq |A|$이므로, $|A|$를 $y = A\cos x$의 진폭이라 한다.

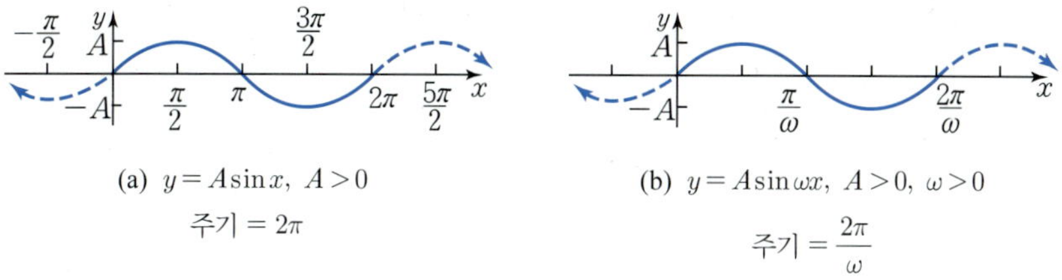

그림 5.30

앞의 그림 5.19에 $y = \sin 3x$의 그래프가 있다. 이 함수의 주기는 $\frac{2\pi}{3}$이다. 일반적으로 $\omega > 0$이면 임의의 x에 대해서 $\sin x$의 주기가 2π이므로, $\sin\omega\left(x + \frac{2\pi}{\omega}\right) = \sin(\omega x + 2\pi) = \sin\omega x$이다. 따라서 $y = \sin\omega x$의 주기는 $\frac{2\pi}{\omega}$이다.

따라서 $\left[0, \frac{2\pi}{\omega}\right]$상에서 $y = \sin\omega x$의 그래프는 $[0, 2\pi]$상에서 $y = \sin x$의 그래프를 수평으로 압축($\omega > 1$인 경우)하거나 늘임($0 < \omega < 1$인 경우)으로써 얻어질 수 있다[그림 5.30(b) 참조]. 만약 $\omega < 0$이면 x의 계수가 양인 형태로 하기 위해 항등식 $\sin\omega x = -\sin(-\omega)x$, $\cos\omega x = \cos(-\omega)x$를 이용하여 $y = \sin\omega x$와 $y = \cos\omega x$의 그래프를 그릴 수 있다.

정리 5.5.1

실수 $A \neq 0$과 $\omega \neq 0$에 대해서 $y = A\sin\omega x$와 $y = A\cos\omega x$의 진폭과 주기는 다음과 같다.

$$\text{진폭} = |A|,\ \text{주기} = \frac{2\pi}{|\omega|}$$

예제 5.5.2

$y = 3\sin 4x$의 진폭과 주기를 결정하고, 함수의 그래프를 그려라.

풀이 주어진 함수를 $y = A\sin\omega x$와 비교하면 $A = 3$이고 $\omega = 4$이다. 정리 5.5.1로부터 진폭 $|A| = 3$이고, 주기 $T = \frac{2\pi}{\omega} = \frac{2\pi}{4} = \frac{\pi}{2}$이다.

진폭은 y의 범위를 나타내고, 주기는 그래프의 최소 반복 토막의 x좌표 구간의 길이를 나타내므로 $y = 3\sin 4x$의 그래프는 그림 5.31과 같다.

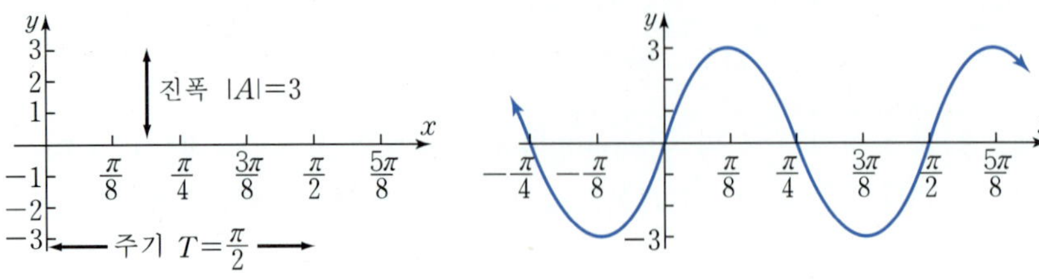

(a) (b) $y=3\sin 4x$

| 그림 5.31 |

✲

예제 5.5.3

$y=-4\cos \pi x$의 진폭과 주기를 결정하고, 함수의 그래프를 그려라.

풀이 $y=A\cos \omega x$에서 $A=-4$이고 $\omega=\pi$이다. 그러므로 진폭 $|A|=|-4|=4$이고, 주기 $T=\frac{2\pi}{\omega}=\frac{2\pi}{\pi}=2$이다. 진폭과 주기를 이용하여 그림 5.32(a)처럼 $y=4\cos \pi x$의 그래프를 그리고, $y=4\cos \pi x$의 그래프를 x축에 관하여 대칭시키면 그림 5.32(b)처럼 $y=-4\cos \pi x$의 그래프를 얻는다.

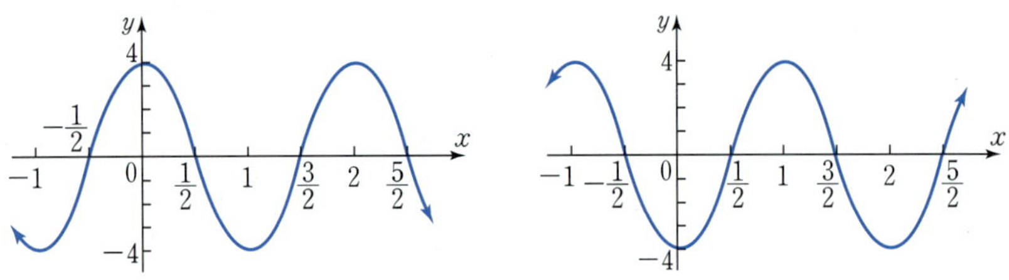

(a) $y=4\cos \pi x$ $\xrightarrow{x축에\ 관하여\ 대칭}$ (b) $y=-4\cos \pi x$

| 그림 5.32 |

✲

예제 5.5.4

$y=2\sin(-\pi x)$의 진폭과 주기를 결정하고, 함수의 그래프를 그려라.

풀이 사인함수는 기함수이므로 주어진 함수를 $y=-2\sin \pi x$로 고칠 수 있다. $y=-2\sin \pi x$는 $y=A\sin \omega x$에서 $A=-2$이고 $\omega=\pi$이다. 그러므로 진폭 $|A|=2$, 주기 $T=\frac{2\pi}{\omega}=\frac{2\pi}{\pi}=2$이다. 진폭과 주기를 이용하여 그림 5.33(a)처럼 $y=2\sin \pi x$의 그래프를 그리고, $y=2\sin \pi x$의 그래프를 x축에 관하여 대칭시키면 그림 5.33(b)처럼 $y=-2\sin \pi x$의 그래프를 얻는다.

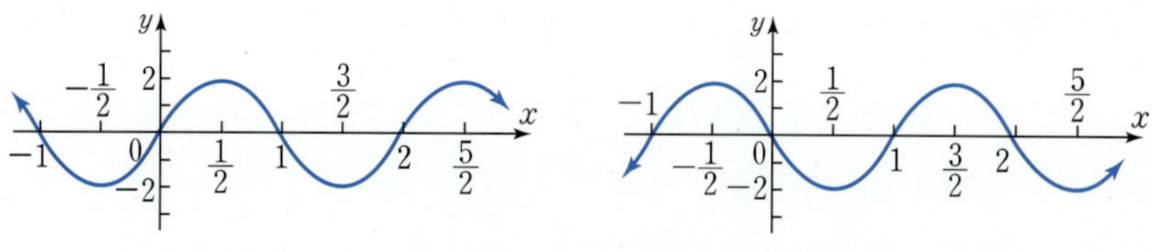

(a) $y=2\sin\pi x$ $\xrightarrow{x\text{축에 관하여 대칭}}$ (b) $y=-2\sin\pi x=2\sin(-\pi x)$

▌그림 5.33▐

✲

사인함수와 코사인함수의 그래프가 주어져 있을 때, 진폭과 주기를 이용하여 주어진 그래프의 함수를 찾을 수 있다.

예제 5.5.5

그림 5.34로 주어진 그래프의 방정식을 구하여라.

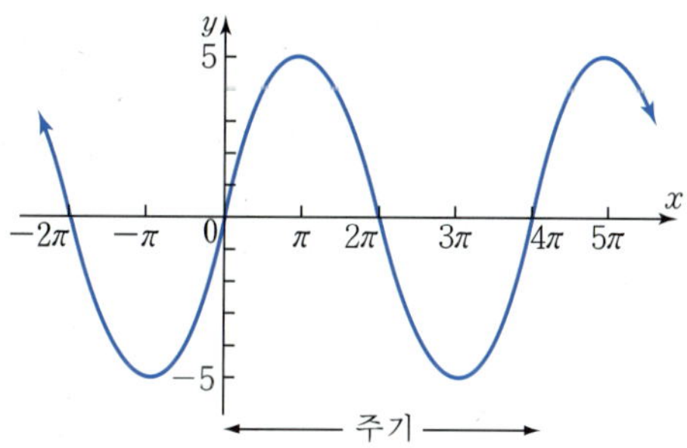

▌그림 5.34▐

풀이 이 그래프는 사인함수로서 진폭이 $A=5$이고 주기는 $T=4\pi$임을 알 수 있다. 그러므로 $y=A\sin\omega x$에 의하여 $4\pi=\dfrac{2\pi}{\omega}$이므로 $\omega=\dfrac{2\pi}{4\pi}=\dfrac{1}{2}$이다. 따라서 구하고자 하는 사인함수는 $y=5\sin\dfrac{x}{2}$이다.

(주어진 그래프를 코사인함수의 그래프로 간주하고 코사인함수 형태로 구해도 되지만 사인함수 형태로 구하는 것이 쉽다.) ✲

예제 5.5.6

그림 5.35로 주어진 그래프의 방정식을 구하여라.

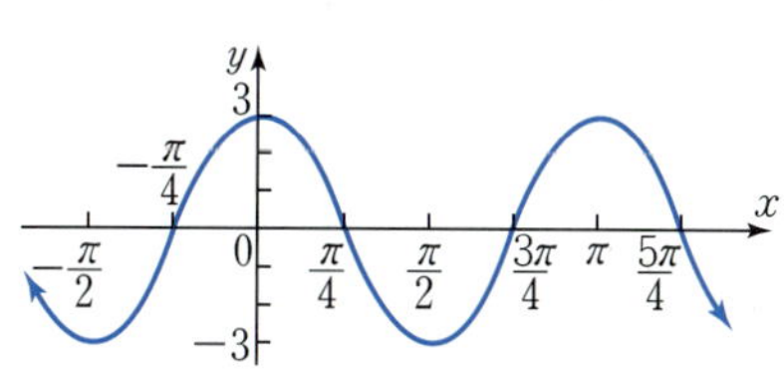

▌그림 5.35▐

풀이 주어진 그래프를 보면 진폭이 $A=3$이고 주기가 π인 코사인함수로 보는 것이 쉬울 것 같다. 그러므로 $\frac{2\pi}{\omega}=\pi$이고 $\omega=2$이다. 따라서 주어진 그래프의 코사인함수 표현은 다음과 같다.

$$y=3\cos 2x$$ ✲

예제 5.5.7

그림 5.36으로 주어진 그래프의 방정식을 구하여라.

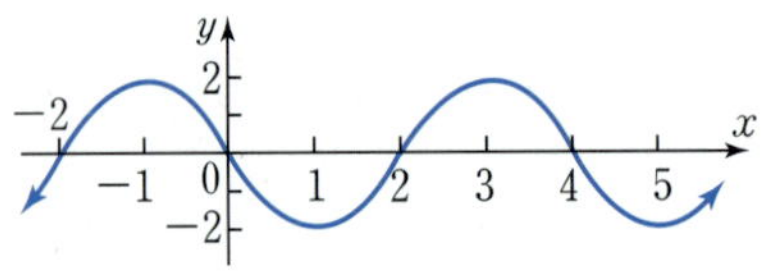

그림 5.36

풀이 그래프가 원점을 포함하므로 사인함수로 보는 것이 쉽겠다. 주어진 그래프를 보면 진폭이 $A=2$이고 주기가 4인 사인함수로 보자. 그러면 주기가 4이므로 $\frac{2\pi}{\omega}=4$이고 $\omega=\frac{\pi}{2}$이다. 그러나 이 그래프는 원점의 부근에서 감소하므로 x축에 관한 사인함수의 대칭이다. 따라서 $y=-A\sin\omega x=-2\sin\frac{\pi}{2}x$를 얻는다. ✲

위상(phase)이동

$y=A\sin\omega x$의 그래프는 진폭이 $|A|$이고 주기가 $T=\frac{2\pi}{|\omega|}$이다. 따라서 $y=A\sin\omega x$의 그래프의 한 주기는 x가 0에서 $\frac{2\pi}{|\omega|}$까지 변화할 동안(즉, 구간 $\left[0,\ \frac{2\pi}{|\omega|}\right]$)에 그려진다(그림 5.37 참조).

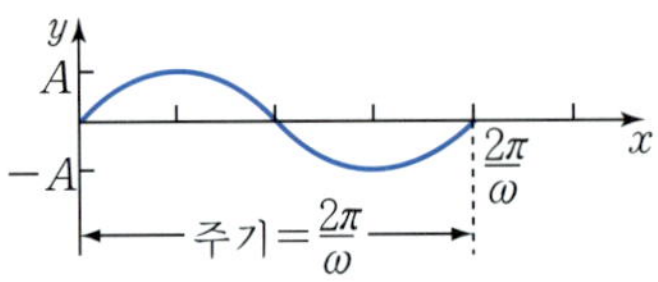

그림 5.37 $y=A\sin\omega x,\ A>0,\ \omega>0$의 한 주기

이제 $\omega>0$과 ϕ를 실수라 두고, $y=A\sin(\omega x-\phi)$의 그래프에 대해서 알아보자[이와 같은 형태의 함수를 흔히 시누소이드(sinusoid) 함수라 한다]. 이 함수의 그래프는 진폭이 $|A|$인 사인곡선이다. $y=A\sin(\omega x-\phi)$의 그래프는 $(\omega x-\phi)$가 0에서 2π까지 변화하는 동안에 한 주기가 나타난다. 따라서 이 주기는($\omega x-\phi=0$이므로)

$x=\frac{\phi}{\omega}$에서 시작하여($\omega x-\phi=2\pi$이므로) $x=\frac{2\pi}{\omega}+\frac{\phi}{\omega}$에서 끝이 난다. 즉, $\left[\frac{\phi}{\omega}, \frac{2\pi}{\omega}+\frac{\phi}{\omega}\right]$가 한 주기 구간이다(그림 5.38 참조).

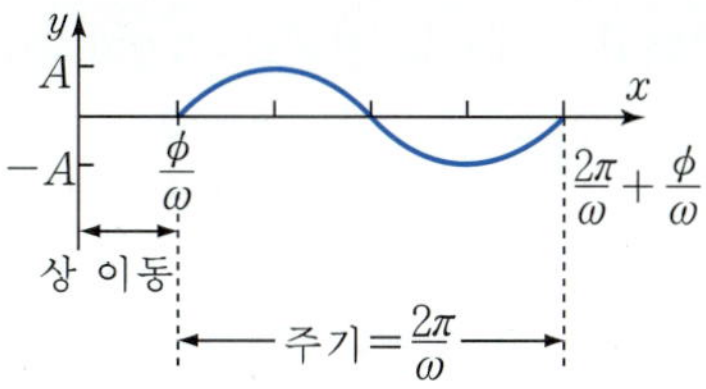

그림 5.38 $y=A\sin(\omega x-\phi)$, $(A>0,\ \omega>0,\ \phi>0)$의 한 주기

그러므로 $y=A\sin(\omega x-\phi)$의 그래프는 $y=A\sin\omega x$의 그래프를 $\phi>0$일 때는 오른쪽(양의 방향)으로 $\frac{\phi}{\omega}$만큼 수평으로 평행이동하고, $\phi<0$일 때는 왼쪽(음의 방향)으로 $\frac{\phi}{|\omega|}$만큼 수평으로 평행이동한 것과 같다.

그래서 $\frac{\phi}{\omega}$를 $y=A\sin(\omega x-\phi)$의 **위상이동**(phase shift)이라고 한다. 사인함수에 대한 이런 내용은 코사인함수 $y=A\cos(\omega x-\phi)$의 그래프에도 그대로 적용된다.

예제 5.5.8

$y=3\sin(2x-\pi)$의 진폭, 주기, 그리고 위상이동을 구하고 함수의 그래프를 그려라.

풀이 $y=3\sin(2x-\pi)$를 $y=A\sin(\omega x-\phi)$와 비교하면 $A=3$, $\omega=2$, $\phi=\pi$임을 알 수 있다. 따라서 $y=3\sin(2x-\pi)$는 진폭과 주기가 각각 $A=3$, $T=\frac{2\pi}{\omega}=\frac{2\pi}{2}=\pi$인 사인함수이다. 그리고 위상이동은 $\frac{\pi}{2}$이다. 그러므로 $y=3\sin 2x$의 그래프를 양의 방향으로 $\frac{\pi}{2}$만큼 수평으로 평행이동한 것이 $y=3\sin(2x-\pi)$의 그래프이다(그림 5.39 참조).

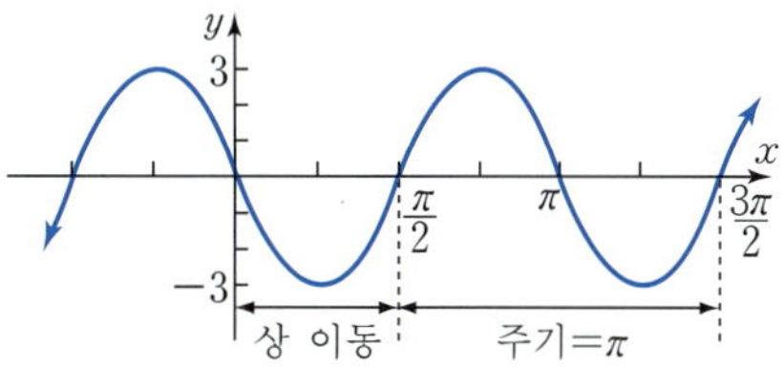

그림 5.39 $y=3\sin(2x-\pi)$ ✻

예제 5.5.9

$y=3\cos(4x+2\pi)$의 진폭, 주기, 위상이동을 구하고 그래프를 그려라.

풀이 $y=3\cos(4x+2\pi)$를 $y=A\cos(\omega x-\phi)$와 비교하면 $A=3$, $\omega=4$, $\phi=-2\pi$임을 알 수 있다. 따라서 그래프는 진폭과 주기가 각각 $A=3$, $T=\frac{2\pi}{\omega}=\frac{2\pi}{4}=\frac{\pi}{2}$인 코사인곡선이다. 그리고 위상이동은 $\frac{-2\pi}{4}=-\frac{\pi}{2}$이다. 그러므로 $y=3\cos 4x$의 그래프를 음의 방향으로 $\frac{\pi}{2}$만큼 수평으로 평행이동한 것이 $y=3\cos(4x+2\pi)$의 그래프이다(그림 5.40 참조).

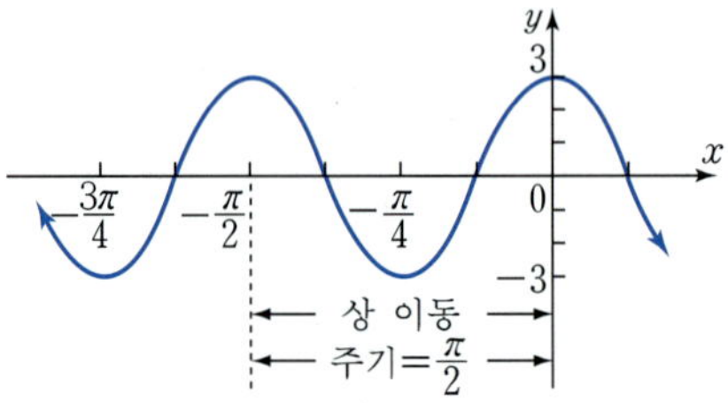

그림 5.40 $y=3\cos(4x+2\pi)$ ✲

연습문제 5.5

1 다음 각 함수의 그래프를 그리지 않고 진폭, 주기를 구하여라.

(1) $y=2\sin x$ (2) $y=-4\cos 2x$ (3) $y=6\sin \pi x$

(4) $y=-\frac{1}{2}\cos\left(\frac{3x}{2}\right)$ (5) $y=\frac{5}{3}\sin\left(\frac{-2\pi}{3}x\right)$

2 다음 함수들의 그래프를 그려라.

(1) $y=5\sin 4x$ (2) $y=5\cos \pi x$ (3) $y=-2\cos 2\pi x$

(4) $y=-4\sin\frac{1}{2}x$ (5) $y=\frac{3}{2}\sin\left(-\frac{2}{3}x\right)$

3 다음의 그래프를 나타내는 함수를 찾아라.

(A)

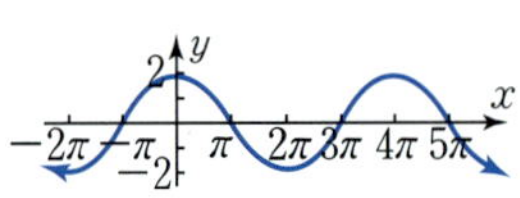

(B)

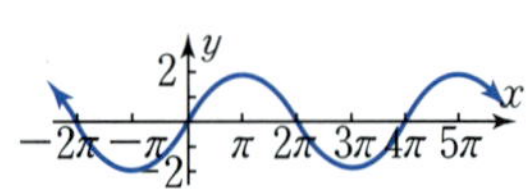

(C)

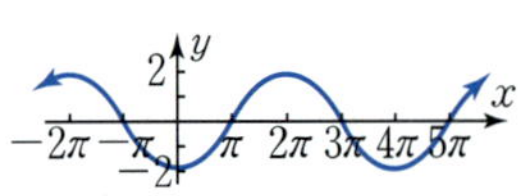

(D)

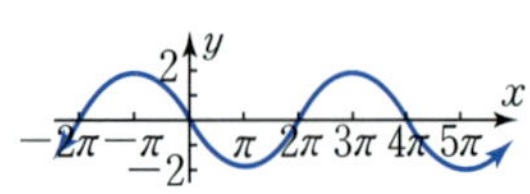

(E)

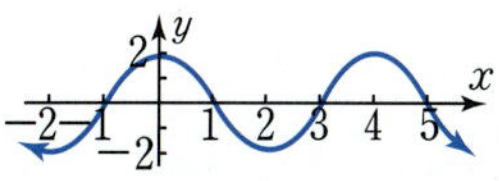

(F)

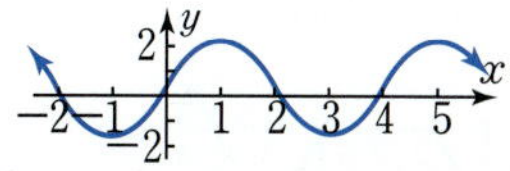

(G)

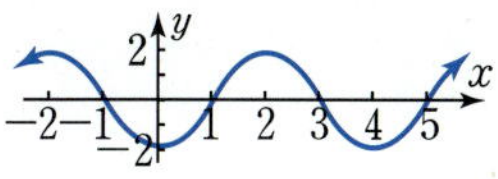

(H)

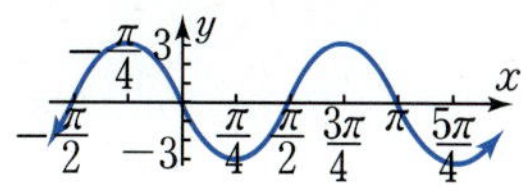

(I)

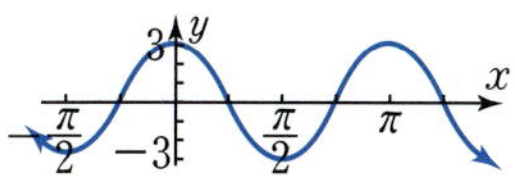

(J)

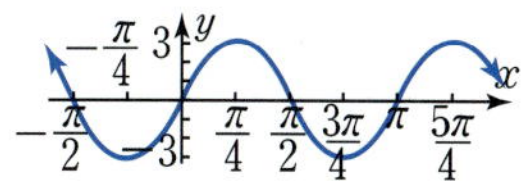

(1) $y=2\sin\frac{\pi}{2}x$ (2) $y=2\cos\frac{\pi}{2}x$ (3) $y=2\cos\frac{x}{2}$

(4) $y=3\cos 2x$ (5) $y=-3\sin 2x$ (6) $y=2\sin\frac{x}{2}$

(7) $y=-2\cos\frac{x}{2}$ (8) $y=-2\cos\frac{\pi}{2}x$ (9) $y=3\sin 2x$

(10) $y=-2\sin\frac{x}{2}$

4 다음에 주어진 그래프의 함수를 구하여라.

(1)

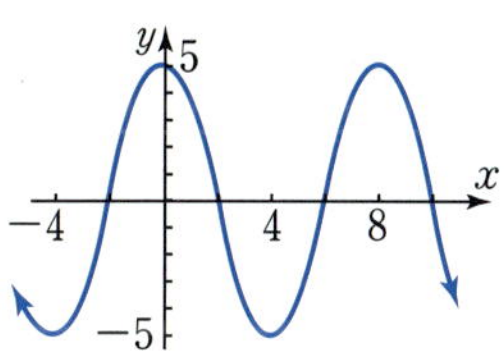

(2)

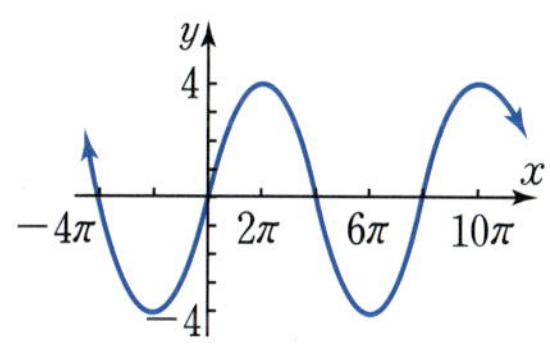

(3)

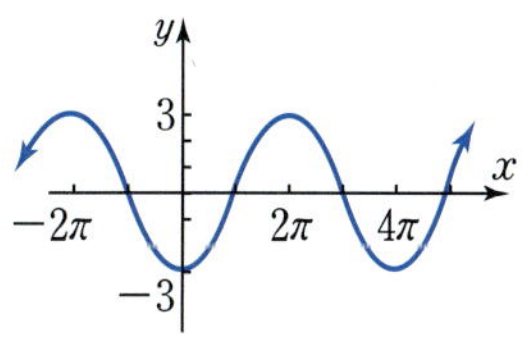

(4)

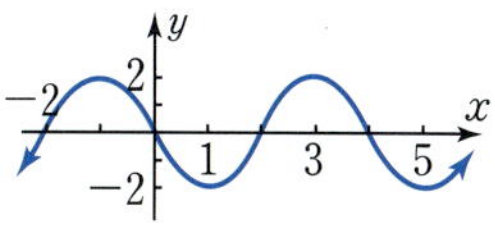

(5)

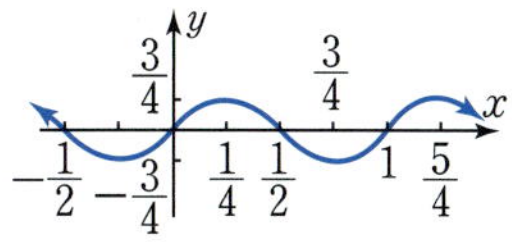

(6)

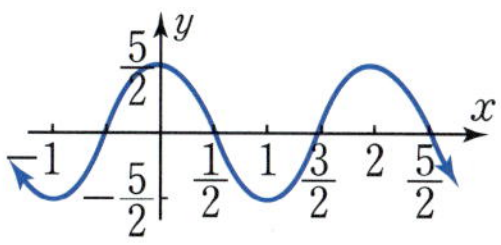

(7)

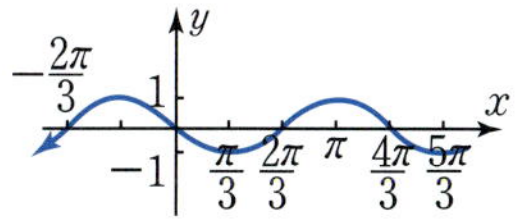

(8)

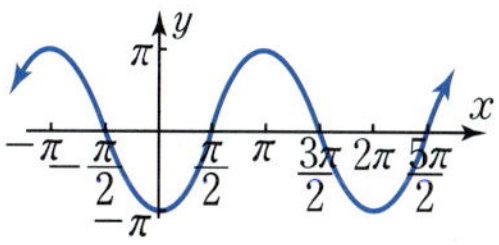

(9) 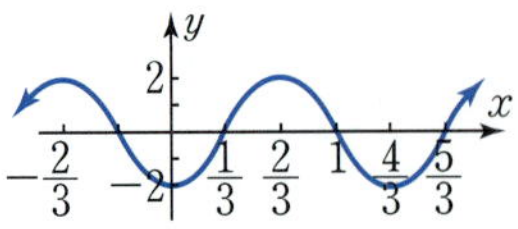

(10) 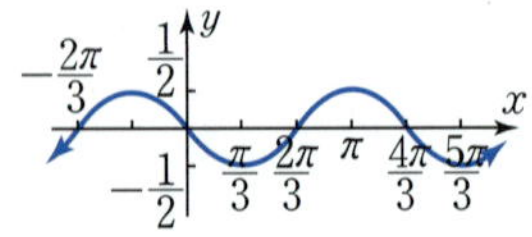

5 다음 함수의 진폭, 주기, 위상이동을 구하고 한 주기 내의 그래프를 그려라.

(1) $y=4\sin(2x-\pi)$

(2) $y=2\cos\left(3x+\dfrac{\pi}{2}\right)$

(3) $y=-3\sin\left(2x+\dfrac{\pi}{2}\right)$

5.6 역삼각함수

함수가 일대일$(1-1)$ 함수이면 역함수를 가진다. 그러나 일대일 함수가 아닌 경우라도 필요에 따라서 적당히 정의역을 축소함으로써 그 축소된 함수가 일대일 함수가 되도록 할 수 있다. 이 절에서는 이와 같은 아이디어를 사용하여 역삼각함수를 정의한다. 사인함수의 역함수를 먼저 알아보자.

사인함수의 역함수

그림 5.41에서 정의역이 실수 전체 $(-\infty,\ \infty)$인 사인함수 $y=\sin x$의 그래프를 보자. b가 -1과 1 사이의 임의의 값$(-1\leq b\leq 1)$일 때, 수평 직선 $y=b$가 $y=\sin x$의 그래프와 무수히 많이 만나므로, 함수 $y=\sin x$는 구간 $(-\infty,\infty)$상에서 일대일 함수가 아니다.

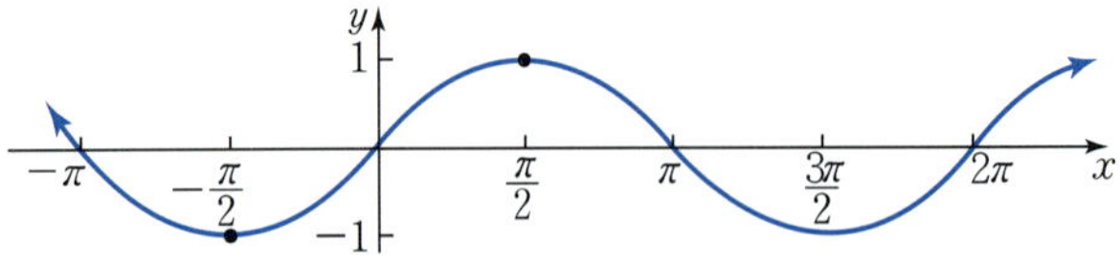

그림 5.41 $y=\sin x,\ -\infty<x<\infty$

그러나 $y=\sin x$의 정의역을 구간 $\left[-\dfrac{\pi}{2},\ \dfrac{\pi}{2}\right]$로 축소하면, 축소된 함수

$$y=\sin x,\ -\frac{\pi}{2}\leq x\leq\frac{\pi}{2}$$

는 일대일 함수이므로 역함수를 가진다(그림 5.42 참조).

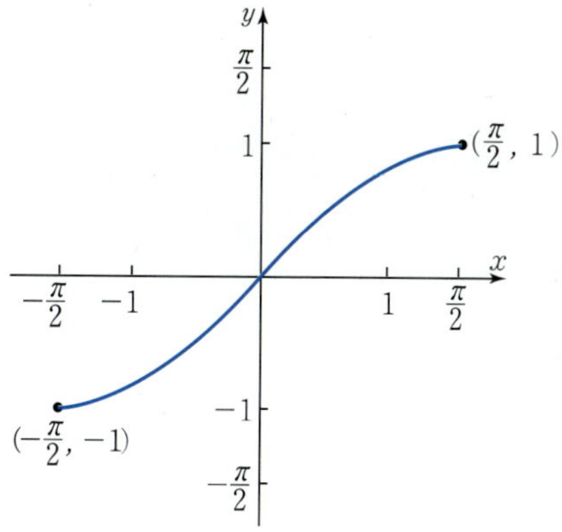

| 그림 5.42 | $y = \sin x,\ -\frac{\pi}{2} \leqq x \leqq \frac{\pi}{2},\ -1 \leqq y \leqq 1$

이 축소된 사인함수의 역함수를 역사인(inverse sine)함수라고 하고 $y = \sin^{-1}x$ [arcsine(아크사인) x라고 읽는다]로 표기한다.

정의 5.6.1

아크사인함수(arcsine function)를 다음과 같이 정의한다.

$$-1 \leqq x \leqq 1,\ -\frac{\pi}{2} \leqq y \leqq \frac{\pi}{2} \text{ 에 대해서}$$

$$y = \sin^{-1}x \quad \Leftrightarrow \quad x = \sin y$$

$y = \sin^{-1}x$는 $x = \sin y$를 의미하므로 $y = \sin^{-1}x$는 'y는 사인함수 값이 x가 되는 각'이다. 아크사인함수 $y = \sin^{-1}x$에 나타나는 글자 -1은 지수가 아니고 역함수를 나타내는 기호이다. 즉 함수 f의 역함수를 나타내는 기호 f^{-1}에 쓰이는 기호 -1이다. $y = \sin^{-1}x$를 $y = \arcsin x$로 표기하기도 한다.

함수와 그 역함수에 관한 성질에 의하여 다음 사실을 얻는다.

$$\sin^{-1}(\sin y) = y,\ -\frac{\pi}{2} \leqq y \leqq \frac{\pi}{2}$$

$$\sin(\sin^{-1}x) = x,\ -1 \leqq x \leqq 1$$

예제 5.6.2

다음 값을 구하여라.

(1) $\sin^{-1}1$　　(2) $\sin^{-1}\left(\frac{\sqrt{3}}{2}\right)$　　(3) $\sin^{-1}\left(-\frac{1}{2}\right)$

(풀이) (1) $\theta = \sin^{-1}1$이라 두면 아크사인의 정의에 의하여 $\sin\theta = 1,\ -\frac{\pi}{2} \leq \theta \leq \frac{\pi}{2}$이다.

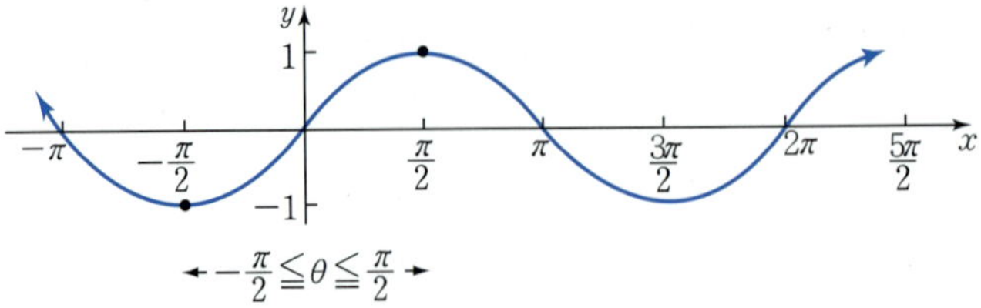

| 그림 5.43 |

그림 5.43으로부터 구간 $\left[-\frac{\pi}{2},\ \frac{\pi}{2}\right]$ 내에 사인값이 1인 각 θ는 $\frac{\pi}{2}$뿐임을 알 수 있다($\sin\left(\frac{5\pi}{2}\right) = 1$이지만 $\frac{5\pi}{2}$는 구간 $\left[-\frac{\pi}{2},\ \frac{\pi}{2}\right]$ 밖의 값이므로 허용되지 않는다). 따라서 $\theta = \frac{\pi}{2}$이다. 즉 $\sin^{-1}1 = \frac{\pi}{2}$이다.

(2) $\theta = \sin^{-1}\left(\frac{\sqrt{3}}{2}\right)$이라 두면 아크사인의 정의에 의하여 $\sin\theta = \frac{\sqrt{3}}{2},\ -\frac{\pi}{2} \leq \theta \leq \frac{\pi}{2}$이다.

그림 5.44로부터 구간 $\left[-\frac{\pi}{2},\ \frac{\pi}{2}\right]$ 내에 사인값이 $\frac{\sqrt{3}}{2}$인 각 θ는 $\frac{\pi}{3}$뿐임을 알 수 있다. 따라서 $\theta = \frac{\pi}{3}$이다. 즉 $\sin^{-1}\frac{\sqrt{3}}{2} = \frac{\pi}{3}$이다.

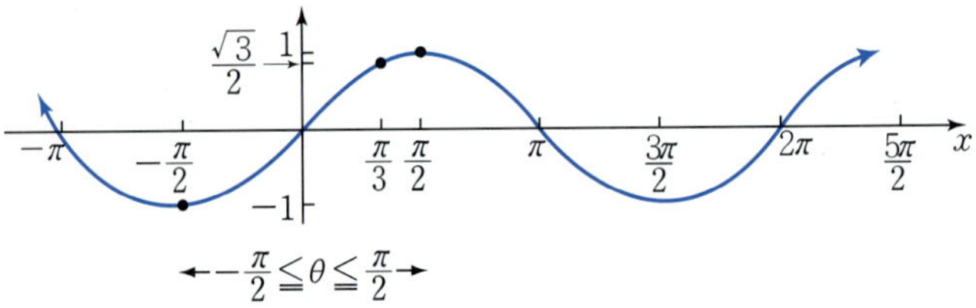

| 그림 5.44 |

(3) $\theta = \sin^{-1}\left(-\frac{1}{2}\right)$이라 두면 아크사인의 정의에 의하여 $\sin\theta = -\frac{1}{2},\ -\frac{\pi}{2} \leq \theta \leq \frac{\pi}{2}$이다.

구간 $\left[-\frac{\pi}{2},\ \frac{\pi}{2}\right]$ 내에 사인값이 $-\frac{1}{2}$인 각 θ는 $-\frac{\pi}{6}$뿐이다. 따라서 $\theta = -\frac{\pi}{6}$이다. 즉 $\sin^{-1}\left(-\frac{1}{2}\right) = -\frac{\pi}{6}$이다. ✲

이제 $y = \sin^{-1}x$의 그래프를 생각해보자. $y = \sin^{-1}x$의 정의역은 $-1 \leq x \leq 1$이고, 치역은 $-\frac{\pi}{2} \leq y \leq \frac{\pi}{2}$이다.

한편, 아크사인함수의 정의에 의하면 축소된 사인함수 $y=\sin x,\ -\frac{\pi}{2} \leqq x \leqq \frac{\pi}{2}$에서 독립변수와 종속변수의 역할을 맞바꾸면 아크사인함수 $y=\sin^{-1}x$가 됨을 알 수 있다. 따라서 축소된 사인함수 $y=\sin x,\ -\frac{\pi}{2} \leqq x \leqq \frac{\pi}{2}$의 그래프를 직선 $y=x$에 관하여 대칭시키면 $y=\sin^{-1}x$의 그래프를 얻는다(그림 5.45 참조).

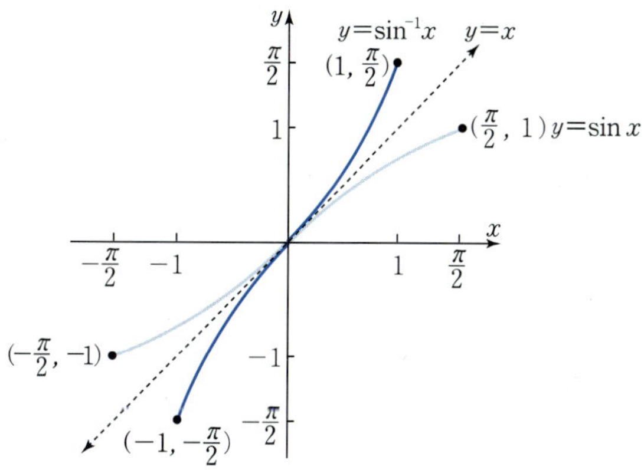

그림 5.45 $y=\sin x,\ -\frac{\pi}{2} \leqq x \leqq \frac{\pi}{2}$

$y=\sin^{-1}x,\ -1 \leqq x \leqq 1$

코사인함수의 역함수

그림 5.46에서 정의역이 실수 전체 $(-\infty,\ \infty)$인 코사인 함수 $y=\cos x$의 그래프를 보자. b가 -1과 1 사이의 임의의 값$(-1 \leqq b \leqq 1)$일 때, 수평 직선 $y=b$가 $y=\cos x$의 그래프와 무수히 많이 만나므로, 함수 $y=\cos x$는 구간 $(-\infty, \infty)$상에서 일대일 함수가 아니다.

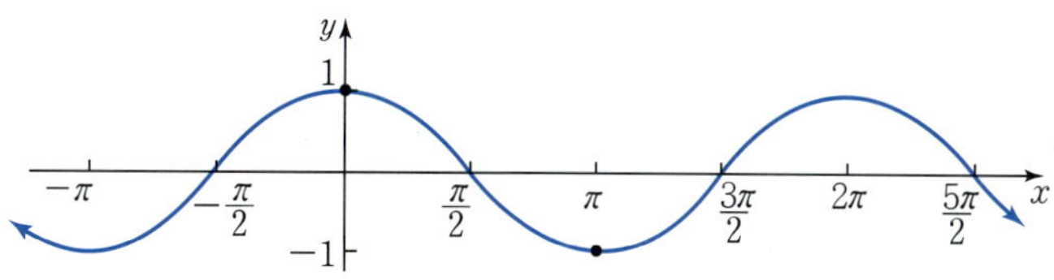

그림 5.46 $y=\cos x,\ -\infty < x < \infty$

그러나 $y=\cos x$의 정의역을 구간 $[0,\ \pi]$로 축소하면, 축소된 함수

$$y=\cos x,\ 0 \leqq x \leqq \pi$$

는 일대일 함수이므로 역함수를 가진다(그림 5.47 참조).

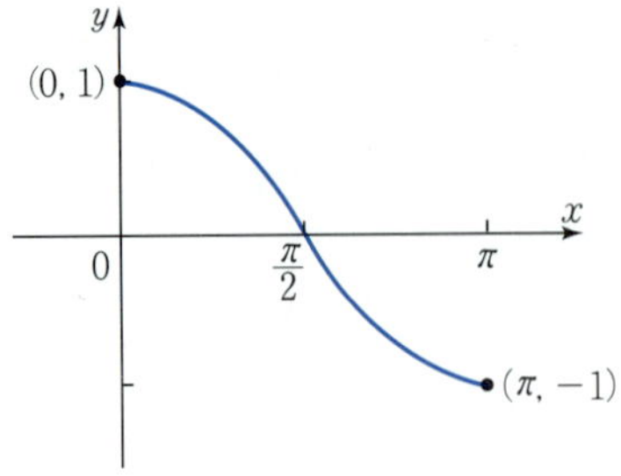

| 그림 5.47 | $y=\cos x,\ 0\leq x\leq \pi,\ -1\leq y\leq 1$

이 축소된 코사인함수의 역함수를 역코사인(inverse cosine)함수라고 하고 $y=\cos^{-1}x$ [arccosine(아크코사인) x라고 읽는다]로 표기한다.

정의 5.6.3

아크코사인함수를 다음과 같이 정의한다.

$-1\leq x\leq 1,\ 0\leq y\leq \pi$에 대해서

$$y=\cos^{-1}x \quad \Leftrightarrow \quad x=\cos y$$

$y=\cos^{-1}x$는 $x=\cos y$를 의미하므로 $y=\cos^{-1}x$는 'y는 코사인함수 값이 x가 되는 각'이다. 아크코사인함수 $y=\cos^{-1}x$에 나타나는 글자 -1도 지수가 아니고 역함수를 나타내는 기호이다. $y=\cos^{-1}x$를 $y=\text{arc}\cos x$로 표기하기도 한다.

역함수의 성질에 의해서 다음이 성립한다.

$$\cos^{-1}(\cos y)=y,\ 0\leq y\leq \pi$$
$$\cos(\cos^{-1}x)=x,\ -1\leq x\leq 1$$

예제 5.6.4

다음 값을 구하여라.

(1) $\cos^{-1}0$ (2) $\cos^{-1}\left(\frac{\sqrt{2}}{2}\right)$ (3) $\cos^{-1}\left(-\frac{1}{2}\right)$

풀이 (1) $\theta=\cos^{-1}0$이라 두면 $\cos\theta=0,\ 0\leq\theta\leq\pi$이다.

구간 $[0,\ \pi]$ 내에 코사인값이 0인 각 θ는 $\frac{\pi}{2}$뿐임을 알 수 있다($\cos\left(\frac{3\pi}{2}\right)=0$이지만 $\frac{3\pi}{2}$는 구간 $[0,\ \pi]$ 밖의 값이므로 허용되지 않는다). 따라서 $\theta=\frac{\pi}{2}$이다. 즉 $\cos^{-1}0=\frac{\pi}{2}$이다.

(2) $\theta=\cos^{-1}\left(\dfrac{\sqrt{2}}{2}\right)$라 두면 $\cos\theta=\dfrac{\sqrt{2}}{2}$, $0\leqq\theta\leqq\pi$이다. 그림 5.48로부터 구간 $[0,\ \pi]$ 내에 코사인값이 $\dfrac{\sqrt{2}}{2}$인 각 θ는 $\dfrac{\pi}{4}$뿐임을 알 수 있다. 따라서 $\theta=\dfrac{\pi}{4}$이고 $\cos^{-1}\dfrac{\sqrt{2}}{2}=\dfrac{\pi}{4}$이다.

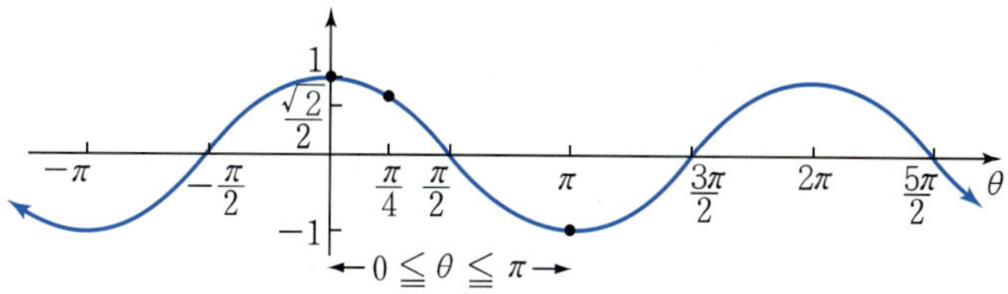

그림 5.48

(3) $\theta=\cos^{-1}\left(-\dfrac{1}{2}\right)$이라 두면 $\cos\theta=-\dfrac{1}{2}$, $0\leqq\theta\leqq\pi$이다.
그림 5.48을 보면 구간 $[0,\ \pi]$ 내에 코사인이 $-\dfrac{1}{2}$인 각 θ는 $\dfrac{2\pi}{3}$뿐임을 알 수 있다. 따라서 $\theta=\dfrac{2\pi}{3}$이고 $\cos^{-1}\left(-\dfrac{1}{2}\right)=\dfrac{2\pi}{3}$이다. ✲

이제 $y=\cos^{-1}x$의 그래프를 생각해보자. $y=\cos^{-1}x$의 정의역은 $-1\leqq x\leqq 1$이고, 치역은 $0\leqq y\leqq\pi$이다.

한편, 아크코사인함수의 정의에 의하면 축소된 코사인함수 $y=\cos x$, $0\leq x\leq\pi$에서 독립변수와 종속변수의 역할을 맞바꾸면 아크코사인함수 $y=\cos^{-1}x$가 됨을 알 수 있다. 따라서 축소된 코사인함수 $y=\cos x$, $0\leqq x\leqq\pi$의 그래프를 직선 $y=x$에 관하여 대칭시키면 $y=\cos^{-1}x$의 그래프를 얻는다(그림 5.49 참조).

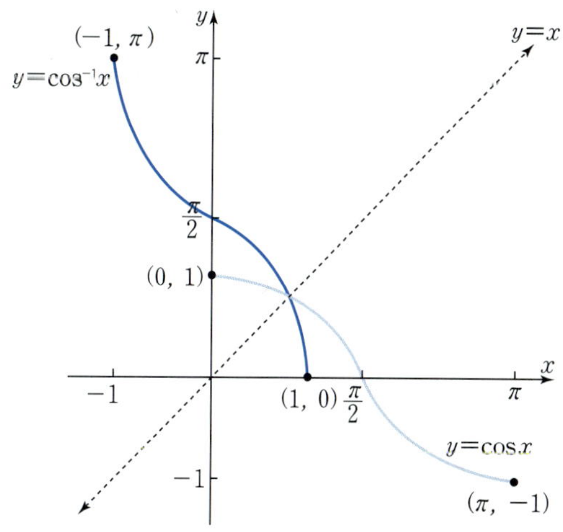

그림 5.49 $y=\cos x,\ 0\leqq x\leqq\pi$
$y=\cos^{-1}x,\ -1\leqq x\leqq 1$

탄젠트함수의 역함수

그림 5.50에서 $y = \tan x$의 그래프를 보자. 모든 수평 직선은 이 그래프와 무수히 많이 만나므로 탄젠트함수는 일대일 함수가 아니다.

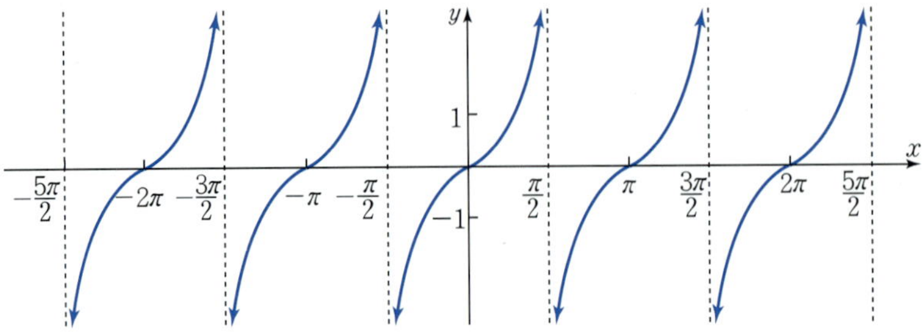

▮ 그림 5.50 ▮ $y = \tan x,\ -\infty < x < \infty,\ x \neq \frac{n\pi}{2}$($n$은 홀수), $-\infty < y < \infty$

그러나 $y = \tan x$의 정의역을 구간 $\left(-\frac{\pi}{2},\ \frac{\pi}{2}\right)$로 축소하면, 축소된 함수

$$y = \tan x,\ -\frac{\pi}{2} < x < \frac{\pi}{2}$$

는 일대일 함수이므로 역함수를 가진다(그림 5.51 참조).

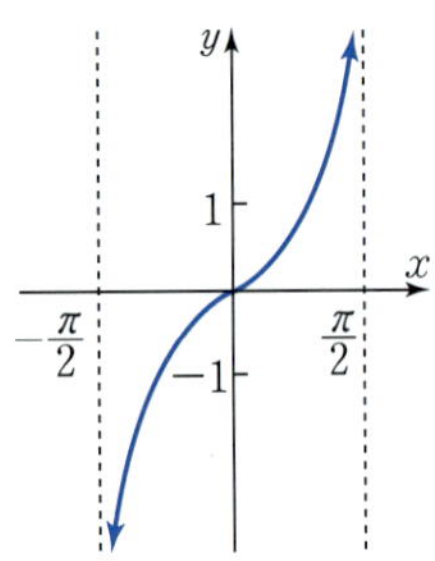

▮ 그림 5.51 ▮ $y = \tan x,\ -\frac{\pi}{2} < x < \frac{\pi}{2},\ -\infty < y < \infty$

이 축소된 탄젠트함수의 역함수를 역탄젠트(inverse tangent)함수라고 하고 $y = \tan^{-1}x$[arctangent(아크탄젠트) x라고 읽는다]로 표기한다.

정의 5.6.5

아크탄젠트함수를 다음과 같이 정의한다.

$$-\infty < x < \infty,\ -\frac{\pi}{2} < y < \frac{\pi}{2} \text{ 에 대해서}$$

$$y = \tan^{-1}x \quad \Leftrightarrow \quad x = \tan y$$

$y=\tan^{-1}x$는 $x=\tan y$를 의미하므로 $y=\tan^{-1}x$는 'y는 탄젠트함수 값이 x가 되는 각'이다. 아크탄젠트함수 $y=\tan^{-1}x$에 나타나는 글자 -1도 지수가 아니고 역함수를 나타내는 기호이다. $y=\tan^{-1}x$를 $y=\arctan x$로 표기하기도 한다.

역함수의 성질에 의해서 다음이 성립한다.

$$\tan^{-1}(\tan y)=y,\ -\frac{\pi}{2}<y<\frac{\pi}{2}$$
$$\tan(\tan^{-1}x)=x,\ -\infty<x<\infty$$

예제 5.6.6

$\tan^{-1}1$과 $\tan^{-1}(-\sqrt{3})$의 값을 구하여라.

풀이 (1) $\theta=\tan^{-1}1$이라 두면 $\tan\theta=1,\ -\frac{\pi}{2}<\theta<\frac{\pi}{2}$이다.

그림 5.52를 보면 구간 $\left(-\frac{\pi}{2},\ \frac{\pi}{2}\right)$ 내에 탄젠트 값이 1인 각 θ는 $\frac{\pi}{4}$뿐임을 알 수 있다. 따라서 $\theta=\frac{\pi}{4}$이고 $\tan^{-1}1=\frac{\pi}{4}$이다.

(2) $\theta=\tan^{-1}(-\sqrt{3})$이라 두면 $\tan\theta=-\sqrt{3},\ -\frac{\pi}{2}<\theta<\frac{\pi}{2}$이다.

그림 5.52를 보면 구간 $\left(-\frac{\pi}{2},\ \frac{\pi}{2}\right)$ 내에 탄젠트 값이 $-\sqrt{3}$인 각 θ는 $-\frac{\pi}{3}$뿐임을 알 수 있다. 따라서 $\theta=-\frac{\pi}{3}$이고 $\tan^{-1}(-\sqrt{3})=-\frac{\pi}{3}$이다.

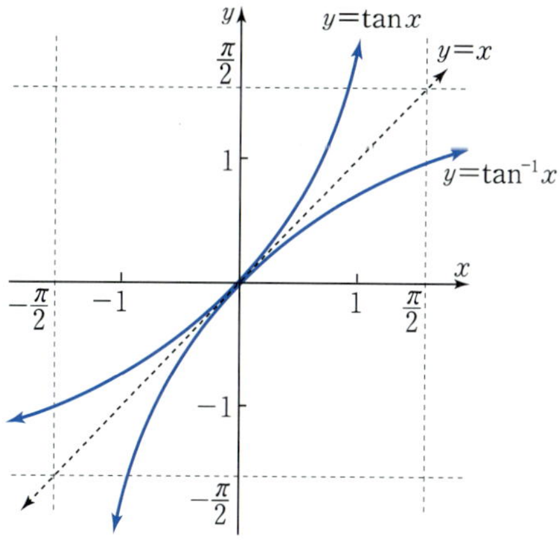

그림 5.52

예제 5.6.7

다음 값을 구하여라.

(1) $\sin\left[\cos^{-1}\dfrac{\sqrt{3}}{2}\right]$ (2) $\cos\left[\tan^{-1}(-1)\right]$ (3) $\sec\left(\sin^{-1}\dfrac{1}{2}\right)$

풀이 (1) $\theta=\cos^{-1}\dfrac{\sqrt{3}}{2}$이라 두면, $\cos\theta=\dfrac{\sqrt{3}}{2}$, $0\leq\theta\leq\pi$이다.

따라서 $\theta=\dfrac{\pi}{6}$이다. 그러므로 $\sin\left(\cos^{-1}\dfrac{\sqrt{3}}{2}\right)=\sin\theta=\sin\dfrac{\pi}{6}=\dfrac{1}{2}$이다.

(2) $\theta=\tan^{-1}(-1)$이라 두면, $\tan\theta=-1$, $-\dfrac{\pi}{2}<\theta<\dfrac{\pi}{2}$이다.

따라서 $\theta=-\dfrac{\pi}{4}$이다. 그러므로

$$\cos\left[\tan^{-1}(-1)\right]=\cos\theta=\cos\left(-\frac{\pi}{4}\right)=\frac{\sqrt{2}}{2}$$

(3) $\theta=\sin^{-1}\dfrac{1}{2}$이라 두면, $\sin\theta=\dfrac{1}{2}$, $-\dfrac{\pi}{2}\leq\theta\leq\dfrac{\pi}{2}$이다.

따라서 $\theta=\dfrac{\pi}{6}$이다. 그러므로

$$\sec\left(\sin^{-1}\frac{1}{2}\right)=\sec\theta=\sec\left(\frac{\pi}{6}\right)=\frac{2}{\sqrt{3}}=\frac{2\sqrt{3}}{3}$$ ✲

예제 5.6.7에서와 같은 문제를 풀기 위하여 각의 값을 반드시 알아야 할 필요는 없다.

예제 5.6.8

다음 값을 구하여라.

(1) $\sin\left(\tan^{-1}\dfrac{1}{2}\right)$ (2) $\tan\left(\cos^{-1}\dfrac{1}{3}\right)$ (3) $\cos\left[\sin^{-1}\left(-\dfrac{1}{3}\right)\right]$

풀이 (1) $\theta=\tan^{-1}\dfrac{1}{2}$이라 하자. 그러면 $-\dfrac{\pi}{2}<\theta<\dfrac{\pi}{2}$이고 $\tan\theta=\dfrac{1}{2}$이다. $\tan\theta>0$이기 때문에 $0<\theta<\dfrac{\pi}{2}$이다. 그림 5.53처럼 $\tan\theta=\dfrac{1}{2}$을 나타내는 적당한 직각삼각형(예로써 밑변 2, 높이 1)을 1사분면에 그린다. 이 직각삼각형의 빗변의 길이가 $\sqrt{5}$이다. 그러므로 다음을 얻는다.

$$\sin\left(\tan^{-1}\frac{1}{2}\right)=\sin\theta=\frac{1}{\sqrt{5}}=\frac{\sqrt{5}}{5}$$

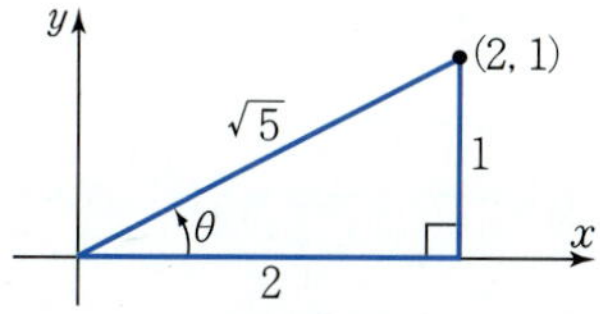

▌그림 5.53 ▌ $\tan\theta = \frac{1}{2}$

(2) $\theta = \cos^{-1}\frac{1}{3}$이라 하자. 그러면 $0 \leqq \theta \leqq \pi$이고 $\cos\theta = \frac{1}{3}$이다. $\cos\theta > 0$이기 때문에 $0 \leqq \theta \leqq \frac{\pi}{2}$이다. 그림 5.54처럼 $\cos\theta = \frac{1}{3}$을 나타내는 적당한 직각삼각형(예로써 빗변 3, 밑변 1)을 1사분면에 그린다. 이 직각삼각형의 높이는 $2\sqrt{2}$이다. 그러므로 다음을 얻는다.

$$\tan\left(\cos^{-1}\frac{1}{3}\right) = \tan\theta = 2\sqrt{2}$$

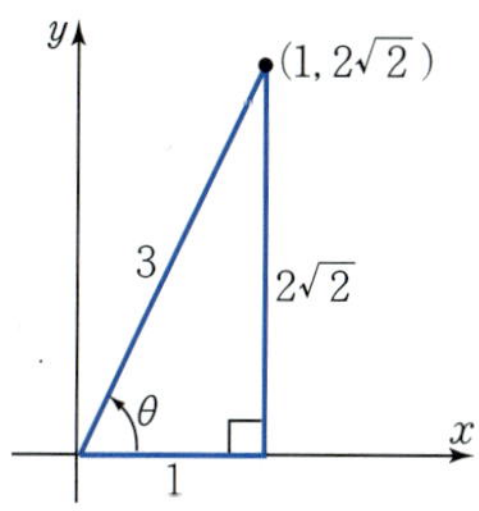

▌그림 5.54 ▌ $\cos\theta = \frac{1}{3}$

(3) $\theta = \sin^{-1}\left(-\frac{1}{3}\right)$이라 하자. 그러면 $-\frac{\pi}{2} \leqq \theta \leqq \frac{\pi}{2}$이고 $\sin\theta = -\frac{1}{3}$이다. $\sin\theta < 0$이기 때문에 $-\frac{\pi}{2} \leqq \theta \leqq 0$이다. 따라서 그림 5.55를 참고하면, $\cos\theta = \frac{2\sqrt{2}}{3}$를 얻는다. 그러므로 다음을 얻는다.

$$\cos\left[\sin^{-1}\left(-\frac{1}{3}\right)\right] = \cos\theta = \frac{2\sqrt{2}}{3}$$

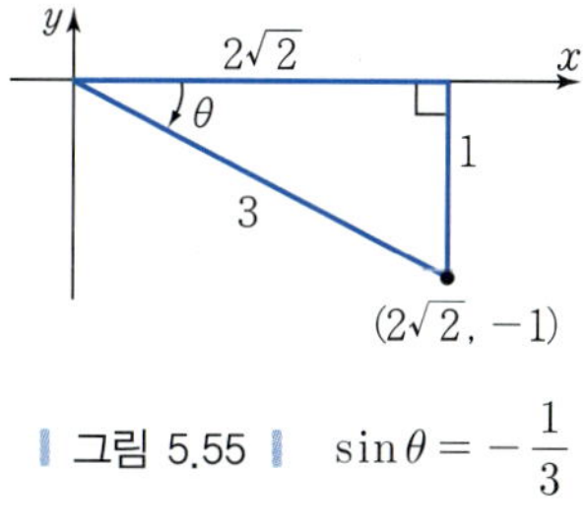

▌그림 5.55 ▌ $\sin\theta = -\frac{1}{3}$

✲

예제 5.6.9

$\sin(\tan^{-1}v) = \dfrac{v}{\sqrt{1+v^2}}$ 임을 보여라(v는 임의의 실수).

풀이 $\theta = \tan^{-1}v$라 하자. 그러면 $-\dfrac{\pi}{2} < \theta < \dfrac{\pi}{2}$이고 $\tan\theta = v$이다. 여기서 두 가지 경우 $-\dfrac{\pi}{2} < \theta < 0$과 $0 \leqq \theta < \dfrac{\pi}{2}$로 나누어 생각하자.

만약 $0 \leqq \theta < \dfrac{\pi}{2}$이면, $\tan\theta = v \geqq 0$이다. 그림 5.56을 참고하면, $\sin(\tan^{-1}v) = \sin\theta = \dfrac{v}{\sqrt{1+v^2}}$이다.

만약 $-\dfrac{\pi}{2} < \theta < 0$이면, $\tan\theta = v < 0$이다. 그림 5.57을 참고하면, $\sin(\tan^{-1}v) = \sin\theta = \dfrac{v}{\sqrt{1+v^2}}$이다.

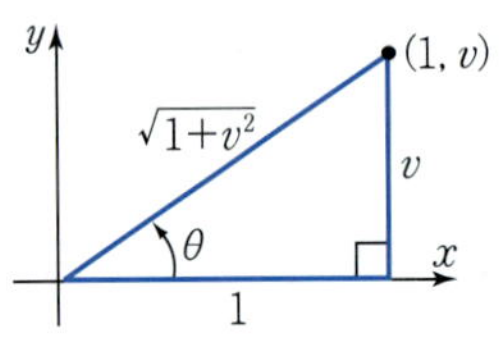

| 그림 5.56 |

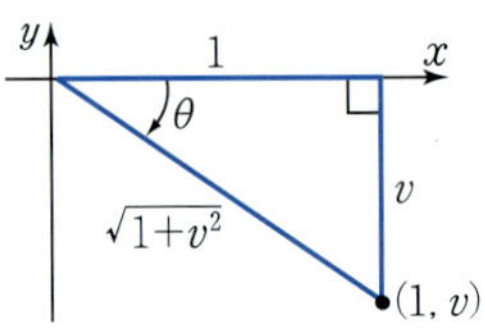

| 그림 5.57 |

그 외 삼각함수의 역함수

역코탄젠트(inverse cotangent), 역시컨트(inverse secant)와 역코시컨트(inverse cosecant)함수는 각각 아래와 같이 정의한다.

(1) $-\infty < x < \infty$, $0 < y < \pi$에 대해서

$$y = \cot^{-1}x \quad \Leftrightarrow \quad x = \cot y$$

(2) $|x| \geqq 1$, $0 \leqq y \leqq \pi$, $y \neq \dfrac{\pi}{2}$에 대해서

$$y = \sec^{-1}x \quad \Leftrightarrow \quad x = \sec y$$

(3) $|x| \geqq 1$, $-\dfrac{\pi}{2} \leqq y \leqq \dfrac{\pi}{2}$, $y \neq 0$에 대해서

$$y = \csc^{-1}x \quad \Leftrightarrow \quad x = \csc y$$

연습문제 5.6

1 다음의 값을 구하여라.

(1) $\sin^{-1}0$ (2) $\sin^{-1}(-1)$ (3) $\tan^{-1}0$

(4) $\sin^{-1}\dfrac{\sqrt{2}}{2}$ (5) $\tan^{-1}\sqrt{3}$ (6) $\cos^{-1}\left(-\dfrac{\sqrt{3}}{2}\right)$

2 다음의 값을 구하여라.

(1) $\cos\left(\sin^{-1}\dfrac{\sqrt{2}}{2}\right)$ (2) $\tan\left[\cos^{-1}\left(-\dfrac{\sqrt{3}}{2}\right)\right]$

(3) $\sec\left(\cos^{-1}\dfrac{1}{2}\right)$ (4) $\csc(\tan^{-1}1)$

(5) $\sin\left(\cos^{-1}\dfrac{\sqrt{2}}{2}\right)$ (6) $\sin(\tan^{-1}(-1))$

3 다음의 값을 구하여라.

(1) $\sec\left[\tan^{-1}\left(\dfrac{1}{2}\right)\right]$ (2) $\cot\left[\sin^{-1}\left(-\dfrac{\sqrt{2}}{3}\right)\right]$

(3) $\sin\left[\tan^{-1}(-3)\right]$ (4) $\sec\left[\sin^{-1}\left(\dfrac{2\sqrt{5}}{5}\right)\right]$

4 다음을 만족하는 x를 구하여라.

(1) $\sin(\sin^{-1}x) = x$

(2) $\sin^{-1}(\sin x) = x$

5 다음의 그래프를 그려라.

(1) $y = \cot^{-1}x$ (2) $y = \sec^{-1}x$ (3) $y = \csc^{-1}x$

제5장 종합문제

01 다음의 각을 π를 이용하여 호도로 나타내어라.

(1) $135°$ (2) $210°$ (3) $18°$ (4) $15°$

02 다음의 호도를 각도로 나타내어라.

(1) $\frac{3\pi}{4}$ (2) $\frac{2\pi}{3}$ (3) $\frac{-5\pi}{2}$ (4) $\frac{-3\pi}{2}$

03 다음의 값을 계산기나 삼각함수표를 이용하지 않고 구하여라.

(1) $\tan\frac{\pi}{4}-\sin\frac{\pi}{6}$

(2) $3\sin 45° - 4\tan\frac{\pi}{6}$

(3) $6\cos\frac{3\pi}{4}+2\tan\left(-\frac{\pi}{3}\right)$

(4) $\sec\left(-\frac{\pi}{3}\right)-\cot\left(-\frac{5\pi}{4}\right)$

(5) $\tan\pi+\sin\pi$

(6) $\cos 180° - \tan(-45°)$

04 주어진 각에 대하여 나머지 삼각함수의 값을 구하여라.

(1) $\sin\theta=-\frac{4}{5}$, $\cos\theta>0$

(2) $\tan\theta=-\frac{12}{5}$, $\sin\theta<0$

(3) $\sec\theta=-\frac{5}{4}$, $\tan\theta<0$

(4) $\sin\theta=\frac{12}{13}$, $\frac{\pi}{2}<\theta<\pi$

(5) $\sin\theta=-\frac{5}{13}$, $\frac{3\pi}{2}<\theta<2\pi$

(6) $\tan\theta=\frac{1}{3}$, $180°<\theta<270°$

(7) $\cot\theta=-2$, $\frac{\pi}{2}<\theta<\pi$

05 다음의 각 함수에 대하여 그래프를 그리지 않고 진폭과 주기를 결정하여라.

(1) $y=4\cos x$

(2) $y=\sin 2x$

(3) $y=-8\sin\frac{\pi}{2}x$

(4) $y=-2\cos 3\pi x$

06 다음의 각 함수에 대하여 진폭, 주기, 위상이동을 구하고 한 주기 내의 그래프를 그려라.

(1) $y=4\sin 3x$　　(2) $y=2\cos\frac{1}{3}x$

(3) $y=-2\sin\left(\frac{\pi}{2}x+\frac{1}{2}\right)$　　(4) $y=-6\sin(2\pi x-2)$

(5) $y=\frac{1}{2}\sin\left(\frac{3}{2}x-\pi\right)$　　(6) $y=\frac{3}{2}\cos(6x+3\pi)$

(7) $y=-\frac{2}{3}\cos(\pi x-6)$　　(8) $y=-7\sin\left(\frac{\pi}{3}x+\frac{4}{3}\right)$

07 다음에 주어진 그래프의 함수를 찾아라.

(1)

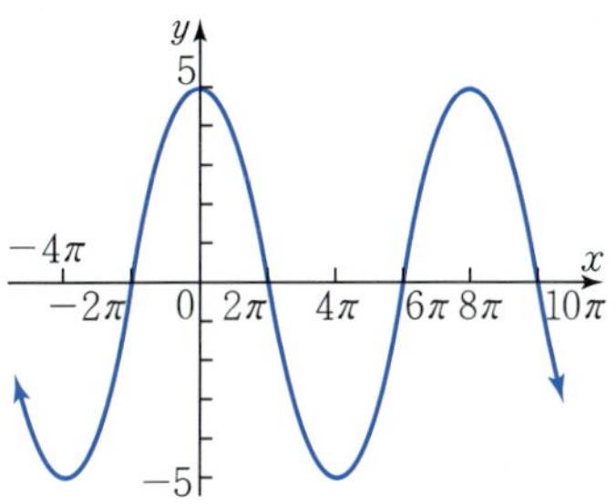

(2)

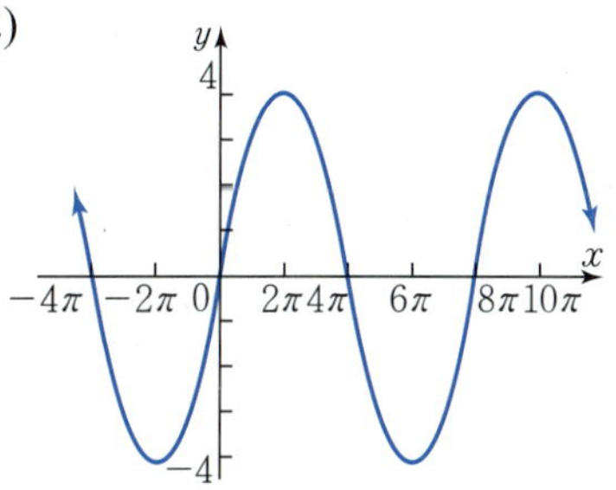

(3)

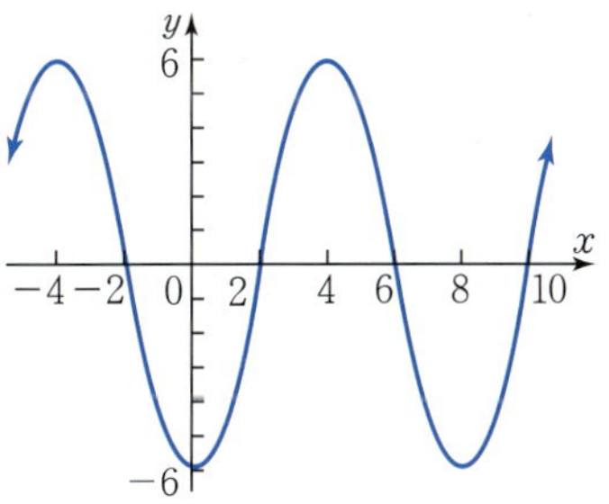

(4)

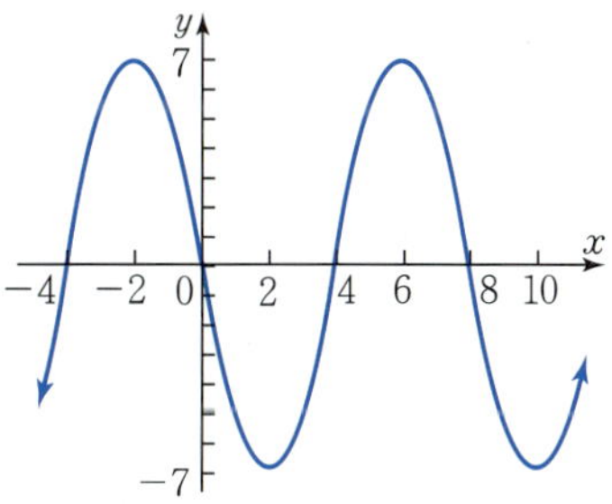

08 다음 각 함수의 그래프를 적어도 한 주기가 포함되도록 그려라.

(1) $y=\tan(x+\pi)$　　(2) $y=-\tan\left(x-\frac{\pi}{2}\right)$

(3) $y=-2\tan 3x$　　(4) $y=4\tan 2x$

09 다음의 각 함수들의 그래프를 y좌표 합하기 방법을 이용하여 그려라.

(1) $y=2x+\sin 2x$　　(2) $y=2x+\cos 2x$

(3) $y=\sin \pi x+\cos \frac{\pi}{2} x$

(4) $y=\sin \frac{\pi}{2} x+\cos \pi x$

(5) $y=3 \sin \pi x+2 \cos \pi x$

(6) $y=3 \cos 2 \pi x+4 \sin 2 \pi x$

10 다음의 정확한 값을 구하여라.

(1) $\sin^{-1} 1$

(2) $\tan^{-1} 1$

(3) $\cos^{-1}\left(-\frac{\sqrt{3}}{2}\right)$

(4) $\sin\left(\cos^{-1} \frac{\sqrt{2}}{2}\right)$

(5) $\tan\left[\sin^{-1}\left(-\frac{\sqrt{3}}{2}\right)\right]$

(6) $\sec\left(\tan^{-1} \frac{\sqrt{3}}{3}\right)$

(7) $\sin\left(\tan^{-1} \frac{3}{4}\right)$

(8) $\tan\left[\sin^{-1}\left(-\frac{4}{5}\right)\right]$

Chapter 06

해석적 삼각함수와 삼각법의 응용

삼각함수는 미분적분학, 물리학, 공학, 그리고 경제학 등에서 중요한 역할을 하는 함수이다. 이 장에서는 삼각함수와 관련된 항등식(공식)과 삼각함수 방정식을 다루고 응용의 예를 소개한다.

6.1 기본적 삼각함수 항등식

두 함수 f와 g가 항등적으로 같다(identically equal)라고 하는 것은 그들의 정의역이 같고 그 정의역에 속하는 모든 원소 x에 대하여 등식 $f(x)=g(x)$가 성립하는 것을 의미한다. 이러한 등식을 항등식(identity)이라고 한다. 항등식이 아닌 등식을 조건적 방정식(conditional equation)이라 한다('조건적'이란 수식어는 통상 생략한다).

예를 들어, 등식 $(x+1)^2=x^2+2x+1$, $\sin^2 x+\cos^2 x=1$ 등은 정의역에 속하는 모든 x에 대하여 참이므로 항등식이다. 그러나 등식 $2x+5-0$, $\sin x=\cos x$ 등은 정의역에 속하는 특정 x에 대해서만 참이므로 방정식이다.

다음은 5.2절의 삼각함수 정의로부터 바로 알 수 있는 기본적인 삼각함수 항등식을 요약한 것이다.(단, n은 임의의 정수이다.)

$$\tan\theta=\frac{\sin\theta}{\cos\theta}\left(\theta\neq\frac{\pi}{2}+n\pi\right),\quad \cot\theta=\frac{\cos\theta}{\sin\theta}(\theta\neq n\pi),$$

$$\csc\theta=\frac{1}{\sin\theta}(\theta\neq n\pi),\quad \sec\theta=\frac{1}{\cos\theta}\left(\theta\neq\frac{\pi}{2}+n\pi\right),$$

$$\cot\theta=\frac{1}{\tan\theta}\left(\theta\neq\frac{n\pi}{2}\right),$$

$$\sin(-\theta)=-\sin\theta,\quad \cos(-\theta)=\cos\theta,$$

$$\tan(-\theta) = -\tan\theta\left(\theta \neq \frac{\pi}{2} + n\pi\right),\quad \csc(-\theta) = -\csc\theta(\theta \neq n\pi),$$

$$\sec(-\theta) = \sec\theta\left(\theta \neq \frac{\pi}{2} + n\pi\right),\ \cot(-\theta) = -\cot\theta(\theta \neq n\pi)$$

다음은 피타고라스 정리로부터 얻어지는 항등식이다.

$$\sin^2\theta + \cos^2\theta = 1,\ 1 + \tan^2\theta = \sec^2\theta\left(\theta \neq \frac{\pi}{2} + n\pi\right),$$

$$1 + \cot^2\theta = \csc^2\theta(\theta \neq n\pi)$$

예제 6.1.1

항등식 $\sec\theta \cdot \sin\theta = \tan\theta\left(\theta \neq \frac{\pi}{2} + n\pi\right)$를 유도하여라.

풀이 $\sec\theta \cdot \sin\theta = \dfrac{1}{\cos\theta} \cdot \sin\theta = \dfrac{\sin\theta}{\cos\theta} = \tan\theta$ ✲

예제 6.1.2

항등식 $\dfrac{1 + \tan\theta}{1 + \cot\theta} = \tan\theta\left(\theta \neq \dfrac{\pi}{2} + n\pi\right)$를 유도하여라.

풀이 $\dfrac{1+\tan\theta}{1+\cot\theta} = \dfrac{1+\tan\theta}{1+\dfrac{1}{\tan\theta}} = \dfrac{1+\tan\theta}{\dfrac{\tan\theta+1}{\tan\theta}} = \tan\theta$ ✲

예제 6.1.3

항등식 $\sin(\tan^{-1}v) = \dfrac{v}{\sqrt{1+v^2}}$를 유도하여라.

풀이 예제 5.6.9에서 이미 증명하였으나, 여기서는 기본 항등식을 이용하여 증명해보자. $\theta = \tan^{-1}v$라 두면 $-\dfrac{\pi}{2} < \theta < \dfrac{\pi}{2}$이고 $\tan\theta = v$이다. 그러므로 $\sec\theta > 0$이며, 항등식 $\tan\theta = \dfrac{\sin\theta}{\cos\theta}$와 $1 + \tan^2\theta = \sec^2\theta$를 이용하면 다음을 얻는다.

$$\sin(\tan^{-1}v) = \sin\theta = \cos\theta\tan\theta = \frac{\tan\theta}{\sec\theta} = \frac{\tan\theta}{\sqrt{1+\tan^2\theta}} = \frac{v}{\sqrt{1+v^2}}$$ ✲

연습문제 6.1

1 다음 항등식을 유도하여라. (단, n은 정수이다.)

(1) $\dfrac{\sin\theta}{1+\cos\theta}+\dfrac{1+\cos\theta}{\sin\theta}=2\csc\theta \quad (\theta \neq n\pi)$

(2) $1+\tan^2(-\theta)=\sec^2\theta \quad \left(\theta \neq \dfrac{\pi}{2}+n\pi\right)$

(3) $(\sin\theta+\cos\theta)^2+(\sin\theta-\cos\theta)^2=2$

(4) $\csc\theta \cdot \cos\theta=\cot\theta \quad (\theta \neq n\pi)$

(5) $\cos\theta(\tan\theta+\cot\theta)=\csc\theta \quad \left(\theta \neq \dfrac{n}{2}\pi\right)$

(6) $\tan\theta\cot\theta-\cos^2\theta=\sin^2\theta \quad \left(\theta \neq \dfrac{n}{2}\pi\right)$

(7) $\sin^2\theta(1+\cot^2\theta)=1 \quad (\theta \neq n\pi)$

(8) $\dfrac{1-\tan^2\theta}{1+\tan^2\theta}=2\cos^2\theta-1 \quad \left(\theta \neq \dfrac{\pi}{2}+n\pi\right)$

6.2 합과 차의 공식

이 절에서는 다양한 삼각함수 관련 항등식(공식)의 기초가 되는 두 편각의 합과 차의 공식을 유도한다.

정리 6.2.1

코사인에 관한 합과 차의 공식 임의의 실수 α와 β에 관하여 다음의 등식이 성립한다.

(1) $\cos(\alpha+\beta)=\cos\alpha\cos\beta-\sin\alpha\sin\beta$

(2) $\cos(\alpha-\beta)=\cos\alpha\cos\beta+\sin\alpha\sin\beta$

증명 먼저 (2)를 증명하자. $\alpha-\beta=2n\pi$ (n은 정수)인 경우 (2)의 좌변은 $\cos(\alpha-\beta)=\cos(2n\pi)=1$이고 우변도 $\cos\alpha\cos\beta+\sin\alpha\sin\beta=\cos(\beta+2n\pi)\cos\beta+\sin(\beta+2n\pi)\sin\beta=\cos^2\beta+\sin^2\beta=1$이므로, (2)가 성립한다.

편의상 $0 \leq \beta < \alpha < 2\pi$라고 가정하자. 중심이 원점 $O(0, 0)$이고 반지름이 1인 원상에서 점 $P_1=(x_1, y_1)$의 편각을 β라 하고, 점 $P_2=(x_2, y_2)$의 편각을 α라 하자[그림

6.1(a) 참조]. 그리고 점 $P_3=(x_3,\ y_3)$의 편각을 $\alpha-\beta$라 하고[그림 6.1(b) 참조], 점 (1, 0)을 편의상 A라 두자.

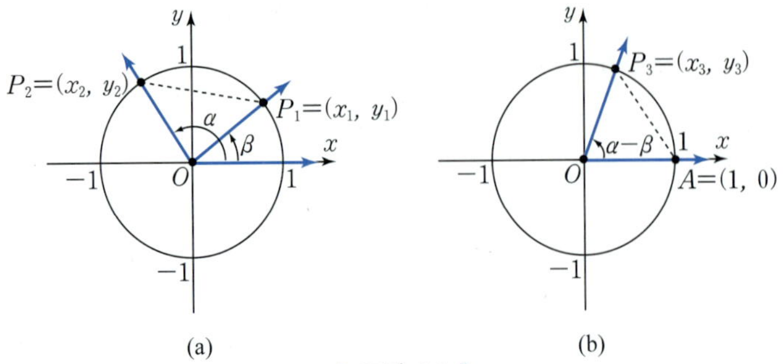

| 그림 6.1 |

그러면 그림 6.1에서 삼각형 $\triangle OP_1P_2$와 삼각형 $\triangle OAP_3$는 합동임을 알 수 있다. 왜냐하면 두 변과 그 사이각 $\alpha-\beta$가 같기 때문이다. 따라서 두 삼각형에서 대응하는 변의 길이는 같으므로 변 $\overline{AP_3}$와 $\overline{P_1P_2}$의 길이는 같다.

그러므로 점의 좌표와 거리 공식을 이용하면 다음을 얻는다.

$$\sqrt{(x_3-1)^2+y_3^2}=\sqrt{(x_2-x_1)^2+(y_2-y_1)^2}$$

이 등식을 제곱하면 $(x_3-1)^2+y_3^2=(x_2-x_1)^2+(y_2-y_1)^2$이고, 전개하여 정리하면 다음과 같다.

$$x_3^2+y_3^2-2x_3+1=x_1^2+y_1^2+x_2^2+y_2^2-2x_1x_2-2y_1y_2$$

그런데 $(x_1,\ y_1)$, $(x_2,\ y_2)$, $(x_3,\ y_3)$는 단위 원 $x^2+y^2=1$상의 점들이므로 $x_1^2+y_1^2=1$, $x_2^2+y_2^2=1$, $x_3^2+y_3^2=1$이다. 따라서 위의 등식을 간단히 하면 다음의 등식을 얻는다.

$$x_3=x_1x_2+y_1y_2$$

한편, $(x_1,\ y_1)$, $(x_2,\ y_2)$, $(x_3,\ y_3)$는 단위 원 $x^2+y^2=1$상의 점들이므로 정의 5.2.5에 의하여 다음과 같다.

$$\sin\beta=y_1,\ \cos\beta=x_1,\ \sin\alpha=y_2,\ \cos\alpha=x_2,\ \cos(\alpha-\beta)=x_3$$

그러므로 다음의 항등식 (2)를 얻는다.

$$\cos(\alpha-\beta)=\cos\alpha\cos\beta+\sin\alpha\sin\beta$$

이제 일반각 $\alpha=\alpha_0+2m\pi$와 $\beta=\beta_0+2n\pi$($m,\ n$은 정수이고 $0\leq\alpha_0<2\pi$, $0\leq\beta_0<2\pi$)인 경우에는, 사인함수와 코사인함수의 주기가 2π라는 사실과 사인함수는 기함수이고 코사인함수는 우함수라는 사실을 이용하면, 역시 항등식 (2)가 성립함을 알 수 있다.

마지막으로 $\alpha+\beta=\alpha-(-\beta)$와 항등식 (2)를 이용하면 항등식 (1)이 참임을 쉽게 증명할 수 있다. 즉,

$$\begin{aligned}\cos(\alpha+\beta) &= \cos[\alpha-(-\beta)] \\ &= \cos\alpha\cos(-\beta)+\sin\alpha\sin(-\beta) \\ &= \cos\alpha\cos\beta-\sin\alpha\sin\beta\end{aligned}$$

✲

예제 6.2.2

$\cos\frac{\pi}{12}$의 값을 구하여라.

풀이 $\frac{\pi}{12}=\frac{\pi}{3}-\frac{\pi}{4}$이므로 정리 6.2.1를 이용하여 다음을 얻는다.

$$\begin{aligned}\cos\frac{\pi}{12} &= \cos\left(\frac{\pi}{3}-\frac{\pi}{4}\right) \\ &= \cos\frac{\pi}{3}\cos\frac{\pi}{4}+\sin\frac{\pi}{3}\sin\frac{\pi}{4} \\ &= \frac{1}{2}\cdot\frac{\sqrt{2}}{2}+\frac{\sqrt{3}}{2}\cdot\frac{\sqrt{2}}{2}=\frac{1}{4}(\sqrt{6}+\sqrt{2})\end{aligned}$$

✲

정리 6.2.3

임의의 실수 θ에 대해서 다음이 성립한다.

(1) $\cos\left(\frac{\pi}{2}-\theta\right)=\sin\theta$

(2) $\sin\left(\frac{\pi}{2}-\theta\right)=\cos\theta$

증명 $\alpha=\frac{\pi}{2}$, $\beta=\theta$라 두고 정리 6.2.1에서 $\cos(\alpha-\beta)$를 사용하면 아래와 같이 (1)을 얻는다.

$$\begin{aligned}\cos\left(\frac{\pi}{2}-\theta\right) &= \cos\frac{\pi}{2}\cos\theta+\sin\frac{\pi}{2}\sin\theta \\ &= 0\cdot\cos\theta+1\cdot\sin\theta=\sin\theta\end{aligned}$$

(2)도 같은 방법으로 쉽게 증명할 수 있다. ✲

이제 사인함수의 합과 차 공식을 보자.

정리 6.2.4

사인에 관한 합과 차의 공식 임의의 실수 α와 β에 관하여 다음의 등식이 성립한다.

(1) $\sin(\alpha+\beta)=\sin\alpha\cos\beta+\cos\alpha\sin\beta$

(2) $\sin(\alpha-\beta)=\sin\alpha\cos\beta-\cos\alpha\sin\beta$

증명 사인함수를 코사인함수로 표현하고 정리 6.2.1을 이용하면 쉽게 증명된다. 즉 (1)은 아래와 같이 쉽게 증명된다.

$$\begin{aligned}\sin(\alpha+\beta)&=\cos\left[\frac{\pi}{2}-(\alpha+\beta)\right]=\cos\left[\left(\frac{\pi}{2}-\alpha\right)-\beta\right]\\&=\cos\left(\frac{\pi}{2}-\alpha\right)\cos\beta+\sin\left(\frac{\pi}{2}-\alpha\right)\sin\beta\\&=\sin\alpha\cos\beta+\cos\alpha\sin\beta\end{aligned}$$

한편, (1)에서 β에 $-\beta$를 대입하고, 사인함수는 기함수이고 코사인함수는 우함수임을 이용하면 (2)를 얻는다. ✲

예제 6.2.5

$\sin\left(\frac{7\pi}{12}\right)$의 값을 구하여라.

풀이 $$\sin\left(\frac{7\pi}{12}\right)=\sin\left(\frac{\pi}{4}+\frac{\pi}{3}\right)=\sin\frac{\pi}{4}\cos\frac{\pi}{3}+\cos\frac{\pi}{4}\sin\frac{\pi}{3}$$
$$=\frac{\sqrt{2}}{2}\cdot\frac{1}{2}+\frac{\sqrt{2}}{2}\cdot\frac{\sqrt{3}}{2}=\frac{1}{4}(\sqrt{2}+\sqrt{6})$$ ✲

예제 6.2.6

$\sin 165°$의 값을 구하여라.

풀이 $$\begin{aligned}\sin 165°&=\sin(225°-60°)\\&=\sin 225°\cos 60°-\cos 225°\sin 60°\\&=\frac{-\sqrt{2}}{2}\cdot\frac{1}{2}-\frac{-\sqrt{2}}{2}\cdot\frac{\sqrt{3}}{2}=\frac{1}{4}(\sqrt{6}-\sqrt{2})\end{aligned}$$ ✲

예제 6.2.7

$\cos 80°\cos 20°+\sin 80°\sin 20°$의 값을 구하여라.

풀이 $$\cos 80°\cos 20°+\sin 80°\sin 20°=\cos(80°-20°)=\cos 60°=\frac{1}{2}$$ ✲

정리 6.2.8

탄젠트에 관한 합과 차의 공식

(1) $\tan(\alpha+\beta)=\dfrac{\tan\alpha+\tan\beta}{1-\tan\alpha\tan\beta}$

(2) $\tan(\alpha-\beta)=\dfrac{\tan\alpha-\tan\beta}{1+\tan\alpha\tan\beta}$

단, $\alpha\neq n\pi+\dfrac{\pi}{2}$, $\beta\neq n\pi+\dfrac{\pi}{2}$와 $\alpha\pm\beta\neq n\pi+\dfrac{\pi}{2}$($n$은 정수)

증명 $\tan(\alpha+\beta)=\dfrac{\sin(\alpha+\beta)}{\cos(\alpha+\beta)}=\dfrac{\sin\alpha\cos\beta+\cos\alpha\sin\beta}{\cos\alpha\cos\beta-\sin\alpha\sin\beta}$이다. 이제 분모와 분자를 $\cos\alpha\cos\beta$로 나누면,

$$\begin{aligned}\tan(\alpha+\beta)&=\frac{\dfrac{\sin\alpha\cos\beta+\cos\alpha\sin\beta}{\cos\alpha\cos\beta}}{\dfrac{\cos\alpha\cos\beta-\sin\alpha\sin\beta}{\cos\alpha\cos\beta}}\\&=\frac{\dfrac{\sin\alpha\cos\beta}{\cos\alpha\cos\beta}+\dfrac{\cos\alpha\sin\beta}{\cos\alpha\cos\beta}}{\dfrac{\cos\alpha\cos\beta}{\cos\alpha\cos\beta}-\dfrac{\sin\alpha\sin\beta}{\cos\alpha\cos\beta}}\\&=\frac{\dfrac{\sin\alpha}{\cos\alpha}+\dfrac{\sin\beta}{\cos\beta}}{1-\dfrac{\sin\alpha\sin\beta}{\cos\alpha\cos\beta}}=\frac{\tan\alpha+\tan\beta}{1-\tan\alpha\tan\beta}\end{aligned}$$

같은 방법으로 계산하면

$$\begin{aligned}\tan(\alpha-\beta)&=\tan[\alpha+(-\beta)]\\&=\frac{\tan\alpha+\tan(-\beta)}{1-\tan\alpha\tan(-\beta)}=\frac{\tan\alpha-\tan\beta}{1+\tan\alpha\tan\beta}\end{aligned}$$

✲

예제 6.2.9

$\sin\left(\cos^{-1}\dfrac{1}{2}+\sin^{-1}\dfrac{3}{5}\right)$의 값을 구하여라.

풀이 $\alpha=\cos^{-1}\dfrac{1}{2}$, $\beta=\sin^{-1}\dfrac{3}{5}$이라 두면,

$$\cos\alpha=\frac{1}{2},\ 0\leq\alpha\leq\pi,\ \sin\beta=\frac{3}{5},\ -\frac{\pi}{2}\leq\beta\leq\frac{\pi}{2}$$

이다. 그러면 피타고라스 정리에 의해서 $\sin\alpha=\dfrac{\sqrt{3}}{2}$, $\cos\beta=\dfrac{4}{5}$를 얻는다(그림 6.2 참조). 따라서

$$\sin\left(\cos^{-1}\frac{1}{2}+\sin^{-1}\frac{3}{5}\right)=\sin(\alpha+\beta)$$

$$=\sin\alpha\cos\beta+\cos\alpha\sin\beta$$

$$=\frac{\sqrt{3}}{2}\cdot\frac{4}{5}+\frac{1}{2}\cdot\frac{3}{5}=\frac{4\sqrt{3}+3}{10}$$

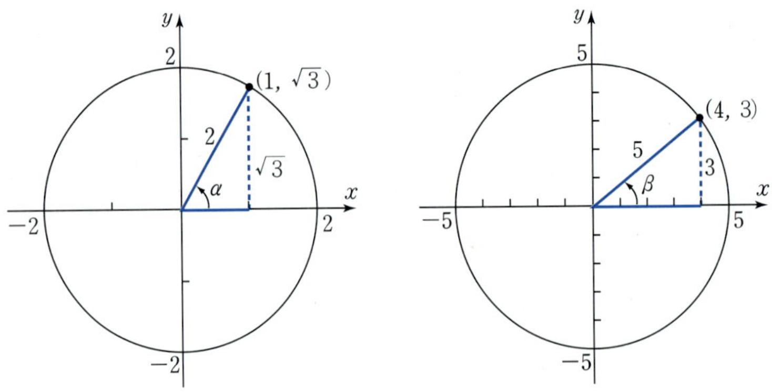

| 그림 6.2 |

연습문제 6.2

1 $\cos\left(\frac{\pi}{12}\right)$의 값을 구하여라.

2 $\sin\frac{\pi}{9}\cos\frac{\pi}{18}+\cos\frac{\pi}{9}\sin\frac{\pi}{18}$의 값을 구하여라.

3 주어진 조건하에서 다음 각각의 값을 구하여라.

(a) $\sin(\alpha+\beta)$ (b) $\cos(\alpha+\beta)$ (c) $\sin(\alpha-\beta)$ (d) $\tan(\alpha-\beta)$

(1) $\sin\alpha=\frac{3}{5}$, $0<\alpha<\frac{\pi}{2}$, $\cos\beta=\frac{2}{\sqrt{5}}$, $-\frac{\pi}{2}<\beta<0$

(2) $\tan\alpha=-\frac{4}{3}$, $\frac{\pi}{2}<\alpha<\pi$, $\cos\beta=\frac{1}{2}$, $0<\beta<\frac{\pi}{2}$

(3) $\sin\alpha=\frac{5}{13}$, $\frac{-3\pi}{2}<\alpha<-\pi$, $\tan\beta=-\sqrt{3}$, $\frac{\pi}{2}<\beta<\pi$

4 항등식 $\tan(\theta+\pi)=\tan\theta$를 증명하여라.

5 항등식 $\tan\left(\theta+\frac{\pi}{2}\right)=-\cot\theta$를 증명하여라.

6.3 배각공식과 반각공식

이 절에서는 $\sin\theta$, $\cos\theta$의 값을 알고 있을 때 $\sin 2\theta$, $\cos 2\theta$와 $\sin\frac{\theta}{2}$, $\cos\frac{\theta}{2}$의 값을 구할 수 있는 공식을 유도한다.

정리 6.3.1

배각공식 임의의 실수 θ에 관하여 다음의 등식이 성립한다.

(1) $\sin 2\theta = 2\sin\theta\cos\theta$

(2) $\cos 2\theta = \cos^2\theta - \sin^2\theta$

(3) $\cos 2\theta = 1 - 2\sin^2\theta$

(4) $\cos 2\theta = 2\cos^2\theta - 1$

증명 공식 $\sin(\alpha+\beta)$와 $\cos(\alpha+\beta)$에서 $\alpha = \beta = \theta$라 하면, 위의 공식을 쉽게 증명할 수 있다.

(1) $\sin 2\theta = \sin(\theta+\theta) = \sin\theta\cos\theta + \cos\theta\sin\theta = 2\sin\theta\cos\theta$

(2) $\cos 2\theta = \cos(\theta+\theta) = \cos\theta\cos\theta - \sin\theta\sin\theta = \cos^2\theta - \sin^2\theta$

(3) $\cos 2\theta = \cos^2\theta - \sin^2\theta = (1-\sin^2\theta) - \sin^2\theta = 1 - 2\sin^2\theta$

(4) $\cos 2\theta = \cos^2\theta - \sin^2\theta = \cos^2\theta - (1-\cos^2\theta) = 2\cos^2\theta - 1$ ✲

예제 6.3.2

$\sin\theta = \frac{3}{5}$, $\frac{\pi}{2} < \theta < \pi$일 때 다음의 값을 구하여라.

(1) $\sin 2\theta$　　　(2) $\cos 2\theta$

풀이 (1) $\sin 2\theta = 2\sin\theta\cos\theta$이고, $\sin\theta = \frac{3}{5}$임을 이미 알고 있으므로 $\cos\theta$의 값을 찾아내자. $\frac{\pi}{2} < \theta < \pi$이므로 $\cos\theta < 0$이다. 피타고라스 정리에 의해서 다음을 얻는다.

$$\cos^2\theta + \sin^2\theta = 1,\quad \cos\theta < 0$$

따라서 $\cos\theta = -\sqrt{1-\sin^2\theta} = -\frac{4}{5}$이다. 배각공식 (1)을 이용하여

$$\sin 2\theta = 2\sin\theta\cos\theta = 2\left(\frac{3}{5}\right)\left(-\frac{4}{5}\right) = -\frac{24}{25}$$

를 얻는다.

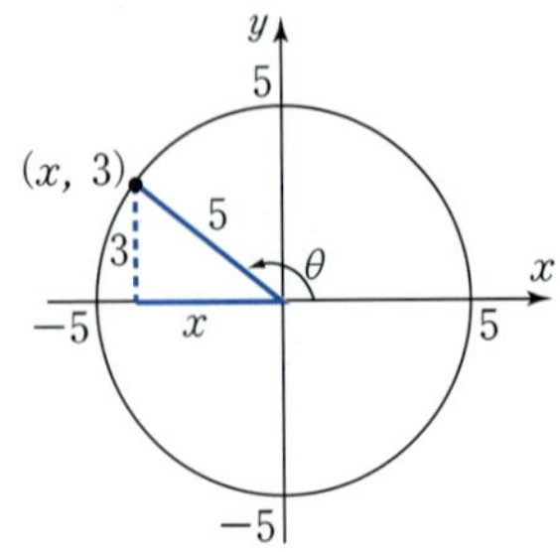

| 그림 6.3 |

(2) $\cos 2\theta$를 구하기 위해 배각공식을 이용하면 다음을 얻는다.

$$\cos 2\theta = 1 - 2\sin^2\theta = 1 - 2\left(\frac{9}{25}\right) = 1 - \frac{18}{25} = \frac{7}{25}$$ ✲

주의 예제 6.3.2(2)에서 $\cos 2\theta$를 구하기 위해 여러 가지 배각공식을 사용할 수 있다. 그러나 $\sin 2\theta = -\frac{24}{25}$라 두고 공식

$$\cos 2\theta = \pm\sqrt{1-\sin^2 2\theta}$$

를 사용하는 것은 불가능하다. 왜냐하면 2θ가 몇 사분면의 각인지 정확히 알 수 없으므로 $\cos 2\theta$의 부호를 결정할 수 없기 때문이다.

배각공식을 여러 가지로 변화시킴으로써 다양한 반각공식들을 얻는다.

코사인의 배각공식 $\cos 2\theta = 1 - 2\sin^2\theta$에서 $\sin^2\theta$에 관해 풀면 다음의 항등식을 얻는다.

$$\sin^2\theta = \frac{1-\cos 2\theta}{2}$$

또한 코사인의 배각공식 $\cos 2\theta = 2\cos^2\theta - 1$에서 $\cos^2\theta$에 관해 풀면 다음의 항등식을 얻는다.

$$\cos^2\theta = \frac{1+\cos 2\theta}{2}$$

그리고 $\tan^2\theta = \frac{\sin^2\theta}{\cos^2\theta}$를 이용하면 다음의 항등식을 얻는다.

$$\tan^2\theta = \frac{1-\cos 2\theta}{1+\cos 2\theta}$$

이제 위의 항등식들에서 $\theta = \frac{\alpha}{2}$라 두면 반각공식들을 얻는다.

정리 6.3.3

반각공식

(1) $\sin\frac{\alpha}{2} = +\sqrt{\frac{1-\cos\alpha}{2}}$ $\left(\frac{\alpha}{2}: 1, 2\text{사분면}\right)$, $-\sqrt{\frac{1-\cos\alpha}{2}}$ $\left(\frac{\alpha}{2}: 3, 4\text{사분면}\right)$

(2) $\cos\frac{\alpha}{2} = +\sqrt{\frac{1+\cos\alpha}{2}}$ $\left(\frac{\alpha}{2}: 1, 4\text{사분면}\right)$, $-\sqrt{\frac{1+\cos\alpha}{2}}$ $\left(\frac{\alpha}{2}: 2, 3\text{사분면}\right)$

(3) $\tan\frac{\alpha}{2} = +\sqrt{\frac{1-\cos\alpha}{1+\cos\alpha}}$ $\left(\frac{\alpha}{2}: 1, 3\text{사분면}\right)$, $-\sqrt{\frac{1-\cos\alpha}{1+\cos\alpha}}$ $\left(\frac{\alpha}{2}: 2, 4\text{사분면}\right)$

예제 6.3.4

다음의 값을 구하여라.

(1) $\cos 15°$ (2) $\sin(-15°)$

풀이 (1) $15° = \frac{30°}{2}$이므로 $\alpha = 30°$라 두고 $\cos\frac{\alpha}{2}$에 관한 반각공식을 이용한다. 15°는 1사분면의 각이므로 $\cos 15° > 0$이며 다음과 같다.

$$\cos 15° = \frac{\cos 30°}{2} = \sqrt{\frac{1+\cos 30°}{2}}$$
$$= \sqrt{\frac{1+\sqrt{3}/2}{2}} = \sqrt{\frac{2+\sqrt{3}}{4}} = \frac{\sqrt{2+\sqrt{3}}}{2}$$

(2) 사인함수의 반각공식을 이용하면 다음과 같다.

$$\sin(-15°) = -\sin\left(\frac{30}{2}\right)^{\circ} = -\sqrt{\frac{1-\cos 30°}{2}}$$
$$= -\sqrt{\frac{1-\sqrt{3}/2}{2}} = -\sqrt{\frac{2-\sqrt{3}}{4}} = -\frac{\sqrt{2-\sqrt{3}}}{2}$$ ✲

예제 6.3.4(1)과 6.2절의 예제 6.2.2의 답을 비교해보면, $\frac{\pi}{12} = 15°$이고 $\cos\frac{\pi}{12} = \cos 15°$이므로 $\frac{1}{4}(\sqrt{6}+\sqrt{2}) = \frac{\sqrt{2+\sqrt{3}}}{2}$임을 알 수 있다. (양변을 제곱하여 이 등

식을 다른 방법으로 증명할 수도 있다.)

예제 6.3.5

$\cos\alpha = -\frac{3}{5}$, $\pi < \alpha < \frac{3\pi}{2}$ 일 때 다음의 값을 구하여라.

(1) $\sin\frac{\alpha}{2}$ (2) $\cos\frac{\alpha}{2}$ (3) $\tan\frac{\alpha}{2}$

풀이 우선 $\pi < \alpha < \frac{3\pi}{2}$ 이면 $\frac{\pi}{2} < \frac{\alpha}{2} < \frac{3\pi}{4}$ 이므로 $\frac{\alpha}{2}$ 는 2사분면의 각이다.

(1) 그러므로 $\sin\frac{\alpha}{2} > 0$이다. 따라서 사인의 반각공식에 의해서 다음을 얻는다.

$$\sin\frac{\alpha}{2} = \sqrt{\frac{1-\cos\alpha}{2}} = \sqrt{\frac{1-\left(-\frac{3}{5}\right)}{2}}$$
$$= \sqrt{\frac{\frac{3}{5}}{2}} = \sqrt{\frac{4}{5}} = \frac{2}{\sqrt{5}}$$

(2) $\frac{\alpha}{2}$ 는 2사분면의 각이므로 $\cos\frac{\alpha}{2} < 0$이다. 따라서 코사인의 반각공식에 의해서 다음을 얻는다.

$$\cos\frac{\alpha}{2} = -\sqrt{\frac{1+\cos\alpha}{2}} = -\sqrt{\frac{1+(-\frac{3}{5})}{2}}$$
$$= -\sqrt{\frac{\frac{2}{5}}{2}} = -\frac{1}{\sqrt{5}}$$

(3) $\frac{\alpha}{2}$ 는 2사분면의 각이므로 $\tan\frac{\alpha}{2} < 0$이다. 따라서 탄젠트의 반각공식에 의해서 다음을 얻는다.

$$\tan\frac{\alpha}{2} = -\sqrt{\frac{1-\cos\alpha}{1+\cos\alpha}} = -\sqrt{\frac{1-\left(-\frac{3}{5}\right)}{1+\left(-\frac{3}{5}\right)}}$$
$$= -\sqrt{\frac{\frac{8}{5}}{\frac{2}{5}}} = -2$$

(3)은 (1)과 (2)에서 구한 답을 이용하여 풀 수도 있다. 즉

$$\tan\frac{\alpha}{2}=\frac{\sin\left(\frac{\alpha}{2}\right)}{\cos\left(\frac{\alpha}{2}\right)}=\frac{\frac{2\sqrt{5}}{5}}{-\frac{\sqrt{5}}{5}}=-2$$ ✲

연습문제 6.3

1 (1) $\tan 2\theta$를 $\tan\theta$에 관한 식으로 유도하여라.

(2) $\sin 3\theta$를 $\sin\theta$와 $\cos\theta$에 관한 식으로 유도하여라.

2 $z=\tan\left(\frac{\alpha}{2}\right)$일 때 다음을 보여라.

(1) $\sin\alpha=\frac{2z}{1+z^2}$ (2) $\cos\alpha=\frac{1-z^2}{1+z^2}$

3 다음을 증명하여라.

(1) $\sin 4\theta=(\cos\theta)(4\sin\theta-8\sin^3\theta)$

(2) $\cos 4\theta=8\cos^4\theta-8\cos^2\theta+1$

(3) $\tan 4\theta=\frac{4\tan\theta-4\tan^3\theta}{1-6\tan^2\theta+\tan^4\theta}$ (단, $\theta\neq\frac{n\pi}{2}$, n은 임의의 정수)

4 $\tan\left(\frac{\theta}{2}\right)=\frac{1-\cos\theta}{\sin\theta}$를 보여라. (단, $\theta\neq n\pi$, n은 임의의 정수이다.)

5 다음 문제의 값을 구하여라.

(1) $\sin\left[2\sin^{-1}\left(\frac{1}{2}\right)\right]$ (2) $\cos\left[2\sin^{-1}\left(\frac{3}{5}\right)\right]$

(3) $\tan\left[2\cos^{-1}\left(-\frac{3}{5}\right)\right]$ (4) $\sin\left[2\cos^{-1}\left(\frac{4}{5}\right)\right]$

(5) $\sin^2\left[\frac{1}{2}\cos^{-1}\left(\frac{3}{5}\right)\right]$ (6) $\sec\left[2\tan^{-1}\left(\frac{3}{4}\right)\right]$

6.4 곱을 합으로 그리고 합을 곱으로 표현하는 공식

6.2절의 합과 차의 공식들을 이용하여 사인 또는 코사인함수의 곱을 사인 또는 코사인함수의 합과 차로 표현하고, 반대로 합과 차를 곱으로 표현할 수 있다.

정리 6.4.1

곱을 합으로 고치는 공식 임의의 실수 α, β에 대하여 다음의 등식이 성립한다.

(1) $\sin\alpha\sin\beta = \frac{1}{2}[\cos(\alpha-\beta) - \cos(\alpha+\beta)]$

(2) $\cos\alpha\cos\beta = \frac{1}{2}[\cos(\alpha-\beta) + \cos(\alpha+\beta)]$

(3) $\sin\alpha\cos\beta = \frac{1}{2}[\sin(\alpha+\beta) + \sin(\alpha-\beta)]$

증명 정리 6.2.1에서 다음의 항등식을 이용해서 증명한다.

$$\cos(\alpha-\beta) = \cos\alpha\cos\beta + \sin\alpha\sin\beta,$$
$$\cos(\alpha+\beta) = \cos\alpha\cos\beta - \sin\alpha\sin\beta$$

위의 두 등식의 차이는 $\cos(\alpha-\beta) - \cos(\alpha+\beta) = 2\sin\alpha\sin\beta$이다. 그러므로 다음을 얻는다.

$$\sin\alpha\sin\beta = \frac{1}{2}[\cos(\alpha-\beta) - \cos(\alpha+\beta)]$$

또한 두 등식을 합하면 $\cos(\alpha-\beta) + \cos(\alpha+\beta) = 2\cos\alpha\cos\beta$를 얻는다. 따라서

$$\cos\alpha\cos\beta = \frac{1}{2}[\cos(\alpha-\beta) + \cos(\alpha+\beta)]$$

를 얻는다.

정리 6.2.4에서 다음의 항등식을 이용하여 세 번째 공식을 유도할 수 있다.

$$\sin(\alpha+\beta) = \sin\alpha\cos\beta + \cos\alpha\sin\beta,$$
$$\sin(\alpha-\beta) = \sin\alpha\cos\beta - \cos\alpha\sin\beta$$

두 등식을 합하면 $\sin(\alpha+\beta) + \sin(\alpha-\beta) = 2\sin\alpha\cos\beta$를 얻는다. 따라서

$$\sin\alpha\cos\beta = \frac{1}{2}[\sin(\alpha+\beta) + \sin(\alpha-\beta)]$$

를 얻는다. ✲

예제 6.4.2

다음을 사인 또는 코사인함수의 합으로 표현하여라.

(1) $\sin 6\theta \sin 4\theta$ (2) $\cos 3\theta \cos \theta$ (3) $\sin 3\theta \cos 5\theta$

(풀이) 정리 6.4.1을 이용하여 아래와 같이 표현할 수 있다.

(1) $\sin 6\theta \sin 4\theta = \frac{1}{2}[\cos(6\theta - 4\theta) - \cos(6\theta + 4\theta)] = \frac{1}{2}(\cos 2\theta - \cos 10\theta)$

(2) $\cos 3\theta \cos \theta = \frac{1}{2}[\cos(3\theta - \theta) + \cos(3\theta + \theta)] = \frac{1}{2}(\cos 2\theta + \cos 4\theta)$

(3) $\sin 3\theta \cos 5\theta = \frac{1}{2}[\sin(3\theta + 5\theta) + \sin(3\theta - 5\theta)]$

$$= \frac{1}{2}[\sin 8\theta + \sin(-2\theta)] = \frac{1}{2}(\sin 8\theta - \sin 2\theta)$$ ✲

정리 6.4.3

합을 곱으로 고치는 공식 임의의 실수 α, β에 대하여 다음의 등식이 성립한다.

(1) $\sin\alpha + \sin\beta = 2\sin\frac{\alpha+\beta}{2}\cos\frac{\alpha-\beta}{2}$

(2) $\sin\alpha - \sin\beta = 2\cos\frac{\alpha+\beta}{2}\sin\frac{\alpha-\beta}{2}$

(3) $\cos\alpha + \cos\beta = 2\cos\frac{\alpha+\beta}{2}\cos\frac{\alpha-\beta}{2}$

(4) $\cos\alpha - \cos\beta = -2\sin\frac{\alpha+\beta}{2}\sin\frac{\alpha-\beta}{2}$

증명 정리 6.4.1의 항등식을 이용해서 증명하자.

(1) $2\sin\frac{\alpha+\beta}{2}\cos\frac{\alpha-\beta}{2} = 2\cdot\frac{1}{2}\left[\sin\left(\frac{\alpha+\beta}{2}+\frac{\alpha-\beta}{2}\right)+\sin\left(\frac{\alpha+\beta}{2}-\frac{\alpha-\beta}{2}\right)\right]$

$$= \sin\frac{2\alpha}{2} + \sin\frac{2\beta}{2} = \sin\alpha + \sin\beta$$

(2) (1)의 항등식에서 β에 $-\beta$를 대입하고 사인함수는 기함수임을 이용하면 (2)를 얻는다.

(3) $2\cos\frac{\alpha+\beta}{2}\cos\frac{\alpha-\beta}{2} = 2\cdot\frac{1}{2}\left[\cos\left(\frac{\alpha+\beta}{2}-\frac{\alpha-\beta}{2}\right)+\cos\left(\frac{\alpha+\beta}{2}+\frac{\alpha-\beta}{2}\right)\right]$

$$= \cos\frac{2\beta}{2} + \cos\frac{2\alpha}{2} = \cos\alpha + \cos\beta$$

(4) $-2\sin\frac{\alpha+\beta}{2}\sin\frac{\alpha-\beta}{2} = -2\cdot\frac{1}{2}\left[\cos\left(\frac{\alpha+\beta}{2}-\frac{\alpha-\beta}{2}\right)-\cos\left(\frac{\alpha+\beta}{2}+\frac{\alpha-\beta}{2}\right)\right]$

$$= -\cos\frac{2\beta}{2} + \cos\frac{2\alpha}{2} = \cos\alpha - \cos\beta$$ ✲

예제 6.4.4

다음을 곱으로 표현하여라.

(1) $\sin 5\theta - \sin 3\theta$ (2) $\cos 3\theta + \cos 2\theta$

풀이 (1) $\sin 5\theta - \sin 3\theta = 2\sin\frac{5\theta - 3\theta}{2}\cos\frac{5\theta + 3\theta}{2} = 2\sin\theta\cos 4\theta$

(2) $\cos 3\theta + \cos 2\theta = 2\cos\frac{3\theta + 2\theta}{2}\cos\frac{3\theta - 2\theta}{2} = 2\cos\frac{5\theta}{2}\cos\frac{\theta}{2}$ ✲

연습문제 6.4

1 다음의 각 합 또는 차를 사인 또는 코사인의 곱으로 표현하여라.

(1) $\sin 4\theta - \sin 2\theta$ (2) $\cos 2\theta + \cos 4\theta$

(3) $\sin\theta + \sin 3\theta$ (4) $\cos\frac{\theta}{2} - \cos\frac{3\theta}{2}$

2 다음의 항등식이 성립함을 보여라. (단, n은 정수이다.)

(1) $\frac{\sin\theta + \sin 3\theta}{2\sin 2\theta} = \cos\theta \quad \left(\theta \neq \frac{n}{2}\pi\right)$

(2) $\frac{\sin 4\theta + \sin 2\theta}{\cos 4\theta + \cos 2\theta} = \tan 3\theta \quad \left(\theta \neq \frac{\pi}{6} + \frac{n}{3}\pi\right)$

(3) $\frac{\cos\theta - \cos 3\theta}{\sin\theta + \sin 3\theta} = \tan\theta \quad \left(\theta \neq \frac{n}{2}\pi\right)$

(4) $\sin\theta(\sin\theta + \sin 3\theta) = \cos\theta(\cos\theta - \cos 3\theta)$

(5) $\frac{\sin 4\theta + \sin 8\theta}{\cos 4\theta + \cos 8\theta} = \tan 6\theta \quad \left(\theta \neq \frac{\pi}{12} + \frac{n}{6}\pi\right)$

6.5 삼각함수 방정식

사인, 코사인, 탄젠트 등의 삼각함수를 포함한 방정식을 삼각함수 방정식(trigonometric equation)이라 한다.

이 절에서는 삼각함수의 성질을 이용하여 삼각함수 방정식의 해를 구해보자.

예제 6.5.1

$\theta = \dfrac{\pi}{6}$와 $\theta = \dfrac{\pi}{4}$가 방정식 $\sin\theta = \dfrac{1}{2}$의 해인가?

풀이 방정식 $\sin\theta = \dfrac{1}{2}$에서 θ에 $\dfrac{\pi}{6}$를 대입하면 $\sin\dfrac{\pi}{6} = \dfrac{1}{2}$이다. 따라서 $\dfrac{\pi}{6}$는 해이다. 한편, 방정식 $\sin\theta = \dfrac{1}{2}$에서 θ에 $\dfrac{\pi}{4}$를 대입하면 $\sin\dfrac{\pi}{4} = \dfrac{\sqrt{2}}{2} \neq \dfrac{1}{2}$이다. 따라서 $\dfrac{\pi}{4}$는 해가 아니다. ✲

예제 6.5.1에서 방정식 $\sin\theta = \dfrac{1}{2}$은 $\dfrac{\pi}{6}$ 외에 다른 해도 가진다. 예를 들면, $\theta = \dfrac{5\pi}{6}$도 역시 해이다. 마찬가지로 $\theta = \dfrac{13\pi}{6}$도 해이다. 실제로는 그림 6.4에서 보듯이 이 방정식은 사인함수의 주기성 때문에 무한히 많은 해를 가진다.

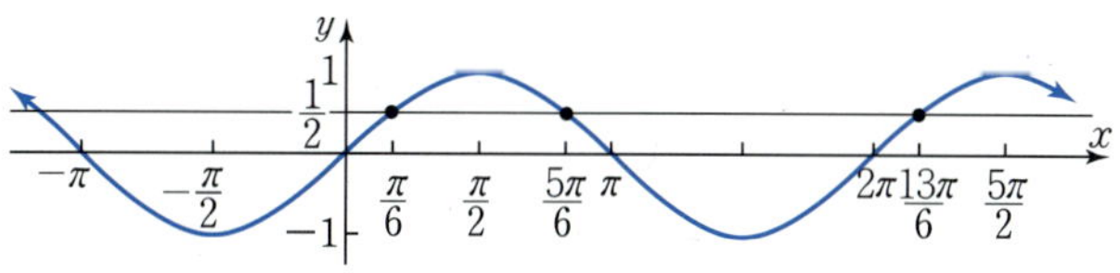

| 그림 6.4 | $y = \sin x$

삼각함수 방정식(편의상 $f(x) = 0$이라 하자)을 풀 때, 특별한 언급이 없으면 모든 해를 찾아야 한다. 아래의 예제에서 보듯이, 삼각함수 방정식 $f(x) = 0$의 모든 해를 찾는 요령은 대체로 다음과 같다.

> "우선 함수 $f(x)$의 한 주기 구간에 속하는 해를 모두 찾고, 그 해에 함수 $f(x)$의 주기의 정수배를 더하면 모든 해가 얻어진다."

예제 6.5.2

방정식 $\cos\theta = \dfrac{1}{2}$(즉, $\cos\theta - \dfrac{1}{2} = 0$)을 풀어라.

풀이 코사인함수의 주기는 2π이다. 따라서 $\cos\theta - \dfrac{1}{2}$의 주기는 2π이다.

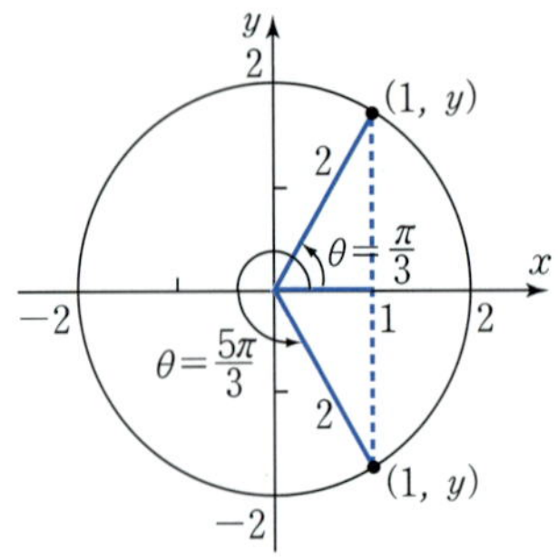

▮ 그림 6.5 ▮

한 주기 구간 $[0, 2\pi)$에서 $\cos\theta = \frac{1}{2}$을 만족하는 해는 $\theta = \frac{\pi}{3}$와 $\theta = \frac{5\pi}{3}$가 있다. 그러므로 $\cos\theta = \frac{1}{2}$의 모든 해는

$$\theta = \frac{\pi}{3} + 2k\pi, \quad \theta = \frac{5\pi}{3} + 2k\pi \ (k\text{는 임의의 정수})$$

로 표현된다. ✲

예제 6.5.3

방정식 $\sin 2\theta = 1$, $0 \leq \theta < 2\pi$를 풀어라.

(풀이) $\sin 2\theta$의 주기는 π이다. 따라서 $\sin 2\theta$의 한 주기 구간 $[0, \pi)$에서 $\sin 2\theta$가 1이 되는 θ는 $\frac{\pi}{4}$뿐이다. 즉, 구간 $[0, \pi)$에서 $\sin 2\theta = 1$의 해는 $\theta = \frac{\pi}{4}$뿐이다. 그러므로 주어진 구간 $[0, 2\pi)$는 한 주기 구간 $[0, \pi)$의 2배인 구간이므로 구하고자 하는 해는 $\theta = \frac{\pi}{4}$와 $\theta = \frac{\pi}{4} + \pi = \frac{5\pi}{4}$이다. ✲

예제 6.5.4

방정식 $\tan\frac{\theta}{4} = 1$, $0 \leq \theta < 2\pi$를 풀어라.

(풀이) $\tan\frac{\theta}{4}$의 주기는 4π이다. 따라서 $\tan\frac{\theta}{4}$의 한 주기 구간 $(-2\pi, 2\pi)$에서 $\tan\frac{\theta}{4} = 1$을 만족하는 해는 $\theta = \pi$뿐이다. 그러므로 주어진 구간 $[0, 2\pi)$에서 구하고자 하는 해는 $\theta = \pi$이다. ✲

예제 6.5.5

방정식 $2\sin^2\theta - 3\sin\theta + 1 = 0$, $0 \leq \theta < 2\pi$를 풀어라.

(풀이) 풀려는 방정식이 ($\sin\theta$에 관한) 이차방정식이다. 편의상 $x = \sin\theta$로 두면 주어진 방정식은 $2x^2 - 3x + 1 = 0$이고, $(2x-1)(x-1) = 0$이다. 즉 다음과 같이 인수분해된다.

$$2\sin^2\theta - 3\sin\theta + 1 = 0, \ (2\sin\theta - 1)(\sin\theta - 1) = 0$$

따라서 $2\sin\theta - 1 = 0$ 또는 $\sin\theta - 1 = 0$이고

$$\sin\theta = \frac{1}{2} \ \text{또는} \ \sin\theta = 1$$

이다. 그러므로 주어진 구간에서 해는 $\theta = \frac{\pi}{6}$, $\theta = \frac{5\pi}{6}$, $\theta = \frac{\pi}{2}$이다. ✲

둘 이상의 삼각함수를 포함하고 있는 삼각함수 방정식을 풀 때, 삼각함수 항등식을 이용하여 하나의 삼각함수로 표현하면 편리하다.

예제 6.5.6

방정식 $\cos 2\theta + 3 = 5\cos\theta$, $0 \leqq \theta < 2\pi$를 풀어라.

(풀이) 주어진 방정식이 두 개의 다른 삼각함수 $\cos\theta$와 $\cos 2\theta$를 포함하고 있다. 그러나 배각공식 $\cos 2\theta = 2\cos^2\theta - 1$을 이용하면 $\cos\theta$만을 포함하는 동치인 방정식으로 표현할 수 있다. 즉

$$(2\cos^2\theta - 1) + 3 = 5\cos\theta, \ 2\cos^2\theta - 5\cos\theta + 2 = 0$$

인수분해하면 $(\cos\theta - 2)(2\cos\theta - 1) = 0$이므로 다음과 같이 2개의 방정식으로 분해된다.

$$\cos\theta = 2 \ \text{또는} \ \cos\theta - \frac{1}{2}$$

여기서 $-1 \leqq \cos\theta \leqq 1$이므로 방정식 $\cos\theta = 2$는 해를 갖지 않는다. 따라서 구하고자 하는 해는 구간 $[0, 2\pi)$에서 $\cos\theta = \frac{1}{2}$의 해로써 다음과 같다.

$$\theta = \frac{\pi}{3}, \ \theta = \frac{5\pi}{3}$$

✲

예제 6.5.7

방정식 $\cos^2\theta + \sin\theta = 2$, $0 \leqq \theta < 2\pi$를 풀어라.

풀이 피타고라스 항등식 $\cos^2\theta+\sin^2\theta=1$을 이용하면 다음을 얻는다.

$$(1-\sin^2\theta)+\sin\theta=2,\ \sin^2\theta-\sin\theta+1=0$$

이것은 $\sin\theta$에 관한 이차방정식인데, 판별식이 음이므로 이 방정식은 실근을 갖지 않는다. ✲

연습문제 6.5

1 구간 $[0, 2\pi)$ 내에서 다음 각 방정식을 풀어라.

(1) $\sin 2\theta=\dfrac{1}{2}$

(2) $3\cos\theta+3=2\sin^2\theta$

(3) $\sin\theta+\cos\theta=1$

(4) $\sin\theta=\dfrac{1}{2}$

(5) $\tan\theta=-\dfrac{1}{\sqrt{3}}$

(6) $\cos\theta=0$

(7) $\sin 3\theta=-1$

(8) $\cos\left(2\theta-\dfrac{\pi}{2}\right)=-1$

6.6 사인법칙과 코사인법칙

직각을 가지지 않는 삼각형을 빗각삼각형(oblique triangle)이라 하는데, 빗각삼각형은 세 각이 모두 예각인 예각삼각형이거나 두 각이 예각이고 한 각이 둔각인 둔각삼각형이다.

그림 6.6에서처럼 편의상 빗각삼각형에서 각 α의 대변의 길이를 a, 각 β의 대변의 길이를 b, 각 γ의 대변의 길이를 c로 표기하자. 빗각삼각형을 푼다는 것은 그 삼각형의 변의 길이와 각의 크기를 구하는 것을 의미하는데, 빗각삼각형을 풀기 위해서는 한 변의 길이와 함께 두 가지 정보를 알아야 한다. 예를 들어, 한 변의 길이와 함께 두 각, 나머지 두 변의 길이, 또는 한 각과 다른 한 변의 길이 등을 알아야 한다.

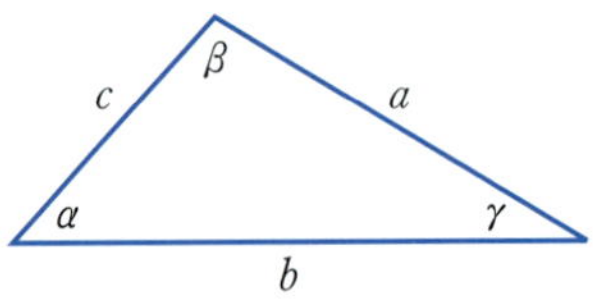

그림 6.6

기억의 편의상 S는 Side(변), A는 Angle(각)을 의미한다고 하자. 그러면 다음의 네 가지 경우를 생각할 수 있다.

[1] 한 변과 두 각을 아는 경우(SAA)
[2] 두 변과 두 변 중의 한 변의 대각을 아는 경우(SSA)
[3] 두 변과 그 사이각을 아는 경우(SAS)
[4] 세 변을 아는 경우(SSS)

그림 6.7은 위의 네 가지 경우에 해당하는 예를 보인 것이다.

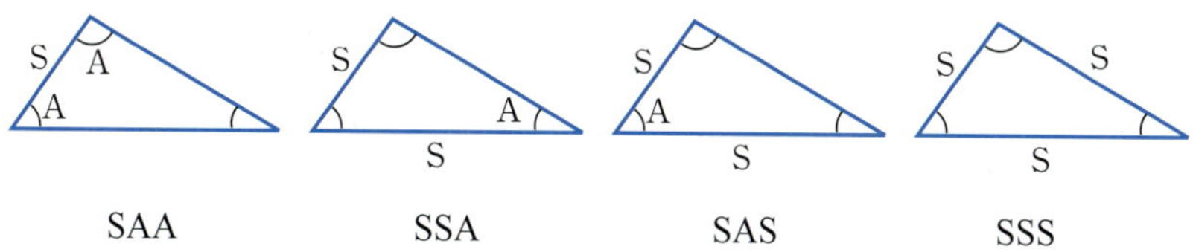

그림 6.7

삼각형을 푸는 데 사용되는 사인법칙과 코사인법칙을 보자. 편의상 각의 단위는 호도를 사용하고 필요하면 각도로 환산한다.

먼저 SAA와 SSA의 경우에 이용되는 사인법칙을 보자.

정리 6.6.1

사인법칙 세 각이 α, β, γ이고 그 대변의 길이가 각각 a, b, c인 삼각형에서 다음 등식이 성립한다.

$$\frac{\sin\alpha}{a}=\frac{\sin\beta}{b}=\frac{\sin\gamma}{c}$$

증명 주어진 삼각형의 한 꼭짓점에서 대변에 내린 수선의 길이를 h라 하자. 그림 6.8(a)는 예각삼각형에서 h를, 그리고 그림 6.8(b)는 둔각삼각형에서 h를 보여준다.

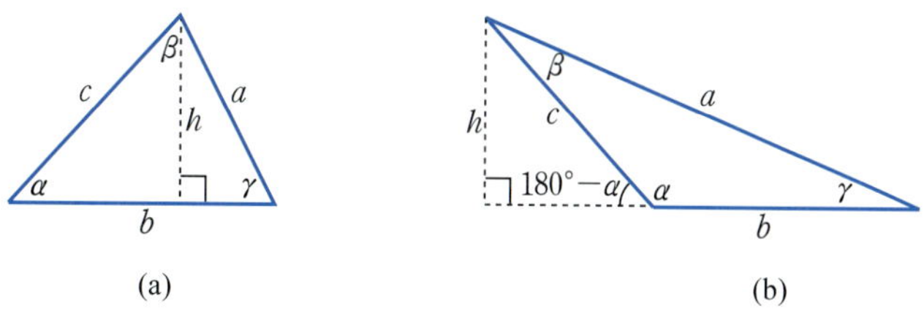

그림 6.8

그림에서 보듯이 어느 경우나 $\sin\gamma=\dfrac{h}{a}$이므로 다음을 얻는다.

$$h = a\sin\gamma$$

그리고 그림 6.8(a)로부터 $\sin\alpha = \dfrac{h}{c}$ 이므로 다음을 얻는다.

$$h = c\sin\alpha$$

그림 6.8(b)로부터 $\sin\alpha = \sin(\pi - \alpha) = \dfrac{h}{c}$ 이므로 역시 $h = c\sin\alpha$를 얻는다. 따라서 어느 경우든지 $a\sin\gamma = c\sin\alpha$가 성립하므로 다음의 등식을 얻는다.

$$\frac{\sin\alpha}{a} = \frac{\sin\gamma}{c}$$

이제 그림 6.9처럼 다른 꼭짓점에서 내린 수선의 길이를 h'이라 두고 같은 방법으로 생각하면 다음을 쉽게 알 수 있다.

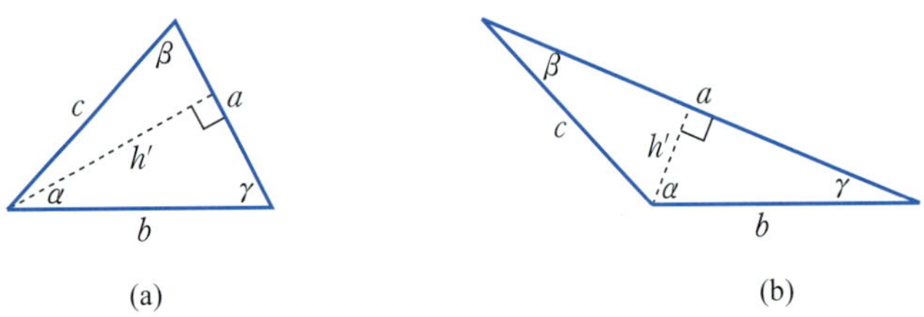

| 그림 6.9 |

$$\sin\beta = \frac{h'}{c}, \quad \sin\gamma = \frac{h'}{b}$$

그러면 $h' = c\sin\beta = b\sin\gamma$이므로 다음의 등식을 얻는다.

$$\frac{\sin\beta}{b} = \frac{\sin\gamma}{c}$$

따라서 사인법칙이 성립한다. ✲

삼각형을 풀 때 삼각형 내각의 합이 $\pi(180°)$라는 사실을 이용하는 경우가 있다.

예제 6.6.2

$\alpha = \dfrac{\pi}{4}$, $\beta = \dfrac{\pi}{3}$, $a = 4$인 삼각형을 풀어라(SAA 경우).

풀이 세 내각의 합이 π이므로 나머지 한 각 γ는 $\gamma = \pi - \dfrac{\pi}{4} - \dfrac{\pi}{3} = \dfrac{5\pi}{12}$이다. 두 변 b와 c를 구하기 위해 다음의 사인법칙을 이용한다.

$$\frac{\sin\alpha}{a}=\frac{\sin\beta}{b}=\frac{\sin\gamma}{c}$$

$\alpha=\frac{\pi}{4}$, $\beta=\frac{\pi}{3}$, $\gamma=\frac{5\pi}{12}$, $a=4$이므로, 다음을 얻는다.

$$\frac{\sin\frac{\pi}{4}}{4}=\frac{\sin\frac{\pi}{3}}{b}=\frac{\sin\frac{5\pi}{12}}{c}$$

그러므로 $\alpha=\frac{\pi}{4}$, $\beta=\frac{\pi}{3}$, $\gamma=\frac{5\pi}{12}$, $a=4$를 대입하여 계산하면 다음과 같다.

$$b=\frac{4\sin\frac{\pi}{3}}{\sin\frac{\pi}{4}}=2\sqrt{6},\quad c=\frac{4\sin\frac{5\pi}{12}}{\sin\frac{\pi}{4}}=2(\sqrt{3}+1)$$

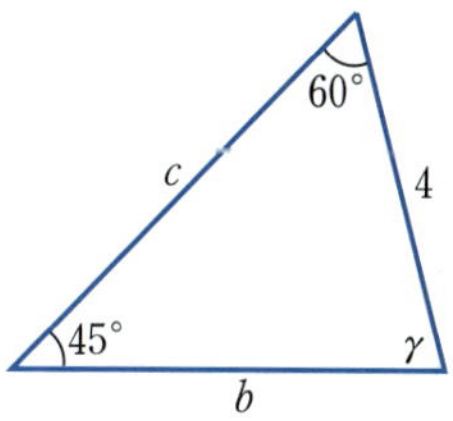

| 그림 6.10 |

✲

예제 6.6.3

$a=3$, $b=2$, $\alpha=45°$인 삼각형을 풀어라.

풀이 $a=3$, $b=2$, $\alpha=45°$를 알고 있으므로 각 β를 구하기 위해 사인법칙을 이용하자.

$$\frac{\sin\alpha}{a}=\frac{\sin\beta}{b}\ \Rightarrow\ \frac{\sin 45°}{3}=\frac{\sin\beta}{2}$$

$$\sin\beta=\frac{2\sin 45°}{3}=\frac{\sqrt{2}}{3}$$

$\sin\beta=\frac{\sqrt{2}}{3}$ 인 각 β $(0°<\beta<180°)$는 두 개가 있다. 즉, $\beta_1\approx 28°$, $\beta_2\approx 152°$이다. 그러나 $\alpha+\beta_2>180°$ 이므로 β_2는 제외된다. 따라서

$$\beta\approx 28°,\quad \gamma=180°-\alpha-\beta\approx 180°-45°-28°=107°$$

이다. 변 c는 사인법칙 $\frac{\sin\gamma}{c}=\frac{\sin\alpha}{a}$를 써서 구하면 다음과 같다(그림 6.11 참조).

$$\frac{\sin 107°}{c}=\frac{\sin 45°}{3},\quad c=\frac{3\sin 107°}{\sin 45°}\approx\frac{3\times 0.9563}{\frac{1}{\sqrt{2}}}\approx 4.0572$$

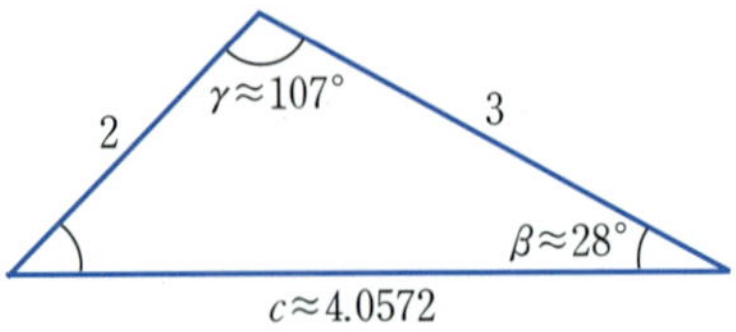

그림 6.11

빗각삼각형에서 SAS와 SSS의 경우를 풀 때 사용되는 코사인법칙을 알아보자.

정리 6.6.4

코사인법칙 세 각이 α, β, γ이고 그 대변의 길이가 각각 a, b, c인 삼각형에서 다음 등식이 성립한다.

(1) $a^2=b^2+c^2-2bc\cos\alpha$

(2) $b^2=c^2+a^2-2ca\cos\beta$

(3) $c^2=a^2+b^2-2ab\cos\gamma$

증명 (3)만 증명하고, (1)과 (2)는 (3)과 같은 방법으로 증명할 수 있으므로 생략한다. 주어진 삼각형을 직교좌표 평면상에 각 γ의 꼭짓점이 원점에 오도록 하고 변 b가 양의 x축상에 있도록 위치시킨다. 각 γ가 그림 6.12(a)처럼 예각이거나 그림 6.12(b)처럼 둔각이거나 상관없이 꼭짓점 B의 좌표는 $(a\cos\gamma,\ a\sin\gamma)$이고, 꼭짓점 A의 좌표는 $(b,\ 0)$이다.

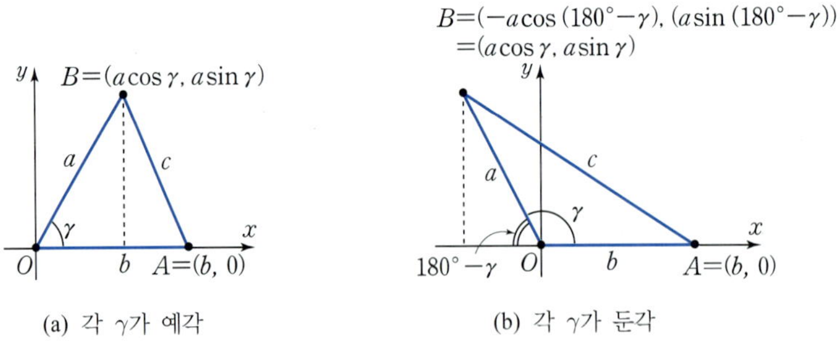

그림 6.12

여기서 두 점 사이의 거리 공식을 이용하여 c^2을 계산하면 다음과 같이 (3)을 얻는다.

$$\begin{aligned}c^2&=(b-a\cos\gamma)^2+(a\sin\gamma)^2\\&=b^2-2ab\cos\gamma+a^2\cos^2\gamma+a^2\sin^2\gamma\end{aligned}$$

$$= a^2(\cos^2\gamma + \sin^2\gamma) + b^2 - 2ab\cos\gamma$$
$$= a^2 + b^2 - 2ab\cos\gamma$$ ✲

정리 6.6.4를 말로 표현하면 아래와 같다.

"삼각형의 한 변의 제곱은 다른 두 변의 제곱의 합에서 두 변의 곱의 2배와 그들 사이각의 코사인값을 곱한 것을 뺀 것과 같다."

만약 삼각형이 직각삼각형$\left(\gamma = \frac{\pi}{2}\right)$이면, 공식 (3)은 우리가 잘 아는 피타고라스 정리(Pythagorean theorem) $c^2 = a^2 + b^2$이다. 따라서 피타고라스 정리는 코사인법칙의 특별한 경우라 할 수 있다.

SAS의 경우를 풀기 위하여 코사인법칙을 이용하는 예를 보자.

예제 6.6.5

$a = 2,\ b = 3,\ \gamma = \frac{\pi}{3}$인 삼각형을 풀어라.

풀이 코사인법칙을 이용하면 변 c를 다음과 같이 쉽게 구할 수 있다(그림 6.13 참조).

$$c^2 = a^2 + b^2 - 2ab\cos\gamma = 4 + 9 - 2\times 2\times 3\cos\frac{\pi}{3}$$
$$= 13 - \left(12\times\frac{1}{2}\right) = 7$$

따라서 $c = \sqrt{7}$이다. 한편, 각 α, β를 구하기 위해서 사인법칙이나 코사인법칙 중에서 어느 것을 이용해도 된다. 코사인법칙을 이용해보자. α를 구하기 위해 계산하면 아래와 같다.

$$a^2 = b^2 + c^2 - 2bc\cos\alpha \ \Rightarrow\ 2bc\cos\alpha = b^2 + c^2 - a^2$$
$$\cos\alpha = \frac{b^2 + c^2 - a^2}{2bc} = \frac{9 + 7 - 4}{2\times 3\sqrt{7}} = \frac{12}{6\sqrt{7}} = \frac{2\sqrt{7}}{7}$$ 이므로
$$\alpha = \cos^{-1}\frac{2\sqrt{7}}{7}$$ 이다.

β를 구하기 위해 계산하면 다음과 같다.

$$b^2 = a^2 + c^2 - 2ac\cos\beta \ \Rightarrow\ 2ac\cos\beta = a^2 + c^2 - b^2$$
$$\cos\beta = \frac{a^2 + c^2 - b^2}{2ac} = \frac{4 + 7 - 9}{4\sqrt{7}} = \frac{1}{2\sqrt{7}} = \frac{\sqrt{7}}{14}$$ 이므로

$\beta = \cos^{-1}\dfrac{\sqrt{7}}{14}$ 이다.

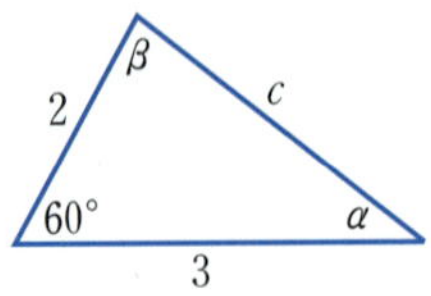

| 그림 6.13 |

＊

다음은 SSS의 경우에 코사인법칙이 이용되는 예를 보여준다.

예제 6.6.6

$a=4,\ b=3,\ c=6$ 인 삼각형을 풀어라.

풀이 각 α, β, γ를 구하기 위해 코사인법칙을 이용하자. 계산해보면 아래와 같다.

$$\cos\alpha = \frac{b^2+c^2-a^2}{2bc} = \frac{9+36-16}{2\times3\times6} = \frac{29}{36}$$

따라서 $\alpha = \cos^{-1}\dfrac{29}{36}$ 이다.

$$\cos\beta = \frac{a^2+c^2-b^2}{2ac} = \frac{16+36-9}{2\times4\times6} = \frac{43}{48}$$

따라서 $\beta = \cos^{-1}\dfrac{43}{48}$ 이다.

그리고 $\gamma = \pi - \cos^{-1}\dfrac{29}{36} - \cos^{-1}\dfrac{43}{48}$ 이다.

＊

사인법칙과 코사인법칙은 접근하기가 어렵거나 장애물 때문에 직접적으로 측정하기 어려운 거리를 측정하는 데 사용되는 중요한 공식이다.

이제 삼각형의 넓이를 계산할 수 있는 공식을 알아보자. 삼각형의 넓이를 계산하는 가장 기본적인 공식으로, 밑변의 길이가 b이고 높이가 h인 삼각형의 경우에 그 넓이 A는 $A=\dfrac{1}{2}bh$임을 잘 알고 있다.

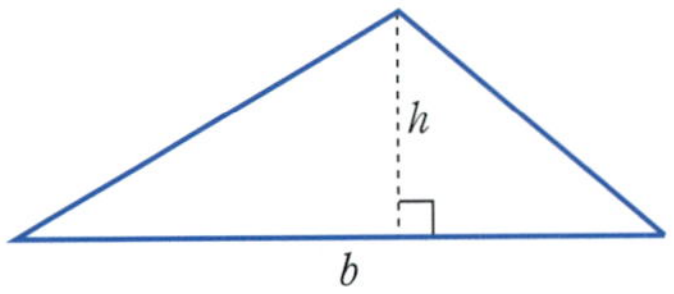

| 그림 6.14 |

따라서 삼각형에서 밑변의 길이와 높이가 주어지면 그 넓이를 쉽게 구할 수 있다. 삼각형에서 밑변의 길이와 높이가 직접 주어지지 않고, 두 변의 길이 a, b와 그 사이각 γ가 주어진 경우를 생각하자(그림 6.15 참조). 그러면 높이 h는 $h=a\sin\gamma$이다.

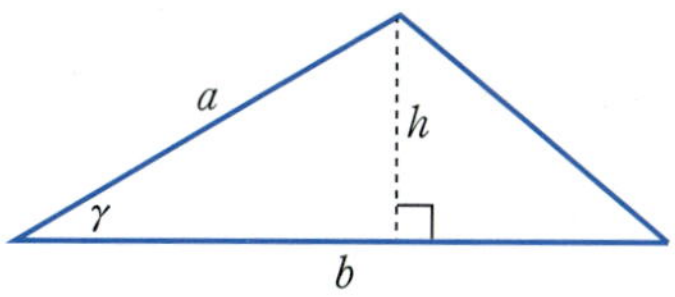

그림 6.15

그러므로 $h=a\sin\gamma$를 넓이공식 $A=\frac{1}{2}bh$에 대입하면, 삼각형의 넓이는 다음과 같이 표현된다.

$$A=\frac{1}{2}ab\sin\gamma$$

같은 방법으로 다른 두 꼭짓점을 기준으로 잡으면 다음 공식을 얻는다.

$$A=\frac{1}{2}bc\sin\alpha,\quad A=\frac{1}{2}ac\sin\beta$$

예제 6.6.7

$a=8$, $b=6$, $\gamma=30°$인 삼각형의 넓이 A를 구하여라.

풀이 $A=\frac{1}{2}ab\sin\gamma=\frac{1}{2}\times 8\times 6\sin 30°=12$ ✲

다음 정리는 세 변의 길이를 알 때, 삼각형의 넓이를 구할 수 있는 **헤론의 공식**(Heron's formula)이다.

정리 6.6.8

헤론의 공식 세 변의 길이가 a, b, c인 삼각형의 넓이 A는 다음과 같이 표현된다.

$$A=\sqrt{s(s-a)(s-b)(s-c)}$$

여기서 $s=\frac{1}{2}(a+b+c)$이다.

증명 그림 6.15에서 삼각형의 넓이는 $A=\frac{1}{2}ab\sin\gamma$이다($\gamma$는 두 변 a, b의 사이각). 항등식

$\sin\gamma = \sin\left(\frac{\gamma}{2}+\frac{\gamma}{2}\right) = 2\sin\frac{\gamma}{2}\cos\frac{\gamma}{2}$ 를 이용하면 삼각형의 넓이는 다음과 같이 표현된다.

$$A = \frac{1}{2}ab\sin\gamma = ab\sin\frac{\gamma}{2}\cos\frac{\gamma}{2}$$

여기서 $\sin\frac{\gamma}{2}$와 $\cos\frac{\gamma}{2}$를 a, b로 표현해보자.

먼저 코사인법칙 $c^2 = a^2+b^2-2ab\cos\gamma$를 이용해서 $\cos\gamma$를 계산하면 다음과 같다.

$$\cos\gamma = \frac{a^2+b^2-c^2}{2ab}$$

그러면 반각공식 $\cos^2\frac{\gamma}{2} = \frac{1+\cos\gamma}{2}$, $\sin^2\frac{\gamma}{2} = \frac{1-\cos\gamma}{2}$에 의해서 다음을 얻는다.

$$\cos^2\frac{\gamma}{2} = \frac{1+\cos\gamma}{2} = \frac{1+\frac{a^2+b^2-c^2}{2ab}}{2} = \frac{a^2+2ab+b^2-c^2}{4ab}$$
$$= \frac{(a+b+c)(a+b-c)}{4ab}$$

편의상 $s = \frac{1}{2}(a+b+c)$, 즉 $a+b+c=2s$라 두자. 그러면 $\cos^2\frac{\gamma}{2}$는 다음과 같이 간단히 표현된다.

$$\cos^2\frac{\gamma}{2} = \frac{s(s-c)}{ab}$$

$0<\gamma<\pi$이므로 $\cos\frac{\gamma}{2}>0$이다. 그러므로 $\cos\frac{\gamma}{2}$는 다음과 같다.

$$\cos\frac{\gamma}{2} = \sqrt{\frac{s(s-c)}{ab}}$$

같은 방법으로 계산하면 $\sin\frac{\gamma}{2}$는 다음과 같이 표현된다.

$$\sin\frac{\gamma}{2} = \sqrt{\frac{(s-a)(s-b)}{ab}}$$

따라서 삼각형의 넓이는 다음과 같이 표현된다.

$$A = \frac{1}{2}ab\sin\gamma = ab\sin\frac{\gamma}{2}\cos\frac{\gamma}{2} = \sqrt{s(s-a)(s-b)(s-c)}$$ ✲

예제 6.6.9

세 변의 길이가 각각 4, 5, 7인 삼각형의 넓이를 구하여라.

(풀이) 세 변의 길이를 각각 $a=4$, $b=5$, $c=7$이라 하자. 그러면 $s=\frac{1}{2}(a+b+c)=$ $=\frac{1}{2}(4+5+7)=8$이다. 따라서 헤론의 공식에 의해서 넓이 A는 다음과 같다.

$$A=\sqrt{s(s-a)(s-b)(s-c)}=\sqrt{8\times4\times3\times1}=\sqrt{96}=4\sqrt{6}$$ ✲

연습문제 6.6

1 각 삼각형을 풀어라.

(1) $a=6$, $b=8$, $\alpha=35°$

(2) $a=2$, $c=1$, $\gamma=50°$

(3) $\alpha=40°$, $\beta=20°$, $a=2$

(4) $\beta=70°$, $\gamma=10°$, $b=5$

(5) $\alpha=110°$, $\gamma=30°$, $c=3$

2 다음 각 삼각형을 풀어라.

(1)

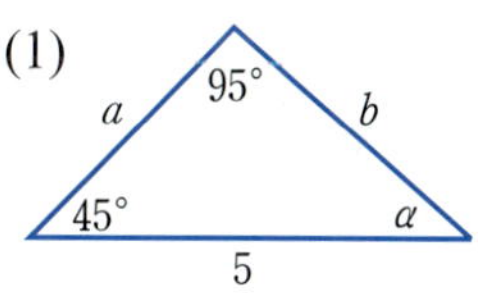

(2)

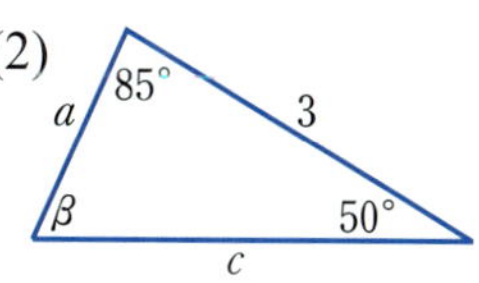

(3)

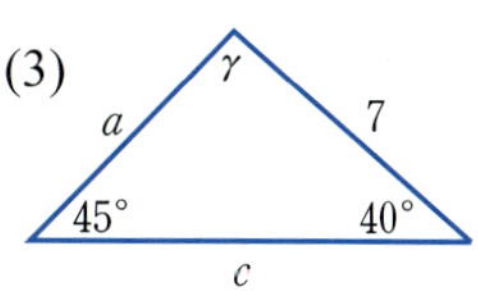

(4)

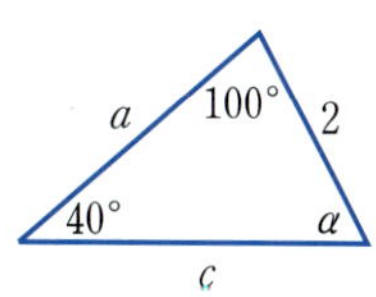

3 변과 한 각이 주어져 있다. 주어진 정보로 구할 수 있는 삼각형이 한 개인지, 두 개인지, 아니면 삼각형이 되지 않는지를 결정하여라. 그리고 삼각형을 풀어라.

(1) $a=3$, $b=2$, $\alpha=50°$

(2) $b=5$, $c=3$, $\beta=100°$

(3) $a=4$, $b=5$, $\alpha=60°$

4 두 집이 작은 언덕을 사이에 두고 마주 보고 있다. 아래 그림을 보라. 두 집 사이의 거리를 측정하기 위하여 관측자가 A집에서 50m를 걸어 C점까지 가서, 각 $\angle ACB$를 측정하기 위해 전경의를 이용하여 그 각이 $80°$임을 알았다. 그리고 60m를 걸어서 B집에 도달하였다. 두 집은 얼마나 떨어져 있는가?

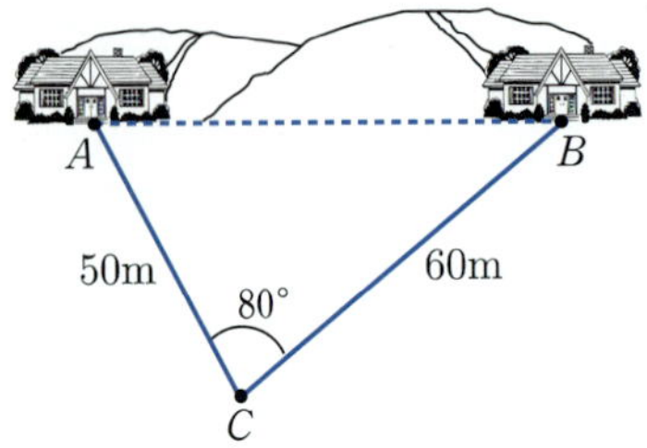

5 다음 각 삼각형의 넓이를 구하여라. 단, 반올림하여 소수 이하 넷째 자리까지 나타내어라.

(1)

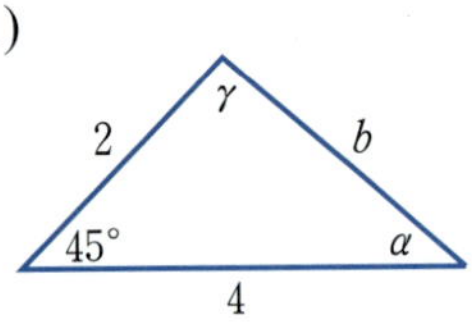

(2)

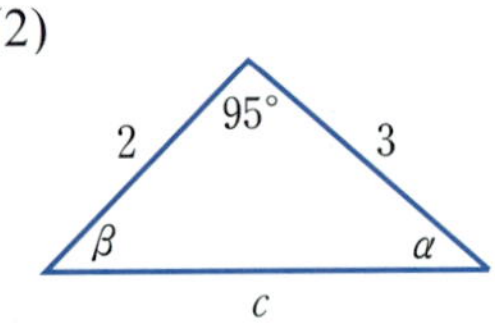

6 다음 각 삼각형의 넓이를 구하여라. 단, 반올림하여 소수 이하 넷째 자리까지 나타내어라.

(1) $a=3,\ b=4,\ \gamma=40°$　　(2) $b=3,\ c=1,\ \alpha=80°$

(3) $a=12,\ b=13,\ c=5$　　(4) $a=2,\ b=2,\ c=2$

6.7 극좌표

여기서는 평면상에서 점의 위치를 표현하는 좌표계 중에서 극좌표계(polar coordinate)를 설명한다. 경우에 따라서 극좌표가 직교좌표보다 편리할 때가 많다. 직교좌표계는 기준점인 원점과 원점에서 직교하는 두 수직선(이들을 좌표축이라 함)을 바탕으로 점의 위치를 표현한다. 직교좌표계에서 한 점은 두 실수 x와 y의 순서쌍 $(x,\ y)$로 표현하는데, x와 y는 각각 좌표축에서 이 점까지의 부호가 붙은 거리이다. 극좌표계에서는 기준점인 극(pole)과 극에서 시작하는 반직선(이것을 극축(polar axis)이라 함)을 바탕으로 점의 위치를 표현한다. 일반적으로 직교좌표계와 극좌표계를 한 평면에 함께 표시할 때는 원점과 극이 일치하고, 양의 x축과 극축이 일치하도록 그린다(그림 6.16 참조).

극좌표계에서 극 O와 한 점 P를 잇는 선분 $\overline{OP}$를 흔히 점 P의 동경(radius)이라 하고, 극축과 동경 $\overline{OP}$의 사이각을 점 P의 편각(argument)이라 한다. 점 P의 극좌표는 동경의 길이와 편각으로 이루어져 있다.

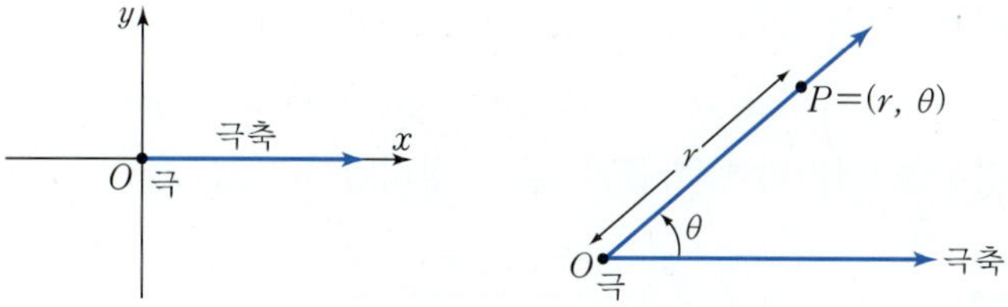

| 그림 6.16 |

정의 6.7.1

극좌표계에서 P가 극이 아닌 점(즉 $P \neq O$)이라 하자. r을 동경 $\overline{OP}$의 길이라 하고 θ를 점 P의 편각이라 할 때, 순서쌍 (r, θ)를 점 P의 극좌표(polar coordinate)라 한다.

극 O의 편각은 의미가 없다. 그러나 편의상 극좌표 $(0, \theta)$는 극 O를 나타낸다고 간주한다(θ는 임의의 실수).

일반적으로 편각은 반시계 방향으로 측정된 것이 양수이고, 시계 방향으로 측정된 것이 음수이다. 그리고 편각은 2π의 정수배만큼 차이가 나도 같은 방향을 나타낸다. 그러므로 모든 정수 n에 대해서 극좌표 $(r, \theta + 2n\pi)$와 (r, θ)는 같은 점을 나타낸다. 따라서 극좌표계에서 한 점은 편각이 2π의 정수배만큼 차이가 나는 무수히 많은 극좌표로 표현될 수 있다.

극좌표계의 이런 성실과 달리 직교좌표계에서는 한 점은 단 하나의 직교좌표로 표현된다.

예제 6.7.2

그림 6.17(a)에서 극좌표가 $\left(2, \frac{\pi}{4}\right)$인 점 P를 생각해보자. 편각이 $\frac{\pi}{4}$, $\frac{9\pi}{4}$, $-\frac{7\pi}{4}$인 방향은 모두 동일하기 때문에 극좌표 $\left(2, \frac{9\pi}{4}\right)$, $\left(2, -\frac{7\pi}{4}\right)$가 나타내는 점도 역시 P이다[그림 6.17(b)와 (c) 참조].

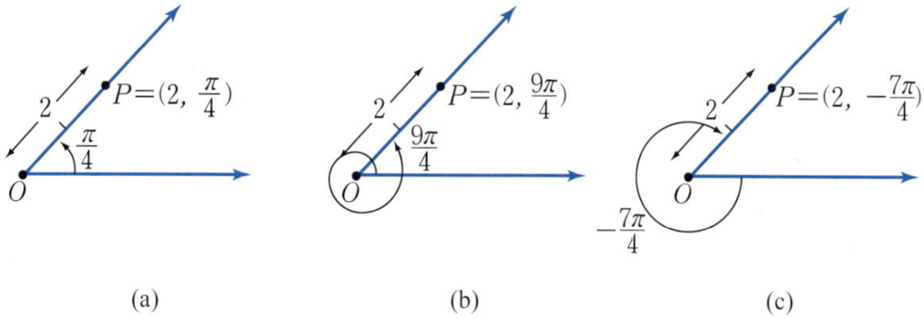

| 그림 6.17 |

✲

극좌표로 표현된 함수 $f(r, \theta)=0$(또는 $r=f(\theta)$, $\theta=f(r)$ 등)의 값을 계산하거나 그래프를 그릴 때, 극좌표 (r, θ)의 첫째 성분 r이 음의 값을 가지는 경우가 있다. 따라서 이런 경우를 대비하여 다음과 같이 정의한다.

정의 6.7.3

극좌표 $(-r, \theta)$는 극좌표 $(r, \theta+\pi)$와 같다. 즉, 극좌표 $(-r, \theta)$와 $(r, \theta+\pi)$는 같은 점을 나타낸다.

그림으로 설명하자면, 극좌표 (r, θ)와 $(r, \theta+\pi)$는 극 O를 중심으로 대칭되는 점을 나타낸다. 그러므로 (r, θ)와 $(-r, \theta)$는 극 O를 중심으로 대칭되는 점을 나타낸다[그림 6.18(a) 참조].

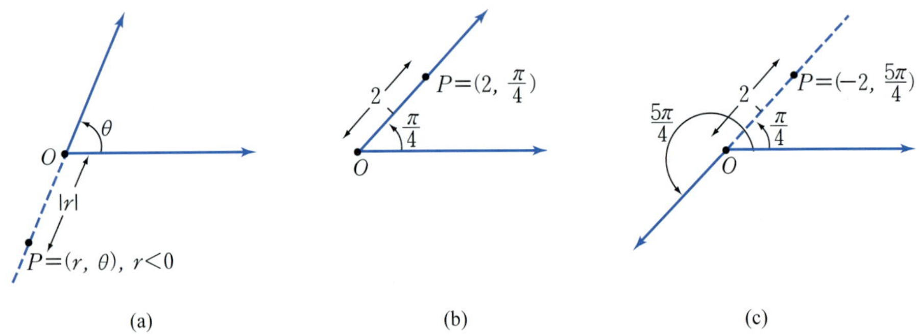

그림 6.18

예제 6.7.4

극좌표가 $\left(2, \dfrac{\pi}{4}\right)$인 점과 $\left(-2, \dfrac{5\pi}{4}\right)$인 점은 동일하다.

풀이 정의 6.7.3에 의해서 극좌표 $\left(-2, \dfrac{5\pi}{4}\right)$와 $\left(2, \dfrac{5\pi}{4}+\pi\right)=\left(2, \dfrac{\pi}{4}+2\pi\right)$는 동일한 점을 나타낸다. 그리고 극좌표 $\left(2, \dfrac{\pi}{4}+2\pi\right)$와 $\left(2, \dfrac{\pi}{4}\right)$도 동일한 점을 나타낸다. 그러므로 극좌표가 $\left(2, \dfrac{\pi}{4}\right)$인 점과 $\left(-2, \dfrac{5\pi}{4}\right)$인 점은 동일하다[그림 6.18 (b), (c) 참조]. ✲

예제 6.7.5

다음 극좌표를 가지는 점을 평면에 나타내어라.

(1) $\left(3, \dfrac{5\pi}{3}\right)$ (2) $\left(2, -\dfrac{\pi}{4}\right)$ (3) $(3, 0)$ (4) $\left(-2, \dfrac{\pi}{4}\right)$

(풀이) 그림 6.19 참조

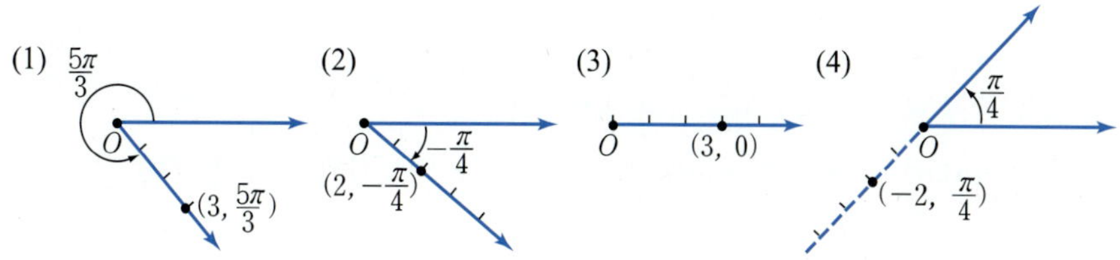

그림 6.19

극좌표와 직교좌표 사이의 변환

직교좌표계와 극좌표계를 한 평면에 표현할 때 특별한 언급이 없으면 원점과 극이 일치하고, 양의 x축과 극축이 일치하도록 정한다.

이 좌표평면에서 한 점은 직교좌표와 극좌표로 동시에 표현될 수 있다. 두 좌표 간의 관계를 이용해서 직교좌표를 극좌표로, 또는 극좌표를 직교좌표로 변환하여 다루면 편리할 경우가 많다.

정리 6.7.6

극좌표의 직교좌표 변환 좌표평면에서 점 P의 극좌표가 (r, θ)라 하자. 그러면 점 P의 직교좌표는 $(r\cos\theta,\ r\sin\theta)$이다. 즉, P의 직교좌표를 (x, y)라 하면 다음의 변환관계식이 성립한다.

$$x = r\cos\theta, \quad y = r\sin\theta$$

(증명) 좌표평면에 극좌표가 (r, θ)인 점을 그리고, 이 점의 직교좌표 (x, y)를 구하자(그림 6.20 참조).

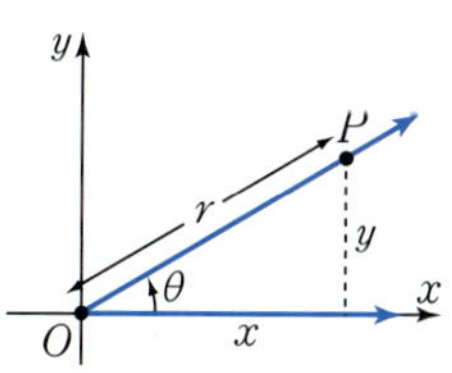

그림 6.20

세 경우로 나누어 생각하자.

(1) $r=0$인 경우, θ에 상관없이 점 P는 극 O이므로 점 P의 직교좌표는 (0, 0)이다. 그러므로 $r=0$일 때 위의 변환관계식이 성립한다.

(2) $r>0$인 경우, r은 동경 $\overline{OP}$의 길이이고 θ는 극축(양의 x축)과 동경의 사이각이다. 그러므로 사인과 코사인함수의 정의에 의해서 다음을 얻는다.

$$\cos\theta = \frac{x}{r},\ \sin\theta = \frac{y}{r},\ \text{즉}\ x = r\cos\theta,\quad y = r\sin\theta$$

따라서 위의 변환관계식이 성립한다.

(3) $r < 0$인 경우, 극좌표 (r, θ)는 $(-r, \pi+\theta)$와 같은 점 P를 나타낸다. 따라서 P의 극좌표로 $(-r, \pi+\theta)$를 사용하자. 여기서 $-r > 0$이므로 위의 경우 (2)를 $(-r, \pi+\theta)$에 적용하고 사인과 코사인의 성질을 이용하면 다음을 얻는다.

$$x = (-r)\cos(\theta+\pi) = r\cos\theta,\ \ y = (-r)\sin(\theta+\pi) = r\sin\theta$$

따라서 위의 변환관계식이 성립한다. ✲

예제 6.7.7

다음의 극좌표를 갖는 점의 직교좌표를 구하여라.

(1) $\left(6, \frac{\pi}{6}\right)$ (2) $\left(-2, \frac{5\pi}{4}\right)$ (3) $\left(-4, -\frac{\pi}{4}\right)$

풀이 변환공식 $x = r\cos\theta$, $y = r\sin\theta$를 이용하자.

(1) $x = r\cos\theta = 6\cos\frac{\pi}{6} = 6\cdot\frac{\sqrt{3}}{2} = 3\sqrt{3}$

$y = r\sin\theta = 6\sin\frac{\pi}{6} = 6\cdot\frac{1}{2} = 3$

따라서 직교좌표는 $(3\sqrt{3},\ 3)$이다.

(2) $x = r\cos\theta = -2\cos\frac{5\pi}{4} = -2\left(-\frac{\sqrt{2}}{2}\right) = \sqrt{2}$

$y = r\sin\theta = -2\sin\frac{5\pi}{4} = -2\left(-\frac{\sqrt{2}}{2}\right) = \sqrt{2}$

따라서 직교좌표는 $(\sqrt{2},\ \sqrt{2})$이다.

(3) $x = r\cos\theta = -4\cos\left(-\frac{\pi}{4}\right) = -4\cdot\frac{\sqrt{2}}{2} = -2\sqrt{2}$

$y = r\sin\theta = -4\sin\left(-\frac{\pi}{4}\right) = -4\left(-\frac{\sqrt{2}}{2}\right) = 2\sqrt{2}$

따라서 직교좌표는 $(-2\sqrt{2},\ 2\sqrt{2})$이다. ✲

직교좌표를 극좌표로 변환할 때는 주어진 점이 어느 사분면에 속하는가에 따라서 편각을 구하는 과정에 약간 차이가 난다.

정리 6.7.8

직교좌표의 극좌표 변환 좌표평면에서 점 P의 직교좌표가 $(x,\ y)$라 하자. 그러면 점 P의 극좌표 $(r,\ \theta+2n\pi)$는 다음과 같다(n은 임의의 정수).

(1) $r=\sqrt{x^2+y^2}$

(2-1) $x=0$인 경우:

$$y>0\text{이면 } \theta=\frac{\pi}{2}, \quad y<0\text{이면 } \theta=-\frac{\pi}{2}$$

(2-2) $x\neq 0$이고, $(x,\ y)$가 1사분면이나 4사분면에 속하는 경우:

$$\theta=\tan^{-1}\frac{y}{x}$$

(2-3) $x\neq 0$이고, $(x,\ y)$가 2사분면이나 3사분면에 속하는 경우:

$$\theta=\pi+\tan^{-1}\frac{y}{x}$$

주의 정리 6.7.8의 (2-3)의 경우를 이용할 때는 주의하여야 한다. 아크탄젠트($\theta=\tan^{-1}t$)의 값은 항상 1사분면이나 4사분면에 속하는 각이다. 즉, 임의의 실수 t에 대해서 $-\frac{\pi}{2}<\tan^{-1}t<\frac{\pi}{2}$이다. 그러므로 점 $(x,\ y)$가 2사분면이나 3사분면에 속하는 경우에 편각은 2사분면이나 3사분면의 각인 $\theta=\pi+\tan^{-1}\frac{y}{x}$가 된다.

예제 6.7.9

직교좌표가 $(2,-2)$인 점 P의 극좌표를 구하여라.

풀이 그림 6.21을 보자. 점 P는 4사분면에 있다. 따라서 극좌표 $(r,\ \theta)$는 다음과 같다.

$$r=\sqrt{x^2+y^2}=\sqrt{8}=2\sqrt{2}$$

$$\theta=\tan^{-1}\frac{y}{x}=\tan^{-1}\left(\frac{-2}{2}\right)=\tan^{-1}(-1)$$

여기서 $\theta=\tan^{-1}(-1)=-\frac{\pi}{4}$이므로 P의 극좌표는 $\left(2\sqrt{2},\ -\frac{\pi}{4}+2n\pi\right)$이다($n$은 임의의 정수).

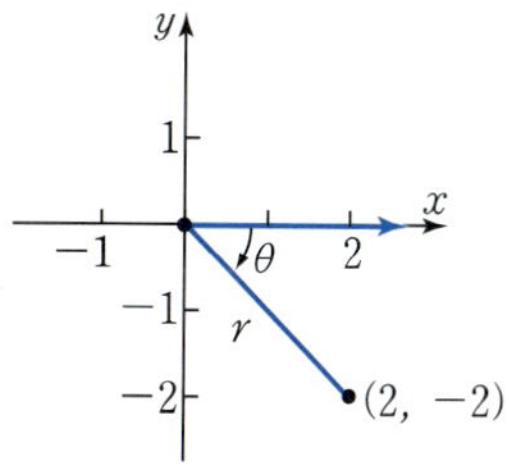

그림 6.21 $r=2\sqrt{2},\ \theta=-\frac{\pi}{4}$

✲

좌표변환 공식은 함수나 방정식의 변환에도 이용될 수 있다.

예제 6.7.10

극좌표 함수 $r = 4\sin\theta$를 직교좌표 함수로 변환하고 그래프를 그려라.

풀이 다음과 같이 주어진 함수의 양변에 r을 곱하면 변환공식을 적용하기 쉽다.

$$r = 4\sin\theta \quad \Rightarrow \quad r^2 = 4r\sin\theta$$

$$\Downarrow \text{ (변환공식을 적용)}$$

$$x^2 + y^2 = 4y$$

이것은 원의 방정식이다. 표준형으로 표현하면 $x^2 + (y-2)^2 = 2^2$이다. 따라서 그래프는 (0, 2)가 중심이고 반지름이 2인 원이다. ✲

연습문제 6.7

1 다음의 극좌표로 주어진 점의 직교좌표를 구하여라.

(1) $\left(3, \frac{\pi}{2}\right)$ (2) $(-2, 0)$ (3) $(6, 150°)$

(4) $\left(-2, \frac{3\pi}{4}\right)$ (5) $\left(-1, -\frac{\pi}{3}\right)$

2 다음의 직교좌표로 주어진 점의 극좌표를 구하여라.

(1) $(3, 0)$ (2) $(-1, 0)$ (3) $(1, -1)$ (4) $(\sqrt{3}, 1)$

3 다음의 직교좌표 방정식을 극좌표 방정식으로 고쳐라.

(1) $2x^2 + 2y^2 = 3$ (2) $x^2 = 4y$

(3) $2xy = 1$ (4) $x = 4$

4 다음의 극좌표 방정식을 직교좌표 방정식으로 고쳐라.

(1) $r = \cos\theta$ (2) $r^2 = \cos\theta$ (3) $r = 2$ (4) $r = \dfrac{4}{1-\cos\theta}$

제6장 종합문제

01 각 항등식이 성립함을 보여라.

(1) $\sin(\pi-\theta)=\sin\theta$

(2) $\tan(\pi-\theta)=-\tan\theta$

(3) $\sin(\alpha+\beta)+\sin(\alpha-\beta)=2\sin\alpha\cos\beta$

(4) $\dfrac{\cos(\alpha+\beta)}{\cos\alpha\cos\beta}=1-\tan\alpha\tan\beta$

02 다음의 값을 구하여라.

(1) $\sin\left(\sin^{-1}\dfrac{1}{2}+\cos^{-1}0\right)$

(2) $\cos\left(\sin^{-1}0+\cos^{-1}\dfrac{\sqrt{3}}{2}\right)$

(3) $\tan(\sin^{-1}1+\tan^{-1}1)$

(4) $\sin\left[\sin^{-1}\dfrac{3}{5}-\cos^{-1}\left(-\dfrac{4}{5}\right)\right]$

(5) $\cos\left(\tan^{-1}\dfrac{4}{3}+\cos^{-1}\dfrac{5}{13}\right)$

03 $\sin(\sin^{-1}u+\cos^{-1}u)=1$임을 보여라.

04 다음 항등식이 성립함을 보여라. (단, n은 정수이다.)

(1) $\cos^4\theta-\sin^4\theta=\cos 2\theta$

(2) $\cot 2\theta=\dfrac{\cot^2\theta-1}{2\cot\theta}\quad(\theta\neq\dfrac{n}{2}\pi)$

(3) $\cot^2\dfrac{\theta}{2}=\dfrac{\sec\theta+1}{\sec\theta-1}\quad(\theta\neq 2n\pi,\ \dfrac{\pi}{2}+n\pi)$

(4) $\dfrac{\sin 3\theta}{\sin\theta}-\dfrac{\cos 3\theta}{\cos\theta}=2\quad(\theta\neq\dfrac{n}{2}\pi)$

(5) $\sin 3\theta-\sin\theta=2\cos^2\theta\sin\theta$

05 다음의 각 합 또는 차를 사인 또는 코사인의 곱으로 표현하여라.

(1) $\sin 4\theta-\sin 2\theta$

(2) $\cos 2\theta+\cos 4\theta$

(3) $\sin\theta + \sin 3\theta$

(4) $\cos\frac{\theta}{2} - \cos\frac{3\theta}{2}$

06 구간 $[0, 2\pi)$ 내에서 다음 각 방정식을 풀어라.

(1) $\cos\theta = \sin\theta$

(2) $\tan\theta = 2\sin\theta$

(3) $\cos 2\theta = \cos\theta$

(4) $1 + \sin\theta = 2\cos^2\theta$

07 구간 $[0, 2\pi]$ 내에 $\sin(2006x) = \frac{3}{7}$을 만족하는 x는 몇 개인지 구하여라.

08 다음 각 삼각형을 풀어라.

(1) $a = 3,\ b = 4,\ \gamma = 40°$

(2) $a = 3,\ c = 2,\ \beta = 110°$

(3) $a = 2,\ b = 2,\ \gamma = 50°$

(4) $a = 12,\ b = 13,\ c = 5$

09 A에 있는 집에서 B에 있는 집까지 거리를 구하기 위해 관측자가 각 $\angle ACB$가 $70°$임을 알았고, 두 집에서 C점까지 거리가 각각 50m와 70m임을 알았다. 두 집은 얼마나 떨어져 있는가? (아래 그림을 참조하여라.)

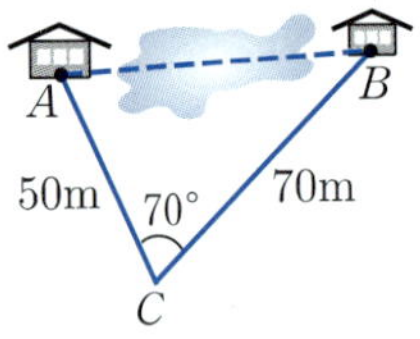

10 다음 각 삼각형의 넓이를 구하여라. 단, 반올림하여 소수 이하 넷째 자리까지 나타내어라.

(1) $a = 3,\ c = 2,\ \beta = 110°$

(2) $a = 2,\ b = 2,\ \gamma = 50°$

11 삼각형의 넓이 A가 다음 공식으로 주어짐을 증명하여라.

$$A = \frac{a^2 \sin\beta \sin\gamma}{2\sin\alpha}$$

12 아래의 각 경우에서 주어진 점과 같은 점을 갖는 다른 극좌표를 구하여라.

(a) $r > 0,\ -2\pi \leq \theta < 0$

(b) $r < 0,\ \ 0 \leqq \theta < 2\pi$

(c) $r > 0,\ \ 2\pi \leqq \theta < 4\pi$

(1) $\left(5,\ \dfrac{2\pi}{3}\right)$ (2) $(-2,\ 3\pi)$ (3) $\left(1,\ \dfrac{\pi}{2}\right)$ (4) $\left(-3,\ -\dfrac{\pi}{4}\right)$

13 다음의 직교좌표 방정식을 극좌표 방정식으로 고쳐라.

(1) $x^2 - y^2 = 1$

(2) $x^2 + y^2 = 3y$

(3) $x = y$

(4) $y = x^3 + 1$

(5) $\dfrac{4x}{3x^2 + 3y^2} = 6 - xy$

(6) $x^2 = \dfrac{4x}{y} - 3y^2 + 2$

14 다음의 극좌표 방정식을 직교좌표 방정식으로 고쳐라.

(1) $r = 4\tan\theta\sec\theta$

(2) $r = \dfrac{4}{2\cos\theta - \sin\theta}$

(3) $r + \sin\theta = 2\cos\theta$

(4) $r = \cos\theta + \sin\theta$

(5) $r = \sin^2\theta$

(6) $r^2 = 2\sec\theta \cdot \operatorname{cosec}\theta$

15 두 점 $P_1 = (r_1,\ \theta_1)$과 $P_2 = (r_2,\ \theta_2)$ 사이의 거리를 나타내는 공식이

$$d = \sqrt{{r_1}^2 + {r_2}^2 - 2r_1r_2\cos(\theta_2 - \theta_1)}$$

임을 보여라.

Chapter 07

지수함수와 로그함수

지금까지 우리는 정함수와 유리함수에 대해 공부하였다. 이러한 함수들은 대수함수 (algebraic function)의 범주에 속한다. 이 대수함수란 정함수의 합, 차, 곱, 분수, 거듭 제곱, 제곱근 등의 항으로 표현되는 함수이다. 대수함수가 아닌 함수를 초월함수 (transcendental function)라 한다. 이 장에서는 초월함수 가운데 지수함수와 로그함수에 대하여 공부하고자 한다. 이러한 함수들은 자주 광범위한 응용문제에서 다루어진다.

7.1 지수함수

정의 7.1.1

$f(x) = a^x$, $a > 0$, $a \neq 1$인 형태의 함수를 a를 **밑수(base)**로 하는 **지수함수** (exponential function)라 한다.

일반적으로 양의 실수 a에 대하여 지수함수 $f(x) = a^x$의 정의를 실수범위 내에서 아래와 같이 확장한다.

임의의 양의 실수 a와 지수 x가 양의 정수 n이면

$$a^n = \underbrace{a \cdot a \cdot \cdots \cdot a}_{n\text{개의 곱}}$$

로 정의한다.

$x = 0$이면 $a^0 = 1$이고, $x = -n$(n은 양의 정수)이면

$$a^{-n} = \frac{1}{a^n}$$

로 정의한다.

x가 유리수($x = p/q$, p, q는 정수, $q > 0$)이면

$$a^x = a^{p/q} = \sqrt[q]{a^p} = (\sqrt[q]{a})^p$$

로 정의한다.

x가 무리수이면 유리수의 조밀성에 의해 유리수로 무리수를 근사시킬 수 있다는 사실로부터 다음과 같이 정의한다.

$$a^x = \lim_{r \to x} a^r, \ r\text{은 유리수}$$

예를 들면, 무리수 $\pi = 3.14159\cdots$에 대해 소수점 이하 2자리 미만 숫자를 버리면, 근사값은 $a^\pi \approx a^{3.14}$를 얻을 수 있다. 그리고 같은 방법으로 $a^\pi \approx a^{3.14159}$는 $a^{3.14}$보다 a^π에 근접하는 근사값이 된다. 이런 과정을 계속해나가면 우리가 원하는 정도까지 a^π의 근사값을 구할 수 있다.

유리수일 때의 지수법칙들이 실수에서도 똑같이 성립함을 알 수 있다.

정리 7.1.2

지수법칙 임의의 실수 s, t, a, $b(a,\ b > 0)$에 대하여,

$$a^s \cdot a^t = a^{s+t}, \quad (a^s)^t = a^{st}, \quad (ab)^s = a^s \cdot b^s,$$

$$1^s = 1, \quad a^{-s} = \frac{1}{a^s} = \left(\frac{1}{a}\right)^s, \quad a^0 = 1$$

주의
(1) f의 정의역은 실수 전체집합 $\mathbf{R}$이다.
(2) 밑수 $a = 1$인 경우에는 $f(x) = 1^x = 1$이 되어 상수함수이기 때문에 $a = 1$은 제외시킨다.
(3) $a < 0$인 경우도 제외시킨다. 예를 들면, $(-2)^{\frac{1}{2}}$, $(-3)^{\frac{3}{4}}$ 등은 실수 범위에서는 정의되지 않는다.

지수함수의 그래프

예제 7.1.3

$f(x) = 2^x$의 그래프를 그려라.

풀이 $f(x) = 2^x$의 정의역은 실수 전체집합 $\mathbf{R}$이다. 먼저 표 7.1에서처럼 $f(x) = 2^x$의 그래프상의 몇 개의 점을 찾는다. 모든 x에 대하여 $2^x > 0$이기 때문에 f의 치역

은 $(0, \infty)$이다. 따라서 $f(x)=2^x$의 그래프는 x축과 만나지 않는다는 것을 알 수 있다. 즉 이 그래프는 x축 윗부분에 놓이게 된다. 표 7.1에서 보는 바와 같이 $x \to -\infty$로 접근하면 $f(x)=2^x$의 값은 0에 가까이 감을 알 수 있다. 따라서 $x \to -\infty$일 때 x축이 수평점근선이 된다. 그리고 $x \to \infty$로 접근하면 $f(x)=2^x$의 값은 매우 빠르게 증가한다. $f(x)$는 증가함수이므로 일대일 함수이다. 위의 모든 정보와 표 7.1로부터 $f(x)=2^x$의 그래프는 그림 7.1과 같다.

표 7.1

x	$f(x)=2^x$
-10	$2^{-10} \approx 0.00098$
-3	$2^{-3}=\frac{1}{8}$
-2	$2^{-2}=\frac{1}{4}$
-1	$2^{-1}=\frac{1}{2}$
0	$2^0=1$
1	$2^1=2$
2	$2^2=4$
3	$2^3=8$
10	$2^{10}=1024$

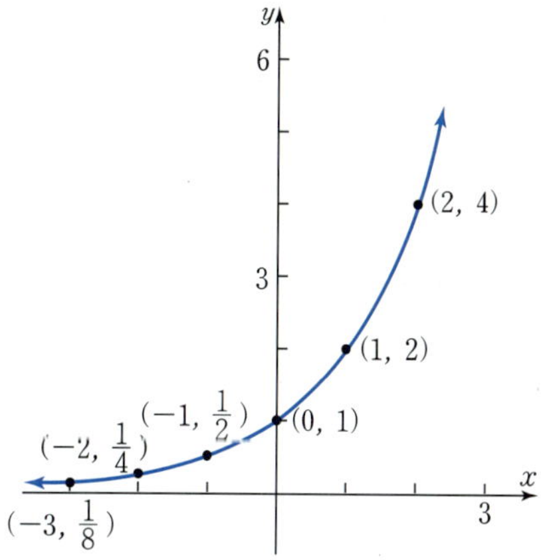

그림 7.1 $f(x)=2^x$

그림 7.1에서 $f(x)=2^x$의 그래프는 밑수가 1보다 큰 지수함수의 전형적인 예이다. 이러한 지수함수들은 증가함수, 일대일 함수이며, 점 $(0, 1)$을 지나고 x축 윗부분에 놓여 있다. $x \to \infty$일 때 가파르게 상승하고 $x \to -\infty$일 때 x축이 수평점근선이 되며, 이들 그래프들은 첨점(cusp)이 없는 부드러운 곡선이다. 그림 7.2에서 보듯이(밑수가 1보다 큰 두 지수함수의 그래프) 밑수가 크면 클수록 $x>0$일 때는 점점 더 가파르고 $x<0$일 때는 x축에 점점 더 가까이 감을 알 수 있다.

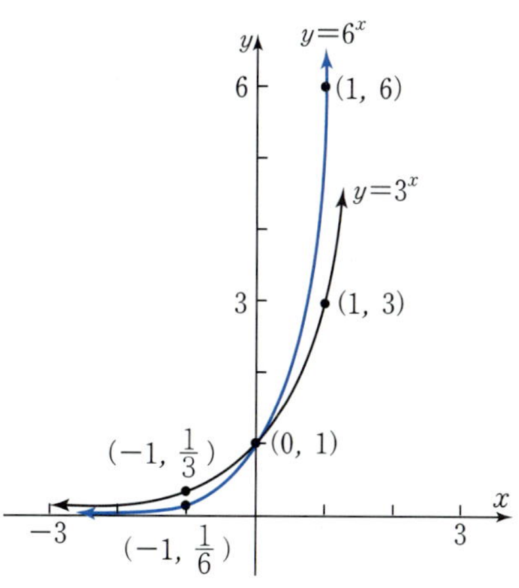

그림 7.2

$f(x) = a^x$, $a > 1$에 대해 위 내용을 요약하면 다음과 같다.

$f(x) = a^x$, $a > 1$의 성질	
(1) 정의역: $(-\infty, \infty)$	치역: $(0, \infty)$
(2) x축과의 교점: 무	y축과의 교점: 1
(3) 수평점근선: x축$(x \to -\infty)$	$f(x)$: 증가함수, 일대일 함수

이제, $0 < a < 1$인 경우에는 $f(x) = a^x$는 어떻게 될 것인가?

예제 7.1.4

$f(x) = \left(\frac{1}{2}\right)^x$의 그래프를 그려라.

풀이 $f(x) = \left(\frac{1}{2}\right)^x$의 정의역은 실수 전체집합 $\mathbf{R}$이다. 표 7.2와 같이 그래프 상의 몇 개의 점을 찾는다. 임의의 x에 대해 $\left(\frac{1}{2}\right)^x > 0$이므로 f의 치역은 $(0, \infty)$이다.

표 7.2

x	$f(x) = \left(\frac{1}{2}\right)^x$
-10	$\left(\frac{1}{2}\right)^{-10} = 1024$
-3	$\left(\frac{1}{2}\right)^{-3} = 8$
-2	$\left(\frac{1}{2}\right)^{-2} = 4$
-1	$\left(\frac{1}{2}\right)^{-1} = 2$
0	$\left(\frac{1}{2}\right)^{0} = 1$
1	$\left(\frac{1}{2}\right)^{1} = \frac{1}{2}$
2	$\left(\frac{1}{2}\right)^{2} = \frac{1}{4}$
3	$\left(\frac{1}{2}\right)^{3} = \frac{1}{8}$
10	$\left(\frac{1}{2}\right)^{10} \approx 0.00098$

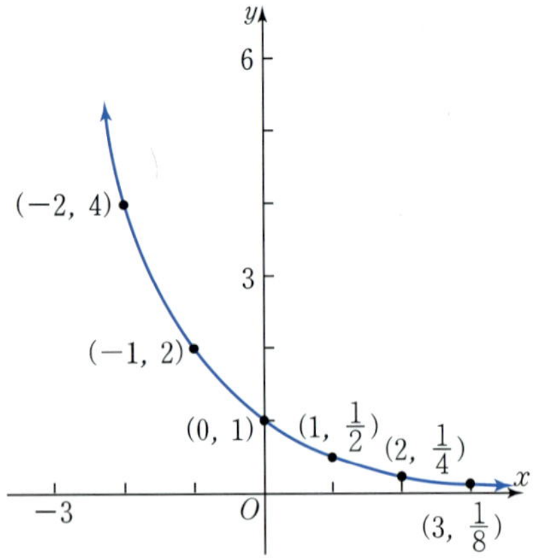

그림 7.3 $y = \left(\frac{1}{2}\right)^x$

즉, 이 그래프는 x축 윗부분에 있고 x축과의 교점은 없으며, y축과의 교점은 1이다. $x \to -\infty$로 접근하면 $f(x) = \left(\frac{1}{2}\right)^x$는 매우 빠르게 증가한다. 그리고 $x \to \infty$로 접근하면 $f(x) \to 0$이 되어 x축이 수평점근선이 된다. $f(x) = \left(\frac{1}{2}\right)^x$는 감소함수이므로 일대일 함수이다. 그림 7.3은 이와 같은 사실을 보여주고 있다. ✻

주의 $y = \left(\frac{1}{2}\right)^x$의 그래프는 $y = 2^x$의 그래프로부터 얻을 수 있다. 왜냐하면 $\left(\frac{1}{2}\right)^x = 2^{-x}$이므로 $y = 2^{-x} = \left(\frac{1}{2}\right)^x$의 그래프는 $y = 2^x$의 그래프를 y축에 관하여 대칭이동한 것이다.

$f(x) = \left(\frac{1}{2}\right)^x$는 밑수가 0과 1 사이인 지수함수의 전형적인 예이다. 이러한 함수들은 감소함수이고 일대일 함수이며, (0, 1)을 지나고 x축 윗부분에 놓여 있다. 그리고 $x \to -\infty$일 때 가파르게 상승하고 $x \to \infty$일 때 x축은 수평점근선이 되며, 수직점근선은 없다. 마지막으로 이들 그래프는 첨점이 없는 부드러운 곡선이다. 그림 7.4는 밑수가 0과 1 사이인 두 함수의 그래프로서 밑수가 0에 가까울수록 $x < 0$일 때는 점점 더 가파르고 $x > 0$일 때는 x축에 점점 더 가까이 감을 알 수 있다.

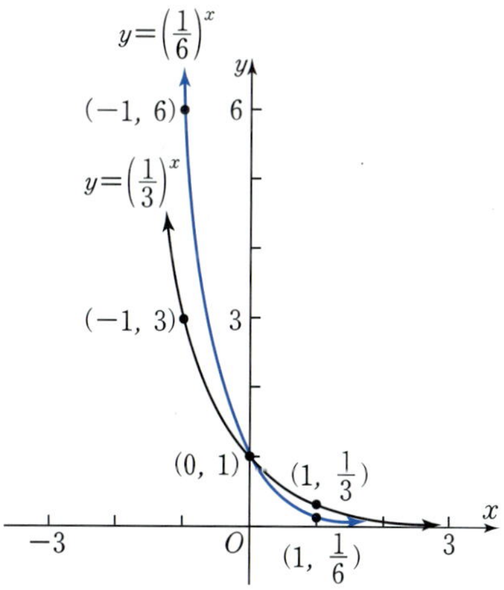

그림 7.4

$f(x) = a^x$, $0 < a < 1$에 대해 위 내용을 요약하면 다음과 같다.

$f(x) = a^x$, $0 < a < 1$의 성질

(1) 정의역: $(-\infty, \infty)$	치역: $(0, \infty)$
(2) x축과의 교점: 없음	y축과의 교점: 1
(3) 수평점근선: x축$(x \to \infty)$	$f(x)$: 감소함수, 일대일 함수

예제 7.1.5

$f(x) = 2^{-x} - 3$의 그래프를 그려라.

풀이

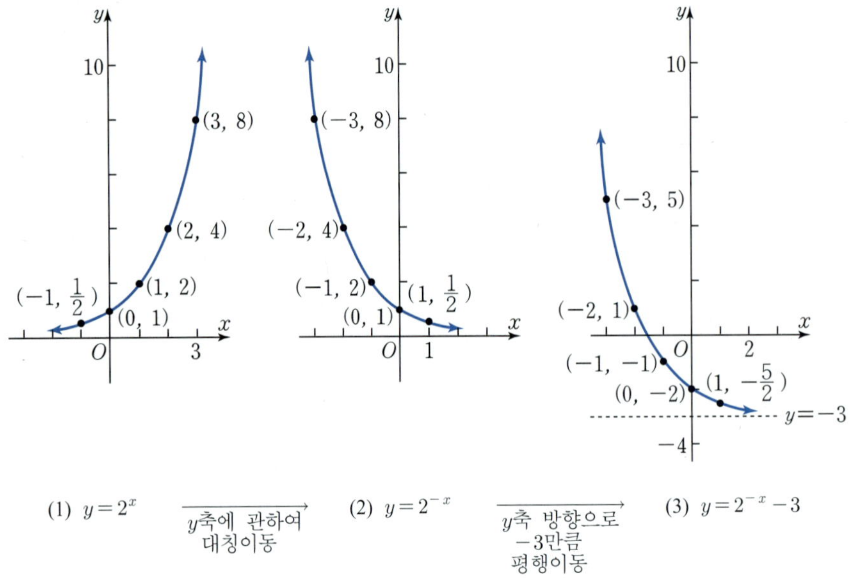

┃ 그림 7.5 ┃

✲

예제 7.1.6

$f(x) = -\left(2^{x-3}\right)$의 그래프를 그려라.

풀이

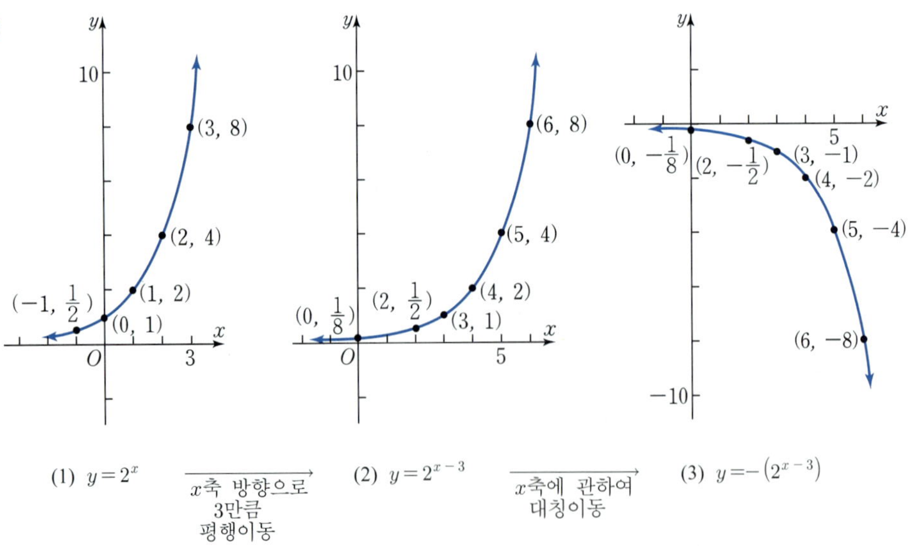

┃ 그림 7.6 ┃

✲

자연현상에 일어나는 많은 문제들이 밑수가 무리수 e인 지수함수를 사용하는 경우가 많은데, e에 대한 구체적인 정의와 값은 미분적분학에서 다루기로 한다.

정의 7.1.7

$$e = \lim_{n\to\infty}\left(1+\frac{1}{n}\right)^n$$

표 7.3에서 n이 증가함에 따라 $\left(1+\frac{1}{n}\right)^n$의 값이 어떻게 변하는가를 보여주고 있다. x가 -2, -1, 0, 1, 2에 대해 e^x를 계산하면 표 7.4와 같다.

표 7.3

n	$\frac{1}{n}$	$1+\frac{1}{n}$	$\left(1+\frac{1}{n}\right)^n$
1	1	2	2
2	0.5	1.5	2.25
5	0.2	1.2	2.48832
10	0.1	1.1	2.59374246
100	0.01	1.01	2.704813829
1,000	0.001	1.001	2.716923932
10,000	0.0001	1.0001	2.718145926
100,000	0.00001	1.00001	2.718268237
1,000,000	0.000001	1.000001	2.718280469
1,000,000,000	10^{-9}	$1+10^{-9}$	2.718281828

표 7.4

x	e^x
-2	0.14
-1	0.37
0	1
2	7.39

지수함수 $f(x)=e^x$의 그래프는 그림 7.7과 같다. $2<e<3$이기 때문에 $y=e^x$의 그래프는 $y=2^x$와 $y=3^x$ 사이에 놓여 있다는 것을 알 수 있다.

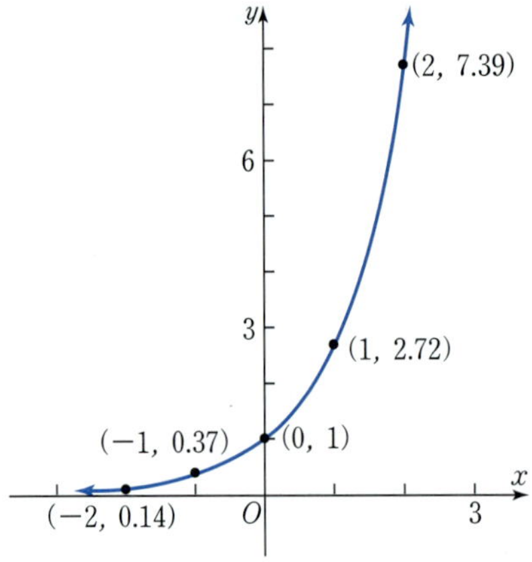

그림 7.7 $y=e^x$

지수방정식

정의 7.1.8

a^x, $a>0$, $a\neq 1$을 포함하는 방정식을 **지수방정식(exponential equation)**이라 한다.

지수방정식은 주로 지수법칙과 아래의 사실을 이용하여 해를 구한다.

$$a^u = a^v \text{이면 } u=v$$

예제 7.1.9

$3^{2x-1}=27$을 풀어라.

풀이 $3^{2x-1}=27=3^3$이므로 $2x-1=3$이다. 따라서 $x=2$이다. ✲

예제 7.1.10

$e^{-2x^2}=(e^x)^3\cdot\dfrac{1}{e^5}$을 풀어라.

풀이 $(e^x)^3\cdot\dfrac{1}{e^5}=e^{3x-5}$이므로 $-2x^2=3x-5$이다. $2x^2+3x-5=0$, 즉 $(2x+5)(x-1)=0$이므로, $x=-\dfrac{5}{2}$, $x=1$이다. ✲

예제 7.1.11

$3^{2x}+3^{x+1}-4=0$을 풀어라.

(풀이) $3^{2x}+3^{x+1}-4=(3^x)^2+3\cdot 3^x-4$, 즉 $(3^x+4)(3^x-1)=0$이다. 따라서 $3^x=-4$, $3^x=1$이 된다. 모든 x에 대해 $3^x>0$이므로 $3^x=-4$는 해를 가지지 않는다. 그러나 $3^x=1=3^0$이므로 해는 $x=0$이다. ✲

연습문제 7.1

1 이동, 축약, 확대, 그리고 대칭이동 등을 이용하여 그래프를 그려라.

(1) $f(x)=(\sqrt{2})^x+2$ (2) $f(x)=(\sqrt{2})^{x+2}$ (3) $f(x)=(\sqrt{2})^{-x}$

(4) $f(x)=(2\sqrt{2})^x$ (5) $f(x)=\left(\frac{\sqrt{2}}{2}\right)^x$

2 $y=e^x$의 그래프(그림 7.7 참조)를 이용하여 평행이동, 축약, 확대, 대칭이동을 사용하여 그래프를 그려라.

(1) $y=e^{-x}$ (2) $y=e^{x+2}$ (3) $y=-e^x$ (4) $y=e^x-1$

3 다음 방정식을 풀어라.

(1) $2^{2x+1}=4$ (2) $3^{x^2}=9^x$ (3) $8^{x^2-2x}=\frac{1}{2}$

(4) $2^x\cdot 8^{-x}=4^x$ (5) $2^{2x}-2^x-12=0$ (6) $3^{2x}+3^{x+1}-4=0$

4 어떤 신제품의 수요는 처음에는 가파르게 증가하지만 점점 평형상태가 된다. t개월 후에 이 제품의 구매비율을 P라 하고 $P=90-80\left(\frac{1}{4}\right)^t$이라 할 때, 5개월, 10개월 후 이 제품의 구매비율 P는 얼마인가?

5 Hyperbolic sine function ($\equiv\sinh x$)을 $\sinh x=\frac{1}{2}(e^x-e^{-x})$로 정의할 때, 다음을 밝혀라.

(1) $f(x)=\sinh x$가 기함수임을 보여라.

(2) $f(x)=\sinh x$의 그래프를 그려라.

6 Hyperbolic cosine function($\equiv \cosh x$)을 $\cosh x = \frac{1}{2}(e^x + e^{-x})$로 정의할 때, 다음을 밝혀라.

(1) $f(x) = \cosh x$는 우함수임을 보여라.

(2) $f(x) = \cosh x$의 그래프를 그려라.

(3) $(\cosh x)^2 - (\sinh x)^2 = 1$임을 보여라.

7 $f(x) = a^x$이면 $\frac{f(x+h) - f(x)}{h} = a^x\left(\frac{a^h - 1}{h}\right)$임을 증명하여라.

8 (1) $f(x) = a^x$이면 $f(A+B) = f(A) \cdot f(B)$임을 증명하여라.

(2) $f(x) = a^x$이면 $f(-x) = \frac{1}{f(x)}$임을 증명하여라.

(3) $f(x) = a^x$이면 $f(\alpha x) = [f(x)]^{\alpha}$임을 증명하여라.

7.2 로그함수

지수함수 $f(x) = a^x\ (a > 0,\ a \neq 1) : (-\infty, \infty) \to (0, \infty)$는 일대일 함수이므로 역함수를 가진다.

이 역함수를 다음과 같이 정의한다.

정의 7.2.1

지수함수 $f(x) = a^x\ (a > 0,\ a \neq 1)$의 역함수를 $f(x) = \log_a x$로 표기하고, a를 밑수(base)으로 하는 **로그함수**(logarithmic function)라 부른다. 특별히 밑수가 e인 로그함수를 **자연로그함수**(natural logarithm function)라 하고 $f(x) = \ln x$로 표시한다. 그리고 밑수가 10인 로그함수를 **상용로그**(common logarithm)라 하고 $f(x) = \log\ x$ 표시한다.

역함수의 성질로부터 지수함수와 로그함수의 관계를 다음과 같이 얻을 수 있다.

$$y = \log_a x (a > 0,\ a \neq 1,\ x > 0) \quad \Leftrightarrow \quad x = a^y (a > 0,\ a \neq 1),$$

로그함수의 정의역 = 지수함수의 치역 $= (0,\ \infty)$,

로그함수의 치역 = 지수함수의 정의역 $= (-\infty,\ \infty)$.

예제 7.2.2

다음 로그함수의 정의역을 찾아라.

(1) $f(x) = \log_5(1+3x)$ (2) $f(x) = \log\left(\frac{1+x}{1-x}\right)$

(3) $f(x) = \ln|3x|$

풀이 (1) $1+3x > 0$이므로 f의 정의역은 $(-\frac{1}{3}, \infty)$이다.

(2) $\frac{1+x}{1-x} > 0$이므로 f의 정의역은 $(-1, 1)$이다.

(3) $x \neq 0$이면 $|3x| > 0$이므로 f의 정의역은 $\mathbb{R} - \{0\}$이다. ✲

지수함수와 로그함수는 서로 역함수 관계이기 때문에 $y = \log_a x$와 $y = a^x$의 그래프는 $y = x$에 관해 대칭이 된다(그림 7.8 참조).

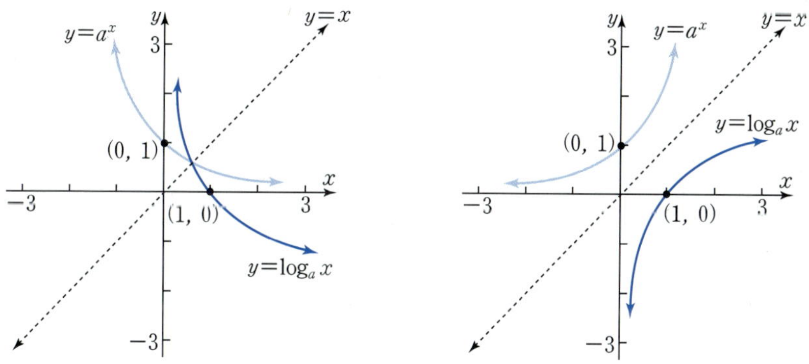

(a) $0 < a < 1$ (b) $a > 1$

그림 7.8

$f(x) = \log_a x$의 성질

(1) x축과의 교점: 1, y축과의 교점: 없음
(2) 수직점근선: y축
(3) $a > 1$이면 증가함수이고, $0 < a < 1$이면 감소함수이다.
(4) 그래프는 첨점이 없는 부드러운 곡선이다.

예제 7.2.3

$y=\ln x$의 그래프를 이용하여 $y=-\ln x$의 그래프를 그려라.

풀이 $y=-\ln x$의 그래프는 $y=\ln x$의 그래프와 x축에 관해 대칭이므로 그림 7.9와 같다.

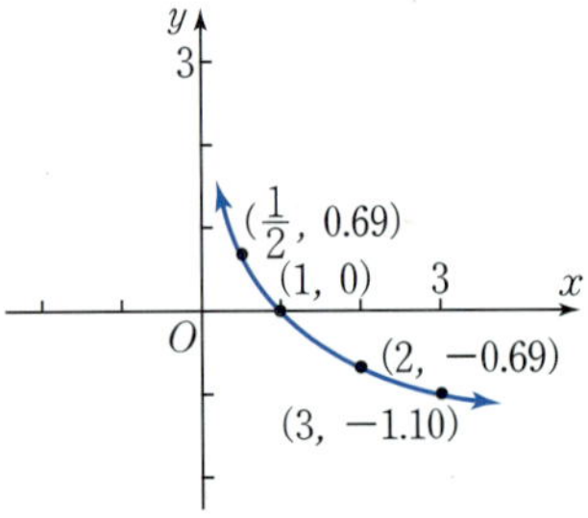

그림 7.9 $y=-\ln x$ ✲

예제 7.2.4

$y=\ln(x+2)$의 그래프를 그려라.

풀이 정의역이 $x>-2$이고 $y=\ln x$의 그래프를 x축에서 왼쪽으로 2만큼 평행이동하면 된다. 즉 $x=-2$가 수직점근선이 된다(그림 7.10 참조).

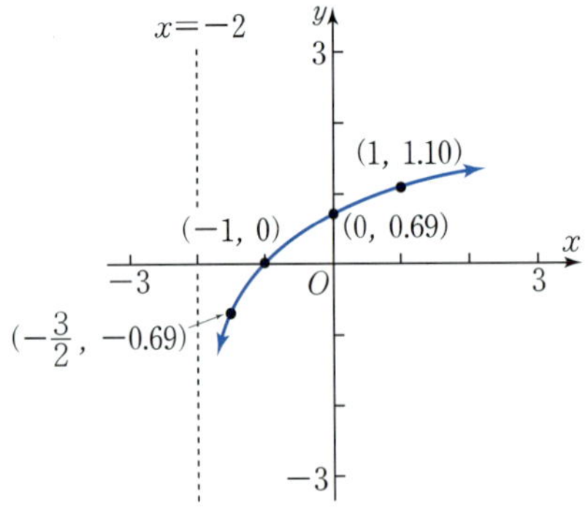

그림 7.10 $y=\ln(x+2)$ ✲

예제 7.2.5

$y=\ln(1-x)$의 그래프를 그려라.

풀이 정의역은 $x<1$이다. 그리고 $y=\ln(-x)$는 $y=\ln x$와 y축에 관해 대칭이므로 $y=\ln(1-x)=\ln[-(x-1)]$은 $y=\ln(-x)$를 x축에서 오른쪽으로 1만큼 평행이동시킨 것이다(그림 7.11 참조).

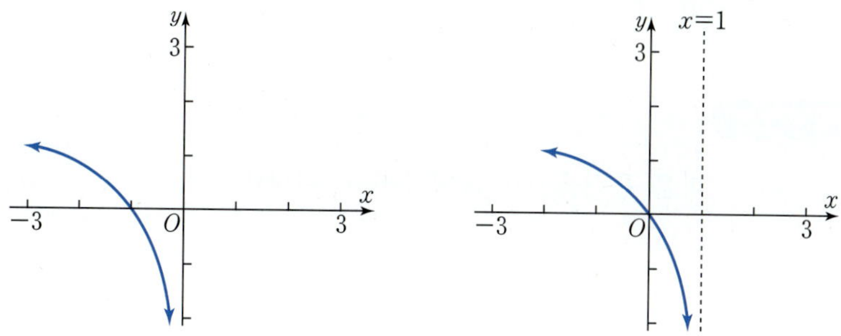

(1) $y = \ln(-x)$ $\xrightarrow{\text{x축 방향으로 1만큼 평행이동}}$ (2) $y = \ln(1-x)$

| 그림 7.11 |

✲

로그의 계산

지수함수와 로그함수는 서로 역함수 관계라는 사실로부터 다음과 같은 관계식을 얻는다.

$$a^x = y \quad \Leftrightarrow \quad x = \log_a y$$

그러므로 로그의 값을 계산하기 위해 지수방정식을 이용한다.

예제 7.2.6

다음 값을 구하여라.

(1) $\log_5 1$ (2) $\log_3 27$ (3) $\log_3 \frac{1}{27}$ (4) $\log 100$ (5) $\ln e^4$

풀이 (1) $x = \log_5 1 \Leftrightarrow 1 = 5^x$ 이므로 $x = 0$ 이다. 즉 $\log_5 1 = 0$ 이다.

(2) $x = \log_3 27 \Leftrightarrow 27 = 3^x$ 이므로 $x = 3$ 이다. 즉 $\log_3 27 = 3$ 이다.

(3) $x = \log_3 \frac{1}{27} \Leftrightarrow \frac{1}{27} = 3^x$ 이므로 $x = -3$ 이다. 즉 $\log_3 \frac{1}{27} = -3$ 이다.

(4) $x = \log 100 \Leftrightarrow 100 = 10^x$ 이므로 $x = 2$ 이다. 즉 $\log 100 = 2$ 이다.

(5) $x = \ln e^4 \Leftrightarrow e^4 = e^x$ 이므로 $x = 4$ 이다. 즉 $\ln e^4 = 4$ 이다. ✲

예제 7.2.7

다음 등식을 로그를 사용하여 나타내어라.

(1) $1.5^6 = x$ (2) $e^x = 5$ (3) $x^4 = 15$

풀이 (1) $1.5^6 = x$ 이면 $6 = \log_{1.5} x$ 이다.

(2) $e^x = 5$ 이면 $x = \log_e 5 = \ln 5$ 이다.

(3) $x^4 = 15$이면 $4 = \log_x 15$이다. ✲

예제 7.2.8

다음 등식을 지수를 사용하여 나타내어라.

(1) $\log_x 3 = -7$　　(2) $\ln x = 5$　　(3) $\log 5 = x$

풀이 (1) $\log_x 3 = -7$이면 $x^{-7} = 3$이다.

(2) $\ln x = 5$이면 $e^5 = x$이다.

(3) $\log 5 = x$이면 $10^x = 5$이다. ✲

예제 7.2.9

(1) $\log_a 1 = 0$임을 보여라.

(2) $\log_a a = 1$임을 보여라.

풀이 (1) $x = \log_a 1$이면 $a^x = 1$이므로 $x = 0$이다. 따라서 $\log_a 1 = 0$이다.

(2) $x = \log_a a$이면 $a = a^x$이므로 $x = 1$이다. 따라서 $\log_a a = 1$이다. ✲

로그의 성질

로그는 지수법칙과 정의로부터 유도되는 유용한 성질을 가지고 있다.

정리 7.2.10

로그의 성질 $y > 0$, $a > 0$, $a \neq 1$, $r \in \mathbf{R}$이면

(1) $a^{\log_a y} = y$　　(2) $\log_a a^r = r$

증명 (1) $x = \log_a y$이라 하면 $y = a^x$이다. 따라서 $a^{\log_a y} = y$이다.

(2) $x = a^r$이라 하면 $r = \log_a x$이다. 따라서 $\log_a a^r = r$이다. ✲

예제 7.2.11

다음을 구하여라.

(1) $(\sqrt{2})^{\log_{\sqrt{2}} \pi}$　　(2) $\log_{0.2} 0.2^{-\sqrt{2}}$　　(3) $\ln e^{kt}$

풀이 (1) π

(2) $\sqrt{2}$

(3) kt ✲

정리 7.2.12

x, y, $a>0$, $a\neq 1$, $r\in\mathbf{R}$이면

(1) $\log_a xy=\log_a x+\log_a y$ (2) $\log_a\left(\dfrac{x}{y}\right)=\log_a x-\log_a y$

(3) $\log_a\left(\dfrac{1}{x}\right)=-\log_a x$ (4) $\log_a x^r=r\log_a x$

증명 (1) $A=\log_a x$, $B=\log_a y$라 하면 $a^A=x$, $a^B=y$이다. 따라서

$$\log_a xy=\log_a a^A a^B=\log_a a^{A+B}=A+B=\log_a x+\log_a y$$

(4) $A=\log_a x$라 하면 $a^A=x$이다. 따라서

$$\log_a x^r=\log_a (a^A)^r=\log_a a^{rA}=rA=r\log_a x$$

나머지의 증명은 문제로 남겨두겠다. ✲

예제 7.2.13

$\log_a\left(x\sqrt{x^2+1}\right)$을 a를 밑수로 하는 로그의 합으로 표시하여라.

풀이 $\log_a\left(x\sqrt{x^2+1}\right)=\log_a x+\log_a\sqrt{x^2+1}$

$$=\log_a x+\log_a(x^2+1)^{\frac{1}{2}}=\log_a x+\frac{1}{2}\log_a(x^2+1)$$ ✲

예제 7.2.14

$\log_a\dfrac{x^2}{(x-1)^3}$을 a를 밑수로 하는 로그의 차로 표시하여라.

풀이 $\log_a\dfrac{x^2}{(x-1)^3}=\log_a x^2-\log_a(x-1)^3=2\log_a x-3\log_a(x-1)$ ✲

예제 7.2.15

$\log_a\dfrac{x^3\sqrt{x^2+1}}{(x+1)^4}$을 a를 밑수로 하는 로그의 합과 차로 표시하여라.

풀이 $\log_a\dfrac{x^3\sqrt{x^2+1}}{(x+1)^4}=\log_a\left(x^3\sqrt{x^2+1}\right)-\log_a(x+1)^4$

$$=\log_a x^3+\log_a\sqrt{x^2+1}-4\log_a(x+1)$$

$$= 3\log_a x + \log_a (x^2+1)^{\frac{1}{2}} - 4\log_a (x+1)$$

$$= 3\log_a x + \frac{1}{2}\log_a (x^2+1) - 4\log_a (x+1)$$ ✲

예제 7.2.16

다음 문제를 단 하나의 로그로 표시하여라.

(1) $\log_a 7 + 4\log_a 3$　　(2) $\frac{2}{3}\log_a 8 - \log_a (3^4 - 8)$

(3) $\log_a x + \log_a 9 + \log_a (x^2+1) - \log_a 5$

풀이 (1) $\log_a 7 + 4\log_a 3 = \log_a 7 + \log_a 3^4 = \log_a 7 + \log_a 81 = \log_a (7 \cdot 81) = \log_a 567$

(2) $\frac{2}{3}\log_a 8 - \log_a (3^4 - 8) = \log_a 8^{\frac{2}{3}} - \log_a (81-8) = \log_a 4 - \log_a 73 = \log_a \left(\frac{4}{73}\right)$

(3) $\log_a x + \log_a 9 + \log_a (x^2+1) - \log_a 5 = \log_a 9x + \log_a (x^2+1) - \log_a 5$

$$= \log_a [9x(x^2+1)] - \log_a 5$$

$$= \log_a \left[\frac{9x(x^2+1)}{5}\right]$$ ✲

주의 $x,\ y,\ a > 0,\ a \neq 1$이라 할 때

$$\log_a (x+y) \neq \log_a x + \log_a y,\quad \log_a x - \log_a y \neq \frac{\log_a x}{\log_a y}$$

$y = \log_a x$는 일대일 함수라는 사실로부터 다음 결과를 얻는다.

정리 7.2.17

$x,\ y,\ a > 0,\ a \neq 1$이라 할 때,

(1) $x = y$이면 $\log_a x = \log_a y$

(2) $\log_a x = \log_a y$이면 $x = y$

로그방정식

정의 7.2.18

$\log_a x$항을 포함하는 방정식을 **로그방정식**(logarithmic equation)이라 한다.

로그방정식을 풀기 위해 로그의 여러 가지 성질을 사용할 수 있다.

예제 7.2.19

$2\log_3 x = \log_3 16$을 풀어라.

(풀이) $2\log_3 x = \log_3 16$이면 $\log_3 x^2 = \log_3 16$이다. 따라서 $x^2 = 16$이므로 $x = \pm 4$이다. 그런데 $x > 0$이므로 위 방정식의 유일한 해는 $x = 4$이다. ✲

예제 7.2.20

$\log(2x-4) = 2$를 풀어라.

(풀이) $\log(2x-4) = 2$이면 $2x-4 = 10^2$이다. 따라서 $x = 52$이다. ✲

예제 7.2.21

$\log_5 x + \log_5(2x-3) = 1$을 풀어라.

(풀이) 진수는 양수이므로 $x > 0$, $2x-3 > 0$이다. 따라서 $x > \dfrac{3}{2}$이다.
로그의 성질로부터

$$\begin{aligned}
&\log_5 x + \log_5(2x-3) = 1 \\
&\log_5[x(2x-3)] = 1 \\
&x(2x-3) = 5 \\
&(2x-5)(x+1) = 0
\end{aligned}$$

따라서 $x = \dfrac{5}{2}$ 또는 $x = -1$이다. 그런데 $x > \dfrac{3}{2}$이므로 해는 $x = \dfrac{5}{2}$이다. ✲

예제 7.2.22

$\log 2 \approx 0.3010$, $\log 3 \approx 0.4771$일 때, 다음을 계산하여라.

(1) $\log 6$ (2) $\log 200$ (3) $\log 15$

(풀이) (1) $\log 6 = \log(2 \cdot 3) = \log 2 + \log 3 \approx 0.3010 + 0.4771 = 0.7781$

(2) $\log 200 = \log(2 \cdot 10^2) = \log 2 + \log 10^2 \approx 0.3010 + 2 = 2.3010$

(3) $\log 15 = \log\left(\dfrac{30}{2}\right) = \log 30 - \log 2 = \log(3 \cdot 10) - \log 2$

$= \log 3 + \log 10 - \log 2 \approx 0.4771 + 1 - 0.3010 = 1.1761$ ✲

정리 7.2.23

$a \neq 1,\ b \neq 1,\ x > 0$이면

$$\log_a x = \frac{\log_b x}{\log_b a}$$

증명 $y = \log_a x$라 하면 $a^y = x$이고 $\log_b a^y = \log_b x$이다. 따라서

$$y \log_b a = \log_b x$$

$$\log_a x \cdot \log_b a = \log_b x$$

$$\therefore \log_a x = \frac{\log_b x}{\log_b a}$$

✲

따름정리 7.2.24

b가 10 또는 e인 경우를 생각하면

$$\log_a x = \frac{\log x}{\log a}, \quad \log_a x = \frac{\ln x}{\ln a}$$

을 얻는다.

예제 7.2.25

다음을 구하여라.

(1) $\log_5 89$ (2) $\log_{\sqrt{2}} \sqrt{5}$

풀이 (1) $\log_5 89 = \dfrac{\log 89}{\log 5} \approx \dfrac{1.94939}{0.69897} = 2.7889$

$$\log_5 89 = \frac{\ln 89}{\ln 5} \approx \frac{4.4886}{1.6094} = 2.7889$$

(2) $\log_{\sqrt{2}} \sqrt{5} = \dfrac{\log \sqrt{5}}{\log \sqrt{2}} = \dfrac{\frac{1}{2}\log 5}{\frac{1}{2}\log 2} \approx \dfrac{0.69897}{0.30103} = 2.3219$

$$\log_{\sqrt{2}} \sqrt{5} = \frac{\frac{1}{2}\ln 5}{\frac{1}{2}\ln 2} \approx \frac{1.6094}{0.6931} = 2.3219$$

✲

예제 7.2.26

$5^{x-2} = 3^{3x+2}$를 풀어라.

풀이 $5^{x-2}=3^{3x+2}$이면 $\ln 5^{x-2}=\ln 3^{3x+2}$이다. 그러므로

$$(x-2)\ln 5=(3x+2)\ln 3$$
$$(\ln 5)x-2\ln 5=(3\ln 3)x+2\ln 3$$
$$(\ln 5-3\ln 3)x=2\ln 3+2\ln 5$$
$$\therefore x=\frac{2(\ln 3+\ln 5)}{\ln 5-3\ln 3}\approx\frac{2(2.7081)}{-1.6864}=-3.2116$$

✲

연습문제 7.2

1 각 함수의 정의역을 찾아라.

(1) $f(x)=\ln(3-x)$

(2) $f(x)=\log_2 x^2$

(3) $f(x)=\log_{1/2}(x^2-x-6)$

(4) $f(x)=\dfrac{1}{\ln x}$

5) $f(x)=\log_5\left(\dfrac{x+1}{x}\right)$

2 다음 그래프를 그려라.

(1) $f(x)=\log_2(x+4)$

(2) $f(x)=\log_2(-x)$

(3) $f(x)=\log_2(3-x)$

(4) $f(x)=\log_2\left(\dfrac{1}{x}\right)$

(5) $f(x)=\log_2 4x$

(6) $f(x)=\log_2 x^2$

(7) $f(x)=\log_{1/2} x$

3 다음 등식을 지수를 사용하여 나타내어라.

(1) $\log_2 8=3$

(2) $\log_a 3=6$

(3) $\log_3 2=x$

(4) $\log_2 M=1.3$

(5) $\log_{\sqrt{2}}\pi=x$

(6) $\ln 4=x$

4 다음 등식을 로그를 사용하여 나타내어라.

(1) $9=3^2$

(2) $a^2=1.6$

(3) $1.1^2=M$

(4) $2^x=7.2$

(5) $x^{\sqrt{2}}=\pi$

(6) $e^x=8$

5 다음 값을 구하여라.

(1) $\log_2 1$

(2) $\log_5 25$

(3) $\log_{1/2} 16$

(4) $\log \sqrt{10}$

(5) $\log_{\sqrt{2}} 4$

(6) $\ln \sqrt{e}$

6 (1) $f(x) = \log_a x$의 그래프가 점 $(2, 2)$를 포함하도록 하는 a를 구하여라.

(2) $f(x) = \log_a x$의 그래프가 점 $\left(\frac{1}{2}, -4\right)$를 포함하도록 하는 a를 구하여라.

7 $\ln 2 = a$, $\ln 3 = b$일 때, 다음을 a, b로 나타내어라.

(1) $\ln 6$

(2) $\ln 1.5$

(3) $\ln 2e$

(4) $\ln 12$

(5) $\ln \sqrt[5]{18}$

(6) $\log_2 3$

8 다음을 로그의 합과 차로 변형하여라.

(1) $\ln\left(x^2\sqrt{1-x}\right)$

(2) $\log_2\left(\dfrac{x^3}{x-3}\right)$

(3) $\log\left[\dfrac{x(x+2)}{(x+3)^2}\right]$

(4) $\ln\left[\dfrac{x^2-x-2}{(x+4)^2}\right]^{1/3}$

(5) $\ln\left[\dfrac{5x\sqrt{1-3x}}{(x-4)^3}\right]$

9 다음을 단 하나의 로그로 표시하여라.

(1) $3\log_5 u + 4\log_5 v$

(2) $\log_{1/2}\sqrt{x} - \log_{1/2} x^3$

(3) $\ln\left(\dfrac{x}{x-1}\right) + \ln\left(\dfrac{x+1}{x}\right) - \ln(x^2-1)$

(4) $8\log_2\sqrt{3x-2} - \log_2\left(\dfrac{4}{x}\right) + \log_2 4$

(5) $2\log_a 5x^3 - \dfrac{1}{2}\log_a(2x+3)$

10 (1) $\log_a\left(x+\sqrt{x^2-1}\right) + \log_a\left(x-\sqrt{x^2-1}\right) = 0$임을 증명하여라.

(2) $f(x) = \log_a x$이면 $-f(x) = \log_{1/a} x$임을 증명하여라.

(3) $f(x) = \log_a x$이면 $f(AB) = f(A) + f(B)$임을 증명하여라.

(4) $\log_2 3 \cdot \log_3 4 \cdot \log_4 5 \cdot \log_5 6 \cdot \log_6 7 \cdot \log_7 8$을 구하여라.

(5) $\log_a\left(\dfrac{M}{N}\right) = \log_a M - \log_a N$임을 증명하여라.

(6) $a,\ N>0,\ a\neq 1$이면 $\log_a\left(\frac{1}{N}\right)=-\log_a N$임을 증명하여라.

11 다음 방정식을 풀어라.

(1) $\frac{1}{2}\log_3 x=2$

(2) $3\log_2(x-1)+\log_2 4=5$

(3) $\log x+\log(x+15)=2$

(4) $\log_x 4=2$

(5) $\log_3(x-1)^2=2$

(6) $\log_{1/2}(3x+1)^{1/3}=-2$

(7) $\log_a(x-1)-\log_a(x+6)=\log_a(x-2)-\log_a(x+3)$

(8) $\log_{1/3}(x^2+x)-\log_{1/3}(x^2-x)=-1$

(9) $\log_2 8^x=-3$

(10) $\log_2(x^2+1)-\log_4 x^2=1$

제7장 종합문제

01 다음 식의 값을 계산하여라.

(1) $\log_2\left(\frac{1}{8}\right)$ (2) $\log_3 81$ (3) $\ln e^{\sqrt{2}}$

(4) $e^{\ln 0.1}$ (5) $2^{\log_2 0.4}$ (6) $\log_2 2^{\sqrt{3}}$

02 다음을 단 하나의 로그로 표시하여라.

(1) $3\log_4 x^2 + \frac{1}{2}\log_4 \sqrt{x}$

(2) $-2\log_3\left(\frac{1}{x}\right) + \frac{1}{3}\log_3 \sqrt{x}$

(3) $\ln\left(\frac{x-1}{x}\right) + \ln\left(\frac{x}{x+1}\right) - \ln(x^2-1)$

(4) $\log(x^2-9) - \log(x^2+7x+12)$

(5) $2\log 2 + 3\log x - \frac{1}{2}[\log(x+3) + \log(x-2)]$

(6) $\frac{1}{2}\ln(x^2+1) - 4\ln\left(\frac{1}{2}\right) - \frac{1}{2}[\ln(x-4) + \ln x]$

03 다음을 $y=f(x)$의 모양으로 바꾸어라. 단, C는 양의 상수이다.

(1) $\ln y = 2x^2 + \ln C$ (2) $\ln(y-3) = \ln 2x^2 + \ln C$

(3) $\frac{1}{2}\ln y = 3x^2 + \ln C$ (4) $\ln 2y = \ln(x+1) + \ln(x+2) + \ln C$

(5) $\ln(y-3) + \ln(y+3) = x + C$ (6) $\ln(y-1) + \ln(y+1) = -x + C$

(7) $e^{y+C} = x^2 + 4$ (8) $e^{3y-C} = (x+4)^2$

04 $y=e^x$와 $y=\ln x$의 그래프를 이용하여 다음 함수의 그래프를 그려라.

(1) $f(x) = e^{-x}$ (2) $f(x) = \ln(-x)$ (3) $f(x) = 1 - e^x$

(4) $f(x)=3+\ln x$　(5) $f(x)=3e^{x}$　(6) $f(x)=\frac{1}{2}\ln x$

(7) $f(x)=e^{|x|}$　(8) $f(x)=\ln|x|$　(9) $f(x)=3-e^{-x}$

05 다음의 방정식을 풀어라.

(1) $4^{1-2x}=2$　(2) $3^{x^2+x}=\sqrt{3}$　(3) $\log_x 64=-3$

(4) $\log_{\sqrt{3}}(9\sqrt{3})=x$　(5) $5^x=3^{x+2}$　(6) $9^{2x}=27^{3x-4}$

(7) $8=4^{x^2}\cdot 2^{5x}$　(8) $\log_6(x+3)+\log_6(x+4)=1$

(9) $e^{1-x}=5$　(10) $2^{3x}=3^{2x+1}$

(11) $\log_2(1+\sqrt{x})=6$　(12) $\log_2|\log_3(x)|=1$

06 다음의 방정식을 풀어라.

(1) $3^x-2=12$　(2) $3^{1-x}=2$

(3) $4^x=5^{x+1}$　(4) $6^{1-x}=10^x$

(5) $3^{2x+1}=2^{x-2}$　(6) $\frac{10}{1+e^{-x}}=2$

(7) $5^{2x}-5^x-12=0$　(8) $e^{2x}-2e^x=15$

07 다음 함수의 역함수를 구하여라.

(1) $f(x)=\log_2(x-3)-5$　(2) $f(x)=3\log_3(x+3)+1$

(3) $f(x)=-2\log_2(x-1)+2$　(4) $f(x)=-\ln(1-2x)+1$

(5) $f(x)=2^x-3$　(6) $f(x)=2\cdot 3^{3x}-1$

(7) $f(x)=-5\cdot e^{-x}+2$　(8) $f(x)=1-2e^{-2x}$

Chapter 08

해석기하학

8.1 원추곡선

한 점 O를 지나는 두 직선을 l과 g라 하자. 직선 g를 직선 l축으로 한 바퀴(2π) 회전시킬 때 생기는 회전면을 원추(cone)라 한다. 이 원추에 대해서 점 O를 꼭짓점, 직선 l을 축, 직선 g를 모선이라 한다.

한 평면으로 원추(원뿔)를 절단할 때, 절단 부분(단선)을 원추곡선(conic curve)이라 한다.

평면이 원추를 어떻게 절단하는가에 따라서 그 단선(원추곡선)은 포물선, 타원(원 포함), 쌍곡선 또는 한 점이나 두 개의 직선이 된다(그림 8.1 참조).

절단면이 원추의 꼭짓점 O를 지나면 그 단선(원추곡선)은 한 점 또는 두 개의 직선이 된다. 그러나 절단면이 원추의 꼭짓점의 아래 부분을 지나면, 그 단선은 포물선, 타원(원 포함) 또는 쌍곡선 중의 하나가 된다.

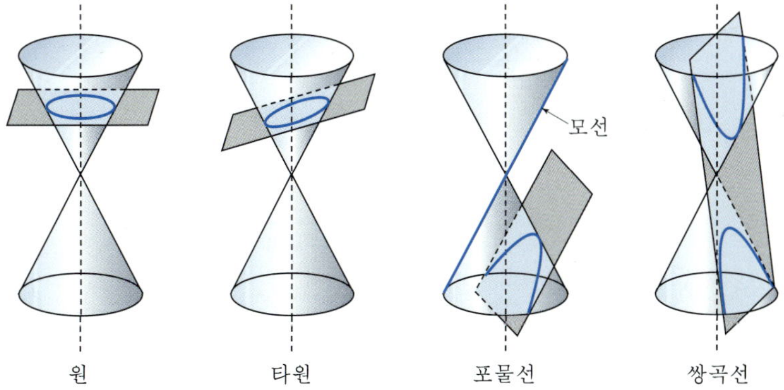

| 그림 8.1 |

원추곡선이 한 점이나 두 개의 직선으로 될 때 퇴화된(degenerate) 경우라 하고, 원추곡선이 포물선, 타원(원 포함) 또는 쌍곡선이 될 때 비퇴화된(nondegenerate) 경우라 한다.

이제 좌표평면상에서 원추곡선들의 특성을 이용하여 식을 구해보자.

포물선

포물선은 평면상의 한 직선 D와 한 점 F에서 같은 거리에 있는 점들의 집합이라 할 수 있다. F를 초점(focus)이라 하고 D를 준선(directrix)이라 한다. 즉 포물선은 다음을 만족하는 점 P의 집합이다.

$$d(F, P) = d(D, P) \tag{1}$$

초점 F를 지나고 준선 D에 수직인 직선을 포물선의 대칭축이라 하고, 포물선과 대칭축의 교점 V를 포물선의 꼭짓점이라 한다. 그러면 V는 초점 F와 준선 D 사이의 중점이 된다. 즉

$$d(F, V) = d(D, V) = \frac{1}{2}d(F, D)$$

을 만족시킨다. 초점거리 $d(F, V) = a > 0$인 포물선의 방정식을 구해보자. 편의상 대칭축이 x축이고 꼭짓점 V가 원점 $(0, 0)$이며, 초점 F가 점 $(a, 0)$이라 하자. 그러면 준선 D는 수직선 $x = -a$이다(그림 8.2 참조). 이제 점 $P(x, y)$가 포물선상의 임의의 점이라 하면, (1)에 의해서 다음이 성립한다.

$$\sqrt{(x-a)^2 + y^2} = |x + a|$$

간단히 정리하면 다음의 관계식을 얻는다.

$$(x-a)^2 + y^2 = (x+a)^2 \quad \text{또는} \quad y^2 = 4ax$$

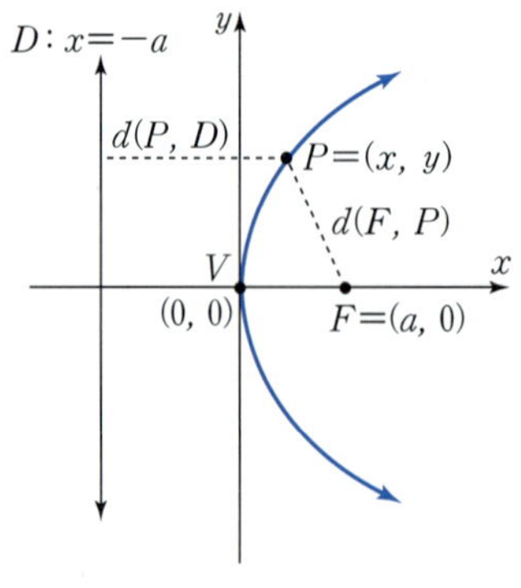

그림 8.2

앞의 내용을 정리하면 다음과 같다.

정리 8.1.1

꼭짓점이 원점 (0, 0)이며 초점 F가 점 $(a, 0)$인 포물선의 방정식은 다음과 같다.

$$y^2 = 4ax \tag{2}$$

예제 8.1.2

$y^2 = 8x$의 초점, 꼭짓점과 준선을 구하고 그래프를 그려라.

풀이 표준형으로 표현하면 $y^2 = 8x = 4\times 2\times x$이므로 초점은 (2, 0)이고 꼭짓점은 (0, 0)이며, 준선은 $x=-2$이다(그림 8.3 참조).

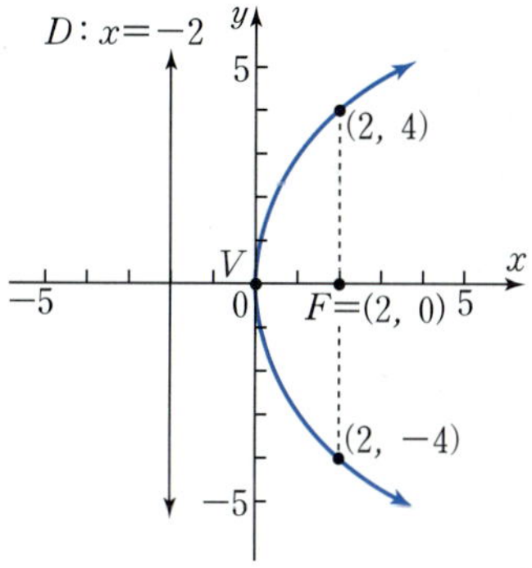

그림 8.3

초점의 위치와 꼭짓점의 위치에 따라서 다음과 같이 네 가지 기본적인 포물선을 얻을 수 있다(그림 8.4 참조).

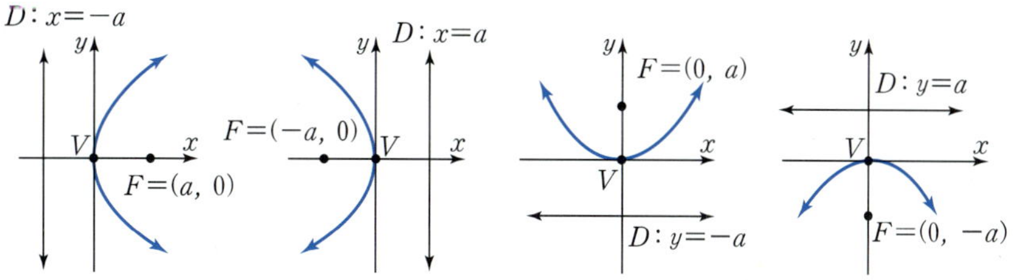

(a) $y^2 = 4ax$ (b) $y^2 = -4ax$ (c) $x^2 = 4ay$ (d) $x^2 = -4ay$

그림 8.4

예제 8.1.3

$x^2 = -12y$의 초점, 꼭짓점과 준선을 구하고 그래프를 그려라.

(풀이) 표준형으로 표현하면 $x^2 = 4 \times (-3) \times y$이므로 초점은 $(0, -3)$이고 꼭짓점은 $(0, 0)$이며, 준선은 $y = 3$이다(그림 8.5 참조).

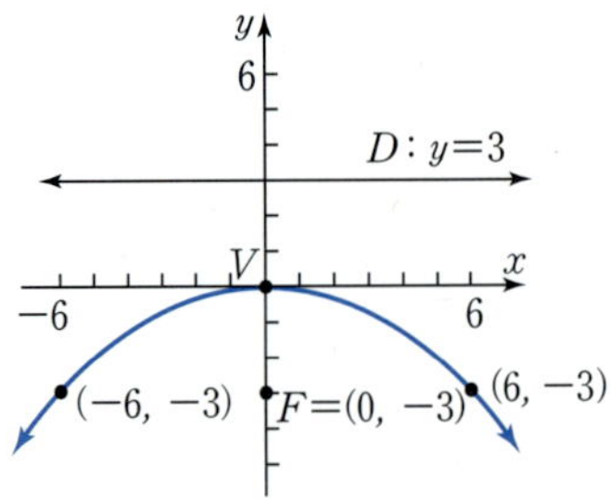

| 그림 8.5 |

✲

타원(ellipse)

타원은 평면상의 두 점 F_1과 F_2로부터 거리의 합이 일정한 점들의 집합이라 할 수 있다. 즉 타원은 다음을 만족하는 점 P의 집합이다.

$$d(F_1, P) + d(F_2, P) = k \text{ (단, } k > 0\text{은 상수)} \tag{3}$$

이때 두 점 F_1과 F_2를 타원의 초점이라 하고, F_1과 F_2의 중점을 타원의 중심이라 한다. $F_1 \neq F_2$인 경우에 F_1과 F_2를 포함하는 직선을 타원의 장축이라 하고, 타원과 장축의 교점을 타원의 꼭짓점이라 한다.

편의상 초점이 x축상의 두 점 $F_1(-c, 0)$과 $F_2(c, 0)$이고, F_1과 F_2로부터 거리의 합이 $2a$인 타원의 방정식을 구해보자(단, $a > c > 0$은 상수).

이제 점 $P(x, y)$가 타원상의 임의의 점이라 하면 (3)에 의해서 다음이 성립한다.

$$d(F_1, P) + d(F_2, P) = 2a \tag{4}$$

즉, 좌표를 써서 표현하면 다음과 같다.

$$\sqrt{(x+c)^2 + y^2} + \sqrt{(x-c)^2 + y^2} = 2a$$

이를 간단히 정리하면 다음의 관계식을 얻는다.

$$\sqrt{(x+c)^2 + y^2} = 2a - \sqrt{(x-c)^2 + y^2}$$

양변을 제곱하여 정리하면 다음과 같다.

$$4cx - 4a^2 = -4a\sqrt{(x-c)^2 + y^2}, \text{ 즉 } a^2 - cx = a\sqrt{(x-c)^2 + y^2}$$

양변을 다시 제곱하여 정리하면 다음을 얻는다.

$$(a^2 - c^2)x^2 + a^2y^2 = a^2(a^2 - c^2) \tag{5}$$

여기서 $b = \sqrt{a^2 - c^2}$ 라 두면 $a > b > 0$이다.

(5)의 양변을 $a^2(a^2 - c^2)$로 나누자. 그러면 다음과 같이 타원의 간단한 방정식을 얻는다(그림 8.6 참조).

$$\frac{x^2}{a^2} + \frac{y^2}{b^2} = 1$$

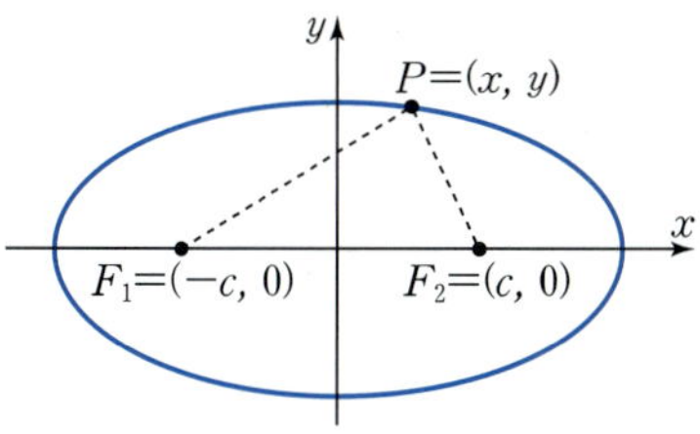

그림 8.6

앞의 내용을 정리하면 다음과 같다.

정리 8.1.4

초점이 x축상의 두 점 $F_1(-c, 0)$과 $F_2(c, 0)$이고, F_1과 F_2로부터 거리의 합이 $2a$인 타원의 방정식은 다음과 같다.

$$\frac{x^2}{a^2} + \frac{y^2}{b^2} = 1 \tag{6}$$

단, $a > c > 0$은 상수이고 $b = \sqrt{a^2 - c^2}$ 이다. 이때 타원의 중심은 원점이고, 장축은 x축이며 꼭짓점은 $(-a, 0)$과 $(a, 0)$이다.

예제 8.1.5

중심(center)이 원점이고 한 초점이 $(3, 0)$이며 한 꼭짓점이 $(-4, 0)$인 타원의 방정식을 구하고 그래프를 그려라.

풀이 이 타원은 중심과 초점과 꼭짓점이 x축상에 있으므로 장축은 x축이다. 위의 정리에 의해서 $c = 3$, $a = 4$임을 알 수 있다. 따라서 $b = \sqrt{4^2 - 3^2} = \sqrt{7}$ 이고 타원의 방정식은 다음과 같다.

$$\frac{x^2}{4^2}+\frac{y^2}{(\sqrt{7})^2}=1$$

초점의 위치와 장축의 위치에 따라서 다음과 같이 두 가지 기본적인 타원을 얻을 수 있다(그림 8.7과 8.8 참조).

(1) $\frac{x^2}{a^2}+\frac{y^2}{b^2}=1,\ a>b>0$

장축이 x축이고 초점이 $(-\sqrt{a^2-b^2},\ 0)$, $(\sqrt{a^2-b^2},\ 0)$이다.

(2) $\frac{x^2}{a^2}+\frac{y^2}{b^2}=1,\ b>a>0$

장축이 y축이고 초점이 $(0,\ -\sqrt{b^2-a^2})$, $(0,\ \sqrt{b^2-a^2})$이다.

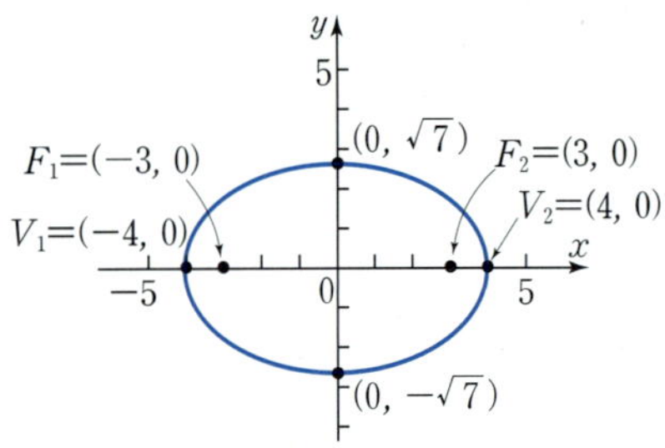

그림 8.7

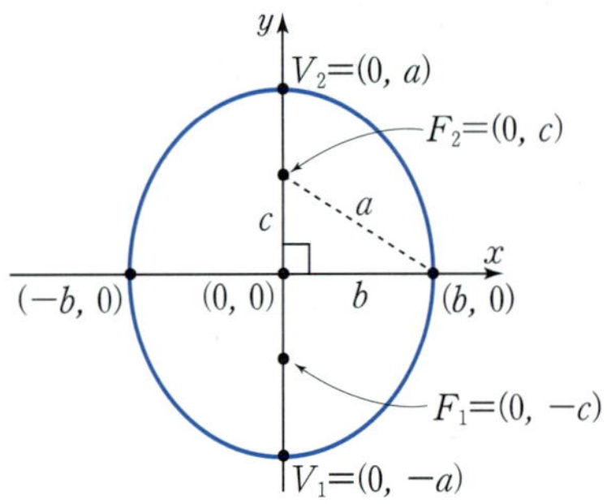

그림 8.8

✲

예제 8.1.6

$9x^2+y^2=9$의 장축, 초점, 꼭짓점을 구하고 그래프를 그려라.

풀이 표준형으로 표현하면 $\frac{x^2}{1^2}+\frac{y^2}{3^2}=1$이므로 장축은 y축이고 초점은 $(0,\ -\sqrt{8})$, $(0,\ \sqrt{8})$이며, 꼭짓점은 $(0,\ -3)$, $(0,\ 3)$이다.

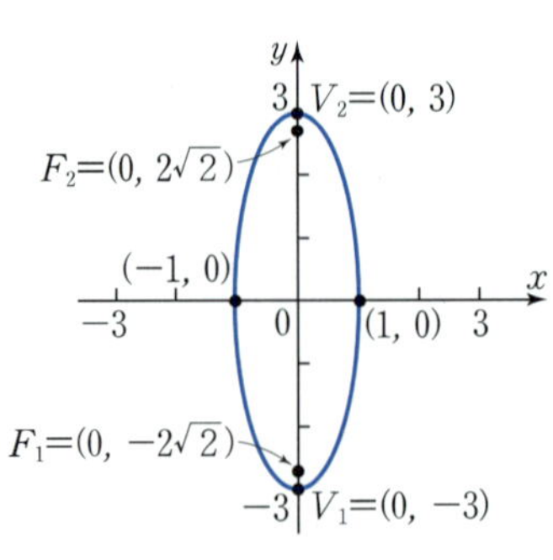

그림 8.9

✲

쌍곡선

평면상에서 쌍곡선(hyperbola)이란 두 개의 고정된 초점(focus)들로부터 거리의 차이가 일정한 점들의 집합이라 할 수 있다. 그림 8.10은 두 초점 F_1과 F_2를 가지는 쌍곡선을 예시하고 있다. 두 초점을 포함하는 직선은 가로축(transverse axis)이라 부르고, 두 초점을 연결하는 선분의 중점을 쌍곡선의 중심(center)이라 한다. 또한 가로축에 수직이고 중심을 지나는 직선을 켤레축(conjugate axis)이라 부른다. 쌍곡선은 가로축 및 켤레축과 중심에 대하여 대칭인 두 개의 분리된 곡선(분지(branch)라 함)으로 이루어져 있다. 가로축과 쌍곡선이 교차하는 점을 쌍곡선의 정점(vertex)이라 한다.

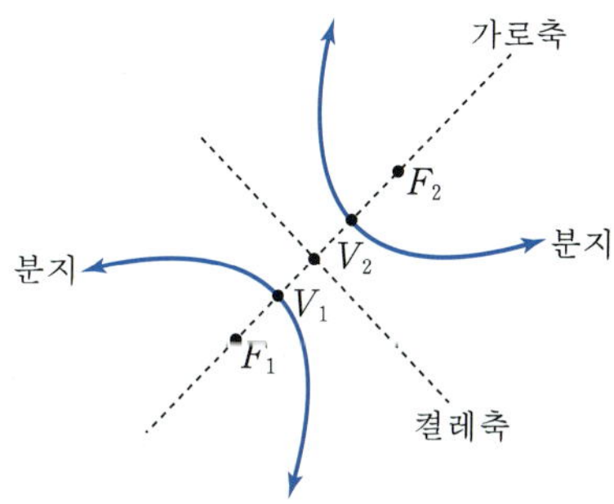

그림 8.10

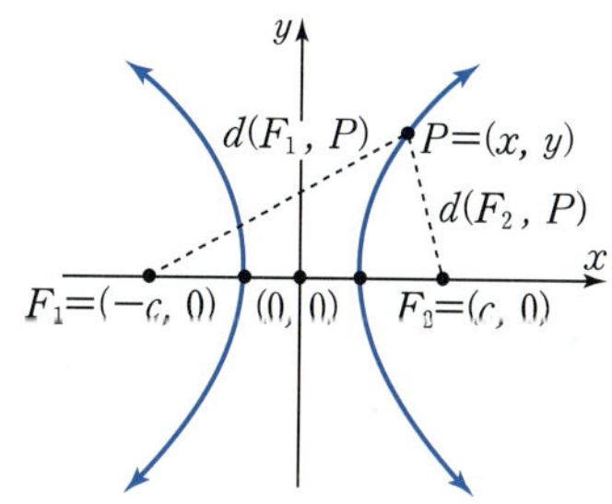

그림 8.11

이제부터 직교좌표에서 쌍곡선의 방정식을 구해보자. 먼저 중심이 원점이고 가로축이 좌표축인 쌍곡선을 보자. 그림 8.11에서와 같이 편의상 가로축을 x축이라 하자. c가 중심에서 초점까지의 거리라고 한다면 하나의 초점은 $F_1 = (-c, 0)$이고 다른 초점은 $F_2 = (c, 0)$이다. 쌍곡선상의 한 점 $P(x, y)$에서 두 초점 F_1과 F_2까지 거리의 차이를 $2a > 0$이라고 하자. 그러면 P의 좌표 $P = (x, y)$는 다음의 방정식을 만족한다.

$$|d(F_1, P) - d(F_2, P)| = 2a$$
$$\left|\sqrt{(x+c)^2+y^2} - \sqrt{(x-c)^2+y^2}\right| = 2a$$
$$\sqrt{(x+c)^2+y^2} = \pm 2a + \sqrt{(x-c)^2+y^2}$$
$$(x+c)^2+y^2 = 4a^2 \pm 4a\sqrt{(x-c)^2+y^2} + (x-c)^2+y^2$$
$$x^2+2cx+c^2+y^2 = 4a^2 \pm 4a\sqrt{(x-c)^2+y^2} + x^2-2cx+c^2+y^2$$
$$4cx - 4a^2 = \pm 4a\sqrt{(x-c)^2+y^2}$$
$$cx - a^2 = \pm a\sqrt{(x-c)^2+y^2}$$
$$(cx-a^2)^2 = a^2[(x-c)^2+y^2]$$

$$c^2x^2 + a^4 = a^2x^2 + a^2c^2 + a^2y^2$$
$$(c^2 - a^2)x^2 - a^2y^2 = a^2(c^2 - a^2) \qquad (7)$$

한편, 삼각부등식에 의해서 다음을 얻는다.

$$|d(F_1, P) - d(F_2, P)| < d(F_1, F_2), \quad \text{즉 } 2a < 2c$$

따라서 $a < c$임을 알 수 있다. $b = \sqrt{c^2 - a^2}$ 이라 두자. 그러면 $b > 0$이고 (7)로부터 다음을 얻는다.

$$\frac{x^2}{a^2} - \frac{y^2}{b^2} = 1$$

이 방정식에서 정점은 $y = 0$일 때이므로 쌍곡선의 두 정점은 $V_1 = (-a, 0)$과 $V_2 = (a, 0)$이다. 지금까지 내용을 요약하면 다음 정리를 얻는다.

정리 8.1.7

중심 $(0, 0)$과 초점 $(-c, 0)$ 및 $(c, 0)$과 정점 $(-a, 0)$ 및 $(a, 0)$을 가지는 쌍곡선의 방정식은 다음과 같다(가로축은 x축이다).

$$\frac{x^2}{a^2} - \frac{y^2}{b^2} = 1 \ (\text{단, } b^2 = c^2 - a^2) \qquad (8)$$

(8)에 의해서 정의된 쌍곡선은 x축, y축, 그리고 원점에 대해서 대칭이란 것을 알 수 있다. y절편을 찾기 위하여 (8)에서 $x = 0$이라 두자. 그러면 $\frac{y^2}{b^2} = -1$이 되므로 해가 없다. 그래서 (8)에 의해서 정의된 쌍곡선은 y절편을 가지지 않는다. 또한 $\frac{x^2}{a^2} - 1 = \frac{y^2}{b^2}$이기 때문에 $\frac{x^2}{a^2} \geq 1$이다. 따라서 $x \leq -a$ 또는 $a \leq x$이다(그림 8.12 참조).

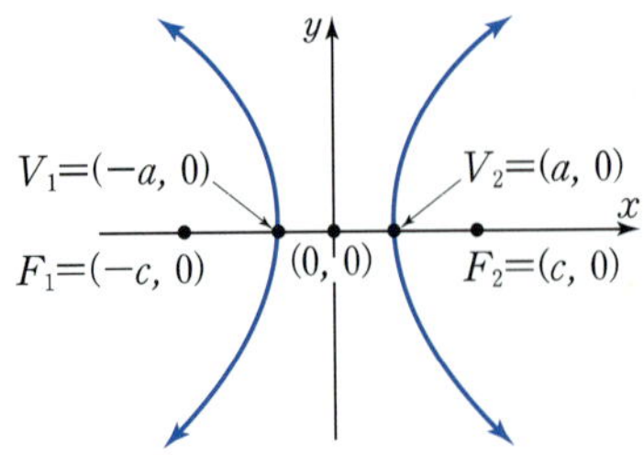

그림 8.12

예제 8.1.8

$\dfrac{x^2}{16} - \dfrac{y^2}{4} = 1$의 정점과 초점을 구하고 그래프를 그려라.

풀이 주어진 방정식은 (8)의 형태, $a^2 = 16$과 $b^2 = 4$이다. 따라서 방정식의 그래프는 쌍곡선으로 중심이 원점이며, 가로축은 x축이다.

$$c^2 = a^2 + b^2 = 20$$

이므로 정점은 $(\pm a, 0) = (\pm 4, 0)$이며, 초점은 $(\pm c, 0) = (\pm 2\sqrt{5}, 0)$이다.

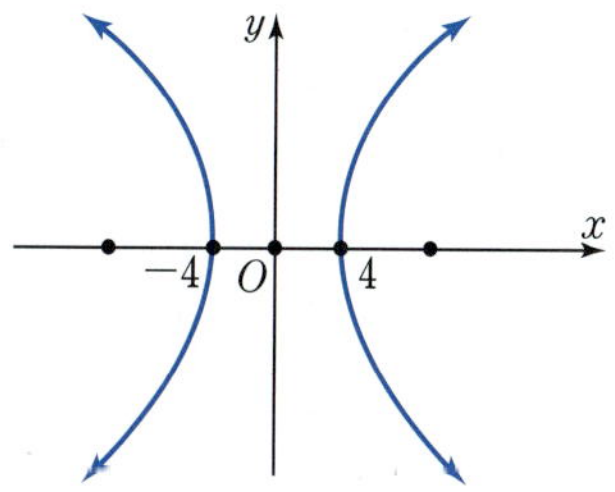

그림 8.13

정리 8.1.9

중심 $(0, 0)$, 초점 $(0, -c)$ 및 $(0, c)$와 정점 $(0, -a)$ 및 $(0, a)$를 가지는 쌍곡선의 방정식은 다음과 같다(가로축은 y축이다).

$$\frac{y^2}{a^2} - \frac{x^2}{b^2} = 1 \ (\text{단 } b^2 = c^2 - a^2) \tag{9}$$

그림 8.14는 (9)에 의해서 정의된 쌍곡선의 그래프이다.

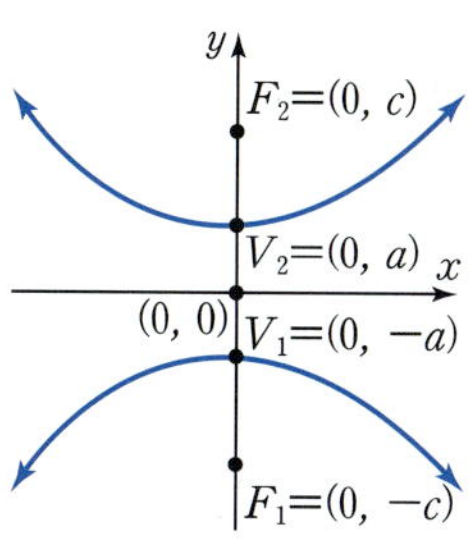

그림 8.14

예제 8.1.10

$y^2 - 4x^2 = 4$의 정점과 초점을 구하고 그래프를 그려라.

풀이 주어진 방정식을 4로 나누면, $\frac{y^2}{2^2} - x^2 = 1$이 된다. 따라서 원점이 중심이고, y축이 가로축이 되는 쌍곡선이다. 여기서 $a^2 = 4$, $b^2 = 1$, $c^2 = a^2 + b^2 = 5$이다. 따라서 정점은 $(0, \pm a) = (0, \pm 2)$이고 초점은 $(0, \pm c) = (0, \pm\sqrt{5})$이다.
그래프는 그림 8.15와 같다.

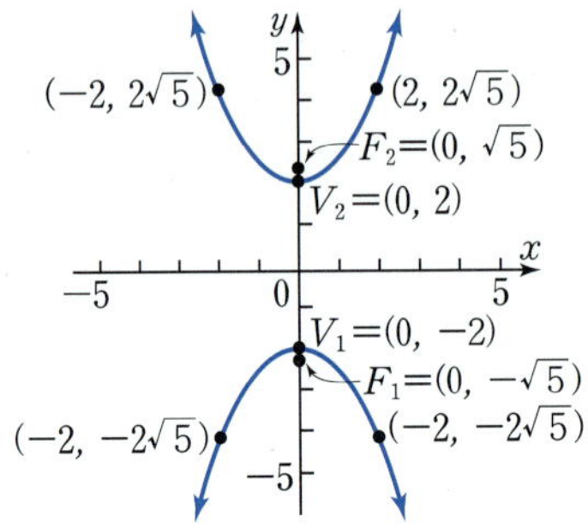

그림 8.15

이제 쌍곡선의 점근선에 대해서 알아보자. $\frac{x^2}{a^2} - \frac{y^2}{b^2} = 1$을 y에 대해서 풀면 다음과 같다.

$$y = \pm\frac{b}{a}\sqrt{x^2 - a^2}$$

여기서 $|x|$가 대단히 큰 값이면(즉 $|x| \to \infty$),

$$y = \pm\frac{b}{a}\sqrt{x^2 - a^2} \approx y = \pm\frac{b}{a}x$$

이다. 따라서 다음 정리를 얻는다.

정리 8.1.11

쌍곡선 $\frac{x^2}{a^2} - \frac{y^2}{b^2} = 1$은 두 개의 사선 **점근선(asymptote)** $y = \frac{b}{a}x$, $y = -\frac{b}{a}x$를 가진다.

쌍곡선의 점근선들은 그래프를 그리는 데 이용할 수 있다. 예를 들어, 방정식 $\frac{x^2}{a^2} - \frac{y^2}{b^2} = 1$의 그래프를 그린다고 가정하자. 먼저 정점 $(-a, 0)$, $(a, 0)$과 두 점 $(0, -b)$,

$(0, b)$를 표시하고, 그림 8.16에서처럼 이 네 점을 연결하는 직사각형을 그리자. 이 직사각형의 대각선들의 기울기는 $\frac{b}{a}$, $-\frac{b}{a}$이고, 그들의 연장선들이 쌍곡선의 사선 점근선 $y=\frac{b}{a}x$, $y=-\frac{b}{a}x$이다.

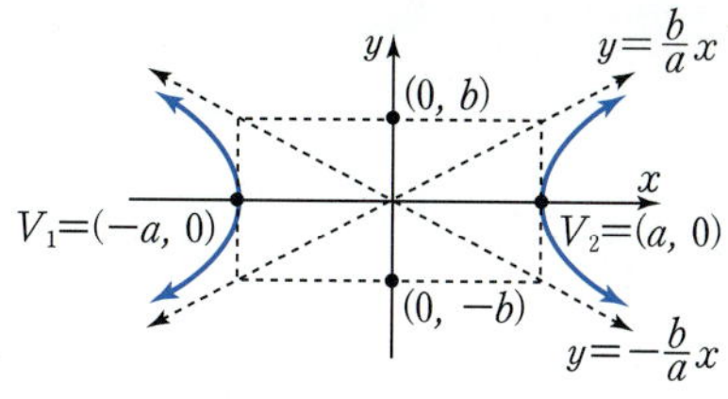

그림 8.16

정리 8.1.12

쌍곡선 $\frac{y^2}{a^2}-\frac{x^2}{b^2}=1$은 두 개의 사선 점근선 $y=\frac{a}{b}x$, $y=-\frac{a}{b}x$를 가진다.

예제 8.1.13

$9x^2-4y^2=36$의 정점과 초점을 구하고 그래프를 그려라.

풀이 주어진 방정식을 36으로 나누면 $\frac{x^2}{2^2}-\frac{y^2}{3^2}=1$이 된다. 따라서 원점이 중심이고, x축이 가로축이 되는 쌍곡선이다.

$$a^2=4,\ b^2=9,\ c^2=a^2+b^2=13$$

이므로 정점은 $(\pm a, 0)=(\pm 2, 0)$이고, 초점은 $(\pm c, 0)=(\pm\sqrt{13}, 0)$이다. 따라서 점근선들의 방정식은 $y=\frac{3}{2}x$, $y=-\frac{3}{2}x$이다. 꼭짓점이 $(\pm 2, 0)$, $(0, \pm 3)$인 직사각형의 대각선의 연장선이 점근선이다.

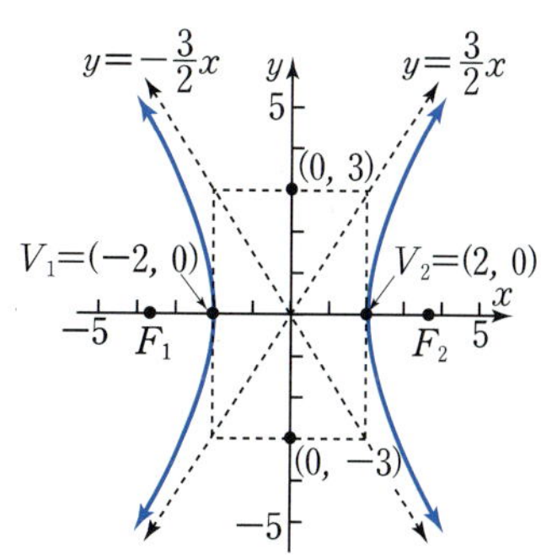

그림 8.17

중심이 원점이고 가로축이 한 좌표축인 쌍곡선이 수평으로 h만큼 이동하고 수직으로 k만큼 이동하였다면, 그 결과는 중심이 (h, k)이고 가로축이 그 좌표축에 평행인 쌍곡선이 된다. 그림 8.18과 그림 19는 이러한 쌍곡선의 그래프이다.

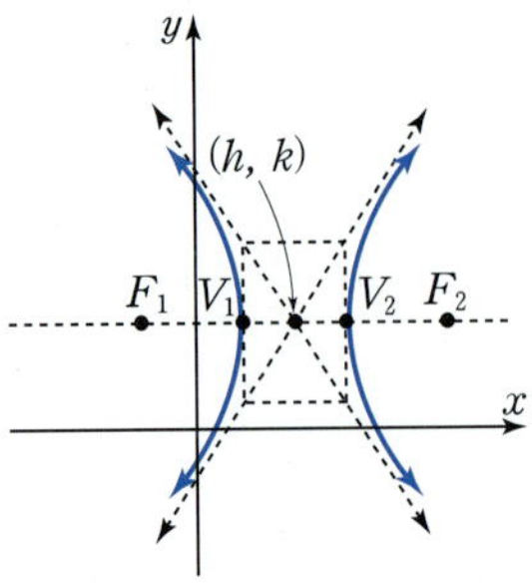

그림 8.18

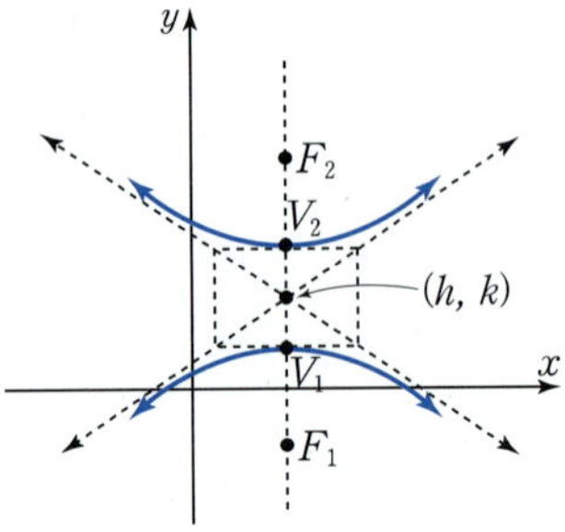

그림 8.19

예제 8.1.14

$-x^2+4y^2-2x-16y+11=0$의 정점과 초점을 구하고 그래프를 그려라.

풀이 주어진 방정식을 완전제곱 형태로 바꾸자.

$$-x^2+4y^2-2x-16y+11=0$$
$$-(x^2+2x)+4(y^2-4y)=-11$$
$$-(x^2+2x+1)+4(y^2-4y+4)=-1+16-11$$
$$-(x+1)^2+4(y-2)^2=4$$
$$(y-2)^2-\frac{(x+1)^2}{4}=1$$

이 방정식은 중심이 $(-1, 2)$이고, 가로축이 y축에 평행한 쌍곡선이다.

$$a^2=1,\ b^2=4,\ c^2=a^2+b^2=5$$

따라서 정점은 $(h,\ k\pm a)=(-1,\ 2\pm 1)$, 즉 $(-1, 1)$, $(-1, 3)$이고 초점은 $(h, k\pm c)=(-1, 2\pm\sqrt{5})$이다. 점근선은 $y-2=\frac{1}{2}(x+1)$, $y-2=-\frac{1}{2}(x+1)$이다.

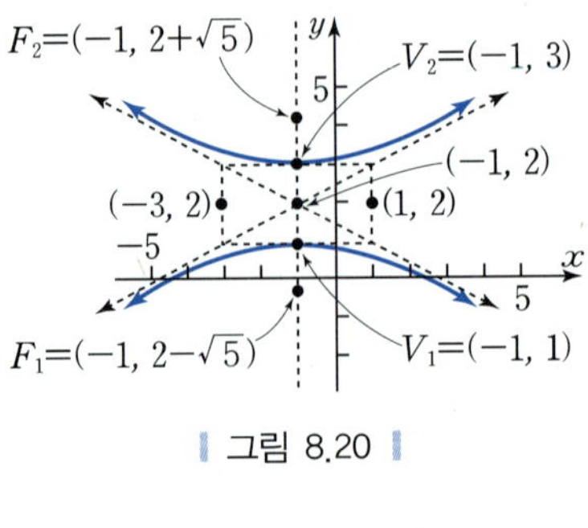

그림 8.20

✲

연습문제 8.1

1 다음 포물선의 방정식을 구하여라.

(1) 꼭짓점 $(0,\ 0)$, 초점 $(-2,\ 0)$　　(2) 꼭짓점 $(0,\ 0)$, 초점 $(0,\ -3)$

(3) 꼭짓점 $(2,\ -3)$, 초점 $(2,\ -7)$　　(4) 꼭짓점 $(0,\ 0)$, 준선 $y=-\frac{1}{2}$

2 다음 포물선의 꼭짓점과 초점을 구하여라.

(1) $x^2=12y$　　(2) $y^2=8x-16$

(3) $(x+4)^2=8y-16$　　(4) $(y+2)^2=12x+6$

(5) $y^2-2y-8x+1=0$　　(6) $x^2+6x+4y+1=0$

3 다음 타원의 방정식을 구하여라.

(1) 꼭짓점 $(6,\ 0)$, 초점 $(3,\ 0)$, 중심 $(0,\ 0)$

(2) 꼭짓점 $(0,\ 5)$, 초점 $(0,\ -4)$, 중심 $(0,\ 0)$

(3) 초점이 $(2,\ 0)$과 $(-2,\ 0)$, 장축의 길이가 6

(4) 초점이 $(0,\ 3)$과 $(0,\ -3)$, 장축의 길이가 8

4 다음 타원의 꼭짓점, 초점과 중심을 구하여라.

(1) $\frac{(x-2)^2}{9}+\frac{(y+1)^2}{4}=1$　　(2) $\frac{(x-2)^2}{4}+\frac{(y+1)^2}{9}=1$

(3) $2x^2+y^2-2y-4x-6=0$ (4) $x^2-6x+3y^2+12y+5=0$

5 다음 쌍곡선의 방정식을 구하여라.

(1) 중심 $(0,\ 0)$, 초점 $(4,\ 0)$, 정점 $(1,\ 0)$

(2) 중심 $(0,\ 0)$, 초점 $(0,\ -6)$, 정점 $(0,\ 4)$

(3) 정점이 $(0,\ -6)$, $(0,\ 6)$, 점근선이 $y=2x$

(4) 초점이 $(-4,\ 0)$, $(4,\ 0)$, 점근선이 $y=-x$

6 다음 쌍곡선의 정점과 점근선을 구하여라.

(1) $\frac{x^2}{9}-\frac{y^2}{4}=1$　　(2) $\frac{(x-3)^2}{4}-\frac{(y+2)^2}{9}=1$

(3) $\frac{(y+4)^2}{4}-\frac{(x-1)^2}{9}=1$　　(4) $y^2-4x^2-4y-8x-4=0$

8.2 원추곡선의 일반형

일반적으로 포물선, 타원과 쌍곡선 등 원추곡선의 식은 다음과 같이 x, y의 이차방정식 형태이다.

$$Ax^2 + Bxy + Cy^2 + Dx + Ey + F = 0 \tag{1}$$
(단 A, B, C가 동시에 0은 아님)

흔히 이차방정식 (1)의 특이한 경우로서 다음 세 가지 경우를 퇴화된(degenerate) 경우라 한다.

(1) $(x-a)^2 + (y-b)^2 = 0$ 등 그래프가 한점인 경우
(2) $(x-a)^2 + (y-b)^2 = -1$ 등 그래프가 공집합인 경우
(3) $(x-a)^2 - (y-b)^2 = 0$ 등 그래프가 두 직선인 경우

퇴화되지 않은 경우를 비퇴화(nondegenerate) 방정식(equation)이라 한다. 이 절에서는 비퇴화 이차방정식만을 다루기로 한다.

$B=0$인 경우부터 살펴보자. 이때 A, C가 동시에 0이 아니고 (1)은 다음의 형태를 가진다.

$$Ax^2 + Cy^2 + Dx + Ey + F = 0$$

여기서 (1)을 완전제곱꼴로 변형하면 다음의 정리를 얻을 수 있다.

정리 8.2.1

xy항이 없는 비퇴화 이차방정식

$$Ax^2 + Cy^2 + Dx + Ey + F = 0 \tag{2}$$

에 대해서 다음이 성립한다.

(1) $AC=0$인 경우($A \neq 0$, $C=0$ 또는 $A=0$, $C \neq 0$) 그래프는 포물선이다.
(2) $AC>0$인 경우(A, C는 같은 부호) 그래프는 타원(또는 원)이다.
(3) $AC<0$인 경우(A, C는 다른 부호) 그래프는 쌍곡선이다.

정리 8.2.1을 이용하면 주어진 방정식의 그래프 형태를 쉽게 알 수 있다.

예제 8.2.2

주어진 방정식의 그래프를 구하여라.

(1) $3x^2+6y^2+6x-12y=0$　　(2) $2x^2-3y^2+6y+4=0$

(3) $y^2-2x+4=0$

풀이 (1) 퇴화되지 않고 $AC=18>0$이기 때문에 방정식의 그래프는 타원이다.

(2) 퇴화되지 않고 $AC=-6<0$이기 때문에 방정식의 그래프는 쌍곡선이다.

(3) 퇴화되지 않고 $AC=0$이기 때문에 방정식의 그래프는 포물선이다. *

이제 $B\neq 0$인 일반적인 경우를 보자. 먼저 x와 y축의 회전을 살펴보자. 원점을 중심으로 x축과 y축을 θ만큼 회전하여 얻어지는 축을 각각 u축과 v축이라 하자[그림 8.21 (a) 참조]. 그러면 원점을 공유하는 두 개의 직교좌표축(xy축과 uv축)을 얻는다.

점 P의 좌표가 xy평면에서는 (x, y)이고 uv평면에서는 (u, v)라 가정하자[그림 8.21(b) 참조]. 이때 (u, v)와 (x, y)의 관계를 θ를 이용하여 표현해보자.

원점 O와 섬 P 사이의 거리를 r이라 두고, 원점 O와 점 P를 연결하는 선분 $\overline{OP}$와 양의 u축 사이의 각을 α라 두자[그림 8.21(b) 참조]. 그러면 사인, 코사인법칙을 이용하여 다음의 식을 얻을 수 있다.

$$u=\gamma\cos\alpha,\ \ v=\gamma\sin\alpha \tag{3}$$

$$x=\gamma\cos(\theta+\alpha),\ \ y=\gamma\sin(\theta+\alpha) \tag{4}$$

간단히 계산하면 다음을 얻는다.

$$\begin{aligned} x&=\gamma\cos(\theta+\alpha)\\ &=\gamma(\cos\theta\cos\alpha-\sin\theta\sin\alpha)\\ &=(\gamma\cos\alpha)\cos\theta-(\gamma\sin\alpha)\sin\theta\\ &=u\cos\theta-v\sin\theta \end{aligned}$$

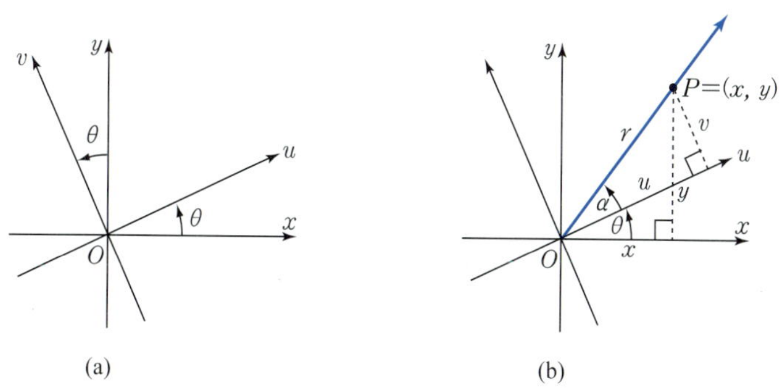

그림 8.21

$$
\begin{aligned}
y &= \gamma\sin(\theta+\alpha) \\
&= \gamma(\sin\theta\cos\alpha+\cos\theta\sin\alpha) \\
&= u\sin\theta+v\cos\theta
\end{aligned}
$$

요약하면 다음을 얻는다.

정리 8.2.3

회전공식(rotation formula) x축과 y축이 θ만큼 회전한 것을 각각 u축과 v축이라 하자. 그러면 점 P의 xy평면에서 좌표 (x, y)와 uv평면에서 좌표 (u, v)는 다음의 관계식을 가진다.

$$
\begin{pmatrix} x = u\cos\theta - v\sin\theta \\ y = u\sin\theta + v\cos\theta \end{pmatrix} \tag{5}
$$

예제 8.2.4

xy축을 $\frac{\pi}{4}$만큼 회전하여 uv좌표로 $xy=1$을 나타내어라.

풀이 (5)에서 $\theta=\frac{\pi}{4}$라 두면 다음을 얻는다.

$$
x = u\frac{\sqrt{2}}{2} - v\frac{\sqrt{2}}{2} = \frac{\sqrt{2}}{2}(u-v)
$$

$$
y = u\frac{\sqrt{2}}{2} + v\frac{\sqrt{2}}{2} = \frac{\sqrt{2}}{2}(u+v)
$$

$xy=1$에 위의 식을 대입하고 정리하자.

$$
\left[\frac{\sqrt{2}}{2}(u-v)\right]\left[\frac{\sqrt{2}}{2}(u+v)\right]=1
$$

$$
\frac{u^2}{2}-\frac{v^2}{2}=1
$$

이것은 중심이 $(0, 0)$이고 가로축이 u축인 쌍곡선함수의 방정식이다. 정점은 $(\pm\sqrt{2}, 0)$이고, 점근선은 $u=v$, $u=-v$이다. ✲

일반적으로 xy항을 포함하는 이차방정식을 적절히 좌표축을 회전하여 uv항이 없는 이차방정식으로 변환할 수 있음을 보이자.

$$
Ax^2+Bxy+Cy^2+Dx+Ey+F=0
$$

에서 $B \neq 0$이라 가정하자. 좌표축을 h만큼 회전하면 (5)에 의하여 다음을 얻는다.

$$\begin{aligned}&A(u\cos\theta - v\sin\theta)^2 + B(u\cos\theta - v\sin\theta)(u\sin\theta + v\cos\theta)\\&\quad + C(u\sin\theta + v\cos\theta)^2 + D(u\cos\theta - v\sin\theta)\\&\quad + E(u\sin\theta + v\cos\theta) + F = 0\end{aligned}$$

u와 v에 대해서 정리하면 다음과 같다.

$$\begin{aligned}&(A\cos^2\theta + B\sin\theta\cos\theta + C\sin^2\theta)u^2\\&\quad + [B(\cos^2\theta - \sin^2\theta) + 2(C - A)(\sin\theta\cos\theta)]uv\\&\quad + (A\sin^2\theta - B\sin\theta\cos\theta + C\cos^2\theta)v^2\\&\quad + (D\cos\theta + E\sin\theta)u + (-D\sin\theta + E\cos\theta)v + F = 0\end{aligned} \tag{6}$$

(6)에서 uv항의 계수를 B'이라 두자. 즉,

$$B' = B(\cos^2\theta - \sin^2\theta) + 2(C - A)(\sin\theta\cos\theta)$$

여기서 uv항을 소거하기 위하여 $B' = 0$이 되는 θ를 구하자.

$$\begin{aligned}&B(\cos^2\theta - \sin^2\theta) + 2(C - A)(\sin\theta\cos\theta) = 0\\&B\cos 2\theta = (A - C)(\sin 2\theta)\\&\cot 2\theta = \frac{A - C}{B},\quad B \neq 0\end{aligned}$$

따라서 요약하면 다음을 얻는다.

정리 8.2.5

$B \neq 0$이라 하고 θ가 다음을 만족한다고 가정하자.

$$\cot 2\theta = \frac{A - C}{B} \tag{7}$$

그러면 $\begin{pmatrix} x = u\cos\theta - v\sin\theta \\ y = u\sin\theta + v\cos\theta \end{pmatrix}$로 변수변환하면,

$Ax^2 + Bxy + Cy^2 + Dx + Ey + F = 0$은 다음과 같이 변환된다.

$$A'u^2 + C'v^2 + D'u + E'v + F = 0$$

$$\text{단, }\begin{cases} A' = A\cos^2\theta + B\sin\theta\cos\theta + C\sin^2\theta \\ C' = A\sin^2\theta - B\sin\theta\cos\theta + C\cos^2\theta \\ D' = D\cos\theta + E\sin\theta \\ E' = -D\sin\theta + E\cos\theta \end{cases}$$

여기서 $Ax^2+Bxy+Cy^2+Dx+Ey+F=0$의 그래프에서 좌표축만 θ만큼 회전하면 $A'u^2+C'u^2+D'u+E'v+F=0$의 그래프가 됨을 알 수 있다. 따라서 $Ax^2+Bxy+Cy^2+Dx+Ey+F=0$과 $A'u^2+C'v^2+D'u+E'v+F=0$의 그래프는 동일한 형태이다.

(7)의 근 θ 중에서 편의상 $0<\theta<\frac{\pi}{2}$인 경우를 보면 다음과 같다.

(i) $\cot 2\theta=\dfrac{A-C}{B}\geqq 0$이면 $0<2\theta\leqq\dfrac{\pi}{2}$, $0<\theta\leqq\dfrac{\pi}{4}$

(ii) $\cot 2\theta=\dfrac{A-C}{B}<0$이면 $\dfrac{\pi}{2}<2\theta<\pi$, $\dfrac{\pi}{4}<\theta<\dfrac{\pi}{2}$

즉 시계 방향이든 반시계 방향이든 (7)을 만족하는 예각만큼 축을 회전하면 uv항이 제거된다.

예제 8.2.6

$x^2+\sqrt{3}\,xy+2y^2=10$에서 xy항을 소거하여라.

(풀이) xy항을 제거하기 위하여 축을 회전하자. (7)에서 $A=1$, $B=\sqrt{3}$, $C=2$이므로 회전각 θ는 다음을 만족한다.

$$\cot 2\theta=\frac{A-C}{B}=\frac{-1}{\sqrt{3}},\quad 0<\theta<\frac{\pi}{2}$$

따라서 $2\theta=\dfrac{2\pi}{3}$이므로 $\theta=\dfrac{\pi}{3}$이다. 회전공식 (5)에 $\theta=\dfrac{\pi}{3}$를 대입하면 다음을 얻는다.

$$x=\frac{1}{2}u-\frac{\sqrt{3}}{2}v=\frac{1}{2}(u-\sqrt{3}\,v),$$

$$y=\frac{\sqrt{3}}{2}u+\frac{1}{2}v=\frac{1}{2}(\sqrt{3}\,u+v)$$

위 식을 $x^2+\sqrt{3}\,xy+2y^2=10$에 대입하면 다음과 같다.

$$\frac{1}{4}(u-\sqrt{3}\,v)^2+\sqrt{3}\left[\frac{1}{2}(u-\sqrt{3}\,v)\right]\left[\frac{1}{2}(\sqrt{3}\,u+v)\right]+2\left[\frac{1}{4}(\sqrt{3}\,u+v)^2\right]=10$$

정리하면 다음과 같이 타원의 방정식을 얻는다.

$$10u^2+2v^2=40,\ \text{즉}\ \frac{u^2}{5}+\frac{v^2}{20}=1$$

이것은 원점 $(0, 0)$이 중심이고 v축이 장축이 되는 타원의 방정식이다. 정점은 v축상의 점 $(0, \pm 2\sqrt{5})$이다(그림 8.22 참조).

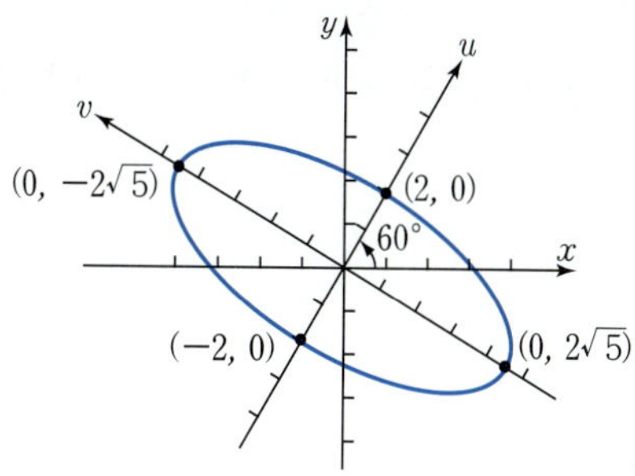

| 그림 8.22 |

✲

$Ax^2 + Bxy + Cy^2 + Dx + Ey + F = 0$의 그래프 형태를 다음 정리에 의해서 알 수 있다.

정리 8.2.7

비퇴화 이차방정식 $Ax^2 + Bxy + Cy^2 + Dx + Ey + F = 0$에 대해서 다음이 성립한다.

(1) $B^2 - 4AC = 0$인 경우 그래프는 포물선이다.

(2) $B^2 - 4AC < 0$인 경우 그래프는 타원(또는 원)이다.

(3) $B^2 - 4AC > 0$인 경우 그래프는 쌍곡선이다.

증명 $\cot 2\theta = \dfrac{A-C}{B}$라 두고 $\begin{pmatrix} x = u\cos\theta - v\sin\theta \\ y = u\sin\theta + v\cos\theta \end{pmatrix}$로 변수변환하면 $Ax^2 + Bxy + Cy^2 + Dx + Ey + F = 0$은 $A'u^2 + C'v^2 + D'u + E'v + F = 0$이 된다. 여기서 2차항의 계수 A', C'은 다음과 같다.

$$A' = A\cos^2\theta + B\sin\theta\cos\theta + C\sin^2\theta$$

$$C' = A\sin^2\theta - B\sin\theta\cos\theta + C\cos^2\theta$$

$$B' = B(\cos^2\theta - \sin^2\theta) + 2(C-A)(\sin\theta\cos\theta) = 0$$

$A'u^2 + C'v^2 + D'u + E'v + F = 0$에 대해서 정리 8.2.4를 적용하면,

(1) $A'C' = 0$인 경우 그래프는 포물선이다.

(2) $A'C' > 0$인 경우 그래프는 타원(또는 원)이다.

(3) $A'C' < 0$인 경우 그래프는 쌍곡선이다.

한편, $B'^2 - 4A'C'$을 간단히 계산하면 다음과 같다.

$$B'^2 - 4A'C' = B^2 - 4AC$$

$B' = 0$이므로 $B^2 - 4AC = -4A'C'$이다. 따라서 다음과 같다.

(1) $B^2 - 4AC = 0$인 경우 그래프는 포물선이다.

(2) $B^2 - 4AC < 0$인 경우 그래프는 타원(또는 원)이다.

(3) $B^2 - 4AC > 0$인 경우 그래프는 쌍곡선이다. ✲

예제 8.2.8

$8x^2 - 12xy + 17y^2 - 4\sqrt{5}\,x - 2\sqrt{5}\,y - 15 = 0$의 그래프를 판별하여라.

풀이 $A = 8$, $B = -12$, $C = 17$이고 $B^2 - 4AC = -400 < 0$이므로 그래프는 타원이다. ✲

연습문제 8.2

1 다음 방정식의 그래프 유형을 판별하여라.

(1) $y^2 - 2y - 8x + 1 = 0$

(2) $x^2 + 6x + 4y + 1 = 0$

(3) $2x^2 + y^2 - 2y - 4x - 6 = 0$

(4) $x^2 - 3y^2 + 8x - 6y + 4 = 0$

(5) $4x^2 + y^2 + 4y = 0$

(6) $x^2 - y^2 - 2x - 2y - 1 = 0$

2 다음 방정식에서 xy항을 제거하여 나타내어라.

(1) $x^2 + 4xy + y^2 - 3 = 0$

(2) $5x^2 + 6xy + 5y^2 - 8 = 0$

(3) $4x^2 + 4xy + y^2 - 8\sqrt{5}\,x - 16\sqrt{5}\,y = 0$

(4) $15x^2 - 12xy + 20y^2 - 25 = 0$

8.3 평면상의 곡선과 매개변수방정식

평면 $\mathbf{R}^2$상에서 곡선은 하나의 점(point)이 움직여나가는 궤적으로서 점들의 특별한 집합이라 할 수 있다.

곡선을 다음과 같이 함수로 표현하면 편리하다.

정의 8.3.1

$\phi: I \to \mathbf{R}$과 $\psi: I \to \mathbf{R}$이 구간 I상의 함수라 하고, 편의상 $\boldsymbol{r}(t) = (\phi(t), \psi(t))$, $t \in I$라 하자.

평면 $\mathbf{R}^2$상에서 집합 $C = \{(\phi(t), \psi(t)) \mid t \in I\}$를 **곡선**(curve)이라 하고, 함수 $\boldsymbol{r}(t) = (\phi(t), \psi(t))$를 곡선 C의 **매개변수**(parametric)**방정식**이라 하며 t를 매개변수라 한다. 그리고 $x = \phi(t)$를 x**성분함수**라 하고, $y = \psi(t)$를 y**성분함수**라 한다. 또한 $[\boldsymbol{r}(t) = (\phi(t), \psi(t)), t \in I]$를 $[x = \phi(t), y = \psi(t), t \in I]$로 나타내기도 한다.

참고 매개변수방정식(parametric equation) $\boldsymbol{r}(t) = (\phi(t), \psi(t)), t \in I$는 한 점(입자)이 곡선 C를 따라 움직여나가는 '곡선운동'을 표현한다고 볼 수 있다. 즉, 곡선 C의 매개변수방정식 $\boldsymbol{r}: I \to \mathbf{R}^2$에서 매개변수 $t \in I$는 시간이라 생각하고 $\boldsymbol{r}(t)$는 t시각에 점(입자)의 위치라 간주하면 편리하다. 이때, 매개변수 t가 증가할 때 점 $\boldsymbol{r}(t)$가 움직여가는 방향을 곡선 C의 **방향**(orien-tation)이라 한다. 특히 구간 I가 폐구간 $I = [a, b]$일 때, 점 $\boldsymbol{r}(a)$를 C의 시점이라 하고 점 $\boldsymbol{r}(b)$를 C의 종점이라 한다.

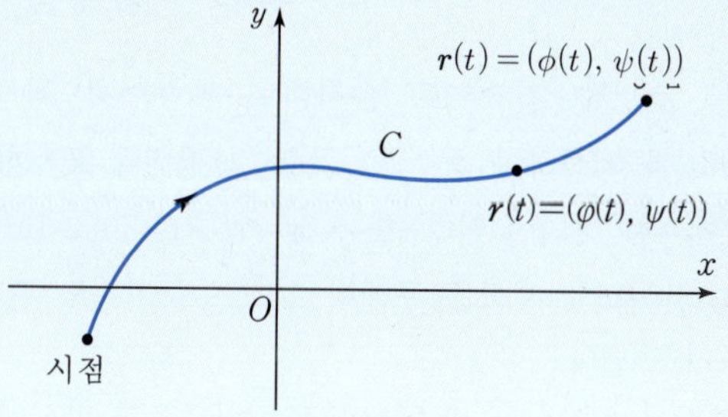

그림 8.23

예제 8.3.2

다음 곡선 C_1의 그래프를 그리고, 방향을 표시하여라.

$$x = 4t^2, \ y = 2t, \ t \in [-1, 1]$$

풀이 $t \in [-1, 1]$이므로 $x = 4t^2$, $y = 2t$의 범위는 다음과 같다.

$$0 \leq x \leq 4, \ -2 \leq y \leq 2$$

$[-1, 1]$을 적당한 간격으로 순서대로 나누어서 각 t_1에서 성분 $x_i = 4t_i^2$, $y_i = 2t_i$를 계산하여 점 (x_i, y_i)를 xy평면에 표시하고, 순서대로 부드럽게 이어서 그래프를 그리면 된다. 또는 $x = 4t^2$, $y = 2t$에서 매개변수 t를 소거하여 x, y 사이의 관계식을 구해서 그래프를 그려도 된다. 즉 $x = y^2$, $-2 \leq y \leq 2$의 그래프를 그려도 된다.

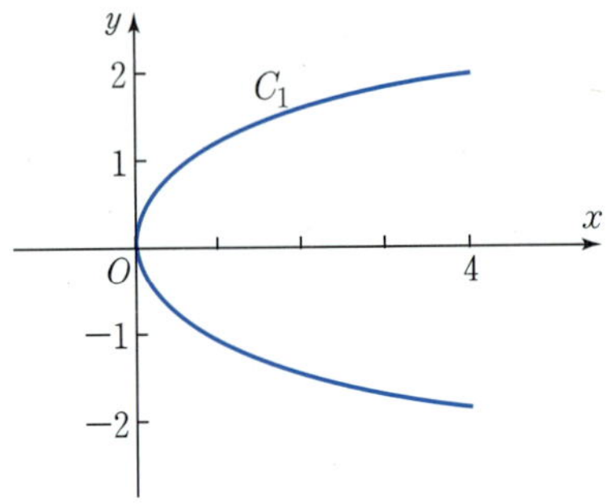

| 그림 8.24 |

✲

예제 8.3.3

다음 곡선 C_2의 그래프를 그리고, 방향을 표시하여라.

$$x = 2\cos t,\ y = 2\sin t,\ t \in [0,\ 2\pi]$$

풀이 $t \in [0,\ 2\pi]$이므로 $x = 2\cos t,\ y = 2\sin t$의 범위는 다음과 같다.

$$-2 \leqq x \leqq 2,\ -2 \leqq y \leqq 2$$

$[0,\ 2\pi]$를 적당한 간격으로 순서대로 나누어서 각 t_i에서 성분 $x_i = 2\cos t_i$, $y_i = 2\sin t_i$를 계산하여 점 $(x_i,\ y_i)$를 xy평면에 표시하고, 순서대로 부드럽게 이어서 그래프를 그리면 된다. 또는 $x = 2\cos t,\ y = 2\sin t$에서 매개변수 t를 소거하여 $x,\ y$ 사이의 관계식을 구해서 그래프를 그려도 된다. 즉 $x^2 + y^2 = 2^2$의 그래프를 그려도 된다.

C_2는 중심이 원점이고 반지름이 2인 원으로서 반시계 방향으로 그려진다.

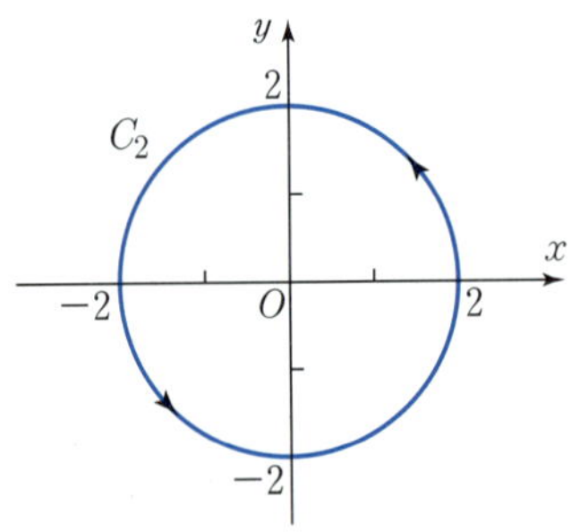

| 그림 8.25 |

✲

주의 하나의 곡선을 표현하는 매개변수방정식은 무수히 많이 존재할 수 있다.

예제 8.3.4

다음 곡선 C_3의 그래프를 그리고, 방향을 표시하여라.

$$x = 2\cos 2t,\ y = 2\sin 2t,\ t \in [0,\ \pi]$$

풀이 $t \in [0, \pi]$이므로 $x = 2\cos 2t$, $y = 2\sin 2t$의 범위는 다음과 같다.

$$-2 \leqq x \leqq 2,\ -2 \leqq y \leqq 2$$

$x = 2\cos 2t$, $y = 2\sin 2t$에서 매개변수 t를 소거하여 x, y 사이의 관계식을 구하면, $x^2 + y^2 = 2^2$이고 C_3는 중심이 원점이고 반지름이 2인 원으로서 반시계 방향으로 그려진다. 따라서 매개변수방정식 $x = 2\cos t$, $y = 2\sin t$, $t \in [0, 2\pi]$와 $x = 2\cos 2t$, $y = 2\sin 2t$, $t \in [0, \pi]$는 동일한 원을 표현한다. 즉 $C_2 = C_3$이다. 다만 두 매개변수방정식에서 원을 그릴 때, 점이 움직여나가는 속도만 다를 뿐이다. ✲

예제 8.3.5

다음 곡선 C의 그래프를 그리고, 방향을 표시하여라.

$$x = 4\cos t,\ y = 2\sin t,\ t < [0,\ 2\pi]$$

풀이 $t \in [0, 2\pi]$이므로 $x = 4\cos t$, $y = 2\sin t$의 범위는 다음과 같다.

$$-4 \leqq x \leqq 4,\ -2 \leqq y \leqq 2$$

$[0, 2\pi]$를 적당한 간격으로 순서대로 나누어서 각 t_i에서 성분 $x_i = 4\cos t_i$, $y_i = 2\sin t_i$를 계산하여 점 (x_i, y_i)를 xy평면에 표시하고, 순서대로 부드럽게 이어서 그래프를 그리면 된다. 또는 $x = 4\cos t$, $y = 2\sin t$에서 매개변수 t를 소거하여 x, y 사이의 관계식을 구하면 $\frac{x^2}{4^2} + \frac{y^2}{2^2} = 1$을 얻는다. 따라서 곡선 C는 중심이 원점인 타원으로서 반시계 방향으로 그려진다.

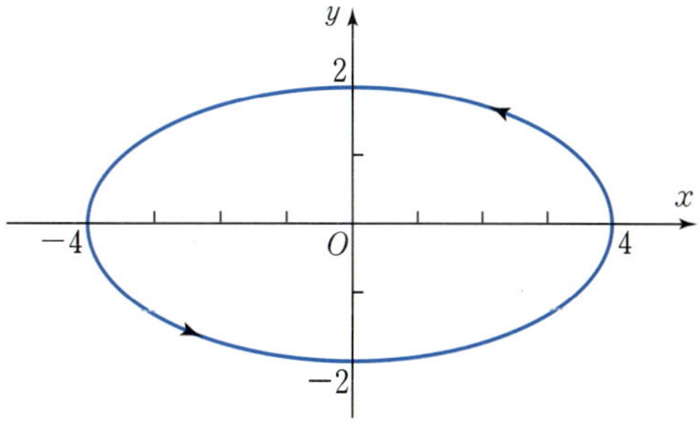

그림 8.26

✲

이제 함수의 그래프로 주어진 곡선의 매개변수방정식을 구해보자.

곡선 C가 함수 $y=f(x),\ x\in I$의 그래프라고 하자. 즉

$$C=\{(x,\ y)\,|\,y=f(x),\ x\in I\}$$

일 때 C의 매개변수방정식을 다음과 같이 간단히 얻을 수 있다.

$$x=t,\ y=f(t),\ t\in I \tag{1}$$

즉 $C=\{(x,\ y)\,|\,y=f(x),\ x\in I\}=\{(t,\ f(t))\,|\,t\in I\}$이다.

예제 8.3.6

포물선 $y=x^2-2x-1$의 매개변수방정식은 다음과 같다.

$$x=t,\ y=t^2-2t-1,\ t\in(-\infty,\ \infty)$$ ✲

예제 8.3.7

타원 $\dfrac{x^2}{a^2}+\dfrac{y^2}{b^2}=1$의 매개변수방정식을 다음 각 경우에 대해 구하여라. (단 a, b는 양의 상수이다.)

(i) 반시계 방향을 가지고 시점과 종점이 각각 점 $(a, 0)$이다.

(ii) 시계 방향을 가지고 시점과 종점이 각각 점 $(a, 0)$이다.

풀이 $X=\dfrac{x}{a}$, $Y=\dfrac{y}{b}$라 두면 $\dfrac{x^2}{a^2}+\dfrac{y^2}{b^2}=1$은 $X^2+Y^2=1$이 된다. 여기서 단위 원의 매개변수방정식을 이용하자. $\omega>0$을 상수라 두자.

(i) $X=\dfrac{x}{a}=\cos\omega t$, $Y=\dfrac{y}{b}=\sin\omega t$, $t\in\left[0,\ \dfrac{2\pi}{\omega}\right]$라 두자. 즉

$$x=a\cos\omega t,\ y=b\sin\omega t,\ t\in\left[0,\ \frac{2\pi}{\omega}\right] \tag{2}$$

이다. 그러면 다음을 알 수 있다.

$$\left\{(x,\ y)\,\middle|\,\frac{x^2}{a^2}+\frac{y^2}{b^2}=1\right\}=\left\{(a\cos\omega t,\ b\sin\omega t)\,\middle|\,t\in\left[0,\ \frac{2\pi}{\omega}\right]\right\}$$

또한 (2)가 그려나가는 방향은 반시계 방향이며 시점과 종점은 각각 $(a, 0)$이다. 그러므로 (2)가 구하고자 하는 매개변수방정식이다.

(ii) $X=\dfrac{x}{a}=\cos\omega t$, $Y=\dfrac{y}{b}=-\sin\omega t$, $t\in\left[0,\ \dfrac{2\pi}{\omega}\right]$라 두자. 즉

$$x=a\cos\omega t,\ \ y=-b\sin\omega t,\ \ t\in\left[0,\ \frac{2\pi}{\omega}\right] \tag{3}$$

그러면 다음을 알 수 있다.

$$\left\{(x,\ y)\ \middle|\ \frac{x^2}{a^2}+\frac{y^2}{b^2}=1\right\}=\left\{(a\cos\omega t,\ -b\sin\omega t)\ \middle|\ t\in\left[0,\ \frac{2\pi}{\omega}\right]\right\}$$

또한 (3)이 그려나가는 방향은 시계 방향이며 시점과 종점은 $(a,\ 0)$이다. 그러므로 (3)이 구하고자 하는 매개변수방정식이다.
여기서 t를 시간이라 하면, $\omega>0$은 점이 타원을 그려나가는 각속도(angular velocity)를 나타낸다. ✲

예제 8.3.8

[굴렁쇠선(cycloid)] 반지름 a인 굴렁쇠(원)가 직선상을 굴러갈 때, 굴렁쇠 상의 한 점 P가 그리는 궤적 C의 매개변수방정식을 구하여라.

풀이 편의상 그림 8.27과 같이 굴렁쇠가 x축상을 오른쪽으로 각속도 1로 굴러가며, $t=0$일 때 점 P가 원점에 있다고 가정하자. 그러면 각속도가 1이므로 굴렁쇠가 구른 중심각은 t이다. 점 P의 좌표를 $P(x,\ y)$라 하면 다음을 얻는다.

$$at=\text{호 } AP\text{의 길이}=d(O,\ A);\ \text{원점 } O\text{와 점 } A \text{ 사이의 거리}$$

따라서 점 $P(x,\ y)$의 좌표에 대해서 다음을 얻는다.

$$x=d(O,\ A)-d(P,\ B)=at-a\sin t=a(t-\sin t),$$
$$y=d(A,\ E)-d(B,\ E)=a-a\cos t=a(1-\cos t)$$

그러므로 다음이 굴렁쇠선 C의 매개변수방정식이 된다.

$$x=a(t-\sin t),\ \ y=a(1-\cos t),\ \ t\in(-\infty,\ \infty) \tag{4}$$

여기서 굴렁쇠선 C의 주기는 2π임을 알 수 있다.

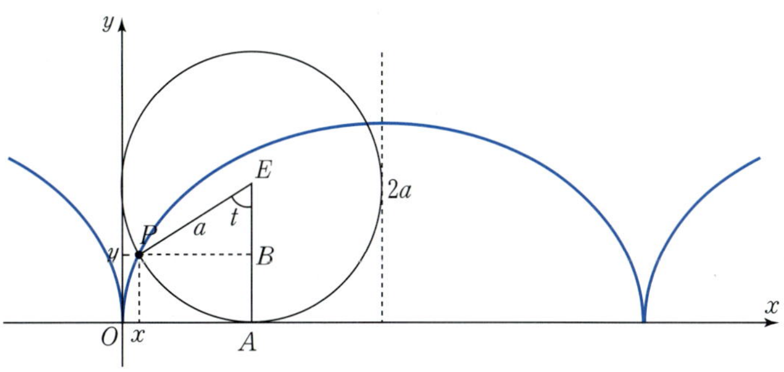

그림 8.27 ✲

연습문제 8.3

1 다음 매개변수방정식을 직교좌표 방정식으로 변환하여라.

(1) $x = 3t - 2,\ y = t + 1,\ t \in [0,\ 4]$

(2) $x = \sqrt{t},\ y = t + 1,\ t \geq 0$

(3) $x = 2e^{2t},\ y = e^{t} - 1,\ t \in [0,\ 4]$

(4) $x = 2\cos t,\ y = 3\sin t,\ t \in [0,\ 2\pi]$

2 다음 직교좌표 방정식을 매개변수방정식으로 변환하여라.

(1) $y^2 = x$

(2) $\frac{x^2}{a^2} + \frac{y^2}{b^2} = 1$

(3) $y = \sqrt{2 - 2x^2}$

(4) $x^2 - y^2 = 1$

(5) $x^{\frac{2}{3}} + y^{\frac{2}{3}} = 1$

(6) $y = x^2 - 6x + 5$

3 점 P가 $(3,0)$을 시점으로 각속도 2로 원 $x^2 + y^2 = 9$ 위를 시계방향으로 움직이고, 점 Q가 $(5,0)$을 시점으로 각속도 1로 타원 $\frac{x^2}{25} + \frac{y^2}{9} = 1$ 위를 반시계 방향으로 움직인다. P와 Q의 중점을 나타내는 곡선 C의 매개변수방정식을 구하여라.

제8장 종합문제

01 다음 곡선의 방정식을 구하여라.

(1) 꼭짓점이 $(0,\ -1)$이고 준선이 $y=1$인 포물선

(2) $(2,\ 0)$과 $(-2,\ 0)$에서 초점, x축의 절편이 4와 -4인 타원

(3) $(0,\ 3)$과 $(0,\ -3)$에서 초점, x축의 절편이 2와 -2인 타원

(4) $(-5,\ 0)$과 $(5,\ 0)$에서 초점, $(3,\ 0)$에서 정점인 쌍곡선

(5) $(0,\ 6)$에서 초점, $(0,\ -2)$와 $(0,\ 2)$에서 정점인 쌍곡선

02 다음 방정식의 그래프 유형을 판별하고, xy항이 있다면 제거하여 나타내어라.

(1) $\dfrac{y^2}{9}-\dfrac{x^2}{4}=1$

(2) $4x^2-y^2=16$

(3) $9x^2+y^2-18x=0$

(4) $y^2-x^2-4y+4x-1=0$

(5) $x^2-4xy+y^2-3=0$

(6) $16x^2+24xy+9y^2-60x+80y=0$

(7) $x=3+2\cos t,\ y=1-3\sin t,\ t\in[0,\ 2\pi]$

(8) $x=\tan t,\ y=\sec t,\ t\in\left[0,\ \dfrac{\pi}{3}\right]$

Chapter 09

방정식과 부등식

9.1 방정식

미지수를 포함하고 있는 등식을 방정식(equation)이라 한다. 그리고 방정식을 만족하는 미지수의 값을 해(solution)라 하고, 그 해를 구하는 것을 방정식을 푼다고 한다.

이 절에서는 미지수를 한 개만 포함하고 있는 방정식에 대해서 간단히 알아보자. 이와 같은 방정식은 일반적으로 다음과 같은 형태를 가진다.

$$f(x)=0 \tag{1}$$

또는

$$f(x)=g(x) \tag{2}$$

단, $f(x)$와 $g(x)$는 주어진 함수이다.

$f(x)=g(x)$의 해를 기하학적으로 보면, 두 함수 $y=f(x)$와 $y=g(x)$의 그래프가 공통으로 포함하는 점(공유점)의 x좌표가 방정식의 해이다. 특히, $f(x)=0$의 해는 함수 $y=f(x)$의 그래프와 x축($y=0$의 그래프)이 만나는 점 (공유점)의 x좌표이다.

방정식 (2)의 형태는 우변 $g(x)$를 좌변으로 이항하여 방정식 (1)의 형태로 쓸 수 있고, 또한 방정식 (1)의 형태에서 필요하면 적당한 항을 우변으로 이항해서 방정식 (2)의 형태로 쓸 수 있다.

대체로 방정식은 $f(x)=0$의 형태로 표현하는 것이 편리하다.

$f(x)$가 n차다항식이면, $f(x)=0$을 n차방정식이라 한다. 즉 다음을 n차방정식이라 한다.

$$a_n x^n + a_{n-1}x^{n-1} + \cdots + a_1 x + a_0 = 0 \tag{3}$$

단, $a \neq 0$, $a_{n-1}, \cdots$, a_1, a_0은 주어진 상수이다.

그 외 다양한 형태의 방정식이 많은데, 몇 가지 예를 들면 아래와 같다.

$f(x)$가 지수함수이면 $f(x)=0$을 지수함수 방정식이라 하고,
$f(x)$가 로그함수이면 $f(x)=0$을 로그 방정식이라 하고,
$f(x)$가 삼각함수이면 $f(x)=0$을 삼각함수 방정식이라 하고,
$f(x)$가 유리함수이면 $f(x)=0$을 유리함수 방정식이라 하고,
$f(x)$가 무리함수이면 $f(x)=0$을 무리함수 방정식이라 한다.

방정식을 푸는 요령은 등식의 기본성질들을 이용해서 보다 간단한 등식으로 만들어 가는 것이다. 참고로 등식의 기본성질은 다음과 같다.

등식의 기본성질

(1) $a=b$이고 $b=c$이면, $a=c$이다.
(2) $a=b$이면, 임의의 c에 대해서 $a+c=b+c$이다.
(3) $a=b$이면, 임의의 c에 대해서 $ac=bc$이다.

다음의 원리도 방정식을 푸는 데 자주 이용된다. 복소수 A, B에 대해서

"$AB=0$이면, $A=0$ 또는 $B=0$이다." (4)

$f(x)$를 보다 간단한 함수들의 곱으로 표현(인수분해)할 수 있으면, 위의 원리를 이용하여 방정식 $f(x)=0$을 간단한 방정식으로 분해할 수 있다.

가장 간단한 방정식은 다음과 같은 일차방정식이다.

예제 9.1.1

$a_1x+a_0=0$을 풀어라. (단, $a_1 \neq 0$, a_0는 주어진 상수)

풀이 $a_1x+a_0=0$은 등식의 성질에 의해서 $a_1x=-a_0$와 동치이다.

$a_1 \neq 0$이므로 a_1으로 양변을 나누어 해 $x=-\dfrac{a_0}{a_1}$를 얻는다. ✲

예제 9.1.2

$ax^2+bx+c=0$을 풀어라. (단, $a \neq 0$, b, c는 주어진 상수)

풀이 ax^2+bx+c를 인수분해하면 다음과 같다.

$$ax^2+bx+c=a\left(x-\frac{-b+\sqrt{b^2-4ac}}{2a}\right)\left(x-\frac{-b-\sqrt{b^2-4ac}}{2a}\right)$$

따라서 $ax^2+bx+c=0$은 다음과 같이 일차방정식들로 분해된다.

$$x-\frac{-b+\sqrt{b^2-4ac}}{2a}=0,\quad x-\frac{-b-\sqrt{b^2-4ac}}{2a}=0$$

그러므로 $ax^2+bx+c=0$의 해는 다음과 같다.

$$x_1=\frac{-b+\sqrt{b^2-4ac}}{2a},\quad x_2=\frac{-b-\sqrt{b^2-4ac}}{2a} \tag{5}$$

✲

위의 예들을 보면, $a_nx^n+a_{n-1}x^{n-1}+\cdots+a_1x+a_0$를 1차 또는 2차 인수로 인수분해하여 풀 수 있다.

예제 9.1.3

$x^3-3x^2+5x-3=0$을 풀어라.

풀이 x^3-3x^2+5x-3을 인수분해하면 다음과 같다.

$$x^3-3x^2+5x-3=(x-1)(x^2-2x+3)$$

따라서 $x^3-3x^2+5x-3=0$은 다음과 같이 분해된다.

$$x-1=0,\quad x^2-2x+3=0$$

그러므로 예제 9.1.1과 예제 9.1.2를 적용하면 해는 다음과 같다.

$$x_1=1,\quad x_2=1+\sqrt{2}\,i,\quad x_3=1-\sqrt{2}\,i$$

✲

예제 9.1.4

$x^4-3x^2-4=0$을 풀어라.

풀이 x^4-3x^2-4를 인수분해하면 다음과 같다.

$$x^4-3x^2-4=(x-2)(x+2)(x^2+1)$$

따라서 $x^4-3x^2-4=0$은 다음과 같이 분해된다.

$$x-2=0,\ x+2=0,\ x^2+1=0$$

그러므로 예제 9.1.1과 예제 9.1.2를 적용하면 해는 다음과 같다.

$$x_1=2,\ x_2=-2,\ x_3=\sqrt{-1}=i,\ x_4=-\sqrt{-1}=-i$$ ✲

삼각함수 방정식의 예를 살펴보자.

예제 9.1.5

$\cos\theta=\dfrac{1}{2}$을 풀어라.

풀이 코사인함수의 주기는 2π이다. 구간 $[0, 2\pi)$에서 $\cos\theta=\dfrac{1}{2}$을 만족하는 두 편각 $\theta=\dfrac{\pi}{3}$와 $\theta=\dfrac{5\pi}{3}$가 있다. 코사인함수의 주기가 2π이므로 $\cos\theta=\dfrac{1}{2}$의 모든 해는 $\theta=\dfrac{\pi}{3}+2k\pi$ 또는 $\theta=\dfrac{5\pi}{3}+2k\pi$, k는 임의의 정수이다. ✲

주어진 구간 내에서 삼각함수 방정식을 푸는 경우도 많다.

예제 9.1.6

$\sin 2\theta=1,\ 0\leqq\theta<2\pi$를 풀어라.

풀이 $\sin x$의 주기는 2π이다. 구간 $[0, 2\pi)$에서 사인함수는 $\dfrac{\pi}{2}$에서만 값 1을 가진다. 따라서 다음을 얻는다.

$$2\theta=\frac{\pi}{2}+2k\pi\ (k\text{는 임의의 정수}),\ \text{즉}\ \theta=\frac{\pi}{4}+k\pi$$

를 얻는다. 구간 $[0, 2\pi)$에서 $\sin 2\theta=1$의 해는 $\theta_1=\dfrac{\pi}{4}$와 $\theta_2=\dfrac{\pi}{4}+\pi=\dfrac{5\pi}{4}$이다.

✲

예제 9.1.7

$2\sin^2\theta-3\sin\theta+1=0,\ 0\leqq\theta<2\pi$를 풀어라.

풀이 $\sin\theta$에 관한 이차방정식 $2\sin^2\theta-3\sin\theta+1=0$은 다음과 같이 인수분해된다.

$$(2\sin\theta-1)(\sin\theta-1)=0$$

그러므로 $2\sin\theta - 1 = 0$ 또는 $\sin\theta - 1 = 0$이다.

$$\text{즉 } \sin\theta = \frac{1}{2} \text{ 또는 } \sin\theta = 1$$

따라서 해는 다음과 같다.

$$\theta = \frac{\pi}{6},\ \theta = \frac{5\pi}{6},\ \theta = \frac{\pi}{2}$$

✲

예제 9.1.8

$a\sin\theta + b\cos\theta = c,\ 0 \leqq \theta < 2\pi$를 풀어라. (단 a, b, c는 상수이고 $a \neq 0$ 이거나 $b \neq 0$이다.)

풀이 방정식의 양변을 $\sqrt{a^2+b^2}$으로 나누면 다음을 얻는다.

$$\frac{a}{\sqrt{a^2+b^2}}\sin\theta + \frac{b}{\sqrt{a^2+b^2}}\cos\theta = \frac{c}{\sqrt{a^2+b^2}}$$

한편, $\cos\psi = \frac{a}{a^2+b^2}$와 $\sin\psi = \frac{b}{\sqrt{a^2+b^2}}$를 만족하는 편각 ψ, $0 \leqq \psi < 2\pi$가 존재한다. 따라서 다음을 얻는다.

$$\sin(\theta+\psi) = \sin\theta\cos\psi + \cos\theta\sin\psi = \frac{c}{\sqrt{a^2+b^2}}$$

$|c| > \sqrt{a^2+b^2}$인 경우 $\sin(\theta+\psi) > 1$ 또는 $\sin(\theta+\psi) < -1$이므로 $a\sin\theta + b\cos\theta = c$는 해를 갖지 않는다.
$|c| \leqq \sqrt{a^2+b^2}$인 경우 $a\sin\theta + b\cos\theta = c$의 해는 다음과 같다.

$$\theta = -\psi + \sin^{-1}\frac{c}{\sqrt{a^2+b^2}} + 2k\pi \text{ 또는 } \theta = -\psi + \theta - \sin^{-1}\frac{c}{\sqrt{a^2+b^2}} + 2t\pi$$

에서 주어진 각 θ가 0 이상 2π 미만이 되는 정수 k, $t = -1, 0, 1$을 정해주면 된다.

✲

연습문제 9.1

1 다음 방정식을 풀어라.

(1) $x^2 - 3x + 2 = 0$

(2) $x^2 + |2x-1| - 3 = 0$

(3) $2x^3 + 9x^2 + 7x - 6 = 0$

(4) $x^4 + 3x^3 + x^2 + x - 6 = 0$

2 구간 $[0, 2\pi)$ 내에서 다음 방정식을 풀어라.

(1) $\sin 2\theta = \frac{1}{2}$
(2) $\tan\frac{\theta}{4} = 1$
(3) $3\cos\theta + 3 = 2\sin^2\theta$
(4) $\cos 2\theta + 3 = 5\cos\theta$
(5) $\sin\theta + \cos\theta + 1$
(6) $\sin\theta - \sqrt{3}\cos\theta = \sqrt{3}$

9.2 부등식

이 절에서는 미지수를 포함하고 있는 부등식(inequality)을 살펴보자. 이런 부등식을 만족하는 미지수의 값을 해라 하고, 그 해를 구하는 것을 부등식을 푼다고 한다. 부등식의 해는 실수 범위 안에서만 취급하며, 부등식의 해는 존재한다면 대체로 무수히 많으므로 해들의 집합(해영역)으로 표현하면 편리하다. 편의상 $\mathbf{R}$을 실수의 집합이라 하자.

여기서는 미지수를 한 개 또는 두 개만 포함하고 있는 부등식에 대해서 간단히 알아보자.

부등식을 푸는 요령은 부등식의 기본성질들을 이용해서 보다 간단한 부등식으로 만들어 가는 것이다. 참고로 부등식의 기본성질은 다음과 같다.

부등식의 기본성질

(1) $a < b$이고 $b < c$이면, $a < c$이다.
(2) $a < b$이면, 임의의 실수 c에 대해서 $a + c < b + c$이다.
(3) $a < b$이면, 임의의 양수 $c > 0$에 대해서 $ac < bc$이다.
(4) $a < b$이면, 임의의 음수 $c < 0$에 대해서 $ac > bc$이다.

부등식의 기본성질에서 부등호 '$<$' 대신에 부등호 '$\leq$'인 경우에도 부등식의 성질은 동일하다.

다음의 원리도 부등식을 푸는 데 자주 이용된다. 실수 A, B에 대해서

"$AB < 0$이면, $[A < 0$과 $B > 0]$ 또는 $[A > 0$과 $B < 0]$이다." (1)

"$AB > 0$이면, $[A < 0$과 $B < 0]$ 또는 $[A > 0$과 $B > 0]$이다." (2)

먼저 미지수를 한 개만 포함하는 부등식은 일반적으로 다음과 같은 형태를 가진다.

$$f(x) < 0,\ f(x) \leqq 0,\ f(x) > 0,\ f(x) \geqq 0 \tag{3}$$

또는

$$f(x) < g(x),\ f(x) \leqq g(x),\ f(x) > g(x),\ f(x) \geqq g(x) \tag{4}$$

단, $f(x)$와 $g(x)$는 주어진 함수이다.

부등식 (4)의 형태는 우변 $g(x)$를 좌변으로 이항하여 부등식 (3)의 형태로 쓸 수 있고, 또한 부등식 (3)의 형태에서 필요하면 적당한 항을 우변으로 이항해서 부등식 (4)의 형태로 쓸 수 있다.

대체로 부등식은 (3)의 형태로 표현하는 것이 편리하다.

여기서는 $f(x) < 0$의 경우를 예로 들어 설명하자(나머지 경우도 유사하게 설명할 수 있다).

이제 $\boldsymbol{D}$를 $f(x)$의 정의역이라 하자. 그러면 $f(x) < 0$의 해영역과 $f(x) > 0$의 해영역, $f(x) = 0$의 해집합은 정의역 $\boldsymbol{D}$를 분할한다. 즉 $f(x) < 0$과 $f(x) > 0$의 해영역들과 $f(x) = 0$의 해집합을 각각 다음 집합으로 표현하자.

$$\boldsymbol{D}_- = \{x \in \boldsymbol{D} \mid f(x) < 0\}\ ;\ f(x) < 0\text{의 해영역}$$
$$\boldsymbol{D}_+ = \{x \in \boldsymbol{D} \mid f(x) > 0\}\ ;\ f(x) > 0\text{의 해영역}$$
$$\boldsymbol{D}_0 = \{x \in \boldsymbol{D} \mid f(x) = 0\}\ ;\ f(x) = 0\text{의 해집합}$$

그러면 다음을 알 수 있다.

$$\boldsymbol{D}_- \cap \boldsymbol{D}_+ = \phi,\ \boldsymbol{D}_- \cap \boldsymbol{D}_0 = \phi,\ \boldsymbol{D}_+ \cap \boldsymbol{D}_0 = \phi,\ \boldsymbol{D}_- \cup \boldsymbol{D}_0 \cup \boldsymbol{D}_+ = \boldsymbol{D}$$

이때, $\boldsymbol{D}_0$는 $\boldsymbol{D}_-$와 $\boldsymbol{D}_+$ 사이에서 경계를 이룬다. 그러므로 "부등식 $f(x) < 0$ 등을 풀 때, 방정식 $f(x) = 0$의 해집합을 먼저 구하여 부등식의 해영역의 경계를 파악한 후에 해영역을 결정"하면 편리하다.

$\boldsymbol{D}_0$를 경계로 $\boldsymbol{D}$가 두 부분으로 분할될 때, 해영역 $\boldsymbol{D}_-$가 경계 $\boldsymbol{D}_0$의 어느 쪽 부분인지 쉽게 판정할 수 있는 요령은 다음과 같다.

계산하기 쉬운 한 특정점 $x_0 \in \boldsymbol{D}$에 대해서,

(i) $f(x_0) < 0$이면 $\boldsymbol{D}_-$는 x_0를 포함하는 부분이고,

(ii) $f(x_0) > 0$이면 $\boldsymbol{D}_-$는 x_0를 포함하지 않는 부분이다.

> **참고** $f(x) \leqq 0$의 해영역은 $\boldsymbol{D}_- \cup \boldsymbol{D}_0$이다. 따라서 $f(x) \leqq 0$의 해영역은 경계 $\boldsymbol{D}_0$를 포함한다.

$f(x)$의 형태에 따라 부등식을 분류하는데, 몇 가지 예를 들면 아래와 같다.

$f(x)$가 n차다항식이면, $f(x)<0$ 등을 n차부등식이라 하고,
$f(x)$가 지수함수이면 $f(x)<0$ 등을 지수함수 부등식이라 하고,
$f(x)$가 로그함수이면 $f(x)<0$ 등을 로그 부등식이라 하고,
$f(x)$가 삼각함수이면 $f(x)<0$ 등을 삼각함수 부등식이라 하고,
$f(x)$가 유리함수이면 $f(x)<0$ 등을 유리함수 부등식이라 하고,
$f(x)$가 무리함수이면 $f(x)<0$ 등을 무리함수 부등식이라 한다.

가장 간단한 부등식은 다음과 같은 일차부등식이다.

예제 9.2.1

$a_1x+a_0<0$을 풀어라. (단, $a_1\neq 0$, a_0는 주어진 상수)

풀이 $a_1x+a_0<0$은 부등식의 기본성질에 의해서 $a_1x<-a_0$와 동치이다.

$a_1>0$이면, a_1으로 $a_1x<-a_0$의 양변을 나누어 해 $x<-\dfrac{a_0}{a_1}$를 얻는다.

즉 $a_1>0$이면, 해영역은 $\left(-\infty,\ -\dfrac{a_0}{a_1}\right)$이다.

$a_1<0$이면, a_1으로 $a_1x<-a_0$의 양변을 나누어 해 $x>-\dfrac{a_0}{a_1}$를 얻는다.

즉 $a_1<0$이면, 해영역은 $\left(-\dfrac{a_0}{a_1},\ \infty\right)$이다.

또는 다음과 같이 풀 수도 있다.

$f(x)=a_1x+a_0$의 정의역은 실수 전체집합 $(-\infty,\ \infty)$이고 방정식 $a_1x+a_0=0$의 해가 $-\dfrac{a_0}{a_1}$이므로, 해영역은 $-\dfrac{a_0}{a_1}$를 경계로 좌측 $\left(-\infty,\ -\dfrac{a_0}{a_1}\right)$이거나 우측 $\left(-\dfrac{a_0}{a_1},\ \infty\right)$이다.

여기서 $a_1>0$이면 해영역은 $\left(-\infty,\ -\dfrac{a_0}{a_1}\right)$이고, $a_1<0$이면 해영역은 $\left(-\dfrac{a_0}{a_1},\ \infty\right)$임을 $f(x)=a_1x+a_0$의 그래프 등을 통해서 쉽게 알 수 있다. ✲

예제 9.2.2

$ax^2+bx+c<0$을 풀어라. (단, $a\neq 0$, b, c는 주어진 상수)

풀이 ax^2+bx+c가 실수 범위 안에서 인수분해되는 경우와 인수분해되지 않는 경우로 나누어 생각하자.

(a) 판별식 $b^2-4ac=d^2>0$인 경우(즉 $d=\sqrt{b^2-4ac}>0$) ax^2+bx+c를 인수분해하면 다음과 같다.

$$ax^2+bx+c=a\left(x-\frac{-b+d}{2a}\right)\left(x-\frac{-b-d}{2a}\right)$$

따라서 $ax^2+bx+c<0$는 $a\left(x-\frac{-b+d}{2a}\right)\left(x-\frac{-b-d}{2a}\right)<0$이다.

$a>0$인 경우, $a>0$으로 양변을 나누면 다음과 같다.

$$\left(x-\frac{-b+d}{2a}\right)\left(x-\frac{-b-d}{2a}\right)<0$$

여기서 $\left(x-\frac{-b+d}{2a}\right)<\left(x-\frac{-b-d}{2a}\right)$이므로 이 부등식은 다음과 같이 일차 부등식들로 분해된다.

$$\left(x-\frac{-b+d}{2a}\right)<0,\ \left(x-\frac{-b-d}{2a}\right)>0$$

그러므로 $ax^2+bx+c<0$의 해는 다음과 같다.

$$\frac{-b-d}{2a}<x<\frac{-b+d}{2a} \tag{5}$$

또는 해영역을 구간으로 표현하면 다음과 같다.

$$\left(\frac{-b-d}{2a},\ \frac{-b+d}{2a}\right)$$

한편 $a<0$인 경우, $a<0$으로 양변을 나누면 다음과 같다.

$$\left(x-\frac{-b+d}{2a}\right)\left(x-\frac{-b-d}{2a}\right)>0$$

그러면 이 부등식은 다음과 같이 일차부등식들로 분해된다.

$$\left(x-\frac{-b+d}{2a}\right)<0,\ \left(x-\frac{-b-d}{2a}\right)<0$$

또는

$$\left(x-\frac{-b+d}{2a}\right)>0,\ \left(x-\frac{-b-d}{2a}\right)>0$$

여기서 $\frac{-b+d}{2a}<\frac{-b-d}{2a}$이므로 $ax^2+bx+c<0$의 해는 다음과 같다.

$$x<\frac{-b+d}{2a} \text{ 또는 } x>\frac{-b-d}{2a} \tag{6}$$

해영역을 구간으로 표현하면 다음과 같다.

$$\left(-\infty,\ \frac{-b+d}{2a}\right)\cup\left(\frac{-b-d}{2a},\ \infty\right)$$

(b) 판별식 $b^2-4ac=d^2=0$인 경우(즉 $d=\sqrt{b^2-4ac}=0$) ax^2+bx+c를 인수분해하면 다음과 같다.

$$ax^2+bx+c=a\left(x-\frac{-b}{2a}\right)^2$$

$a>0$인 경우, $a>0$으로 양변을 나누면 다음과 같다.

$$\left(x-\frac{-b}{2a}\right)^2<0$$

따라서 이 경우에는 해가 존재하지 않는다.
한편 $a<0$인 경우, $a<0$으로 양변을 나누면 다음과 같다.

$$\left(x-\frac{-b}{2a}\right)^2>0$$

따라서 이 경우에 해는 $x\neq\frac{-b}{2a}$인 모든 실수이다.
해영역을 구간으로 표현하면 다음과 같다.

$$\left(-\infty,\ \frac{-b}{2a}\right)\cup\left(\frac{-b}{2a},\ \infty\right)$$

(c) 판별식 $b^2-4ac<0$인 경우(즉 $4ac-b^2>0$) ax^2+bx+c는 실수 범위 내에서 인수분해되지 않고 다음과 같다.

$$ax^2+bx+c=a\left(x-\frac{-b}{2a}\right)^2+\frac{4ac-b^2}{4a}$$

$a>0$인 경우, $a>0$으로 양변을 나누면 다음과 같다.

$$\left(x-\frac{-b}{2a}\right)^2+\frac{4ac-b^2}{4a^2}<0$$

따라서 이 경우에는 해가 존재하지 않는다.
한편 $a<0$인 경우, $a<0$으로 양변을 나누면 다음과 같다.

$$\left(x-\frac{-b}{2a}\right)^2+\frac{4ac-b^2}{4a^2}>0$$

따라서 이 경우에 해는 모든 실수이다. 즉 해영역은 $(-\infty,\ \infty)$이다. ✲

위의 예들을 보면, n차부등식 $a_nx^n + a_{n-1}x^{n-1} + \cdots + a_1x + a_0 < 0$ 등은 다항식 $a_nx^n + a_{n-1}x^{n-1} + \cdots + a_1x + a_0$를 1차 또는 2차 인수로 인수분해하여 풀 수 있다.

예제 9.2.3

$x^3 - 3x^2 + 5x - 3 < 0$을 풀어라.

풀이 $x^3 - 3x^2 + 5x - 3$을 인수분해하면 다음과 같다.

$$x^3 - 3x^2 + 5x - 3 = (x-1)(x^2 - 2x + 3)$$

한편, 항상 $x^2 - 2x + 3 = (x-1)^2 + 2 > 0$이므로, $x^2 - 2x + 3$으로 양변을 나누면 $(x-1)(x^2 - 2x + 3) < 0$은 다음과 동치이다.

$$x - 1 < 0$$

그러므로 해는 $x < 1$이다. 즉 해영역은 $(-\infty,\ 1)$이다. ✲

삼각함수 부등식의 예를 살펴보자.

예제 9.2.4

$\cos\theta < \frac{1}{2}$을 풀어라.

풀이 코사인함수는 주기가 2π인 주기함수이다. 구간 $[0, 2\pi)$에서 $\cos\theta = \frac{1}{2}$의 해는 $\frac{\pi}{3}$, $\frac{5\pi}{3}$이다. 즉 $\frac{\pi}{3}$, $\frac{5\pi}{3}$가 구간 $[0, 2\pi)$ 내에서 $\cos\theta = \frac{1}{2}$의 해영역의 경계이다. 그러므로 $\cos\theta < \frac{1}{2}$을 만족하는 θ의 범위는 $\frac{\pi}{3} < \theta < \frac{5\pi}{3}$, 즉 $\left(\frac{\pi}{3},\ \frac{5\pi}{3}\right)$이다. 코사인함수의 주기가 2π이므로 $\cos\theta < \frac{1}{2}$의 해는 다음과 같다.

$$\frac{\pi}{3} + 2k\pi < \theta < \frac{5\pi}{3} + 2k\pi \quad (k\text{는 임의의 정수})$$

즉 해영역은 $\bigcup_{k=-\infty}^{\infty} \left(\frac{\pi}{3} + 2k\pi,\ \frac{5\pi}{3} + 2k\pi\right)$이다. ✲

주어진 구간 내에서 삼각함수 부등식을 푸는 경우도 많다.

예제 9.2.5

$\sin 2\theta < \frac{1}{2}$, $0 \leq \theta < 2\pi$를 풀어라.

풀이 구간 $[0, 2\pi)$ 내에서 $\sin 2\theta = \frac{1}{2}$의 해는 다음과 같다.

$$\frac{\pi}{12}, \frac{13\pi}{12}, \frac{5\pi}{12}, \frac{17\pi}{12}$$

즉 $\frac{\pi}{12}, \frac{13\pi}{12}, \frac{5\pi}{12}, \frac{17\pi}{12}$가 구간 $[0, 2\pi)$ 내에서 $\sin 2\theta = \frac{1}{2}$의 해영역의 경계이다.

그러므로 $\sin 2\theta < \frac{1}{2}$의 해영역은 $f(\theta) = \sin 2\theta$의 그래프 등을 통해서

$$\left[0, \frac{\pi}{12}\right) \cup \left(\frac{5\pi}{12}, \frac{13\pi}{12}\right) \cup \left(\frac{17\pi}{12}, 2\pi\right)$$

임을 쉽게 알 수 있다. ✲

예제 9.2.6

$2\sin^2\theta - 3\sin\theta + 1 < 0$, $0 \leq \theta < 2\pi$를 풀어라.

풀이 해영역의 경계를 나타내는 방정식 $2\sin^2\theta - 3\sin\theta + 1 = 0$은 다음과 같이 인수분해된다.

$$(2\sin\theta - 1)(\sin\theta - 1) = 0$$

그러므로 $2\sin\theta - 1 = 0$ 또는 $\sin\theta - 1 = 0$이다.

$$\text{즉 } \sin\theta = \frac{1}{2} \text{ 또는 } \sin\theta = 1$$

그러므로 해는 다음과 같다.

$$\theta = \frac{\pi}{6}, \ \theta = \frac{5\pi}{6}, \ \theta = \frac{\pi}{2}$$

따라서 $2\sin^2\theta - 3\sin\theta + 1 < 0$, $0 \leq \theta < 2\pi$의 해영역은 $\left(\frac{\pi}{6}, \frac{\pi}{2}\right) \cup \left(\frac{\pi}{2}, \frac{5\pi}{6}\right)$이다. ✲

이제 미지수 두 개를 포함하는 부등식을 간단히 살펴보자.
미지수 두 개를 포함하는 부등식은 다음과 같은 형태로 정리할 수 있다.

$$f(x, y) < g(x, y), \ f(x, y) \leq g(x, y) \tag{7}$$

단, $f(x, y)$, $g(x, y)$는 주어진 이변수함수이다.

여기서는 $f(x, y) < g(x, y)$의 경우를 예로 들어 설명하자(나머지 경우도 유사하게 설명할 수 있다).

이제 평면상에서 Ω를 $f(x, y)$와 $g(x, y)$의 공통 정의역이라 하자. 그러면 $f(x, y) < g(x, y)$의 해영역과 $f(x, y) > g(x, y)$의 해영역, $f(x, y) = g(x, y)$의 해집합은 정의역 Ω를 분할한다.

편의상 $f(x, y) < g(x, y)$와 $f(x, y) > g(x, y)$의 해영역들과 $f(x, y) = g(x, y)$의 해집합을 각각 다음 집합으로 표현하자.

$$\Omega_- = \{(x, y) \in \Omega \mid f(x, y) < g(x, y)\} \text{ ; } f(x, y) < g(x, y)\text{의 해영역}$$
$$\Omega_+ = \{(x, y) \in \Omega \mid f(x, y) > g(x, y)\} \text{ ; } f(x, y) > g(x, y)\text{의 해영역}$$
$$\Omega_0 = \{(x, y) \in \Omega \mid f(x, y) = g(x, y)\} \text{ ; } f(x, y) = g(x, y)\text{의 해집합}$$

그러면 다음을 알 수 있다.

$$\Omega_- \cap \Omega_+ = \phi,\ \Omega_- \cap \Omega_0 = \phi,\ \Omega_+ \cap \Omega_0 = \phi,\ \Omega_- \cup \Omega_0 \cup \Omega_+ = \Omega$$

이때, Ω_0는 Ω_-와 Ω_+사이에서 경계를 이룬다. 한편, $f(x, y) = g(x, y)$의 해집합 Ω_0는 음함수 $f(x, y) = g(x, y)$의 그래프와 같은 것이다.

따라서 $f(x, y) = g(x, y)$의 그래프가 부등식 $f(x, y) < g(x, y)$의 해영역의 경계(가장자리)임을 알 수 있으므로 "부등식 $f(x, y) < g(x, y)$ 등을 풀 때, $f(x, y) = g(x, y)$의 그래프를 먼저 구하여 부등식의 해영역의 경계를 파악한 후에 해영역을 결정"하면 편리하다.

여기서 그래프 Ω_0를 경계로 Ω가 두 부분으로 분할될 때, 해영역 Ω_-가 Ω_0의 어느 쪽 부분인지 쉽게 판정할 수 있는 요령은 다음과 같다.

계산하기 쉬운 한 특정점 $(x_0, y_0) \in \Omega$에 대해서,

(i) $f(x_0, y_0) < g(x_0, y_0)$이면 Ω_-는 (x_0, y_0)를 포함하는 부분이고,

(ii) $f(x_0, y_0) > g(x_0, y_0)$이면 Ω_-는 (x_0, y_0)를 포함하지 않는 부분이다.

참고 $f(x, y) \leqq g(x, y)$의 해영역은 $\Omega_- \cup \Omega_0$이다. 따라서 $f(x, y) \leqq g(x, y)$의 해영역은 경계 Ω_0를 포함한다.

예제 9.2.7

$ax + by + c < 0$의 해영역을 그려라. (단, $a \neq 0$, $b \neq 0$, $c < 0$는 상수)

풀이 $f(x, y)=ax+by+c$와 $g(x, y)=0$의 공통 정의역은 평면전체 $\mathbf{R}^2$이다.
$ax+by+c=0$의 그래프는 x절편이 $-\frac{c}{a}$이고 y절편이 $-\frac{c}{b}$인 직선 L로서 부등식 $ax+by+c<0$의 해영역의 경계이다. 따라서 해영역 Ω_-는 평면상에서 직선 L의 위쪽 부분이거나 아래쪽 부분이거나 둘 중의 하나이다.
여기서 쉽게 계산할 수 있는 원점 $(0, 0)$을 대입하면 $f(0, 0)=c$이다. $f(0, 0)=c<0$이므로 해영역 Ω_-는 $(0, 0)$을 포함하는 부분(반평면)이다. ✲

예제 9.2.8

$y<x^2-2x-1$의 해영역을 그려라.

풀이 $f(x, y)=y$와 $g(x, y)=x^2-2x-1$의 공통 정의역은 평면전체 $\mathbf{R}^2$이다.
$y=x^2-2x-1$의 그래프는 꼭짓점이 $(1, -2)$인 포물선 C로서 부등식 $y<x^2-2x-1$의 해영역의 경계이다. 따라서 해영역 Ω_-는 평면상에서 포물선 C의 위쪽 부분이거나 아래쪽 부분이거나 둘 중의 하나이다.
여기서 쉽게 계산할 수 있는 원점 $(0, 0)$을 대입해보면 $f(0, 0)=0>g(0, 0)=-1$이다. 그러므로 해영역 Ω_-는 $(0, 0)$을 포함하지 않는 부분이다. 즉 Ω_-는 포물선 C의 아래쪽 부분이다.

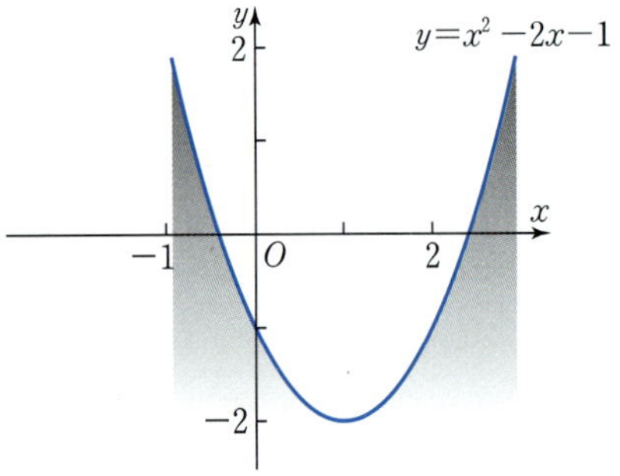

그림 9.1 ✲

예제 9.2.9

$x^2+y^2<4$의 해영역을 그려라.

풀이 $f(x, y)=x^2+y^2$과 $g(x, y)=4$의 공통 정의역은 평면전체 $\mathbf{R}^2$이다.
$x^2+y^2=4$의 그래프는 중심이 원점이고 반지름이 2인 원 C로서 부등식 $x^2+y^2<4$의 해영역의 경계이다. 따라서 해영역 Ω_-는 평면상에서 원 C의 안쪽 부분이거나 바깥쪽 부분이거나 둘 중의 하나이다.

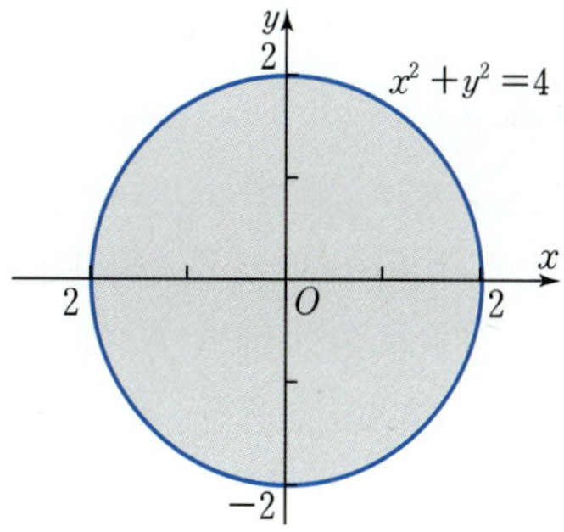

▮ 그림 9.2 ▮

여기서 쉽게 계산할 수 있는 원점 $(0, 0)$을 대입하면 $f(0, 0)=0<4$이다. 그러므로 해영역 Ω_-는 $(0, 0)$을 포함하는 부분이다. 즉 Ω_-는 원 C의 안쪽 부분(원판)이다. ✲

연습문제 9.2

1 다음 부등식을 풀어라.

(1) $x^2-3x+2<0$ (2) $x^2-4x+4\leqq 0$

(3) $x^2+|2x-1|-3<0$ (4) $x^4+3x^3+x^2+x-6>0$

2 다음 부등식을 풀어라.

(1) $\tan\frac{\theta}{4}<1$ (2) $3\cos\theta+3<2\sin^2\theta,\ 0\leqq\theta<2\pi$

(3) $\cos^2\theta+\sin\theta<2$ (4) $\sin\theta+\cos\theta>1,\ 0\leqq\theta<2\pi$

3 다음 부등식의 해영역을 그려라.

(1) $x-3y+3<0$ (2) $x^2+y-4<0$

(3) $x^2+2y^2-2x+y-4<0$ (4) $y<1+\sin x$

9.3 연립선형방정식

두 개 이상의 방정식들로 이루어진 것을 연립방정식(simultaneous equations)이라 한다.

통상 연립방정식(또는 연립부등식)에는 두 개 이상의 미지수가 포함되어 있는데, 미지수의 개수를 차원(dimension)이라 하고, 연립방정식을 만족하는 미지수들의 값을 해라고 한다.

해를 기하학적으로 설명하자면, 주어진 연립방정식을 구성하고 있는 모든 방정식의 그래프들이 공통으로 포함하는 점(공유점)의 좌표가 연립방정식의 해이다.

그러므로 연립방정식을 다음의 세 경우로 분류할 수 있다.

첫째, 모든 방정식의 그래프들이 단 한 점만 공유하는 경우
둘째, 모든 방정식의 그래프들이 둘 이상의 점을 공유하는 경우
셋째, 모든 방정식의 그래프들이 공유하는 점이 없는 경우

특히 선형방정식(일차방정식)들로 이루어진 연립방정식을 연립선형방정식(연립일차방정식)이라 한다.

우선 간단한 예를 들어보자.

예제 9.3.1

다음은 연립선형방정식들이다.

(1) $\begin{cases} x+2y=7 \\ 3x-4y=1 \end{cases}$ (2) $\begin{cases} x+2y=8 \\ 2x+4y=16 \end{cases}$

(3) $\begin{cases} x+2y=5 \\ 2x+4y=16 \end{cases}$ (4) $\begin{cases} x+y+z=6 \\ 3x-2y+4z=9 \\ 2x+7y-9z=11 \end{cases}$ ✲

이제부터 연립선형방정식의 해법들 중에서 대입법과 소거법에 대해서 간단히 알아보자.

연립선형방정식의 해법들 중에서 대입법은 고대부터 이용되어 왔으며, 가장 많이 사용되는 현재의 소거법은 오래 전부터 이용되어 오던 것을 가우스(Gauss, 1777~1855)와 조르당(Jordan, 1838~1922)이 정리하였다.

> **참고** 해를 기하학적으로 설명하자면, 주어진 연립선형방정식을 구성하고 있는 모든 선형방정식의 그래프들이 공유하는 점의 좌표가 연립선형방정식의 해이다. 그러므로 연립선형방정식을 다음의 세 경우로 분류할 수 있다.

첫째, 모든 선형방정식의 그래프들이 단 한 점만 공유하는 경우
둘째, 모든 선형방정식의 그래프들이 둘 이상의 점을 공유하는 경우
셋째, 모든 선형방정식의 그래프들이 공유하는 점이 없는 경우

사칙연산을 이용하여 연립선형방정식을 푸는 방법을 간단히 알아보자.

대입법

간단한 예를 들어보자.

예제 9.3.2

$\begin{cases} x + 2y = 7 \\ 3x - 4y = 1 \end{cases}$ 을 대입법으로 풀어라.

풀이 첫째 식에서 x에 대해서 풀면 $x=-2y+7$이다. $x=-2y+7$을 둘째 식 $3x-4y=1$에 대입하면 $3(-2y+7)-4y=1$이다. 따라서 정리하면 $-10y=-20$이므로 $y=2$이다. 여기서 $y=2$를 $x=-2y+7$에 대입하면, $x=-2\cdot 2+7=3$을 얻는다. 즉 $x=3$, $y=2$가 해이다. ✲

대입법 풀이과정

1단계: 적당한 방정식 하나를 택하여 한 미지수에 대해서 푼다. 즉 한 미지수를 나머지 미지수로 표현한다.
2단계: 1단계의 결과를 나머지 방정식에 대입한다.
3단계: 2단계의 결과가 하나의 미지수만으로 이루어진 방정식이면, 풀어서 그 미지수의 값을 구한다. 만약 모든 방정식이 두 개 이상의 미지수로 이루어져 있으면, 다시 1단계부터 반복한다.
4단계: 이미 구한 미지수의 값을 방정식에 대입하고, 나머지 미지수의 값을 구한다.
5단계: 구한 해를 확인한다.

예제 9.3.3

$\begin{cases} x + y + z = 6 \\ 3x - 2y + 4z = 9 \\ 2x + 7y - 9z = 11 \end{cases}$ 을 대입법으로 풀어라.

풀이 첫째 식에서 x에 대해서 풀면, 간단하게 $x=-y-z+6$을 얻는다. $x=-y-z+6$을 둘째 식에 대입하면 $-5y+z=-9$이고, 셋째 식에 대입하면 $5y-11z=-1$이

다. 즉 2단계의 결과

$$\begin{cases} -5y+z=-9 \\ 5y-11z=-1 \end{cases}$$

을 얻는다. 그런데 모든 방정식이 두 개의 미지수를 포함하므로, $\begin{cases} -5y+z=-9 \\ 5y-11z=-1 \end{cases}$ 에 대해서 다시 1단계부터 반복하자.
첫째 식에서 z에 대해서 풀면 $z=5y-9$이고, 이것을 둘째 식에 대입하면 $5y-11(5y-9)=-1$이므로 $y=2$를 얻으며, 이것을 $z=5y-9$에 대입하면 $z=1$을 얻는다. 이제 $y=2$, $z=1$을 $x=-y-z+6$에 대입하면 $x=3$을 얻는다. 즉 $x=3$, $y=2$, $z=1$이 해이다. ✲

소거법(elimination method)

소거법은 등식의 성질을 이용하는 방법으로, 가장 보편적으로 사용하는 해법이다.

예제 9.3.4

$\begin{cases} x+2y=7 \\ 3x-4y=1 \end{cases}$ 을 소거법으로 풀어라.

풀이 첫째 식 $x+2y=7$에 2를 곱하면, $2x+4y=14$를 얻는다. $2x+4y=14$를 둘째 식 $3x-4y=1$에 더하면, $5x=15$를 얻는다. 따라서 $x=3$이다. 여기서 $x=3$을 첫째 식 $x+2y=7$에 대입하면, $2y=4$이고 $y=2$이다. ✲

소거법 풀이과정

1단계: 소거할 미지수를 정하고 필요하면 적당히 방정식들의 순서를 변경한다(호환한다).

2단계: 적당한 방정식 하나를 택하여 0이 아닌 상수를 양변에 곱하고, 그것을 다른 방정식에 더하여 미지수를 소거해간다.

3단계: 2단계의 결과로 하나의 미지수만으로 이루어진 방정식을 얻으면, 풀어서 그 미지수의 값을 구한다. 만약 모든 방정식이 두 개 이상의 미지수로 이루어져 있으면, 다시 1단계부터 반복한다.

4단계: 이미 구한 미지수의 값을 방정식에 대입하고, 나머지 미지수의 값을 같은 요령으로 구한다.

5단계: 구한 해를 확인한다.

예제 9.3.5

$$\begin{cases} x+y+z=6 \\ 3x-2y+4z=9 \\ 2x+7y-9z=11 \end{cases}$$ 을 소거법으로 풀어라.

풀이 먼저 x를 소거하자. 첫째 식에 -3을 곱하면, $-3x-3y-3z=-18$을 얻는다. 이것을 둘째 식에 더하면 $-5y+z=-9$이다. 또한 첫째 식에 -2를 곱하면, $-2x-2y-2z=-12$를 얻는다. 이것을 셋째 식에 더하면 $5y-11z=-1$을 얻는다. 즉 2단계의 결과 $\begin{cases} -5y+z=-9 \\ 5y-11z=-1 \end{cases}$을 얻는다. 그런데 모든 방정식이 두 개의 미지수를 포함하므로, $\begin{cases} -5y+z=-9 \\ 5y-11z=-1 \end{cases}$에 대해서 다시 1단계부터 반복하자. 첫째 식을 둘째 식에 더하면 $-10z=-10$을 얻는다. 따라서 $z=1$이고, 이것을 $-5y+z=-9$에 대입하면 $y=2$를 얻는다. 여기서 $y=2$, $z=1$을 $x+y+z=6$에 대입하면, $x=3$을 얻는다. 즉 $x=3$, $y=2$, $z=1$이 해이다. ✲

예제 9.3.4와 예제 9.3.5에서 보면

$$\begin{cases} x+2y=7 \\ 3x-4y=1 \end{cases} \text{과} \begin{cases} x+y+z=6 \\ 3x-2y+4z=9 \\ 2x+7y-9z=11 \end{cases}$$

의 해는 각각 단 하나씩만 존재함을 알 수 있다.

이제 해를 두 개 이상 가지는 연립방정식과 해를 가지지 않는 연립방정식의 예를 보자.

예제 9.3.6

$$\begin{cases} x+2y=9 \\ 2x+4y=16 \end{cases}$$ 은 무수히 많은 해를 가짐을 보여라.

풀이 첫째 식 $x+2y=8$에 -2를 곱하면 $-2x-4y=-16$이고, 둘째 식에 더하면 항등식 $0=0$을 얻는다. 이것은 첫째 식 $x+2y=8$과 둘째 식 $2x+4y=16$이 근본적으로 동치임을 의미한다. 즉 $x+2y=8$의 그래프와 $2x+4y=16$의 그래프가 일치함을 의미한다. 따라서 첫째 식 $x+2y=8$을 만족하는 모든 해는 주어진 연립방정식의 해이다. ✲

예제 9.3.7

$\begin{cases} x+2y=5 \\ 2x+4y=16 \end{cases}$ 의 해가 존재하지 않음을 보여라.

풀이 첫째 식 $x+2y=5$에 -2를 곱하면 $-2x-4y=-10$이고, 둘째 식에 더하면 모순이 되는 $0=6$을 얻는다. 즉 $x+2y=5$의 그래프와 $2x+4y=16$의 그래프가 만나지 않고 서로 평행하다는 것을 의미한다(즉 공유점을 가지지 않는다). 그러므로 첫째 식 $x+2y=5$와 둘째 식 $2x+4y=16$을 동시에 만족하는 해는 없다. ✲

연습문제 9.3

1 다음 연립방정식을 대입법으로 풀어라.

(1) $\begin{cases} 3x-y=6 \\ x+2y=2 \end{cases}$ (2) $\begin{cases} 4x-y=2 \\ x+2y=2 \end{cases}$

(3) $\begin{cases} 3x+2y=6 \\ 2x-3y=-5 \end{cases}$ (4) $\begin{cases} x-y-z=1 \\ 2x+3y+z=2 \\ 3x+2y=0 \end{cases}$

2 다음 연립방정식을 소거법으로 풀어라.

(1) $\begin{cases} 3x-y=6 \\ x+2y=2 \end{cases}$ (2) $\begin{cases} 4x-y=2 \\ x+2y=2 \end{cases}$

(3) $\begin{cases} 3x+2y=6 \\ 2x-3y=-5 \end{cases}$ (4) $\begin{cases} x+y-z=1 \\ 2x+3y+z=2 \\ 3x+2y=0 \end{cases}$

9.4 연립선형부등식

일반적인 부등식에 대해서 9.2절에서 알아보았는데, 이 절에서는 두 변수 x, y에 관한 연립선형(일차)부등식에 대해서 좀더 자세히 알아보자.

선형부등식(또는 일차부등식)의 일반 형태는 다음과 같다.

$$ax+by+c<0,\ ax+by+c>0$$
$$ax+by+c\leqq 0,\ ax+by+c\geqq 0$$

단, a, b, c는 상수이고, a와 b가 동시에 0은 아니다.

선형부등식을 만족하는 점들의 집합(해영역)을 그 선형부등식의 그래프라 한다. 즉,

$$\{(x, y) | ax+by+c<0)\} \; ; \; ax+by+c<0 \text{의 그래프}$$
$$\{(x, y) | ax+by+c \leqq 0)\} \; ; \; ax+by+c \leqq 0 \text{의 그래프}$$
$$\{(x, y) | ax+by+c>0)\} \; ; \; ax+by+c>0 \text{의 그래프}$$
$$\{(x, y) | ax+by+c \geqq 0)\} \; ; \; ax+by+c \geqq 0 \text{의 그래프}$$

라고 한다.

예제 9.4.1

부등식 $3x+y-6<0$의 그래프를 xy평면상에 그려라.

풀이 점 (x, y)가 그래프에 속하면 $3x+y-6<0$이고, 점 (x, y)가 그래프에 속하지 않으면 $3x+y-6 \geqq 0$이다. 그러므로 점 (x, y)가 $3x+y-6=0$을 만족하면 $3x+y-6<0$의 그래프의 경계상의 점이 된다. 즉 선형방정식 $3x+y-6=0$의 그래프(직선)가 선형부등식 $3x+y-6<0$의 그래프의 경계선이 된다. 따라서 xy평면을 $3x+y-6=0$의 그래프(직선)로 분할하여 생기는 두 개의 반평면 중에 하나가 $3x+y-6<0$의 그래프이다.

그래프가 어느 쪽 반평면인가를 판단하는 것은 간단하다. 특정점[예를 들어, 원점 $(0, 0)$ 등]을 부등식에 대입하여 부등식이 성립하면 그 특정점을 포함하고 있는 반평면이 그래프이고, 만약 부등식이 성립하지 않으면 그 특정점을 포함하지 않는 반평면이 그래프이다.

원점 $(0, 0)$을 $3x+y-6<0$에 대입하면 $-6<0$이므로 부등식이 성립한다. 그러므로 원점 $(0, 0)$을 포함하고 있는 반평면이 $3x+y-6<0$의 그래프이다. 여기서 $3x+y-6=0$의 그래프(직선)는 $3x+y-6<0$의 그래프에 포함되지 않는다. 즉 경계선은 $3x+y-6<0$의 그래프에 포함되지 않는다

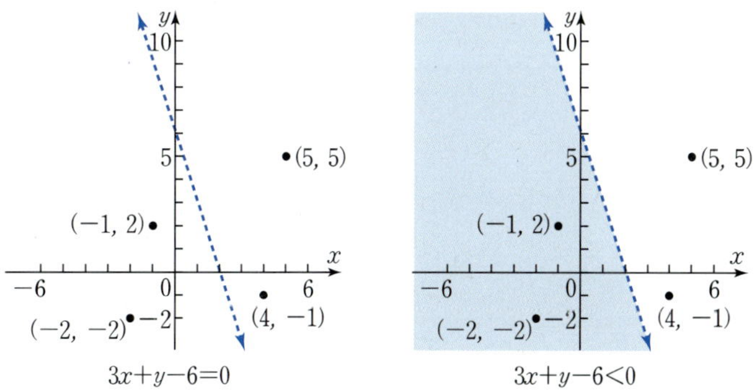

그림 9.3

✲

위의 예에서 알 수 있듯이, 선형부등식의 그래프는 반평면이고 그 경계는 직선이다. 또한 부등식에 등호가 포함되어 있지 않으면 그 그래프는 경계선을 포함하지 않는다. 그리고 부등식에 등호가 포함되어 있으면 그 그래프는 경계선을 포함한다. 일반적으로 그래프에 포함되지 않는 경계선은 점선으로 그린다.

예를 들어, $ax+by+c<0$의 그래프를 그리는 과정을 간단히 요약하면 다음과 같다.

(1) 경계선 그리기: 방정식 $ax+by+c=0$의 그래프(직선)를 xy평면에 점선으로 그린다.

(2) 반평면 결정: 계산하기 쉬운(경계상에 있지 않는) 특정점 (x_0, y_0)를 $ax+by+c<0$에 대입하여 부등식의 성립 여부로 판단한다.
만약 $ax_0+by_0+c<0$이면 점 (x_0, y_0)를 포함하는 반평면이 그래프이다.
만약 $ax_0+by_0+c>0$이면 점 (x_0, y_0)를 포함하지 않은 반평면이 그래프이다.

예제 9.4.2

부등식 $3x+y+3>0$의 그래프를 xy평면상에 그려라.

풀이 부등식 $3x+y+3>0$에 등호가 포함되어 있지 않으므로, 경계선 $3x+y+3=0$의 그래프는 $3x+y+3>0$의 그래프에 포함되지 않는다. xy평면에 경계선 $3x+y+3=0$의 그래프를 점선으로 그린다. 그러면 xy평면이 $3x+y+3=0$의 그래프에 의해서 두 개의 반평면들로 분할된다. 이제 그래프가 어느 쪽 반평면인가를 판단하자.
원점 $(0, 0)$을 $3x+y+3>0$에 대입하면 부등식이 성립한다. 따라서 원점 $(0, 0)$을 포함하고 있는 반평면이 $3x+y+3>0$의 그래프이다.

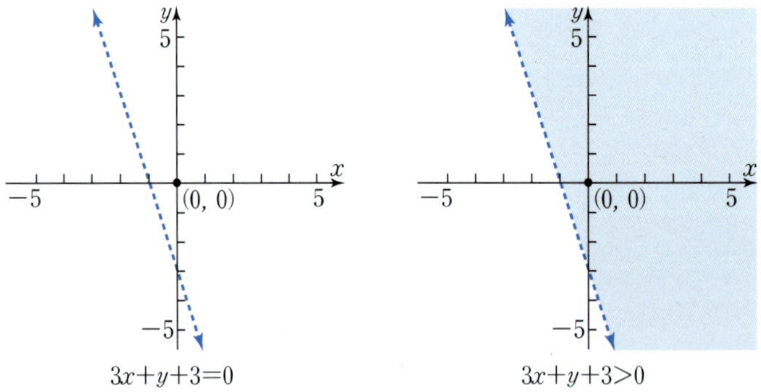

그림 9.4

이제 두 개 이상의 선형부등식들로 구성된 연립선형부등식의 그래프에 대해서 알아보자.

연립선형부등식의 그래프는 모든 (성분) 선형부등식들을 공통으로 만족하는 점들의 집합이다. 예를 들어, 연립선형부등식

$$a_1x + b_1y + c_1 < 0$$
$$a_2x + b_2y + c_2 < 0$$
$$a_3x + b_3y + c_3 \leqq 0$$

의 그래프는 다음의 집합 G이다.

$$G = \{(x,\ y) | a_1x + b_1y + c_1 < 0,\ a_2x + b - 2y + c_2 < 0,\ a_3x + b_3y + c_3 \leqq 0\}$$

한편, 각 성분 선형부등식의 그래프를 다음과 같이 표기하자.

$$G_1 = \{(x,\ y) \mid a_1x + b_1y + c_1 < 0\}$$
$$G_2 = \{(x,\ y) \mid a_2x + b_2y + c_2 < 0\}$$
$$G_3 = \{(x,\ y) \mid a_3x + b_3y + c_3 \leqq 0\}$$

그러면 연립선형부등식의 그래프 G는 모든 성분 선형부등식의 그래프 G_1, G_2, G_3의 교집합(공통집합)이다. 즉

$$G = G_1 \cap G_2 \cap G_3$$

이다.

예제 9.4.3

연립선형부등식 $\begin{cases} x + y - 2 \geqq 0 \\ 2x - y - 4 \leqq 0 \end{cases}$의 그래프를 그려라.

풀이 $\begin{cases} x + y - 2 \geqq 0 \\ 2x - y - 4 \leqq 0 \end{cases}$의 그래프는

$$G = \{(x,\ y) \mid x + y - 2 \geqq 0,\ 2x - y - 4 \leqq 0\}$$

이다. 한편, $x + y - 2 \geqq 0$의 그래프는 $G_1 = \{(x,\ y) \mid x + y - 2 \geqq 0\}$이고, $2x - y - 4 \leqq 0$의 그래프는 $G_2 = \{(x,\ y) | 2x - y - 4 \leqq 0\}$이다. 그러면 $G = G_1 \cap G_2$이다. 즉

$$\begin{aligned} G &= \{(x,\ y) \mid x + y - 2 \geqq 0,\ 2x - y - 4 \leqq 0\} \\ &= \{(x,\ y) \mid x + y - 2 \geqq 0\} \cap \{(x,\ y) | 2x - y - 4 \leqq 0\} \end{aligned}$$

이다.

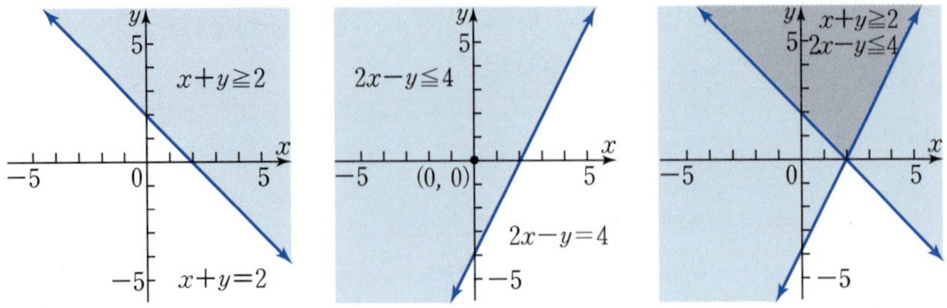

| 그림 9.5 |

✲

예제 9.4.4

연립선형부등식 $\begin{cases} x+2y-2 \leqq 0 \\ x+2y-6 \geqq 0 \end{cases}$ 의 그래프를 그려라.

(풀이) $\begin{cases} x+2y-2 \leqq 0 \\ x+2y-6 \geqq 0 \end{cases}$ 의 그래프는

$$G=\{(x, y)\mid x+2y-2 \leqq 0,\ x+2y-6 \geqq 0\}$$

이다. 한편, $x+2y-2 \leqq 0$의 그래프는 $G_1=(x, y)\mid x+2y-2 \leqq 0$이고, $x+2y-6 \geqq 0$의 그래프는 $G_2=\{(x, y)\mid x+2y-6 \geqq 0\}$이다. 여기서 G_1과 G_2는 공통부분이 없으므로 $G_1 \cap G_2$는 공집합이다. 즉

$$\begin{aligned} G &= \{(x, y)\mid x+2y-2 \leqq 0,\ x+2y-6 \geqq 0\} \\ &= \{(x, y)\mid x+2y-2 \leqq 0\} \cap \{(x, y)\mid x+2y-6 \geqq 0\} = \phi \end{aligned}$$

이다.

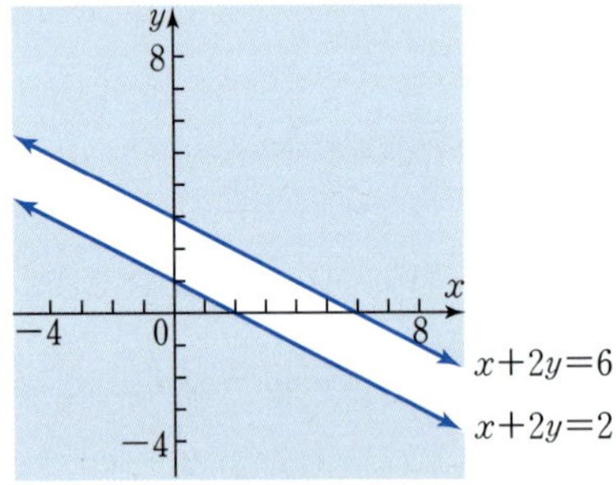

| 그림 9.6 |

✲

예제 9.4.5

연립선형부등식 $\begin{cases} x+y-3 \geqq 0 \\ 2x+y-4 \geqq 0 \\ x \geqq 0 \\ y \geqq 0 \end{cases}$ 의 그래프를 그려라.

풀이 $\begin{cases} x+y-3 \geqq 0 \\ 2x+y-4 \geqq 0 \\ x \geqq 0 \\ y \geqq 0 \end{cases}$ 의 그래프는

$$G=\{(x, y) \mid x+y-3 \geqq 0,\ 2x+y-4 \geqq 0,\ x \geqq 0,\ y \geqq 0\}$$

이다. 한편, $x+y-3 \geqq 0$의 그래프는 $G_1=\{(x, y) \mid x+y-3 \geqq 0\}$이고, $2x+y-4 \geqq 0$의 그래프는 $G_2=\{(x, y) \mid 2x+y-4 \geqq 0\}$이며, $x \geqq 0$의 그래프는 $G_3=\{(x, y) \mid x \geqq 0\}$이고, $y \geqq 0$의 그래프는 $G_4=\{(x, y) \mid y \geqq 0\}$이다. 그러면 $G=G_1 \cap G_2 \cap G_3 \cap G_4$이다. 한편,

$$\begin{aligned} G_3 \cap G_4 &= \{(x, y) \mid x \geqq 0\} \cap \{(x, y) \mid y \geqq 0\} \\ &= \{(x, y) \mid x \geqq 0,\ y \geqq 0\} \end{aligned}$$

이므로

$$\begin{aligned} G &= \{(x, y) \mid x+y-3 \geqq 0,\ 2x+y-4 \geqq 0, x \geqq 0,\ y \geqq 0\} \\ &= \{(x, y) \mid x+y-3 \geqq 0\} \cap \{(x, y) \mid 2x+y-4 \geqq 0\} \\ &\qquad \cap \{(x, y) \mid x \geqq 0,\ y \geqq 0\} \end{aligned}$$

이다.

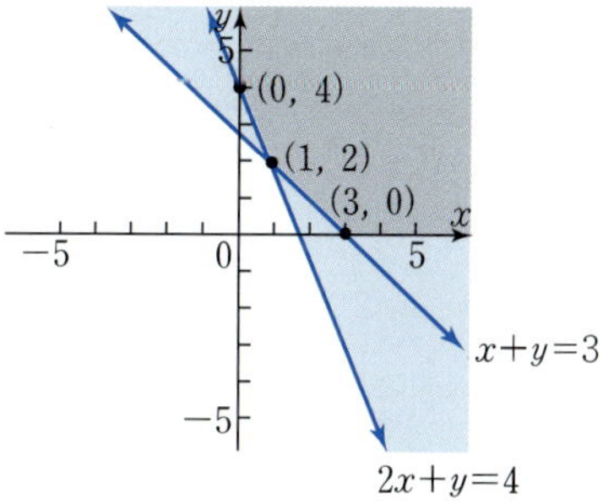

그림 9.7

✲

예제 9.4.6

연립선형부등식 $\begin{cases} x+y \leqq 6 \\ 2x+y \leqq 8 \\ x \geqq 0 \\ y \geqq 0 \end{cases}$ 의 그래프를 그려라.

풀이 $\begin{cases} x+y \leqq 6 \\ 2x+y \leqq 8 \\ x \geqq 0 \\ y \geqq 0 \end{cases}$ 의 그래프는

$$G=\{(x,\ y) \mid x+y \leqq 6,\ 2x+y \leqq 8,\ x \geqq 0,\ y \geqq 0\}$$

이다. 한편, $x+y \leqq 6$의 그래프는 $G_1=\{(x,\ y) \mid x+y \leqq 6\}$이고, $2x+y \leqq 8$의 그래프는 $G_2=\{(x,\ y) \mid 2x+y \leqq 8\}$이며, $x \geqq 0$와 $y \geqq 0$의 그래프는 $G_3=\{(x,\ y) \mid x \geqq 0,\ y \geqq 0\}$이다. 그러면 $G=G_1 \cap G_2 \cap G_3$이다. 즉

$$\begin{aligned} G &= \{(x,\ y) \mid x+y \leqq 6,\ 2x+y \leqq 8,\ x \geqq 0,\ y \geqq 0\} \\ &= \{(x,\ y) \mid x+y \leqq 6\} \cap \{(x,\ y) \mid 2x+y \leqq 8\} \\ &\qquad \cap \{(x,\ y) \mid x \geqq 0,\ y \geqq 0\} \end{aligned}$$

이다.

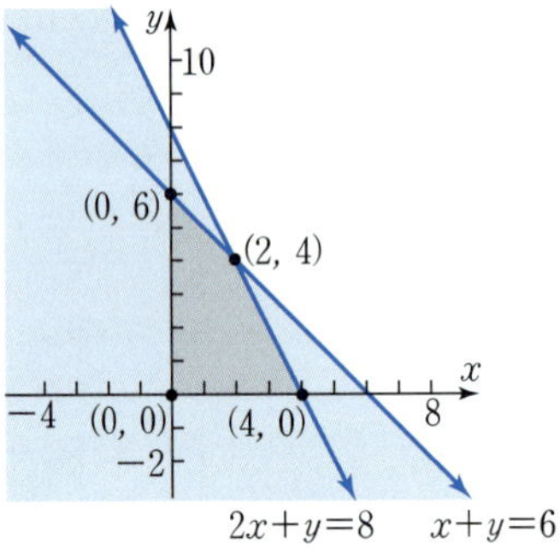

| 그림 9.8 |

✲

위의 예제들에서 보았듯이, 일반적으로 연립선형부등식의 그래프는 공집합일 수 있으며, 공집합이 아닌 경우에 그래프의 경계선은 직선으로 되어 있다. 이때 기울기가 서로 다른 경계 직선들의 교점을 그래프의 꼭짓점이라 한다.

연습문제 9.4

1 다음 부등식의 그래프를 그려라.

(1) $x \geqq 0$　　(2) $x+2y \leqq 4$

(3) $4x-y \leqq 8$　　(4) $3x-2y > -6$

2 다음 연립부등식의 그래프를 그려라.

(1) $\begin{cases} 3x-y \geqq 6 \\ x+2y \leqq 2 \end{cases}$　　(2) $\begin{cases} 4x-y \geqq 2 \\ x+2y \leqq 2 \end{cases}$

(3) $\begin{cases} x+2y \leqq 6 \\ 2x+y \leqq 8 \\ x \geqq 0 \end{cases}$　　(4) $\begin{cases} x+2y \leqq 6 \\ 2x+y \leqq 8 \\ x+y \geqq 1 \\ x \geqq 0 \\ y \geqq 0 \end{cases}$

제9장 종합문제

01 다음 방정식을 풀어라.

(1) $x^2 - x - |2x-1| - 5 = 0$

(2) $2x^3 + 9x^2 + 7x - 6 = 0$

(3) $\cos^2\theta + \sin\theta = 2,\ 0 \leqq \theta < 2\pi$

(4) $\sin\theta + \cos\theta = 1,\ 0 \leqq \theta < 2\pi$

(5) $\sin 2\theta = \cos\theta$

(6) $\sec^2\theta + \tan\theta = 1$

02 다음 부등식을 풀어라.

(1) $x^2 - x - |2x-1| - 5 > 0$

(2) $2x^3 + 9x^2 + 7x - 6 \geqq 0$

(3) $\cos 2\theta + 3 > 5\cos\theta,\ 0 \leqq \theta < 2\pi$

03 다음 연립방정식을 풀어라.

(1) $\begin{cases} 4x - 5y = 0 \\ 2x - y = 2 \end{cases}$

(2) $\begin{cases} x - 2y + 3z = 7 \\ 2x + y + z = 4 \\ -3x + 2y - 2z = -10 \end{cases}$

04 다음 연립부등식의 그래프를 그려라.

(1) $\begin{cases} 4x - 5y \geqq 0 \\ 2x - y \leqq 2 \end{cases}$

(2) $\begin{cases} 3x + 2y < 6 \\ 2x - 3y \leqq 0 \end{cases}$

(3) $\begin{cases} 2x + y \geqq 4 \\ x + y \geqq 2 \\ y \geqq 0 \end{cases}$

(4) $\begin{cases} 3x + y \leqq 12 \\ 2x + 3y \leqq 12 \\ x + y \geqq 2 \\ x \geqq 0 \\ y \geqq 0 \end{cases}$

Chapter 10

수학적 귀납법, 수열

10.1 수학적 귀납법

수학적 귀납법(mathematical induction)이란 자연수에 대한 명제가 모든 자연수에 대하여 참인 것을 증명하기 위한 한 방법이다. 예를 들면, 수학적 귀납법을 이용하면 자연수에 관한 명제

"각 자연수 n에 대하여 1부터 연속된 n개의 홀수의 합은 n^2이다."

가 모든 자연수에 대하여 참임을 보일 수 있다. 즉, 명제

"각 자연수 n에 대하여 $1+3+5+\cdots+(2n-1)=n^2$이다." (1)

가 모든 자연수에 대하여 참임을 수학적 귀납법을 이용하여 증명할 수 있다.

정리 10.1.1

수학적 귀납법(mathematical induction) 자연수에 관한 어떤 명제가 두 조건

조건 I : 자연수 1에 대해서 명제는 참이다

조건 II : 만약 명제가 어떤 자연수 k에 대해서 참이면 명제는 $(k+1)$에 대해서도 참이다

를 만족한다면, 그 명제는 모든 자연수에 대해서 참이다.

이 책에서 수학적 귀납법에 대한 증명은 생략하기로 한다. 그렇더라도 이 원리가 왜 참인지를 이해하는 데 도움이 되는 예를 도미노 게임으로 보일 수 있다.

다음 두 사실이 참이라고 하자.

1. 첫 번째 도미노가 밀어 넘어뜨려졌다.
2. 어떤 도미노(k번째 도미노라 하자)가 넘어지면, 다음 $(k+1)$번째 도미노도 넘어진다.

그러면 모든 도미노가 넘어진다고 결론지어도 되는가? 답은 그렇다. 왜냐하면, 조건 I에서 첫 번째 도미노가 넘어지면 조건 II에 의해서 두 번째 도미노가 넘어지고, 두 번째 도미노가 넘어지면 조건 II에 의해서 세 번째 도미노가 넘어진다. 계속 그렇게 되기 때문이다.

수학적 귀납법을 이용하여 자연수에 관계되는 몇 개의 명제를 증명해보자.

예제 10.1.2

다음 명제가 모든 자연수에 대하여 참임을 보여라.

각 자연수 n에 대하여 $2^n > n$이다.

(풀이) $2^1 = 2 > 1$이기 때문에 $n = 1$에 대하여 부등식은 참이다. 그러므로 조건 I이 성립한다. 다음으로 어떤 k에 대하여 $2^k > k$라 가정하자. $(k+1)$에 대하여 공식이 성립함을 보이면 된다. 즉 $2^{k+1} > k+1$임을 보이자.

$$2^{k+1} = 2 \times 2^k > 2 \cdot k = k + k \geq k + 1$$

그러므로, 만약 $2^k > k$이면 $2^{k+1} > k+1$이다. 따라서 명제 "각 자연수 n에 대하여 $2^n > n$이다."는 모든 자연수에 대해서 참이다. ✲

예제 10.1.3

다음 공식이 모든 자연수에 대하여 참임을 보여라.

$$\text{“각 자연수 } n\text{에 대하여 } 1 + 2 + 3 + \cdots + n = \frac{n(n+1)}{2}\text{이다.”} \qquad (2)$$

(풀이) 먼저, $n = 1$에 대하여 공식 (2)가 참임을 보이자.

$$\frac{1(1+1)}{2} = \frac{1(2)}{2} = 1$$

이므로, 수학적 귀납법의 조건 I이 성립한다. 다음으로 어떤 k에 대하여 명제 (2)가 참이라고 하자. 그러면

$$1 + 2 + 3 + \cdots + k + (k+1) = [1 + 2 + 3 + \cdots + k] + (k+1)$$

$$
\begin{aligned}
&= \frac{k(k+1)}{2} + (k+1) \\
&= \frac{k^2+k+2k+2}{2} \\
&= \frac{k^2+3k+2}{2} = \frac{(k+1)(k+2)}{2}
\end{aligned}
$$

이므로, 조건 II가 성립한다. 따라서 모든 자연수에 대해 명제 (2)가 참이다. ✲

예제 10.1.4

다음 명제가 모든 자연수에 대하여 참임을 보여라.

"각 자연수 n에 대하여 $1+3+5+\cdots+(2n-1)=n^2$이다." (3)

풀이 $1^2=1$이기 때문에 $n=1$에 대하여 명제 (3)이 참이다. 그러므로 조건 I이 성립한다. 다음으로 조건 II가 성립함을 보여야 한다. 어떤 k에 대하여

$$1+3+5+\cdots+(2k-1)=k^2 \tag{4}$$

이라고 하자. 식 (4)를 근거로 하여 명제 (3)이 $n=(k+1)$에 대하여 성립함을 보이면 된다. 즉, 1부터 연속된 $(k+1)$개의 홀수의 합이 $(k+1)^2$임을 보이면 된다.

$$
\begin{aligned}
1+3+\cdots+(2k-1)+(2k+1) &= [1+3+\cdots+(2k-1)]+(2k+1) \\
&= k^2+(2k+1) \qquad \text{(식 (4)에서)} \\
&= k^2+2k+1=(k+1)^2
\end{aligned}
$$

이므로 조건 I과 II가 만족되었다. 그러므로 수학적 귀납법에 의해서 모든 자연수에 대하여 명제 (3)은 참이다. ✲

예제 10.1.5

다음 명제가 참임을 증명하여라.

"모든 자연수 n에 대하여 n^2-n+2는 2로 나누어진다."

풀이 $1^2-1+2=2$는 2로 나누어지기 때문에 $n=1$에 대하여 명제가 참이다. 그러므로 조건 I이 성립한다. 다음으로 어떤 k에 대하여 명제가 성립한다고 하자. 어떤 k에 대하여 k^2-k+2가 2로 나누어진다고 하자. 이제 $(k+1)^2-(k+1)+2$가 2로 나누어지는 것을 보이면 된다.

$$
\begin{aligned}
(k+1)^2-(k+1)+2 &= k^2+2k+1-k-1+2 \\
&= k^2+k+2 \\
&= k^2-k+2+2k
\end{aligned}
$$

이고 k^2-k+2와 $2k$가 2로 나누어지므로, $(k+1)^2-(k+1)+2=k^2-k+2+2k$는 2로 나누어진다. 그러므로 조건 II도 만족한다. 따라서 명제 "모든 자연수 n에 대하여 n^2-n+2는 2로 나누어진다."는 참이다. ✲

연습문제 10.1

1 수학적 귀납법을 이용하여 다음이 모든 자연수 n에 대하여 참임을 보여라.

(1) $2+5+8+\cdots+(3n-1)=\dfrac{1}{2}n(3n+1)$

(2) $1+2+2^2+\cdots+2^{n-1}=2^n-1$

(3) $\dfrac{1}{1\cdot 2}+\dfrac{1}{2\cdot 3}+\dfrac{1}{3\cdot 4}+\cdots+\dfrac{1}{n(n+1)}=\dfrac{n}{n+1}$

(4) $1^2+2^2+3^2+\cdots+n^2=\dfrac{1}{6}n(n+1)(2n+1)$

(5) $1\cdot 2+2\cdot 3+3\cdot 4+\cdots+n(n+1)=\dfrac{1}{3}n(n+1)(n+2)$

2 다음 명제가 모든 자연수 n에 대하여 참임을 보여라.

(1) $x>1$인 모든 실수 x에 대하여 $x^n>1$이다.

(2) n^2+3n+2는 2로 나누어진다.

(3) $a-b$는 a^n-b^n의 인수이다.

[도움말: $a^{k+1}-b^{k+1}=a(a^k-b^k)+b^k(a-b)$]

(4) 실수 a, r에 대하여 $r\neq 1$이면, $a+ar+ar^2+\cdots+ar^{n-1}=a\left(\dfrac{1-r^n}{1-r}\right)$이다.

3 n개의 변을 갖는 볼록다각형의 내각의 합은 얼마인가? 자신의 주장을 쓰고 증명하여라.

10.2 이항정리

이항정리는 자연수 n에 대한 $(x+a)^n$의 전개 공식이다. $n=1, 2, 3$인 경우는 이미 중고등학교에서 배웠다. 즉

$$(x+a)^1=x+a$$

$$(x+a)^2 = x^2 + 2ax + a^2$$
$$(x+a)^3 = x^3 + 3ax^2 + 3a^2x + a^3$$

일반적으로 $(x+a)^n$의 전개는 x에 대하여 내림차순으로 정리하면, x^n항에서 시작하여 a^n항에서 끝나며 항의 수는 $n+1$이다.

$n \geqq 0$이 정수이면 기호 $n!$은 다음과 같이 정의된다.

$$0! = 1, \quad 1! = 1,$$
$$n! = n(n-1)\cdots 3 \cdot 2 \cdot 1 \quad (n \geqq 2)$$

여기서 기호 $n!$은 n 팩토리얼(n factorial)이라고 읽는다.

예를 들면, $2! = 2 \cdot 1 = 2$, $3! = 3 \cdot 2 \cdot 1 = 6$, $4! = 4 \cdot 3 \cdot 2 \cdot 1 = 24$ 등이다.

$$n! = n(n-1)(n-2) \cdot \cdots \cdot 3 \cdot 2 \cdot 1$$

이므로, 연속적으로 $n!$을 구하기 위하여

$$n! = n(n-1)!$$

을 이용하면 편리하다. 예를 들면, $6! = 720$이므로 $7! = 7 \cdot 6! = 7(720) = 5040$이고, $8! = 8 \cdot 7! = 8(5040) = 40320$이다.

$n!$은 매우 급하게 증가한다. 실제로 $70!$은 10^{100}보다 크다.

기호 $\binom{n}{j}$

정수 j와 n이 $0 \leq j \leq n$이면 기호 $\binom{n}{j}$는 다음과 같이 정의한다.

$$\binom{n}{j} = \frac{n!}{j!(n-j)!} \qquad (1)$$

이 기호는 n개의 물건 가운데 j개를 선택하는 방법의 수를 의미하며, 또한 원소가 n개인 집합의 부분집합 가운데 원소가 j개인 것의 수를 의미하기도 한다.

예제 10.2.1

다음을 계산하여라.

(1) $\binom{5}{2}$ (2) $\binom{8}{7}$ (3) $\binom{11}{3}$

풀이 (1) $\binom{5}{2}=\frac{5!}{2!3!}=\frac{5\cdot 4\cdot 3!}{2!\cdot 3!}=10$

(2) $\binom{8}{7}=\frac{8!}{7!(8-7)!}=\frac{8!}{7!1!}=\frac{8\cdot 7!}{7!1!}=\frac{8}{1}=8$

(3) $\binom{11}{3}=\frac{11!}{3!(11-3)!}=\frac{11!}{3!8!}=\frac{11\cdot 10\cdot 9\cdot 8!}{3!8!}=11\cdot 5\cdot 3=165$ ✲

정리 10.2.2

(1) $\binom{n}{0}=1$이고 $\binom{n}{n}=1$이다.

(2) n과 j가 $0\leq j\leq n$인 정수이면, $\binom{n}{j}=\binom{n}{n-j}$이다.

증명 (1) $\binom{n}{0}=\frac{n!}{0!(n-0)!}=\frac{n!}{0!n!}=\frac{1}{1}=1$이고 $\binom{n}{n}=1$은 독자에게 맡긴다.

(2) $\binom{n}{j}=\frac{n!}{j!(n-j)!}=\frac{n!}{(n-j)!(n-(n-j))!}=\binom{n}{n-j}$ ✲

이항정리

정리 10.2.3

이항정리 x와 a가 실수일 때, 임의의 자연수 n에 대하여 다음이 성립한다.

$$(x+a)^n=\binom{n}{0}x^n+\binom{n}{1}ax^{n-1}+\cdots+\binom{n}{j}a^jx^{n-j}+\cdots+\binom{n}{n}a^n$$

이런 이유로 기호 $\binom{n}{j}$를 **이항계수**(binomial coefficient)라 한다.

예제 10.2.4

이항정리를 이용하여 $(x+2)^5$에서 x^3의 계수를 구하여라.

풀이 이항정리에서 $a=2$, $n=5$라 하자. 그러면

$$\begin{aligned}(x+2)^5&=\binom{5}{0}x^5+\binom{5}{1}2x^4+\binom{5}{2}2^2x^3+\binom{5}{3}2^3x^2+\binom{5}{4}2^4x+\binom{5}{5}2^5\\&=1\cdot x^5+5\cdot 2x^4+10\cdot 4x^3+10\cdot 8x^2+5\cdot 16x+1\cdot 32\\&=x^5+10x^4+40x^3+80x^2+80x+32\end{aligned}$$

이므로 x^3의 계수는 40이다. ✲

예제 10.2.5

이항정리를 써서 $(2y-3)^4$을 전개하여라.

풀이 먼저 $(2y-3)^4$을 $[2y+(-3)]^4$으로 고쳐 쓰고, 이항정리에서 $n=4$, $x=2y$, $a=-3$으로 하면,

$$\begin{aligned}
&[2y+(-3)]^4\\
&=\binom{4}{0}(2y)^4+\binom{4}{1}(-3)(2y)^3+\binom{4}{2}(-3)^2(2y)^2+\binom{4}{3}(-3)^3 2y+\binom{4}{4}(-3)^4\\
&=1\cdot 16y^4+4(-3)8y^3+6\cdot 9\cdot 4y^2+4(-27)2y+1\cdot 81\\
&=16y^4-96y^3+216y^2-216y+81
\end{aligned}$$

이 전개에서 $a=-3$이라서 부호가 교대로 바뀌어 나타난다. ✲

$(x+a)^n$의 전개에 근거하여 x^j를 포함하는 항은

$$\binom{n}{n-j}a^{n-j}x^j \tag{2}$$

이다. 또한 $\binom{n}{j}=\binom{n}{n-j}$이므로 x^j의 계수는 $\binom{n}{j}a^{n-j}$이다.

예제 10.2.6

$(2y+3)^{10}$의 전개에서 y^7의 계수를 구하여라.

풀이 $(2y+3)^{10}$에서 $n=10$, $a=3$, $x=2y$, $j=7$로 한다. 그러면 y^7을 포함하는 항은

$$\begin{aligned}
\binom{10}{10-7}3^{10-7}(2y)^7&=\binom{10}{3}\cdot 3^3\cdot 2^7\cdot y^7\\
&=\frac{10!}{3!7!}\cdot 27\cdot 2^7\cdot y^7\\
&=\frac{10\cdot 9\cdot 8}{3!}\cdot 27\cdot 2^7\cdot y^7\\
&=120\cdot 27\cdot 2^7\cdot y^7\\
&=414720y^7
\end{aligned}$$

이므로 y^7의 계수는 414720이다. ✲

예제 10.2.7

$(x+2)^9$을 전개하여 x에 대하여 내림차순으로 정리할 때 여섯 번째의 항을 구하여라.

(풀이) $(x+2)^9$을 전개하면 총 열 개의 항이 있는데, 여섯째항은 x^4을 포함한다. 그러므로 여섯째항은

$$\binom{9}{9-4}2^{9-4}x^4=\binom{9}{5}\cdot 2^5x^4=\frac{9!}{5!4!}\cdot 32x^4=4032x^4$$ ✲

예제 10.2.8

n과 j가 $0\leqq j\leqq n$인 정수이면,

$$\binom{n}{j-1}+\binom{n}{j}=\binom{n+1}{j}$$

임을 보여라.

(풀이)
$$\begin{aligned}\binom{n}{j-1}+\binom{n}{j}&=\frac{n!}{(j-1)![n-(j-1)]!}+\frac{n!}{j!(n-j)!}\\&=\frac{n!}{(j-1)!(n-j+1)!}+\frac{n!}{j!(n-j)!}\\&=\frac{jn!}{j(j-1)!(n-j+1)!}+\frac{(n-j+1)n!}{j!(n-j+1)(n-j)!}\\&=\frac{jn!}{j!(n-j+1)!}+\frac{(n-j+1)n!}{j!(n-j+1)!}\\&=\frac{jn!+(n-j+1)n!}{j!(n-j+1)!}\\&=\frac{n!(j+n-j+1)}{j!(n-j+1)!}\\&=\frac{n!(n+1)}{j!(n-j+1)!}=\frac{(n+1)!}{j![(n+1)-j]!}=\binom{n+1}{j}\end{aligned}$$ ✲

연습문제 10.2

1 $\binom{n}{n}=1$임을 보여라.

2 다음 값을 계산하여라.

(1) $\frac{8!5!}{6!6!}$　　(2) $\binom{5}{3}$　　(3) $\binom{7}{5}$

(4) $\binom{50}{49}$ (5) $\binom{1000}{1000}$

3 이항정리를 이용하여 다음을 전개하여라.

(1) $(x+1)^5$ (2) $(x-2)^6$ (3) $(3x+1)^4$

(4) $(x^2+y^2)^5$ (5) $(\sqrt{x}+\sqrt{2})^6$ (6) $(ax+by)^5$

4 이항정리를 이용하여 다음을 구하여라.

(1) $(x+3)^{10}$의 전개에서 x^6의 계수

(2) $(2x-1)^{12}$의 전개에서 x^8의 계수

(3) $(2x+3)^9$의 전개에서 x^7의 계수

(4) $(x+3)^7$의 전개에서 x^3의 계수

(5) $\left(x^2+\frac{1}{x}\right)^{12}$의 전개에서 x^0의 계수

(6) $\left(x-\frac{2}{\sqrt{x}}\right)^{10}$의 전개에서 x^4의 계수

5 모든 자연수 n에 대하여 다음 항등식이 참임을 보여라.

(1) $\binom{n}{0}+\binom{n}{1}+\binom{n}{2}+\cdots+\binom{n}{n}=2^n$

(2) $\binom{n}{0}-\binom{n}{1}+\binom{n}{2}-\cdots+(-1)^n\binom{n}{n}=0$

10.3 수열

수열(sequence)이란 정의역이 자연수 전체집합이고 공역이 실수인 함수이다. 즉

$$f:\{1, 2, 3, \ldots, n, \ldots\}\to(-\infty, \infty)$$

가 수열이다.

수열은 일반적으로 순서에 따라 그 값을 나열하여 나타낸다. 예를 들면,

$$f(1),\ f(2),\ f(3),\ f(4), \ldots$$

으로 나타낼 수 있다. 이 나열은 결코 끝이 없다. 끝없이 계속됨을 점으로 표시하는 생략부호로 나타낸다. 순서를 가지는 나열에서 각각의 수를 수열의 항이라 한다. 수열을 취급할 때, 아래에 첨자가 붙는 문자를 이용한다. 예를 들어, 첫째항은 a_1, 둘째항은 a_2, 셋째항은 a_3 등이다. 따라서 수열 $f(n)$은

$$a_1 = f(1),\ a_2 = f(2),\ a_3 = f(3),\ a_4 = f(4), \ldots, a_n = f(n), \ldots$$

으로 표현할 수 있다. 또한,

$$f = a_1,\ a_2,\ a_3, \ldots = \{a_n\}_{n=1}^{\infty} = \{a_n\}$$

으로 표현하기도 한다.

수열의 n째항에 대한 공식을 알면, 통상적으로 이 공식을 사용하여 수열을 나타내기도 한다. 따라서 수열의 n째항을 수열의 일반항이라고 한다. 예를 들어, 일반항이 $b_n = \left(\frac{1}{2}\right)^n$인 수열은

$$\{b_n\} = \left\{\left(\frac{1}{2}\right)^n\right\}$$

으로 나타내거나 또는

$$b_1 = \frac{1}{2},\ b_2 = \frac{1}{4},\ b_3 = \frac{1}{8}, \ldots, b_n = \left(\frac{1}{2}\right)^n, \ldots$$

으로 나타낸다.

예제 10.3.1

다음 수열의 처음 6개의 항을 적어보고, 그 그래프를 그려라.

$$\{a_n\} = \left\{\frac{n-1}{n}\right\}$$

풀이 $a_1 = 0,\ a_2 = \frac{1}{2},\ a_3 = \frac{2}{3},\ a_4 = \frac{3}{4},\ a_5 = \frac{4}{5},\ a_6 = \frac{5}{6}$

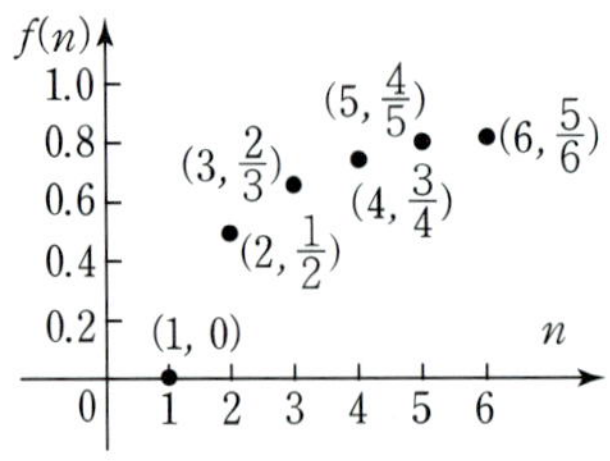

그림 10.1

✲

예제 10.3.2

다음 수열의 처음 6개의 항을 적어보고, 그 그래프를 그려라.

$$\{b_n\}=\left\{(-1)^{n-1}\left(\frac{2}{n}\right)\right\}$$

(풀이) $b_1=2,\ b_2=-1,\ b_3=\frac{2}{3},\ b_4=-\frac{1}{2},\ b_5=\frac{2}{5},\ b_6=-\frac{1}{3}$

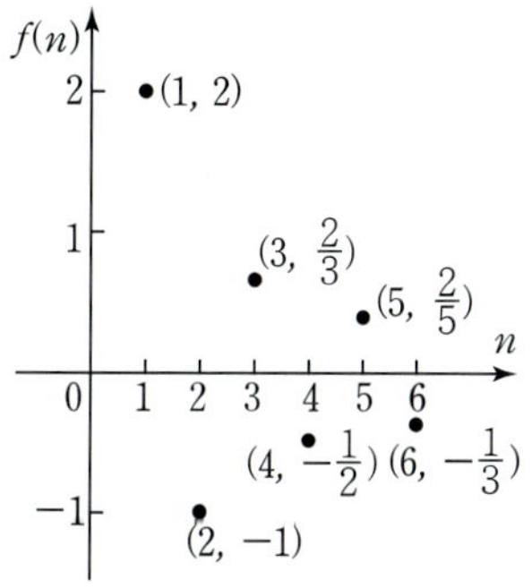

그림 10.2

*

예제 10.3.3

다음 수열의 처음 6개의 항을 적어보고, 그 그래프를 그려라.

$$\{c_n\}=\begin{cases} n, & n=\text{짝수} \\ \dfrac{1}{n}, & n=\text{홀수} \end{cases}$$

(풀이) $c_1=1,\ c_2=2,\ c_3=\frac{1}{3},\ c_4=4,\ c_5=\frac{1}{5},\ c_6=6$

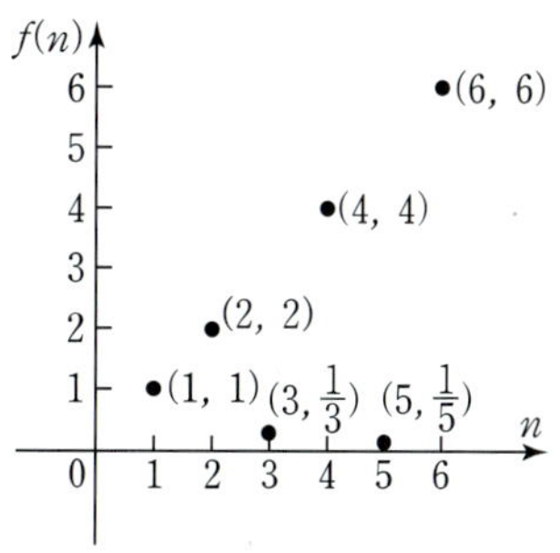

그림 10.3

*

가끔 수열은 일반항을 추론할 수 있는 처음 몇 개의 항으로써 나타내어진다. 다음 예제는 처음 몇 개의 항으로부터 일반항을 추측할 수 있는 수열을 보여주는 것이다.

예제 10.3.4

아래에 주어진 처음 몇 개의 항으로부터 일반항을 구하여라.

(1) $e,\ \frac{e^2}{2},\ \frac{e^3}{3},\ \frac{e^4}{4},\cdots$ (2) $1,\ \frac{1}{3},\ \frac{1}{9},\ \frac{1}{27},\cdots$

(3) $1,\ 3,\ 5,\ 7,\cdots$ (4) $1,\ 4,\ 9,\ 16,\ 25,\cdots$

(5) $1,\ -\frac{1}{2},\ \frac{1}{3},\ -\frac{1}{4},\ \frac{1}{5},\cdots$

풀이 (1) $a_n = \frac{e^n}{n}$ (2) $b_n = \frac{1}{3^{n-1}}$

(3) $c_n = 2n-1$ (4) $d_n = n^2$

(5) $e_n = (-1)^{n+1}\left(\frac{1}{n}\right)$ ✲

항의 부호가 교대로 바뀌는 경우 인자 $(-1)^{n+1}$이 이용되어 n이 홀수면 1로, n이 짝수면 -1로 된다. 또는 $(-1)^n$이 이용되어 n이 짝수면 1로, n이 홀수면 -1로 된다.

반복공식(점화식)

수열을 정의하는 또 다른 방법은 이웃하는 몇 개의 항에 대한 관계식으로 표현하는 것이다. 이와 같은 방법으로 정의되는 수열을 반복적으로 정의된다고 하며, 그 규칙 또는 공식을 반복공식 또는 점화식(recursive formula)이라고 한다.

예제 10.3.5

다음의 반복적으로 정의되는 수열의 처음 다섯 항을 적어라.

$$s_1 = 1,\quad s_n = 4s_{n-1}$$

풀이 첫째항은 주어진 것과 같이 $s_1 = 1$이다. 둘째항을 구하기 위하여 공식에서 $n=2$를 사용하여 $s_2 = 4s_1 = 4\times 1 = 4$를 구한다. 셋째항은 공식에서 $n=3$을 사용하여 $s_3 = 4s_2 = 4\times 4 = 16$이고, 앞항의 값을 알면 뒷항을 구할 수 있다. 따라서 처음 다섯 항을 구해보면,

$$s_1 = 1,\ s_2 = 4,\ s_3 = 16,\ s_4 = 64,\ s_5 = 256$$

이다. ✲

예제 10.3.6

다음의 반복적으로 정의되는 수열의 처음 다섯 항을 적어라.

$$u_1 = 1,\ u_2 = 1,\ u_{n+2} = u_n + u_{n+1}$$

풀이 처음 두 개의 항이 주어져 있으므로, 셋째항은 $u_3 = u_1 + u_2 = 1 + 1 = 2$이다. 같은 방법으로 처음 다섯 항을 구해보면,

$$u_1 = 1,\ \ u_2 = 1,\ \ u_3 = u_1 + u_2 = 1 + 1 = 2,$$
$$u_4 = u_2 + u_3 = 1 + 2 = 3,\ \ u_5 = u_3 + u_4 = 2 + 3 = 5$$

이다. ✲

예제 10.3.7

다음의 반복적으로 정의되는 수열의 처음 다섯 항을 적어라.

$$f_1 = 1,\ f_{n+1} = (n+1) f_n$$

풀이 $f_1 = 1,\ f_2 = 2f_1 = 2,\ f_3 = 3f_2 = 6,\ f_4 = 4f_3 = 24,\ f_5 = 5f_4 = 120$ ✲

예제 10.3.6에서 정의된 수열을 피보나치 수열(Fibonacci sequence)이라 하고, 이 수열에서 각 항을 피보나치 수(Fibonacci number)라고 한다. 이 수는 응용에서 다양하게 나타난다. 그리고 예제 10.3.7에서 n째항이 $n!$임을 알 수 있다.

수열에서 처음 n항의 합

수열 $\{a_n\}$에서 처음 n항의 합

$$a_1 + a_2 + a_3 + \cdots + a_n \tag{1}$$

을 구할 때가 많다. 이처럼 모든 항을 적는 것보다 합을 나타내는 보다 간단한 방법을 소개한다. 그 방법을 합 표현(summation notation)이라 한다. 합 표현을 써서 (1)의 합을

$$S_n = a_1 + a_2 + a_3 + \cdots + a_n = \sum_{k=1}^{n} a_k$$

로 나타낸다. 기호 $\sum$(시그마)는 단지 항을 합하라는 지시이다. 정수 k를 합의 첨수(index)라 하는데, 이것은 합할 때 시작하는 곳에서 끝나는 곳까지를 나타낸다. 그러므로, 표현

$$\sum_{k=1}^{n} a_k \tag{2}$$

은 수열 $\{a_n\}$에서 $k=1$에서 $k=n$까지의 항 a_k를 합하라는 지시이다. 그리고 식 (2)를 '$k=1$에서 $k=n$까지 a_k의 합'이라고 읽는다.

예제 10.3.8

각 합을 나열식으로 적어라.

(1) $\displaystyle\sum_{k=1}^{n} \frac{1}{k}$ (2) $\displaystyle\sum_{k=1}^{n} k!$

풀이 (1) $\displaystyle\sum_{k=1}^{n} \frac{1}{k} = \frac{1}{1} + \frac{1}{2} + \frac{1}{3} + \cdots + \frac{1}{n}$

(2) $\displaystyle\sum_{k=1} k! = 1! + 2! + 3! + \cdots + n!$ ✲

예제 10.3.9

합 표현을 써서 다음의 각 합을 나타내어라.

(1) $1^2 + 2^2 + 3^2 + \cdots + n^2$

(2) $1 + \dfrac{1}{2} + \dfrac{1}{4} + \dfrac{1}{8} + \cdots + \dfrac{1}{2^{n-1}}$

풀이 (1) 합 $1^2 + 2^2 + 3^2 + \cdots + n^2$은 n개의 항을 가지고, 각 k^2은 $k=1$에서 시작하여 n에서 끝난다. 그러므로,

$$1^2 + 2^2 + 3^2 + \cdots + n^2 = \sum_{k=1}^{n} k^2$$

(2) 합 $1 + \dfrac{1}{2} + \dfrac{1}{4} + \dfrac{1}{8} + \cdots + \dfrac{1}{2^{n-1}}$은 n개의 항을 가지고, 각 $\dfrac{1}{2^{k-1}}$은 $k=1$에서 시작하여 n에서 끝난다. 그러므로,

$$1 + \frac{1}{2} + \frac{1}{4} + \frac{1}{8} + \cdots + \frac{1}{2^{n-1}} = \sum_{k=1}^{n} \frac{1}{2^{k-1}}$$ ✲

첨수로서 k 이외에 다른 문자도 사용할 수 있다. 예를 들면

$$\sum_{j=1}^{n} j!, \quad \sum_{i=1}^{n} i!$$

에서 각 표현은 예제 10.3.8(2)에 주어진 것과 같은 표현이다.

합 Σ에 대한 몇 개의 성질을 나열한다.

정리 10.3.10

만약 $\{a_n\}$과 $\{b_n\}$이 수열이고 c가 실수이면,

(1) $\displaystyle\sum_{k=1}^{n} ca_k = c\sum_{k=1}^{n} a_k$

(2) $\displaystyle\sum_{k=1}^{n} (a_k + b_k) = \sum_{k=1}^{n} a_k + \sum_{k=1}^{n} b_k$

(3) $\displaystyle\sum_{k=1}^{n} (a_k - b_k) = \sum_{k=1}^{n} a_k - \sum_{k=1}^{n} b_k$

(4) $\displaystyle\sum_{k=1}^{n} a_k = \sum_{k=1}^{j} a_k + \sum_{k=j+1}^{n} a_k \, (1 < j < n)$

이 정리에 대한 증명은 실수의 성질을 이용하여 어렵지 않게 할 수 있으므로 생략한다(각자 그 증명을 시도해보기 바란다).

합에서 첨수는 항상 1에서 시작하여 n으로 끝날 필요는 없다. 예를 들면,

$$\sum_{k=0}^{n-1} \frac{1}{2^k} = 1 + \frac{1}{2} + \frac{1}{4} + \cdots + \frac{1}{2^{n-1}}$$

연습문제 10.3

1 다음 각 수열에서 처음 다섯 항을 적어라.

(1) $\{n\}$

(2) $\left\{\dfrac{n}{n+1}\right\}$

(3) $\{(-1)^{n+1}n^2\}$

(4) $\left\{\dfrac{2^n}{3^n+1}\right\}$

(5) $\left\{\dfrac{(-1)^n}{(n+1)(n+2)}\right\}$

(6) $\left\{\dfrac{n}{e^n}\right\}$

2 다음과 같은 형태로 주어지는 수열의 일반항을 구하여라.

(1) $\frac{1}{2}, \frac{2}{3}, \frac{3}{4}, \frac{4}{5}, \ldots$ (2) $1, \frac{1}{2}, \frac{1}{4}, \frac{1}{8}, \ldots$

(3) $1, -1, 1, -1, 1, -1, \ldots$ (4) $1, -2, 3, -4, 5, -6, \ldots$

3 반복적으로 정의되는 아래의 수열에서 처음 다섯 항을 적어라.

(1) $a_1 = 1,\ a_{n+1} = 2 + a_n$ (2) $a_1 = -2,\ a_{n+1} = n + a_n$

(3) $a_1 = 5,\ a_{n+1} = 2a_n$ (4) $a_1 = 3,\ a_{n+1} = \frac{a_n}{n}$

(5) $a_1 = 1,\ a_2 = 2,\ a_{n+2} = a_n a_{n+1}$ (6) $a_1 = A,\ a_{n+1} = a_n + d$

(7) $a_1 = \sqrt{2},\ a_{n+1} = \sqrt{2 + a_n}$

4 다음 합을 나열식으로 적어라.

(1) $\sum_{k=1}^{n}(k+1)$ (2) $\sum_{k=1}^{n}\frac{k^2}{2}$ (3) $\sum_{k=0}^{n}\frac{1}{3^k}$

(4) $\sum_{k=0}^{n-1}\frac{1}{3^{k+1}}$ (5) $\sum_{k=2}^{n}(-1)^k \ln k$

5 다음을 합의 표현을 써서 나타내어라.

(1) $1 + 2 + 3 + \cdots + n$ (2) $\frac{1}{2} + \frac{2}{3} + \frac{3}{4} + \cdots + \frac{n}{n+1}$

(3) $1 - \frac{1}{3} + \frac{1}{9} - \frac{1}{27} + \cdots + (-1)^n \frac{1}{3^n}$ (4) $3 + \frac{3^2}{2} + \frac{3^3}{3} + \cdots + \frac{3^n}{n}$

(5) $a + (a+d) + (a+2d) + \cdots + (a+nd)$

6 (1) 모든 자연수 n에 대하여 $\sum_{k=1}^{n} k = \frac{n(n+1)}{2}$이 참임을 이용하여

모든 자연수 n에 대하여 $\sum_{k=1}^{n}(k+1) = \frac{n(n+3)}{2}$이 참임을 보여라.

(2) 모든 자연수 n에 대하여 $\sum_{k=1}^{n} k^2 = \frac{n(n+1)(2n+1)}{6}$이 참임을 이용하여

모든 자연수 n에 대하여 $\sum_{k=1}^{n}\frac{k^2}{2} = \frac{n(n+1)(2n+1)}{12}$이 참임을 보여라.

10.4 등차수열과 등비수열

등차수열

수열에서 연속적인 두 항의 차가 항상 같은 수일 때, 이 수열을 등차수열(arithmetic sequence)이라고 한다. 등차수열은 $a_1 = a$, $a_{n+1} - a_n = d$ 또는

$$a_1 = a, \ a_{n+1} = a_n + d \tag{1}$$

처럼 반복적으로 정의될 수 있다. 여기서 d를 공차(common difference)라 한다. 그러므로 첫째항이 a이고 공차가 d인 등차수열은

$$a, \ a+d, \ a+2d, \ a+3d, \ldots$$

와 같은 형태이다.

예제 10.4.1

다음의 수열은 등차수열임을 보이고, 첫째항과 공차를 구하여라.

$$\{s_n\} = \{2n+5\}$$

풀이 첫째항은 $s_1 = 2 \times 1 + 5 = 7$이다. 수열 $\{s_n\}$에서 $(n+1)$째항과 n째항은 각각 $s_{n+1} = 2(n+1) + 5 = 2n+7$과 $s_n = 2n+5$이다. 그리고 이들의 차는

$$s_{n+1} - s_n = (2n+7) - (2n+5) = 7 - 5 = 2$$

이다. 그러므로 연속적인 두 항의 차는 항 번호 n과는 무관하다. 그러므로 공차는 2이고 주어진 수열은 등차수열이다. ✲

예제 10.4.2

다음의 수열은 등차수열임을 보이고, 첫째항과 공차를 구하여라.

$$\{t_n\} = \{7-n\}$$

풀이 첫째항은 $t_1 = 7 - 1 = 6$이다. $(n+1)$째항과 n째항은 각각 $t_{n+1} = 7 - (n+1) = 6 - n$과 $t_n = 7 - n$이다. 그리고 이들의 차는

$$t_{n+1} - t_n = (6-n) - (7-n) = 6 - 7 = -1$$

이다. 그러므로 연속적인 두 항의 차는 항 번호 n과는 무관하고 항상 -1과 같다. 그러므로 $\{t_n\}$은 등차수열이고 공차는 -1이다. ✲

첫째항이 a이고 공차가 d인 등차수열의 n째항 a_n의 공식을 찾아보자. 형태를 알아보기 위하여 처음 몇 항을 적어보자.

$$a_1 = a + 0 \cdot d$$
$$a_2 = a_1 + d = a + 1 \cdot d$$
$$a_3 = a_2 + d = (a + d) + d = a + 2d$$
$$a_4 = a_3 + d = (a + 2d) + d = a + 3d$$
$$a_5 = a_4 + d = (a + 3d) + d = a + 4d$$
$$\vdots$$
$$a_n = a_{n-1} + d = [a + (n-2)d] + d = a + (n-1)d$$

따라서 다음 사실을 유도할 수 있다.

정리 10.4.3

수열의 n째항 첫째항이 a이고 공차가 d인 등차수열에서 n째항은 다음 공식으로 결정된다.

$$a_n = a + (n-1)d \tag{2}$$

증명 수학적 귀납법을 이용하여 증명한다. 만약 $n = 1$이면,

$$a_1 = a + (1-1)d = a + 0 \cdot d = a \tag{3}$$

이다. 그러므로 수학적 귀납법의 조건 I을 만족한다. k에 대하여

$$a_k = a + (k-1)d$$

가 성립한다면,

$$a_{k+1} = a_k + d = [a + (k-1)d] + d = [a + kd - d] + d = a + kd$$

이므로 수학적 귀납법의 조건 II도 만족한다. 따라서 모든 n에 대하여

$$a_n = a + (n-1)d$$

는 참이다. ✲

예제 10.4.4

다음 등차수열의 12째항을 구하여라.

$$2, 6, 10, 14, 18, \ldots$$

(풀이) 이 등차수열의 첫째항은 $a=2$이고 공차는 4이다. 공식 (2)에 따라

$$n\text{째항}: a_n = 2+(n-1)4, \quad 12\text{째항}: a_{12} = 2+11\times 4 = 46$$ ✲

예제 10.4.5

어떤 등차수열의 8째항이 75이고, 20째항이 39이다. 이 등차수열의 첫째항과 공차를 구하여라. 그리고 이 수열의 반복공식을 나타내어라.

(풀이) 공식 (2)에 의해서

$$a_8 = a+7d = 75$$
$$a_{20} = a+19d = 39$$

임을 안다. 이것은 미지수가 두 개인 연립선형방정식으로, 소거법에 의해서 풀 수 있다. 첫째 식에서 둘째 식을 빼면 $-12d = 36$이므로 $d=-3$이다. 이것을 이용하여 $a = 75-7d = 75-7(-3) = 96$이다. 그러므로 이 수열의 반복공식은

$$a_1 = 96, \quad a_{n+1} = a_n - 3$$

이다. ✲

등차수열에서 처음 n항까지의 합

다음의 정리는 등차수열에서 처음 n항까지의 합을 구하는 공식이다.

정리 10.4.6

$\{a_n\}$을 첫째항이 a이고 공차가 d인 등차수열이라 하자. 이 수열의 처음 n항까지의 합은

$$S_n = \frac{n}{2}[2a+(n-1)d] = \frac{n}{2}(a+a_n) \tag{4}$$

이다.

(증명)
$$\begin{aligned}
S_n &= a+(a+d)+(a+2d)+\cdots+[a+(n-1)d] \\
&= (a+a+\cdots+a)+[d+2d+(n-1)d] \\
&= na+d[1+2+\cdots+(n-1)] \\
&= na+d\left[\frac{n(n-1)}{2}\right] \\
&= na+\frac{n}{2}(n-1)d \\
&= \frac{n}{2}[2a+(n-1)d]
\end{aligned}$$

$$= \frac{n}{2}[a + a + (n-1)d]$$

$$= \frac{n}{2}(a + a_n) \quad ✲$$

이 정리는 또 수학적 귀납법의 원리를 이용하여 증명할 수 있다. 공식 (4)는 등차수열의 처음 n항까지의 합을 구하는 두 가지 방법을 담고 있다. 하나는 첫째항과 공차를 포함하고 있고, 다른 하나는 첫째항과 n째항을 포함하고 있다. 어느 것이든 쉬운 것을 이용하면 된다.

예제 10.4.7

수열 $\{3n+5\}$의 처음 n항까지의 합 S_n을 구하여라. 즉,

$$8 + 11 + 14 + \cdots + (3n+5)$$

를 구하여라.

(풀이) 수열 $\{3n+5\}$는 첫째항이 $a=8$이고, n째항이 $(3n+5)$인 등차수열이다. 합 S_n을 구하기 위하여 식 (4)를 사용한다.

$$S_n = \frac{n}{2}(a + a_n) = \frac{n}{2}[8 + (3n+5)] = \frac{n}{2}(3n+13) \quad ✲$$

예제 10.4.8

1과 111 사이에 2의 배수이고 동시에 3의 배수인 수는 몇 개 있으며, 또 이들의 합은 얼마인가?

(풀이) 2의 배수이고 동시에 3의 배수인 수는 6의 배수이고, 6의 배수는 $6n$으로 나타낼 수 있다. 물론 여기서 n은 자연수이다. $1 < 6n < 111$에서 $\frac{1}{6} < n < \frac{111}{6}$이고 n은 자연수이므로 $1 \leq n \leq 18$이다. 그러므로 구하는 수는 6의 배수이고, 첫째항이 6, 마지막 항이 108이며 항의 개수는 18이므로 그 합은 공식 (4)에 의하여

$$S_{18} = \frac{18}{2}(6+108) = 1026 \quad ✲$$

등비수열

어떤 수열의 연속적인 항의 비가 0이 아닌 동일한 수일 때, 이 수열을 **등비수열**(geometric sequence)이라 한다. 그러므로 등비수열은 $a_1 = a$, $\frac{a_{n+1}}{a_n} = r$ 또는

$$a_1 = a,\ a_{n+1} = r a_n \tag{5}$$

으로 반복적으로 정의될 수 있다. 여기서 r을 공비(common ratio)라고 한다. 그러므로 첫째항이 a이고 공비가 r인 등비수열은 다음의 모양이다.

$$a,\ ar,\ ar^2,\ ar^3, \ldots$$

예제 10.4.9

다음 수열이 등비수열임을 보이고, 첫째항과 공비를 구하여라.

$$\{s_n\} = \{2^{-n}\}$$

풀이 첫째항이 $s_1 = 2^{-1} = \frac{1}{2}$이다. 이 수열 $\{s_n\}$의 $(n+1)$째항과 n째항은 각각

$$s_{n+1} = 2^{-(n+1)},\ s_n = 2^{-n}$$

이다. 이들의 비는

$$\frac{s_{n+1}}{s_n} = \frac{2^{-(n+1)}}{2^{-n}} = 2^{-n-1+n} = 2^{-1} = \frac{1}{2}$$

이다. 연속적인 항의 비가 항 번호 n과는 무관하므로, 이 수열 $\{s_n\}$은 공비가 $\frac{1}{2}$인 등비수열이다. ✲

예제 10.4.10

다음 수열이 등비수열임을 보이고, 첫째항과 공비를 구하여라.

$$\{t_n\} = \{4^n\}$$

풀이 첫째항이 $t_1 = 4^1 = 4$이다. 이 수열의 $(n+1)$째항과 n째항은 각각

$$t_{n+1} = 4^{n+1},\ t_n = 4^n$$

이다. 이들의 비는

$$\frac{t_{n+1}}{t_n} = \frac{4^{n+1}}{4^n} = 4$$

이므로, 이 수열 $\{t_n\}$은 공비가 4인 등비수열이다. ✲

어떤 등비수열의 첫째항이 a이고 공비가 $r \neq 0$이라 하자. 이 수열의 n째항 a_n의 공식을 구하자. 형태를 찾기 위하여 처음 몇 개의 항을 적어본다.

$$
\begin{aligned}
a_1 &= 1 \cdot a = ar^0 \\
a_2 &= ra = ar^1 \\
a_3 &= ra_2 = r(ar) = ar^2 \\
a_4 &= ra_3 = r(ar^2) = ar^3 \\
a_5 &= ra_4 = r(ra^3) = ar^4 \\
&\vdots \\
a_n &= ra_{n-1} = r(ar^{n-2}) = ar^{n-1}
\end{aligned}
$$

따라서 다음의 결과를 얻는다.

정리 10.4.11

등비수열의 n째항 첫째항이 a이고 공비가 r인 등비수열의 n째항은 다음의 식으로 결정된다.

$$a_n = ar^{n-1} \quad (r \neq 0) \tag{6}$$

이 증명은 수학적 귀납법을 이용하여 증명할 수 있으므로 독자에게 맡긴다.

예제 10.4.12

다음 등비수열의 9째항을 구하여라.

$$2,\ \frac{2}{3},\ \frac{2}{9},\ \frac{2}{27},\cdots$$

(풀이) 등비수열이 첫째항이 $a = 2$이고, 공비는 $\frac{1}{3}$이다. 식 (6)에 따라 n째항은

$$a_n = 2\left(\frac{1}{3}\right)^{n-1}$$

이다. 그러므로 9째항은

$$a_9 = 2\left(\frac{1}{3}\right)^8 = \frac{2}{3^8} = \frac{2}{6561}$$

✲

예제 10.4.13

다음 등비수열의 n째항을 구하여라.

(1) $3, -6, 12, -24, \ldots$ (2) $1, \sqrt{2}, 2, 2\sqrt{2}, \ldots$

풀이 (1) 첫째항이 3, 공비는 $\dfrac{-6}{3} = -2$이므로 $a_n = 3 \cdot (-2)^{n-1} = (-1)^{n-1} \cdot 3 \cdot 2^{n-1}$

(2) 첫째항이 1, 공비는 $\dfrac{\sqrt{2}}{1}$이므로 $a_n = 1 \cdot (\sqrt{2})^{n-1} = 2^{\frac{n-1}{2}}$ ✲

등비수열에서 처음 n항까지의 합

다음 정리는 등비수열에서 처음 n항까지의 합을 구하는 공식이다.

정리 10.4.14

등비수열에서 n항까지의 합 $\{a_n\}$을 첫째항이 a이고 공비가 r인 등비수열이라 하자. 이 수열의 처음 n항까지의 합 S_n은

$$S_n = a\left(\frac{1-r^n}{1-r}\right) \quad (r \neq 1) \tag{7}$$

증명

$$S_n = a + ar + ar^2 + \cdots + ar^{n-1} \tag{8}$$

의 양변에 r을 곱하여

$$rS_n = ar + ar^2 + ar^3 + \cdots + ar^n \tag{9}$$

을 얻고 식 (8)에서 식 (9)를 빼면

$$S_n - rS_n = a - ar^n$$
$$(1-r)S_n = a(1-r^n)$$

이다. $r \neq 1$이므로 양변을 $(1-r)$로 나누면

$$S_n = a\left(\frac{1-r^n}{1-r}\right)$$ ✲

이 증명도 수학적 귀납법을 이용하여 증명할 수 있다.

예제 10.4.15

수열 $\left\{\left(\frac{1}{2}\right)^n\right\}$의 처음 n항까지의 합을 구하여라. 즉,

$$\frac{1}{2}+\frac{1}{4}+\frac{1}{8}+\cdots+\left(\frac{1}{2}\right)^n$$

을 구하여라.

풀이 이 수열 $\left\{\left(\frac{1}{2}\right)^n\right\}$은 $a=\frac{1}{2}$이고 $r=\frac{1}{2}$인 등비수열이다. 우리가 구하고자 하는 합 S_n은 이 수열의 처음 n항까지의 합이므로, 식 (7)을 이용하여

$$\begin{aligned} S_n &= \sum_{k=1}^{n}\left(\frac{1}{2}\right)^k = \frac{1}{2}+\frac{1}{4}+\cdots+\left(\frac{1}{2}\right)^n \\ &= \frac{1}{2}\left\{\frac{1-\left(\frac{1}{2}\right)^n}{1-\frac{1}{2}}\right\} \\ &= \frac{1}{2}\left\{\frac{1-\left(\frac{1}{2}\right)^n}{\frac{1}{2}}\right\} \\ &= 1-\left(\frac{1}{2}\right)^n \end{aligned}$$

✲

예제 10.4.16

첫째항이 300이고 공비가 $\frac{1}{3}$인 등비수열의 첫째항부터 n항까지의 곱이 최대가 되도록 하는 n의 값을 구하여라.

풀이 첫째항이 300이고 공비가 $\frac{1}{3}$인 등비수열의 n째항은 $a_n=300\cdot\left(\frac{1}{3}\right)^{n-1}$이고 $a_1>a_2>a_3>\cdots$이므로, 이 수열의 첫째항부터 n째항까지의 곱이 최대가 되는 n의 값은 $a_n\geqq 1$을 만족하는 최대 자연수 n의 값과 같다. 따라서 $300\cdot\left(\frac{1}{3}\right)^{n-1}\geqq 1$, $300\geqq 3^{n-1}$이다. $3^5=243$, $3^6=729$이므로 $n-1\leqq 5$이다. 즉 $n=6$이다. 그러므로 $a_1\cdot a_2\cdot\cdots\cdot a_6$의 값이 최대가 된다. ✲

연습문제 10.4

1 다음의 각 등차수열에서 공차와 처음 네 개의 항을 구하여라.

(1) $\{n+5\}$　　(2) $\{2n-5\}$

(3) $\{6-2n\}$　　(4) $\left\{\frac{1}{2}-\frac{1}{3}n\right\}$

2 다음은 모두 첫째항이 a이고 공차가 d인 등차수열이다. 다섯째항과 n째항을 구하여라.

(1) $a=1,\ d=2$　　(2) $a=5,\ d=-3$

(3) $a=0,\ d=\frac{1}{2}$　　(4) $a=\sqrt{2},\ d=\sqrt{2}$

3 다음의 합을 구하여라.

(1) $6+11+16+\cdots+(1+5n)$

(2) $2+4+6+\cdots+2n$

(3) $9+5+1+(-3)+\cdots+(-391)$

4 다음의 각 등비수열에서 공비와 처음 네 개의 항을 구하여라.

(1) $\{2^n\}$　　(2) $\left\{-3\left(\frac{1}{2}\right)^n\right\}$　　(3) $\left\{\frac{2^{n-1}}{4}\right\}$

(4) $\left\{2^{\frac{n}{3}}\right\}$　　(5) $\left\{\frac{3^{n-1}}{2^n}\right\}$

5 다음에 주어진 것들이 등차수열인지, 등비수열인지, 또는 어느 것도 아닌지를 결정하여라. 그리고 등차수열이면 공차를, 등비수열이면 공비를 구하여라.

(1) $\{n+2\}$　　(2) $\{2n^2\}$

(3) $\left\{3-\frac{2}{3}n\right\}$　　(4) $1,\ 3,\ 6,\ 10,\ldots$

(5) $\left\{\left(\frac{2}{3}\right)^n\right\}$　　(6) $-1,\ -2,\ -4,\ -8,\ldots$

(7) $\left\{3^{\frac{n}{2}}\right\}$

6 다음은 모두 첫째항이 a이고 공비가 r인 등비수열이다. 다섯째항과 n째항을 구하여라.

(1) $a=1,\ r=2$

(2) $a=5,\ r=-1$

(3) $a=0,\ r=\dfrac{1}{2}$

(4) $a=\sqrt{2},\ r=\sqrt{2}$

7 다음의 합을 구하여라.

(1) $\dfrac{1}{4}+\dfrac{2}{4}+\dfrac{2^2}{4}+\dfrac{2^3}{4}+\cdots+\dfrac{2^{n-1}}{4}$

(2) $\dfrac{2}{3}+\left(\dfrac{2}{3}\right)^2+\left(\dfrac{2}{3}\right)^3+\cdots+\left(\dfrac{2}{3}\right)^n$

제10장 종합문제

01 수학적 귀납법을 이용하여 아래의 명제들이 모든 자연수에 대하여 참임을 보여라.

(1) $2+4+6+\cdots+2n=n(n+1)$

(2) $3+4+5+\cdots+(n+2)=\dfrac{n(n+5)}{2}$

(3) $3+6+9+\cdots+3n=\dfrac{3n}{2}(n+1)$

(4) $2+6+18+\cdots+2\cdot 3^{n-1}=3^n-1$

(5) $1+4+4^2+\cdots+4^{n-1}=\dfrac{1}{3}(4^n-1)$

(6) $1^2+4^2+6^2+\cdots+(3n-2)^2=\dfrac{n}{2}(6n^2-3n-1)$

(7) $4+3+2+\cdots+(5-n)=\dfrac{1}{2}n(9-n)$

(8) n^2+n은 2로 나누어진다.

02 명제 "n^2-n+41은 소수이다."는 $n=1$에 대해 참이지만, $n=41$에 대해서는 참이 아님을 보여라.

03 공식 $2+4+6+\cdots+2n=n^2+n+2$는 수학적 귀납법의 조건 II를 만족함을 보여라. 즉 만약 어떤 k에 대하여 공식이 참이면 $(k+1)$에 대해서도 참임을 보여라. 그러나 $n=1$에 대해 거짓임을 보여라.

04 이항정리를 이용하여 다음을 전개하여라.

(1) $(x+2)^4$　　　(2) $(2x+3)^5$

05 $(x+2)^9$의 전개에서 x^7의 계수를 구하여라.

06 $(2x+1)^7$의 전개에서 x^2의 계수를 구하여라.

07 이항정리를 이용하여 $(1.001)^5$의 값을 소수 이하 다섯 자리까지 정확하게 구하여라. (도움말: $(1.001)^5 = (1+10^{-3})^5$)

08 다음의 각 수열에서 처음 다섯 항을 적어라.

(1) $\left\{(-1)^n\left(\dfrac{n+1}{n+2}\right)\right\}$ (2) $\left\{\dfrac{2n}{n^2}\right\}$

(3) $a_1 = 3,\ a_{n-1} = \dfrac{2}{3}a_n$ (4) $a_1 = 2,\ a_{n-1} = 2 - a_n$

09 아래에 주어진 것들이 등차수열인지, 등비수열인지, 또는 어느 것도 아닌지를 결정하여라. 그리고 등차수열이면 공차와 처음 n항의 합을, 등비수열이면 공비와 처음 n항의 합을 구하여라.

(1) $\{n+3\}$ (2) $\{2n^3\}$

(3) $\{2^{3n}\}$ (4) $0,\ 4,\ 8,\ 12, \ldots$

(5) $3,\ \dfrac{3}{2}, \dfrac{3}{4}, \dfrac{3}{8}, \dfrac{3}{16}, \ldots$ (6) $\dfrac{2}{3}, \dfrac{3}{4}, \dfrac{4}{5}, \dfrac{5}{6}, \ldots$

Chapter 11 극한과 연속

11.1 수열의 극한

수에는 자연수(natural number), 정수(integer), 유리수(rational number), 무리수(irrational number), 실수(real number)와 복소수(complex number)가 있다. 실수들과 직선상의 점들을 대응시켜 실수 전체로써 직선을 완전히 덮을 수 있다는 이론이 데데킨트(Dedekind, 1831~1916)에 의하여 정립되었다. 일반적으로 이 직선을 수직선(real line)이라고 하며, 이 성질을 실수의 연속성(continuity)이라 한다. 실수의 연속성은 아래에 소개할 바이어슈트라스(Weierstrass, 1815~1897)의 공리와 동치임이 밝혀져 있고, 임의의 두 실수 사이에 유리수들이 무한히 많이 존재한다는 유리수의 조밀성(density)도 밝혀져 있다.

수직선상에서 폐구간 $[a, b]$, 개구간 (a, b), 반폐구간 또는 반개구간 $[a, b)$, $(a, b]$를 구간(interval)이라고 부른다. 여기서 $\mathbf{R}$은 실수집합 또는 수직선이고 $\mathbf{R}=(-\infty, \infty)$이며, $-\infty$, ∞는 음의 무한과 양의 무한을 나타내는 기호로 숫자는 아님을 유의하여야 한다. 그리고 $\mathbf{R}$은 자신이 개구간인 동시에 폐구간이다.

주어진 수열 $\{a_n\}_{n=1}^{\infty}$에 대하여 항의 번호 n이 한없이 커짐에 따라 a_n이 일정한 값 L에 한없이 가까워질 때, 즉 $|a_n - L|$이 얼마든지 0에 가까워질 수 있을 때, 이 수열 $\{a_n\}_{n=1}^{\infty}$는 L에 수렴한다(converge)고 하며, L을 수열 $\{a_n\}_{n=1}^{\infty}$의 극한값 또는 극한(limit)이라고 한다. 이것을 기호로

$$\lim_{n\to\infty} a_n = L$$

과 같이 나타내며, 또는

$$n \to \infty \text{일 때 } a_n \to L$$

과 같이 나타내기도 한다.

예제 11.1.1

상수 수열 $\{a_n\}$은 수렴함을 보여라.

(풀이) 임의의 양수를 ε이라 두고, 주어진 수열이 상수 수열이므로 모든 자연수 n에 대하여 $a_n = \alpha$라고 두자. 그리고 $n_0 = 1$이라 두면, $n \geq n_0$인 모든 자연수 n에 대하여 $|a_n - \alpha| = |\alpha - \alpha| = 0 < \varepsilon$이 성립하므로 주어진 수열 $\{a_n\}$이 α에 수렴함을 알 수 있다. 즉 $\lim_{n\to\infty} a_n = \lim_{n\to\infty} \alpha = \alpha$로 적을 수 있다. ✲

예제 11.1.2

수열 $\left\{\frac{1}{n}\right\}$이 0에 수렴함을 보여라.

(풀이) 우선 $\frac{1}{n}$은 n이 한없이 커짐에 따라 0에 한없이 가까워짐을 직관적으로 알 수 있다. 즉 주어진 수열의 10째항은 0.1이고 100째항은 0.01이며, 계속해서 n이 증가한다면 $\frac{1}{n}$이 계속 0에 가까워짐을 알 수 있다. 엄밀히 말해서, n이 충분히 커짐에 따라, $\left|\frac{1}{n} - 0\right| = \frac{1}{n}$이 0에 얼마든지 가까워질 수 있으므로 수열 $\left\{\frac{1}{n}\right\}$이 0에 수렴한다. ✲

수렴하지 않는 수열은 발산한다(diverge)고 한다. 발산하는 수열에는 여러 가지가 있는데, 수열 $\{a_n\}_{n=1}^{\infty}$에서 n이 한없이 커짐에 따라 a_n이 한없이 커지면 이 수열은 무한대로 발산(diverge to infinity)한다고 한다. 이것을

$$\lim_{n\to\infty} a_n = \infty$$

와 같이 나타내며, 또는

$$n \to \infty \text{일 때 } a_n \to \infty$$

와 같이 나타내기도 한다. 마찬가지 방법으로 아무리 큰 양수 $M > 0$을 잡아도 충분히 큰 자연수 n_0가 존재하여

$$n \geq n_0 \ (n \in \mathbf{N}) \Rightarrow a_n \geq M$$

이 성립할 때, $\lim_{n\to\infty} a_n = \infty$ 이다. 또한 n 이 한없이 커짐에 따라 a_n이 한없이 작아지면 이 수열은 음의 무한대로 발산한다고 한다. 이것을

$$\lim_{n\to\infty} a_n = -\infty$$

와 같이 나타내며, 또는

$$n \to \infty \text{일 때 } a_n \to -\infty$$

와 같이 나타내기도 한다. 마찬가지 방법으로 아무리 작은 수 $M < 0$을 잡아도 충분히 큰 자연수 n_0가 존재하여

$$n \geqq n_0 \ (n \in \mathbf{N}) \Rightarrow a_n \leqq M$$

이 성립할 때, $\lim_{n\to\infty} a_n = -\infty$ 이다.

수렴하지도 않고 양의 무한대나 음의 무한대로 발산하지도 않는 수열을 진동한다고 한다. 예를 들어, $\{(-1)^n\}$ 과 같은 수열은 진동하는 수열이다. 수열의 극한 여부를 확인할 수 있는 일반적인 방법은 없지만, 이러한 문제를 해결하기 위하여 다음의 정의를 먼저 살펴보자.

실수의 부분집합 S가 아래로 유계(bounded below)라는 것은 S의 모든 원소가 어떤 한 실수 이상이라는 것이다. 즉, S의 각 원소 s에 대하여 $a \leqq s$인 실수 a가 존재할 때 S를 아래로 유계인 집합이라 부른다. 이때 a를 S의 하계(lower bound)라 부른다. 반대로, S가 위로 유계(bounded above)라는 것은 S의 모든 원소가 어떤 한 실수 이하라는 것이다. 즉, S의 각 원소 s에 대하여 $a \geqq s$인 실수 a가 존재할 때 S를 위로 유계인 집합이라 부른다. 이때 a를 S의 상계(upper bound)라 부른다. 또한, S가 아래로 유계인 동시에 위로 유계일 때 S를 유계인 집합이라 부른다. S가 아래로 유계일 때 S의 하계 가운데 가장 큰 값을 하한(infimum)이라 부르고, $\inf S$로 표기한다. S가 위로 유계일 때 S의 상계 가운데 가장 작은 값을 상한(supremum)이라 부르고, $\sup S$로 표기한다.

예제 11.1.3

집합 $S = [1, 2)$는 유계이며, $\inf S = 1$이고 $\sup S = 2$이다. ✲

위의 예제에서처럼 주어진 집합의 하한과 상한은 그 집합의 원소일 수도, 아닐 수도 있다.

예제 11.1.4

집합 $S=\left\{1, \frac{1}{2}, \frac{1}{3}, \dots\right\}$은 유계이며, $\inf S=0$이고 $\sup S=1$이다.

풀이 우선 S가 유계임은 명백하다. $\inf S$가 0임을 보이자. 0이 S의 하계임은 분명하므로 0보다 더 큰 수 a를 생각하자. 그러면 자연수의 성질에 의하여 $\frac{1}{a}<n$인 자연수 n이 있다. 즉, $\frac{1}{n}<a$인 자연수가 존재한다. 한편, $\frac{1}{n}$은 S의 원소이므로 a는 S의 하계가 될 수 없다.
따라서 S의 하계 중 가장 큰 수, 즉 S의 하한 $\inf S=0$이다. 같은 방법으로 S의 상계 중 가장 작은 수, 즉, S의 상한 $\sup S$가 1임을 보일 수 있다. ✲

위로 유계인 또는 아래로 유계인 실수의 부분집합이 항상 상한 또는 하한을 가질 수 있느냐 하는 문제는 현재 우리의 지식으로는 대답하기 어렵다. 그러나 이것이 참이라고 받아들인다.

공리 11.1.5

완비성 공리 실수의 부분집합 $S(\neq \varnothing)$가 위로(아래로) 유계이면 S의 상한(하한)이 항상 존재한다.

어떤 수열 $\{a_n\}$이 $a_1 \leqq a_2 \leqq a_3 \leqq \cdots$을 만족할 때 우리는 $\{a_n\}$을 증가수열(increasing sequence)이라 부르고, $a_1 \geqq a_2 \geqq a_3 \geqq \cdots$을 만족할 때 우리는 $\{a_n\}$을 감소수열(decreasing sequence)이라 부른다. 이때 증가수열이거나 감소수열을 단조수열(monotone sequnence)이라 부르며, 각 항의 절댓값이 어떠한 양의 실수 M 이하인 수열을 유계수열(bounded sequence)이라 부른다.

정리 11.1.6

수렴하는 수열은 유계이다.

증명 수열 $\{a_n\}$이 α에 수렴한다고 하자. 수렴의 정의에 의하여 유한개의 항을 제외한 나머지 모든 자연수 n에 대하여 $|a_n-\alpha|<1$을 만족한다. 즉 유한개의 항을 제외한 나머지 모든 자연수 n에 대하여 $|a_n|<|\alpha|+1$을 만족한다. 따라서 $\{a_n\}$은 유계이다. ✲

위 정리의 대우를 이용하여 다음의 따름정리를 얻는다.

따름정리 11.1.7

유계가 아닌 수열은 발산한다.

정리 11.1.8

(1) 위로 유계인 증가수열 $\{a_n\}$은 수렴하며, 그 극한은 $\sup\{a_n : n \in \mathbf{N}\}$이다.

(2) 아래로 유계인 감소수열 $\{a_n\}$은 수렴하며, 그 극한은 $\inf\{a_n : n \in \mathbf{N}\}$이다.

증명 위로 유계인 증가수열 $\{a_n\}$이 $a = \sup\{a_n : n \in \mathbf{N}\}$에 수렴함을 보이자. 먼저 양수 ϵ을 생각하자. 그러면 $a-\epsilon$과 a 사이에는 최소한 하나의 항 a_{n_0}가 존재한다(그러한 항이 없다면 $a-\frac{1}{2}\epsilon$이 집합 $\{a_n : n \in \mathbf{N}\}$의 하나의 상계가 되어 a가 가장 작은 상계라는 사실에 모순이다). 한편, $\{a_n\}$이 증가수열이므로 n_0보다 더 큰 각 자연수 n에 대하여 $a-\epsilon < a_{n_0} \leqq a_n \leqq a$가 성립한다. 즉 $n \geqq n_0$인 모든 n에 대하여 $|a_n - a| < \epsilon$이다. 즉 $a-\epsilon < a_n < a+\epsilon$이다. 따라서 ϵ가 매우 작은 양수라면 n번째 이후의 a_n들은 a에 매우 가깝게 된다. 따라서 $\{a_n\}$이 a에 수렴한다. 같은 방법으로 아래로부터 유계인 감소수열 $\{a_n\}$은 $\infty\{a_n : n \in \mathbf{N}\}$에 수렴함을 증명할 수 있다. ✲

수열의 극한에 대하여 다음의 정리를 살펴보자.

정리 11.1.9

두 수열 $\{a_n\}$, $\{b_n\}$이 수렴하고

$$\lim_{n\to\infty} a_n = \alpha, \ \lim_{n\to\infty} b_n = \beta$$

이면 다음의 성질이 성립한다.

(1) $\lim_{n\to\infty} ca_n = c\alpha = c \cdot \lim_{n\to\infty} a_n$ (단, c는 상수)

(2) $\lim_{n\to\infty} (a_n \pm b_n) = \alpha \pm \beta = \lim_{n\to\infty} a_n \pm \lim_{n\to\infty} b_n$ (복호동순)

(3) $\lim_{n\to\infty} a_n b_n = \alpha\beta = \lim_{n\to\infty} a_n \cdot \lim_{n\to\infty} b_n$

(4) $\lim_{n\to\infty} \frac{a_n}{b_n} = \frac{\alpha}{\beta} = \frac{\lim_{n\to\infty} a_n}{\lim_{n\to\infty} b_n}$ $(b_n \neq 0, \beta \neq 0)$

(5) 유한개의 항를 제외한 모든 n에 대하여 $a_n \leqq b_n$일 때,

$$\alpha = \lim_{n\to\infty} a_n \leqq \lim_{n\to\infty} b_n = \beta$$

증명 (2)의 경우를 살펴보자. $\lim_{n\to\infty} a_n = \alpha$, $\lim_{n\to\infty} b_n = \beta$이기 때문에, n이 충분히 커짐에 따라 $|a_n - \alpha|$와 $|b_n - \beta|$가 0에 얼마든지 가까워질 수 있다. 또한

$$|(a_n + b_n) - (\alpha + \beta)| \leq |a_n - \alpha| + |b_n - \beta|$$

이므로 $|(a_n + b_n) - (\alpha + \beta)|$가 0에 얼마든지 가까워질 수 있다. 그러므로

$$\lim_{n\to\infty}(a_n + b_n) = \alpha + \beta = \lim_{n\to\infty} a_n + \lim_{n\to\infty} b_n$$

이 성립한다. ✲

나머지의 경우도 비슷한 방법으로 증명이 가능하며, 다른 참고문헌들을 참조하기 바란다.

예제 11.1.10

다음의 극한값을 구하여라.

(1) $\lim_{n\to\infty}\dfrac{3n-2}{2n+1}$ (2) $\lim_{n\to\infty}\dfrac{3n^2-5n+7}{4n^2+2n+1}$ (3) $\lim_{n\to\infty}\dfrac{\sin^2 n}{n}$

풀이 (1) 모든 자연수 n에 대하여 $\dfrac{3n-2}{2n+1} = \dfrac{3-\frac{2}{n}}{2+\frac{1}{n}}$이기 때문에

$$\lim_{n\to\infty}\frac{3n-2}{2n+1} = \lim_{n\to\infty}\frac{3-\frac{2}{n}}{2+\frac{1}{n}}$$

이다. 또한 정리 11.1.9의 (1), (2), (4)에 의하여 다음을 얻을 수 있다.

$$\lim_{n\to\infty}\frac{3-\frac{2}{n}}{2+\frac{1}{n}} = \frac{\lim_{n\to\infty}\left(3-\frac{2}{n}\right)}{\lim_{n\to\infty}\left(2+\frac{1}{n}\right)} = \frac{3-\lim_{n\to\infty}\frac{2}{n}}{2+\lim_{n\to\infty}\frac{1}{n}} = \frac{3}{2}$$

(2) 마찬가지 방법으로 다음을 얻을 수 있다.

$$\lim_{n\to\infty}\frac{3n^2-5n+7}{4n^2+2n+1} = \lim_{n\to\infty}\frac{3-\frac{5}{n}+\frac{7}{n^2}}{4+\frac{2}{n}+\frac{1}{n^2}} = \frac{3}{4}$$

(3) 모든 자연수 n에 대하여 $0 \leq \sin^2 n \leq 1$이므로 $0 \leq \frac{\sin^2 n}{n} \leq \frac{1}{n}$이 성립한다.

정리 11.1.9의 (5)에 의하여 다음이 성립한다.

$$0 \leq \lim_{n\to\infty} \frac{\sin^2 n}{n} \leq \lim_{n\to\infty} \frac{1}{n} = 0$$

따라서 $\lim_{n\to\infty} \frac{\sin^2 n}{n} = 0$ 이다. ✲

n이 한없이 커지면 $\sqrt{n}$ 도 한없이 커지므로 $\lim_{n\to\infty} \sqrt{n} = \infty$ 이다. 따라서 $\lim_{n\to\infty} \frac{1}{\sqrt{n}} = 0$임을 알 수 있다. 일반적으로 다음이 성립한다.

$$a_n \geq 0\text{이고 } \lim_{n\to\infty} a_n = \infty\text{이면 } \lim_{n\to\infty} \sqrt{a_n} = \infty$$

$$a_n \geq 0\text{이고 } \lim_{n\to\infty} a_n = 0\text{이면 } \lim_{n\to\infty} \sqrt{a_n} = 0$$

예제 11.1.11

$a_n = \left(1 + \frac{1}{n}\right)^n$ 일 때 수열 $\{a_n\}$이 수렴함을 보여라.

풀이 이항정리에 의하여

$$\begin{aligned} a_n &= 1 + n\frac{1}{n} + \frac{n(n-1)}{2}\frac{1}{n^2} + \cdots + \frac{n(n-1)\cdots 2\cdot 1}{n!}\frac{1}{n^n} \\ &= 1 + 1 + \frac{1}{2!}\left(1 - \frac{1}{n}\right) + \cdots + \frac{1}{n!}\left(1 - \frac{1}{n}\right)\cdots\left(1 - \frac{n-1}{n}\right) \\ &< 1 + 1 + \frac{1}{2} + \cdots + \frac{1}{2^{n-1}} < 3 \end{aligned}$$

이므로 수열 $\{a_n\}$은 위로 유계인 수열이다.

$$\begin{aligned} a_{n+1} &= 1 + 1 + \frac{1}{2!}\left(1 - \frac{1}{n+1}\right) + \cdots + \frac{1}{n!}\left(1 - \frac{1}{n+1}\right)\cdots\left(1 - \frac{n-1}{n+1}\right) \\ &\quad + \frac{1}{(n+1)!}\left(1 - \frac{1}{n+1}\right)\cdots\left(1 - \frac{n}{n+1}\right) \\ &> 1 + 1 + \frac{1}{2!}\left(1 - \frac{1}{n+1}\right) + \cdots + \frac{1}{n!}\left(1 - \frac{1}{n+1}\right)\cdots\left(1 - \frac{n-1}{n+1}\right) \\ &> 1 + 1 + \frac{1}{2!}\left(1 - \frac{1}{n}\right) + \cdots + \frac{1}{n!}\left(1 - \frac{1}{n}\right)\cdots\left(1 - \frac{n-1}{n}\right) = a_n \end{aligned}$$

이므로 수열 $\{a_n\}$은 증가수열이다. 그러므로 정리 11.1.8(1)에 의하여 $\{a_n\}$은 수렴한다. 이 수열의 극한에 대한 정확한 계산은 대단히 어렵다. 이 극한을 e로 나타낸다. 즉

$$\lim_{n\to\infty}\left(1+\frac{1}{n}\right)^n = e = 2.71828\cdots$$

이며, 이를 자연대수의 바탕이라 부른다. ✲

무한등비수열의 극한에 대하여 알아보자.

정리 11.1.12

무한등비수열 $\{r^n : n \in \mathbf{N}\} = \{1, r, r^2, \ldots\}$의 극한은

(1) $r > 1$이면 $\lim_{n\to\infty} r^n = \infty$

(2) $r = 1$이면 $\lim_{n\to\infty} r^n = 1$

(3) $-1 < r < 1$이면 $\lim_{n\to\infty} r^n = 0$

(4) $r \leqq -1$이면 $\{r^n\}$은 진동한다.

증명 (1) $r > 1$일 때, $r = 1 + h\ (h > 0)$라고 하면 수학적 귀납법에 의하여 다음 부등식이 성립함을 알 수 있다.

$$r^n = (1+h)^n \geqq 1 + nh\ (n \geqq 1)$$

그런데 $h > 0$이므로 $\lim_{n\to\infty}(1+nh) = \infty$, 따라서 $\lim_{n\to\infty} r^n = \infty$이다.

(2) $r = 1$일 때, $\lim_{n\to\infty} r^n = \lim_{n\to\infty} 1^n = \lim_{n\to\infty} 1 = 1$이다.

(3) $-1 < r < 1$일 때 $r = 0$이면 $\lim_{n\to\infty} r^n = \lim_{n\to\infty} 0^n = 0$, $r \neq 0$이고 $p = \frac{1}{|r|} > 0$이라 하면 $p > 1$이므로 $\lim_{n\to\infty} p^n = \infty$이다. 그러므로

$$\lim_{n\to\infty}|r^n| = \lim_{n\to\infty}\frac{1}{p^n} = 0$$

따라서 $\lim_{n\to\infty} r^n = 0$이다.

(4) $r \leqq -1$일 때, $r = -1$이면 $r^n = (-1)^n$이므로 이 수열은 진동한다. $r < -1$이고 $r = -p$라고 하면 $p > 1$이므로 (1)의 경우와 같이

$$\lim_{n\to\infty} p^n = \infty$$

따라서 $\{r^n\} = \{(-1)^n p^n\}$은 진동한다. ✲

연습문제 11.1

1 다음 집합들의 상계와 하계, 그리고 상한과 하한을 구하여라.(단, n은 자연수)

(1) $(0,\ 1)$　　(2) $(-\infty,\ 2]$

(3) $\left\{-\dfrac{1}{n}\right\}$　　(4) $\{n\}$

(5) $\left\{\dfrac{1}{2n}\right\}$　　(6) $\left\{1-\left(\dfrac{1}{n}\right)\right\}$

(7) $\{(-1)^n n\}$　　(8) $\left\{\dfrac{(-1)^n}{n}\right\}$

2 다음 수열의 극한값을 구하여라.

(1) $\dfrac{1}{1}, \dfrac{2}{1+2}, \dfrac{3}{1+2+3}, \dots, \dfrac{n}{1+2+\cdots+n}, \cdots$

(2) $\lim_{n\to\infty}(\sqrt{n+1}-\sqrt{n})$　　(3) $\lim_{n\to\infty}(\sqrt{n^2-n-1}-n)$

(4) $\lim_{n\to\infty}\dfrac{2n(2n+1)}{(n+2)(n+4)}$　　(5) $\lim_{n\to\infty}\dfrac{2^n}{3^n+4}$

(6) $\lim_{n\to\infty}\dfrac{2^n-1}{3^n-2}$　　(7) $\lim_{n\to\infty}\dfrac{n}{2n-1}$

(8) $\lim_{n\to\infty}\dfrac{3n+1}{n+2}$　　(9) $\lim_{n\to\infty}\dfrac{4n^2+1}{n^2-2n+3}$

11.2 무한급수

수열 $\{a_n\}$이 주어졌을 때,

$$a_1+a_2+a_3+\cdots+a_n+\cdots$$

과 같이 $\{a_n\}$의 각 항을 기호 $+$로 연결한 식을 무한급수(infinite series) 또는 급수(series)라 하고 a_n을 이 무한 급수의 제n항(n째항) 또는 일반항이라고 한다. 이때, 이 무한급수를

$$\sum_{n=1}^{\infty} a_n$$

으로 나타낸다. 이 무한급수에서 첫째항부터 제n항까지의 합, 즉 처음 n개항의 합,

$$s_n = a_1 + a_2 + \cdots + a_n = \sum_{k=1}^{n} a_k$$

를 이 무한급수의 제n항까지의 부분합(partial sum)이라고 한다. 부분합의 수열 $\{s_n\}$, 즉

$$s_1,\ s_2,\ s_3, \ldots, s_n, \ldots$$

이 극한값 s로 수렴할 때, 즉

$$\lim_{n \to \infty} s_n = s$$

일 때 무한급수 $\sum_{n=1}^{\infty} a_n$은 s로 수렴한다고 한다. 이때 s를 무한급수의 합이라고 하며,

$$a_1 + a_2 + \cdots + a_n + \cdots = s \text{ 또는 } \sum_{n=1}^{\infty} a_n = s$$

로 나타낸다. 또 부분합의 수열 $\{s_n\}$이 발산할 때, 이 무한급수는 발산한다고 한다.

정리 11.2.1

$\sum_{n=1}^{\infty} a_n$이 수렴하면 $\lim_{n \to \infty} a_n = 0$이지만 일반적으로 이 역은 성립하지 않는다.

증명 $\lim_{n \to \infty} s_n = s$라 두면 $\lim_{n \to \infty} s_{n-1} = s$이다. 또한, $a_n = s_n - s_{n-1}(n \geqq 2)$이고, $\lim_{n \to \infty} a_n = \lim_{n \to \infty}(s_n - s_{n-1}) = s - s = 0$이다. 그러나 그 역이 성립하지 않는다는 예는 다음의 예제 11.2.4(1)을 참조하기 바란다. ✲

첫째항이 a이고 공비가 r인 등비수열 $\{ar^{n-1}\}$에서 얻어진 급수

$$a + ar + ar^2 + \cdots + ar^{n-1} + \cdots$$

을 무한등비급수 또는 기하급수(geometric series)라고 한다.

정리 11.2.2

첫째항이 $a(a\neq 0)$이고 공비가 r인 기하급수 $\sum_{n=1}^{\infty} ar^{n-1}$은

(1) $|r|<1$일 때 수렴하며, 그 합 s는

$$s=\frac{a}{1-r}$$

(2) $|r|\geq 1$일 때 발산한다.

증명 $a\neq 0$일 때 기하급수의 제n항까지의 부분합을 s_n이라고 하면,

$$r=1 \text{ 일 때 } s_n=\underbrace{a+a+a+\cdots+a}_{n\text{개}}=na$$

$$r\neq 1 \text{ 일 때 } s_n=\frac{a(1-r^n)}{1-r} \text{ 이다.}$$

그러므로 $r=1$이면, $\lim_{n\to\infty} s_n=\lim_{n\to\infty} na=\pm\infty$ ($\pm$ 부호는 a의 부호를 따른다)이다.

$|r|<1$이면, $\lim_{n\to\infty} r^n=0$이므로

$$\lim_{n\to\infty} s_n=\lim_{n\to\infty}\frac{a(1-r^n)}{1-r}=\frac{a}{1-r}-\frac{a}{1-r}\lim_{n\to\infty} r^n$$
$$=\frac{a}{1-r}$$

즉, 주어진 급수는 $\frac{a}{1-r}$로 수렴한다.

$|r|>1$이면, 수열 $\{r^n\}$은 발산하므로 s_n도 발산한다. ✲

예제 11.2.3

다음 기하급수의 수렴, 발산을 조사하고, 수렴하면 그 합을 구하여라.

(1) $3+\sqrt{3}+1+\frac{1}{\sqrt{3}}+\cdots$ (2) $1-\frac{5}{3}+\frac{25}{9}-\frac{125}{27}+\cdots$

풀이 (1) 첫째항이 $a=3$이고 공비가 $r=\frac{1}{\sqrt{3}}$ $(|r|<1)$이므로 주어진 기하급수는 수렴하고, 그 합은

$$\frac{a}{1-r}=\frac{3}{1-\frac{1}{\sqrt{3}}}=\frac{9+3\sqrt{3}}{2}$$

(2) 공비가 $r=-\frac{5}{3}<-1$이므로 이 기하급수는 발산한다. ✲

예제 11.2.4

다음 급수들의 수렴성을 조사하고, 수렴하면 그 합을 구하여라.

(1) $\sum_{n=1}^{\infty} \frac{1}{n}$ (2) $\sum_{n=1}^{\infty} \frac{1}{n^2}$ (3) $\sum_{n=1}^{\infty} n$

(4) $\sum_{n=1}^{\infty} (-1)^{n+1}$ (5) $\sum_{n=0}^{\infty} \left(\frac{1}{2}\right)^n$

풀이 (1) 주어진 급수의 부분합의 일반식을 구해보자.

$$s_2 = 1 + \frac{1}{2}$$

$$s_4 = 1 + \frac{1}{2} + \frac{1}{3} + \frac{1}{4} \geq 1 + \frac{1}{2} + \frac{1}{4} + \frac{1}{4} = 1 + \frac{4}{4}$$

$$s_8 = 1 + \frac{1}{2} + \frac{1}{3} + \frac{1}{4} + \frac{1}{5} + \frac{1}{6} + \frac{1}{7} + \frac{1}{8}$$
$$\geq 1 + \frac{1}{2} + \frac{1}{4} + \frac{1}{4} + \frac{1}{8} + \frac{1}{8} + \frac{1}{8} + \frac{1}{8} = 1 + \frac{3}{2}$$

이며, 2^n 항까지의 부분합의 일반식을 구해보면,

$$s_{2^n} = 1 + \frac{1}{2} + \left(\frac{1}{3} + \frac{1}{4}\right) + \left(\frac{1}{5} + \frac{1}{6} + \frac{1}{7} + \frac{1}{8}\right) + \cdots + \left(\frac{1}{2^{n-1}+1} + \cdots + \frac{1}{2^n}\right)$$
$$\geq 1 + \frac{1}{2} + \left(\frac{1}{4} + \frac{1}{4}\right) + \left(\frac{1}{8} + \frac{1}{8} + \frac{1}{8} + \frac{1}{8}\right) + \cdots + \left(\frac{1}{2^n} + \cdots + \frac{1}{2^n}\right)$$
$$= 1 + \frac{n}{2}$$

이다. 한편, $\left\{1 + \frac{n}{2}\right\}$이 유계가 아니므로, $\{s_n\}$도 유계가 아니다. 따름정리 11.1.7에 의해서 $\sum_{n=1}^{\infty} \frac{1}{n}$은 발산한다. 그러나 $\lim_{n\to\infty} a_n = \lim_{n\to\infty} \frac{1}{n} = 0$ 임에 유의하자(정리 11.2.1의 역이 참이 아님을 보이는 예이다).

(2)
$$1 < \sum_{n=1}^{\infty} \frac{1}{n^2} = \frac{1}{1^2} + \frac{1}{2^2} + \frac{1}{3^2} + \frac{1}{4^2} + \frac{1}{5^2} + \frac{1}{6^2} + \frac{1}{7^2} + \frac{1}{8^2} + \cdots + \frac{1}{15^2} + \cdots$$
$$\leq \frac{1}{1^2} + \frac{1}{2^2} + \frac{1}{2^2} + \frac{1}{4^2} + \frac{1}{4^2} + \frac{1}{4^2} + \frac{1}{4^2}$$
$$+ \frac{1}{8^2} + \frac{1}{8^2} + \frac{1}{8^2} + \frac{1}{8^2} + \frac{1}{8^2} + \frac{1}{8^2} + \frac{1}{8^2} + \frac{1}{8^2} + \cdots$$
$$= 1 + \frac{2}{2^2} + \frac{4}{4^2} + \frac{8}{8^2} + \cdots$$

$$=1+\frac{1}{2}+\frac{1}{2^2}+\frac{1}{2^3}+\cdots$$

$$=\sum_{n=0}^{\infty}\frac{1}{2^n}=\frac{1}{1-\frac{1}{2}}=2$$

이다. 이제 $s_n=\sum_{k=1}^{n}\frac{1}{n^2}$이라 두자. 그러면 s_n은 증가수열이고, 모든 자연수 n에 대하여 $s_n \le 2$이므로 $\{s_n\}$은 유계이다. 정리 11.1.8(1)에 의해서 $\{s_n\}$은 수렴한다. 즉, $\sum_{k=1}^{\infty}\frac{1}{n^2}$은 수렴한다.

(3) 무한급수 $1+2+3+\cdots$의 부분합은

$$s_n=1+2+3+\cdots+n=\frac{n(n+1)}{2}$$

이고, $\lim_{n\to\infty}s_n=\infty$이므로, 이 무한급수는 발산한다.

(4) 무한급수 $1-1+1-1+\cdots+(-1)^{n+1}+\cdots$의 처음 짝수개 항의 부분합은

$$s_{2n}=(1-1)+(1-1)+\cdots+(1-1)=0$$

이고, 처음 홀수개 항의 부분합은

$$s_{2n+1}=(1-1)+(1-1)+\cdots+(1-1)+1=1$$

이므로, 이 무한급수는 진동(발산)한다.

(5) 무한급수 $\sum_{n=0}^{\infty}\left(\frac{1}{2}\right)^n$의 n항까지의 부분합은

$$s_n=1+\frac{1}{2}+\frac{1}{4}+\cdots+\left(\frac{1}{2}\right)^{n-1}=\frac{1-\left(\frac{1}{2}\right)^n}{1-\left(\frac{1}{2}\right)}=2\left\{1-\left(\frac{1}{2}\right)^n\right\}$$

이며, $\lim_{n\to\infty}\left(\frac{1}{2}\right)^n=0$이므로 $\lim_{n\to\infty}s_n=2$이다. 따라서 이 무한급수는 2로 수렴한다.

✲

예제 11.2.5

기하급수 $2+\frac{4}{3}+\frac{8}{9}+\cdots$의 합을 구하여라.

풀이 첫째항은 $a=2$이고 공비는

$$r=\frac{\frac{4}{3}}{2}=\frac{4}{6}=\frac{2}{3}$$

이다. $|r| < 1$이므로, 정리 11.2.2(1)을 이용하면

$$2+\frac{4}{3}+\frac{8}{9}+\cdots=\frac{2}{1-\frac{2}{3}}=6$$ ✲

예제 11.2.6

$\displaystyle\sum_{k=1}^{\infty} 5\left(\frac{1}{2}\right)^{k-1}$ 을 구하여라.

(풀이) 이 기하급수는 첫째항이 $a=5$이고 공비는 $r=\frac{1}{2}$이다. $|r|<1$이므로,

$$\sum_{k=1}^{\infty} 5\left(\frac{1}{2}\right)^{k-1}=\frac{5}{1-\frac{1}{2}}=10$$ ✲

예제 11.2.7

순환소수 $0.999\cdots$는 1과 같음을 보여라.

(풀이) $0.999\cdots=\frac{9}{10}+\frac{9}{100}+\frac{9}{1000}+\cdots$

그러므로 $0.999\cdots$는 첫째항이 $\frac{9}{10}$이고 공비가 $\frac{1}{10}$인 등비급수이다. 그러므로,

$$0.999\cdots=\frac{\frac{9}{10}}{1-\frac{1}{10}}=1$$ ✲

수열에 관한 수렴정리들로부터 다음의 사실은 명백하다.

정리 11.2.8

두 무한급수 $\displaystyle\sum_{n=1}^{\infty} a_n$, $\displaystyle\sum_{n=1}^{\infty} b_n$이 수렴할 때,

(1) $\displaystyle\sum_{n=1}^{\infty}(a_n \pm b_n)=\sum_{n=1}^{\infty} a_n \pm \sum_{n=1}^{\infty} b_n$ (복호동순)

(2) $\displaystyle\sum_{n=1}^{\infty} ca_n = c\sum_{n=1}^{\infty} a_n$ (단, c는 상수)

예제 11.2.9

다음 무한급수들의 합을 구하여라.

(1) $\sum_{n=1}^{\infty} \frac{1}{n(n+1)}$ (2) $\sum_{n=1}^{\infty} \left(\frac{4}{2^n} - \frac{2}{n(n+1)} \right)$

풀이 (1) 주어진 무한급수의 부분합 s_n은

$$s_n = \frac{1}{1 \cdot 2} + \frac{1}{2 \cdot 3} + \cdots + \frac{1}{n(n+1)}$$

$$= \left(1 - \frac{1}{2}\right) + \left(\frac{1}{2} - \frac{1}{3}\right) + \left(\frac{1}{3} - \frac{1}{4}\right) + \cdots + \left(\frac{1}{n} - \frac{1}{n+1}\right)$$

$$= 1 - \frac{1}{n+1} = \frac{n}{n+1}$$

이다. 따라서

$$\sum_{n=1}^{\infty} \frac{1}{n(n+1)} = \sum_{n=1}^{\infty} a_n = \lim_{n \to \infty} s_n = \lim_{n \to \infty} \frac{n}{n+1} = 1$$

이므로, 주어진 무한급수는 수렴하고, 그 합은 1이다.

(2) 정리 11.2.2와 정리 11.2.8(2)에 의하여

$$\sum_{n=1}^{\infty} \frac{4}{2^n} = 4 \cdot \sum_{n=1}^{\infty} \frac{1}{2^n} = 4 \cdot \frac{\frac{1}{2}}{1 - \frac{1}{2}} = 4$$

이고, (1)과 정리 11.2.8(2)에 의하여

$$\sum_{n=1}^{\infty} \frac{2}{n(n+1)} = 2 \cdot \sum_{n=1}^{\infty} \frac{1}{n(n+1)} = 2$$

이므로, 정리 11.2.8(1)에 의하여

$$\sum_{n=1}^{\infty} \left(\frac{4}{2^n} - \frac{2}{n(n+1)} \right) = 4 - 2 = 2$$

이다. ✲

연습문제 11.2

1 다음 기하급수 합을 구하여라.

(1) $1+\frac{1}{3}+\frac{1}{9}+\cdots$

(2) $8+4+2+\cdots$

(3) $2-\frac{1}{2}+\frac{1}{8}-\frac{1}{32}+\cdots$

(4) $\sum_{k=1}^{\infty}3\left(\frac{1}{4}\right)^{k-1}$

(5) $\sum_{k=1}^{\infty}6\left(-\frac{2}{3}\right)^{k-1}$

(6) $\frac{4}{3}+\frac{4}{9}+\frac{4}{27}+\frac{4}{81}+\cdots$

(7) $\frac{51}{100}+\frac{51}{10000}+\frac{51}{1000000}+\cdots$

(8) $\sum_{k=1}^{\infty}\left(\frac{1}{5}\right)^{k}$

(9) $\sum_{k=1}^{\infty}\left(-\frac{1}{2}\right)^{k-1}$

(10) $\sum_{k=1}^{\infty}\left(\frac{4}{3}\right)^{k}$

2 다음 무한급수 합을 구하여라.

(1) $\sum_{n=1}^{\infty}\left\{\left(\frac{1}{2}\right)^{n-1}-\left(\frac{1}{3}\right)^{n-1}\right\}$

(2) $\sum_{n=1}^{\infty}\left\{3\left(\frac{1}{7}\right)^{n}-5\left(\frac{1}{4}\right)^{n}\right\}$

(3) $\sum_{k=0}^{\infty}\left\{2\left(\frac{1}{3}\right)^{k}+3\left(\frac{1}{6}\right)^{k}\right\}$

(4) $\sum_{k=1}^{\infty}\frac{3^{k+1}}{5^{k-1}}$

11.3 함수의 극한과 연속

자연수 집합에서 정의된 함수, 즉 수열의 극한에 대하여 공부하였다. 보다 일반적인 함수의 극한에 대하여 공부해보자. 일반적으로, 함수 $y=f(x)$에서 x가 $f(x)$의 정의역 안에서 a와 다른 값을 취하면서 a에 한없이 가까워질 때, $f(x)$가 일정한 값 b로 한없이 가까워지면, 즉 $0<|x-a|$가 0에 충분히 가까워짐에 따라 $|f(x)-b|$가 0에 충분히 가까워질 수 있을 때

"x가 a에 가까워질 때 $f(x)$는 b에 수렴(converge)한다."

고 하며, 이것을 간단히

$$\lim_{x\to a}f(x)=b \text{ 또는 } x\to a \text{ 일 때 } f(x)\to b$$

로 나타내고, b를 x가 a에 가까워질 때 $f(x)$의 극한값 또는 극한(limit)이라고 한다.

여기서 주의해야 할 점은 $\lim_{x \to a} f(x)$와 $f(a)$의 의미가 서로 다르다는 것이다. 즉, $f(a)$는 'a에서의 $f(x)$의 함숫값'이지만, $\lim_{x \to a} f(x)$는 'x가 a에 가까워질 때의 $f(x)$의 극한값'이므로 $f(x)$가 a에서 정의되어 있지 않아도 되며, 또 정의되어 있다고 하더라도 $\lim_{x \to a} f(x) = f(a)$일 필요는 없다.

예제 11.3.1

상수함수 $f(x) = c$가 모든 실수 a에 대하여 $\lim_{x \to a} f(x) = c$임을 보여라.

풀이 모든 실수 x에 대하여 $|f(x) - c| = |c - c| = 0$이 성립하므로 $\lim_{x \to a} f(x) = c$임을 알 수 있다. ✲

예제 11.3.2

모든 실수 a에 대하여 $\lim_{x \to a} x = a$임을 보여라.

풀이 $0 < |x - a|$가 0에 충분히 가까워지면 $|f(x) - a| = |x - a|$도 0에 원하는 만큼 충분히 가까워지므로 $\lim_{x \to a} x = a$이다. ✲

예제 11.3.3

모든 양의 실수 a에 대하여 $\lim_{x \to a} \sqrt{x} = \sqrt{a}$임을 보여라.

풀이

$$|\sqrt{x} - \sqrt{a}| = \left| \frac{x - a}{\sqrt{x} + \sqrt{a}} \right| \leq |x - a| \frac{1}{\sqrt{a}}$$

을 만족하고 $\dfrac{1}{\sqrt{a}}$은 유한한 양수이므로, $0 < |x - a|$가 0에 충분히 가까워지면 $|\sqrt{x} - \sqrt{a}|$도 0에 원하는 만큼 충분히 가까워진다. 그러므로 $\lim_{x \to a} \sqrt{x} = \sqrt{a}$이다. ✲

수열의 극한에서와 같이 함수의 극한에 대하여도 다음과 같은 성질이 성립한다.

정리 11.3.4

$\lim_{x \to a} f(x) = \alpha$, $\lim_{x \to a} g(x) = \beta$일 때,

(1) $\lim_{x \to a} \{c \cdot f(x)\} = c\alpha = c \cdot \lim_{x \to a} f(x)$ (단, c는 상수)

(2) $\lim_{x \to a}\{f(x) \pm g(x)\} = \alpha \pm \beta = \lim_{x \to a} f(x) + \lim_{x \to a} g(x)$ (복호동순)

(3) $\lim_{x \to a}\{f(x)g(x)\} = \alpha\beta = \lim_{x \to a} f(x) \cdot \lim_{x \to a} g(x)$

(4) $\lim_{x \to a} \dfrac{f(x)}{g(x)} = \dfrac{\alpha}{\beta} = \dfrac{\lim_{x \to a} f(x)}{\lim_{x \to a} g(x)} \ (g(x) \neq 0,\ \beta \neq 0)$

(5) $f(x) \leq g(x)$이면 $\lim_{x \to a} f(x) \leq \lim_{x \to a} g(x)$

위의 정리에서 극한값 α, β는 유한 확정한 값이다. $\frac{\infty}{\infty}$, $\frac{0}{0}$, $0 \cdot \infty$, $\infty - \infty$ 꼴의 극한을 부정형(indeterminate form)이라고 한다. 부정형인 경우에는 주어진 식을 적당히 변형하여 극한값을 구할 수 있는 것들도 있다.

정리 11.3.4에 의하여 다음의 사실을 알 수 있다.

예제 11.3.5

실수를 계수로 하는 정함수

$$f(x) = a_0 + a_1 x + a_2 x^2 + \cdots + a_n x^n$$

에 대하여 $\lim_{x \to a} f(x) = f(a)$이다. ✲

예제 11.3.6

다음 $\lim_{x \to 1} \dfrac{x^2 - 1}{x - 1}$의 극한값을 구하여라.

풀이 분모, 분자의 x 대신에 1을 대입하면 $\frac{0}{0}$의 꼴이므로, 다음과 같이 식을 변형하여 구한다.

$$\frac{x^2 - 1}{x - 1} = \frac{(x-1)(x+1)}{x-1} = x + 1 \quad (x \neq 1)$$

이므로

$$\lim_{x \to 1} \frac{x^2 - 1}{x - 1} = \lim_{x \to 1}(x+1) = 1 + 1 = 2$$ ✲

정리 11.3.7

$\lim_{x \to a} f(x) = b$, $\lim_{x \to b} g(x) = g(b)$이면

$$\lim_{x \to a} g(f(x)) = g(b) = g\left(\lim_{x \to a} f(x)\right)$$

증명 $\lim_{x \to a} f(x) = b$이므로 $0 < |x-a|$가 0에 충분히 가까워지면 $|f(x)-b|$도 0에 원하는 만큼 충분히 가까워진다. 또한 $\lim_{x \to a} g(x) = g(b)$이므로, $|f(x)-b|$가 0에 충분히 가까워지면 $|g(f(x))-g(b)|$도 0에 충분히 가까워진다. 그러므로 $0 < |x-a|$가 0에 충분히 가까워지면 $|g(f(x))-g(b)|$도 0에 충분히 가까워지므로 $\lim_{x \to a} g(f(x)) = g(b) = g\left(\lim_{x \to a} f(x)\right)$가 성립한다. ✲

예제 11.3.8

극한 $\lim_{x \to 0} \sqrt{1-x^2}$을 구하여라.

풀이 $f(x) = 1-x^2$, $g(x) = \sqrt{x}$라 두면, $g(f(x)) = \sqrt{1-x^2}$이다. 예제 11.3.5에 의하여 $\lim_{x \to 0} f(x) = f(0) = 1$이고, 예제 11.3.3에 의하여

$$\lim_{x \to 1} g(x) = g(1) = 1$$

이다. 그러므로 정리 11.3.7에 의하여

$$\lim_{x \to 0} \sqrt{1-x^2} = \sqrt{\lim_{x \to 0}(1-x^2)} = 1$$

이다. ✲

함수 $y = f(x)$에서 정의역의 원소인 모든 x가 a보다 큰 쪽에서 a에 한없이 가까워질 때의 극한, 즉 $a < x$를 만족하면서 $x-a$가 0에 충분히 가까워지면, $|f(x)-b|$가 0에 원하는 만큼 충분히 가까워질 때 $b = \lim_{x \to a+} f(x)$라 하고, a보다 작은 쪽에서 a에 한없이 가까워질 때의 극한을 $\lim_{x \to a-} f(x)$라 하여 구별하며, 이들을 각각 우극한(right limit), 좌극한(left limit)이라고 부른다. 우극한과 좌극한이 존재하고 그 값이 같을 때가 바로 극한이 존재하는 경우이며, 그때의 같은 값이 극한값 $\lim_{x \to a} f(x)$가 된다.

x의 값이 양(음)이면서 그 절댓값이 한없이 커질 때, 함수 $f(x)$의 값이 일정한 값 b로 한없이 가까워지면

"x가 양(음)의 무한대로 발산할 때 $f(x)$는 b에 수렴한다."

고 하며, 이것을 기호로

$$x \to \infty\,(-\infty)\text{일 때 } f(x) \to b$$

또는

$$\lim_{x \to \infty} f(x) = b\ \left(\lim_{x \to -\infty} f(x) = b\right)$$

로 나타낸다.

함수 $y = f(x)$에 대하여 $x \to a$일 때, 함숫값이 양(음)의 무한대로 발산한다고 하면, 이것을 기호로

$$x \to a\text{일 때 } f(x) \to \infty\ (f(x) \to -\infty)$$

또는

$$\lim_{x \to a} f(x) = \infty \quad \left(\lim_{x \to a} f(x) = -\infty\right)$$

와 같이 나타낸다.

예제 11.3.9

$\lim_{x \to 0+} \sqrt{x} = 0$임을 보여라.

풀이 $0 < x$를 만족하면서 x가 0에 충분히 가까워질 때, $|\sqrt{x} - 0| = \sqrt{x}$도 0에 원하는 만큼 가까워질 수 있다. 그러므로 $\lim_{x \to 0+} \sqrt{x} = 0$이다. ✲

예제 11.3.10

$\lim_{x \to \infty} \frac{1}{x} = 0$과 $\lim_{x \to -\infty} \frac{1}{x} = 0$이 성립함을 보여라.

풀이 x가 충분히 커지면, $\left|\frac{1}{x} - 0\right| = \frac{1}{|x|} = \frac{1}{x}$이 원하는 만큼 0에 가까워질 수 있다. 그러므로 $\lim_{x \to \infty} \frac{1}{x} = 0$이다. 같은 방법으로 $\lim_{x \to -\infty} \frac{1}{x} = 0$도 알 수 있다. ✲

예제 11.3.11

$\lim_{x \to 0} \frac{1}{x^2} = \infty$ 임을 보여라.

풀이 $0 < |x-0|$이 0에 충분히 가까워질 때, $\frac{1}{x^2}$이 충분히 커지므로 $\lim_{x \to 0} \frac{1}{x^2} = \infty$ 임을 알 수 있다. ✲

예제 11.3.12

$\lim_{x \to \pm\infty} \left(1+\frac{1}{x}\right)^x = e$ 임을 보여라.

풀이 임의의 양수 x에 대하여 $n \leqq x < n+1$인 자연수 n을 잡으면

$$\left(1+\frac{1}{n+1}\right)^n < \left(1+\frac{1}{x}\right)^x < \left(1+\frac{1}{n}\right)^{n+1}$$

이다.

$$\begin{aligned}\lim_{n\to\infty}\left(1+\frac{1}{n+1}\right)^n &= \lim_{n\to\infty}\left(1+\frac{1}{n+1}\right)^{n+1} \cdot \frac{1}{\left(1+\frac{1}{n+1}\right)} \\ &= \lim_{n\to\infty}\left(1+\frac{1}{n+1}\right)^{n+1} \cdot \lim_{n\to\infty}\frac{1}{1+\frac{1}{n+1}} \\ &= e \cdot 1 = e\end{aligned}$$

$$\lim_{n\to\infty}\left(1+\frac{1}{n}\right)^{n+1} = \lim_{n\to\infty}\left(1+\frac{1}{n}\right)^n \cdot \left(1+\frac{1}{n}\right) = e \cdot 1 = e$$

이므로 정리 11.3.4(5)에 의하여 $\lim_{x \to +\infty}\left(1+\frac{1}{x}\right)^x = e$이다. 한편, $x = -y\ (y>0)$라 두면,

$$\begin{aligned}\lim_{x\to-\infty}\left(1+\frac{1}{x}\right)^x &= \lim_{y\to\infty}\left(1-\frac{1}{y}\right)^{-y} = \lim_{y\to\infty}\left(\frac{y}{y-1}\right)^y \\ &= \lim_{y\to\infty}\left(1+\frac{1}{y-1}\right)^{y-1} \cdot \left(1+\frac{1}{y-1}\right) \\ &= e \cdot 1 = e\end{aligned}$$

✲

함수 $f(x)$가 다음의 조건을 만족할 때,

(1) $x = a$에서 정의되어 있고,

(2) $\lim_{x \to a} f(x)$가 존재하며,

(3) $\lim_{x \to a} f(x) = f(a)$가 성립하면,

이 함수 $f(x)$가 $x=a$에서 연속(continuous)이라고 한다. 또한 어떤 함수가 어떤 구간에 속하는 변수의 모든 값에 대하여 연속이면, 이 함수는 이 구간에서 연속이라고 하며, $f(x)$를 이 구간에서 연속함수(continuous function)라고 한다. 특히, 함수 $f(x)$가 닫힌구간 $[a, b]$에서 연속이라는 것은 $f(x)$가 열린구간 (a, b)에서 연속이고 a와 b에서는 $\lim_{x \to a+} f(x) = f(a)$, $\lim_{x \to b-} f(x) = f(b)$만 성립하면 된다. 구간 $[a, b)$와 $(a, b]$에 대하여도 마찬가지로 생각한다. 함수 $f(x)$가 $x=a$에서 연속이 아닐 때, $f(x)$는 $x=a$에서 불연속(discontinuous)이라고 한다. 따라서 $f(x)$가 $x=a$에서 불연속인 경우는 $f(a)$가 정의되지 않거나, $\lim_{x \to a} f(x)$가 존재하지 않거나, $f(a)$가 정의되고 $\lim_{x \to a} f(x)$가 존재하더라도 $\lim_{x \to a} f(x) \neq f(a)$인 경우 중 하나이다.

예제 11.3.13

(1) 상수함수는 실수 전체에서 연속이다.

(2) $f(x) = x$는 실수 전체에서 연속이다. (증명 생략) ✲

극한정리에 의하여 다음의 사실을 알 수 있다.

정리 11.3.14

두 함수 f, g가 $x=a$에서 모두 연속이면,

(1) cf, $f \pm g$, fg, $\frac{f}{g}\,(g(a) \neq 0)$도 $x=a$에서 연속이다.

(2) f가 $x=a$에서 연속이고 g가 $b=f(a)$에서 연속이면 합성함수 $g \circ f$는 $x=a$에서 연속이다.

함수 $y=f(x)$가 어떤 구간에서 연속함수이면 그 그래프는 그 구간에서 이어져 있다. 연속함수의 중요한 성질들을 증명없이 다음에 소개하며, 증명은 다른 참고문헌들을 참조하기 바란다.

정리 11.3.15

중간값 정리(intermediate value theorem) 함수 $f(x)$가 폐구간 $[a, b]$에서 연속이고, $f(a) \neq f(b)$이면, $f(a) < v < f(b)$인 모든 v에 대하여 $f(c) = v$인 점 c가 개구간 (a, b) 안에 적어도 하나 존재한다.

따름정리 11.3.16

함수 $f(x)$가 폐구간 $[a, b]$에서 연속이고, $f(a)f(b) \le 0$이면 방정식 $f(x)=0$의 근은 폐구간 $[a, b]$ 안에 적어도 하나 존재한다.

정리 11.3.17

연속함수 $f(x)$에 의한 구간의 상은 구간이다. 또한, 연속함수 $f(x)$에 의한 폐구간의 상은 폐구간이다. 따라서 폐구간에서 연속인 함수는 항상 최댓값과 최솟값을 가진다.

정리 11.3.18

구간 I에서 연속인 함수 f가 역함수를 가지면 f^{-1}는 구간 $f(I)$에서 연속이다.

예제 11.3.19

방정식 $x^5+3x^2-x-1=0$은 0과 1 사이에 적어도 하나의 실근을 가짐을 보여라.

풀이 $f(x)=x^5+3x^2-x-1$이라고 두면, $f(x)$는 폐구간 $[0, 1]$에서 연속이고

$$f(0)=-1<0$$

$$f(1)=1+3-1-1=2>0$$

이므로, 중간값 정리에 의하여 $f(c)=0$인 c가 0과 1 사이에 있다. 따라서 주어진 방정식은 0과 1 사이에서 적어도 하나의 실근을 가진다. ✲

연습문제 11.3

1 다음 극한값을 구하여라.

(1) $\displaystyle\lim_{x\to 2}\frac{7x^5-10x^4-13x+6}{3x^2-6x-8}$

(2) $\displaystyle\lim_{t\to 2}\frac{t^2+3t-10}{t^2+t-6}$

(3) $\displaystyle\lim_{x\to 4}\frac{\sqrt{x^2+9}}{x}$

2 $\lim_{x\to3} f(x)=4$, $\lim_{x\to3} g(x)=8$일 때, $\lim_{x\to3}(f(x))^2\cdot\sqrt[3]{g(x)}$의 값을 구하여라.

3 주어진 방정식의 근이 주어진 구간 내에 있음을 증명하여라.

(1) $x^3-3x+1=0$, $(0,\ 1)$

(2) $x^2=\sqrt{x+1}$, $(1,\ 2)$

(3) $\cos x=x$, $(0,\ 1)$

(4) $\tan x=2x$, $\left(-\frac{\pi}{4},\ \frac{\pi}{4}\right)$

(5) $x^4+3x-2=0$, $(0,\ 1)$

(6) $x^5-4x^3-3x+1=0$, $(2,\ 3)$

제11장 종합문제

01 수열 $\sqrt{2}$, $\sqrt{2+\sqrt{2}}$, $\sqrt{2+\sqrt{2+\sqrt{2}}}$, $\cdots$ 이 수렴할 때, 극한값을 구하여라.

02 다음의 각 기하급수의 합을 구하여라.

(1) $3+1+\dfrac{1}{3}+\dfrac{1}{9}+\cdots$

(2) $2-1+\dfrac{1}{2}-\dfrac{1}{4}+\cdots$

(3) $\displaystyle\sum_{k=1}^{\infty} 4\left(\frac{1}{2}\right)^{k-1}$

03 다음 극한값을 구하여라.

(1) $\displaystyle\lim_{n\to\infty}\frac{x^{n+1}+y^{n+1}}{x^n+y^n}$ $(x>y>0)$

(2) $\displaystyle\lim_{n\to\infty}\frac{1+3+3^2+\cdots+3^n}{3^n}$

04 다음 극한을 계산하고, 존재하지 않으면 그 이유를 설명하여라.

$$f(x)=\begin{cases} x^2+2\cos x+1, & x<0 \\ e^x-4, & x\geq 0 \end{cases} \text{에 대해 } \lim_{x\to 0} f(x)$$

05 함수 $\dfrac{\sin(3x-7)}{e^x-1}$ 이 연속인 구간을 조사하여라.

06 수평점근선, 수직점근선, 사선점근선을 구하여라.

(1) $f(x)=\dfrac{x}{\sqrt{4+x^2}}$

(2) $f(x)=\dfrac{x}{4-x^2}$

(3) $f(x)=\dfrac{x^3}{4+x^2}$ (4) $f(x)=\dfrac{2x^3}{x^2-x+1}$

07 임의의 양수는 제곱근을 가진다. 즉 $a>0$이면 $c^2=a$인 실수 c가 존재함을 보여라.

08 폐구간 $[0,\ 1]$에서 연속인 두 함수 $f,\ g$가 $f(0)<g(0),\ f(1)>g(1)$을 만족하면 $f(c)=g(c)$인 c가 개구간 $(0,\ 1)$ 안에 존재함을 보여라.

Chapter 12

미분

12.1 미분계수와 도함수

개구간 I에서 정의된 함수 $y=f(x)$가 주어졌을 때 x가 함수 f의 정의역의 원소 x_1에서 x_2까지 변하였을 때 x의 변화량(x의 증분이라 하고 Δx로 나타낸다)은 $\Delta x=x_2-x_1$이며, 대응하는 y의 변화량(y의 증분이라 하고 Δy 또는 $\Delta f(x)$로 나타낸다)은 $\Delta y=f(x_2)-f(x_1)$이다. 이 두 변화량의 비

$$\frac{\Delta y}{\Delta x}=\frac{f(x_2)-f(x_1)}{x_2-x_1}$$

을 구간 $[x_1,\ x_2]$상에서 함수 $y=f(x)$의 평균변화율(average rate of change)이라 한다. 평균변화율은 점 $P(x_1,\ f(x_1))$과 점 $Q(x_2,\ f(x_2))$를 지나는 직선의 기울기임을 알 수 있다.

x가 a에서 b까지 변할 때의 함수 $y=f(x)$의 평균변화율은 $\dfrac{f(b)-f(a)}{b-a}$이다.

만약 $b=a+\Delta x$라 하면 x의 증분은 $\Delta x=b-a$이고, 대응되는 y의 증분은 $\Delta y=f(b)-f(a)$이다. 이때 b가 a에 한없이 가까이 간다면(즉 $\Delta x\to 0$일 때), 다음의 극한값

$$\lim_{\Delta x\to 0}\frac{\Delta y}{\Delta x}=\lim_{\Delta x\to 0}\frac{f(a+\Delta x)-f(a)}{\Delta x}$$

가 존재하면 $y=f(x)$는 $x=a$에서 미분가능(differentiable)이라 한다. 그 극한값을 $x=a$에서 함수 f의 미분계수(differential coefficient) 또는 순간변화율이라 하고 $f'(a)$,

$y'(a)$, $\left.\dfrac{dy}{dx}\right|_{x=a}$, $\dfrac{d}{dx}f(a)$ 등으로 표시한다. $y=f(x)$가 개구간 I의 모든 점에서 미분가능할 때 $y=f(x)$는 I에서 미분가능이라 한다. 이때 함수 $f'(x)$를 $f(x)$의 도함수(derivative 또는 미분)라 하고 y', $\dfrac{dy}{dx}$, $\dfrac{d}{dx}f(x)$ 등으로 표시한다.

참고로 $f'(a)$는 다음과 같이 표현할 수 있다.

$$\begin{aligned} f'(a) &= \lim_{\Delta x \to 0}\frac{f(a+\Delta x)-f(a)}{\Delta x} = \lim_{b\to a}\frac{f(b)-f(a)}{b-a} \\ &= \lim_{h\to 0}\frac{f(a+h)-f(a)}{h} \end{aligned}$$

$f'(a)$의 기하학적인 의미는 그림 12.1에서처럼 b가 a에 가까이 갈 때 점 $Q(b, f(b))$가 점 $P(a, f(a))$에 접근하므로

$$f'(a)=\lim_{b\to a}\frac{f(b)-f(a)}{b-a}$$

는 $P(a, f(a))$에서 함수 $y=f(x)$의 접선의 기울기를 나타낸다. 이때 $P(a, f(a))$에서 함수 $y=f(x)$의 접선의 방정식은

$$y-f(a)=f'(a)(x-a)$$

이다.

예를 들어 한 물체가 $s=f(t)$를 따라 직선 위를 움직인다고 가정하자. s가 물체의 직선상의 위치라 하면, f를 그 물체의 위치함수라 부른다. $t=a$에서 $t=a+h$까지의 시간 구간에서 위치의 변화는 $f(a+h)-f(a)$이다. 따라서 이 시간 구간 동안의 평균 속도는

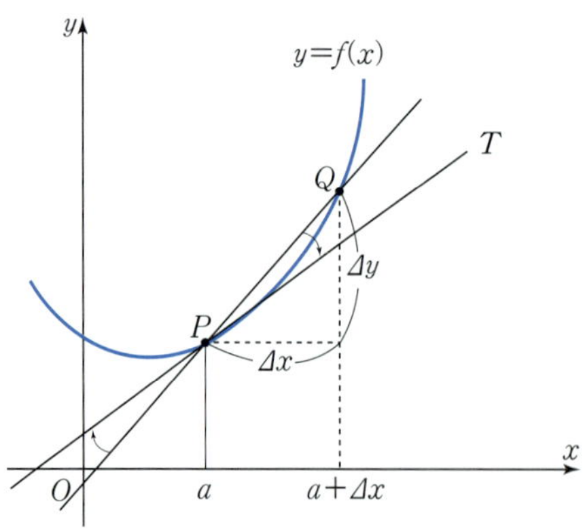

그림 12.1

$$평균속도 = \frac{거리}{시간} = \frac{f(a+h)-f(a)}{f(a)}$$

$t=a$에서 속도는

$$속도 = f'(a) = \lim_{h\to 0}\frac{f(a+h)-f(a)}{h}$$

$t=a$에서 속력은

$$속력 = |f'(a)|$$

이다.

예제 12.1.1

$f(x)=2x^2-1$에 대하여 다음을 구하여라.

(1) 구간 $[-1, 2]$에서 $f(x)$의 평균변화율

(2) $x=3$에서 $f(x)$의 미분계수

(3) $(3, 17)$에서 $f(x)$의 접선의 방정식

풀이 (1) $\frac{\Delta y}{\Delta x}=\frac{f(2)-f(-1)}{2-(-1)}=\frac{(8-1)-(2-1)}{3}=2$

(2) $f'(3)=\lim_{h\to 0}\frac{f(3+h)-f(3)}{h}$

$$=\lim_{h\to 0}\frac{[2(3+h)^2-1]-[2(3^2)-1]}{h}$$

$$=\lim_{h\to 0}\frac{12h+2h^2}{h}=\lim_{h\to 0}(12+2h)=12$$

(3) $f'(3)=12$이므로 접선의 방정식은 $y-f(3)=f'(3)(x-3)$, 즉 $y=12x-19$이다. ✲

예제 12.1.2

직선 위를 움직이는 물체의 위치함수가 $s=f(t)=2t^3+5t-7$일 때 $t=1.5$초에서의 속도와 속력을 구하여라. (단, t의 단위는 초이고 $f(t)$의 단위는 미터이다.)

풀이 $t=1.5$초에서의 속도는 $f'(1.5)=\lim_{h\to 0}\frac{f(1.5+h)-f(1.5)}{h}=6\cdot(1.5)^2+5=18.5$ m/s, 속력은 $|f'(1.5)|=18.5$ m/s이다. ✲

다음 정리는 미분가능인 함수와 연속함수의 관계를 보여주는 정리이다.

정리 12.1.3

함수 $f(x)$가 $x=a$에서 미분가능하면, $f(x)$는 $x=a$에서 연속이다. 그러나 일반적으로 그 역은 성립하지 않는다.

증명 $f(x)$가 $x=a$에서 미분가능하므로

$$\begin{aligned}\lim_{x\to a}\{f(x)-f(a)\} &= \lim_{x\to a}\frac{f(x)-f(a)}{x-a}\cdot(x-a)\\ &= \lim_{x\to a}\frac{f(x)-f(a)}{x-a}\cdot\lim_{x\to a}(x-a)\\ &= f'(a)\cdot 0=0\end{aligned}$$

그러므로 $\lim_{x\to a}f(x)=f(a)$가 되어 $x=a$에서 $f(x)$는 연속이다. ✲

그러나 일반적으로 위 정리의 역은 성립하지 않는다. 다음의 예를 살펴보자.

예제 12.1.4

$f(x)=|x|$는 $x=0$에서 연속이지만 미분가능하지 않음을 보여라.

풀이 $f(x)=|x|$가 $x=0$에서 연속이라는 사실은 명백하다. 그러나

$$f'(0)=\lim_{h\to 0}\frac{f(0+h)-f(0)}{h}=\lim_{h\to 0}\frac{|0+h|-|0|}{h}=\lim_{h\to 0}\frac{|h|}{h}$$

이므로 $\lim_{h\to 0+}\frac{|h|}{h}=1$ 이고 $\lim_{h\to 0-}\frac{|h|}{h}=-1$ 이 되어 $f'(0)$은 존재하지 않는다. 따라서 $f(x)=|x|$는 $x=0$에서 미분가능이 아니다. ✲

일반적으로 연속함수의 그래프는 계속 이어지는 그래프인 반면에 미분가능한 함수의 그래프는 매끄러운 곡선으로 뾰족한 점(첨점)이 없는 그래프이다.

예제 12.1.5

다음 함수들의 도함수를 구하여라.

(1) $y=3x^2-5$ (2) $y=\sqrt{x}$ (3) $y=\sin x$

풀이 (1) $f'(x)=\lim_{h\to 0}\frac{f(x+h)-f(x)}{h}$

$$=\lim_{h\to 0}\frac{[3(x+h)^2-5]-(3x^2-5)}{h}$$

$$=\lim_{h\to 0}\frac{3x^2+6xh+3h^2-5-3x^2+5}{h}=\lim_{h\to 0}(6x+h)=6x$$

(2) $f'(x)=\lim_{h\to 0}\frac{f(x+h)-f(x)}{h}$

$$=\lim_{h\to 0}\frac{\sqrt{x+h}-\sqrt{x}}{h}=\lim_{h\to 0}\frac{x+h-x}{h\cdot(\sqrt{x+h}+\sqrt{x})}$$

$$=\lim_{h\to 0}\frac{1}{\sqrt{x+h}+\sqrt{x}}=\frac{1}{2\sqrt{x}}$$

(3) $f'(x)=\lim_{h\to 0}\frac{f(x+h)-f(x)}{h}=\cos x$

$$=\lim_{h\to 0}\frac{\sin(x+h)-\sin(x)}{h}=\lim_{h\to 0}\frac{2\cos\left(x+\frac{h}{2}\right)\sin\frac{h}{2}}{h}$$

$$=\lim_{h\to 0}\cos\left(x+\frac{h}{2}\right)\cdot\frac{\sin\frac{h}{2}}{\frac{h}{2}}$$

$$=\lim_{h\to 0}\cos\left(x+\frac{h}{2}\right)\cdot\lim_{h\to 0}\frac{\sin\frac{h}{2}}{\frac{h}{2}}$$

$$=\cos x$$

✲

연습문제 12.1

1 다음 함수들의 지정된 구간에서의 평균변화율을 구하여라.

(1) $f(x)=2x-1,\ [3,\ 5]$ (2) $f(x)=\sqrt{x},\ [2,\ 4]$

(3) $f(x)=x^2-3x+5,\ [0,\ 2]$

2 다음 함수들의 도함수를 구하고, $x=1$ 에서의 미분계수를 구하여라.

(1) $y=x^3+7x$ (2) $y=\frac{1}{x}$ (3) $y=2x+1$

3 다음 함수들의 지정된 점에서 미분계수와 접선의 방정식을 구하여라.

(1) $y=\frac{3}{x},\ (3,\ 1)$ (2) $y=9-2x^2,\ (2,\ 1)$ (3) $y=\sqrt[3]{x^2},\ (1,\ 1)$

12.2 미분법

도함수의 정의를 이용하여 주어진 함수의 도함수를 구하는 것이 매우 복잡하다는 것을 12.1절에서 보았다. 이 절에서는 도함수의 정의를 직접 사용하지 않고 도함수를 구하는 여러 가지 유용한 미분공식을 공부하겠다.

정리 12.2.1

함수 f, g가 미분가능하면 다음의 사실이 성립한다.

(1) $f(x)=c$이면 $f'(x)=0$(단, c는 상수)

(2) $(cf)'(x)=cf'(x)$(단, c는 상수)

(3) $(f\pm g)'(x)=f'(x)\pm g'(x)$

(4) $(fg)'(x)=f'(x)g(x)+f(x)g'(x)$

(5) $\left(\dfrac{f}{g}\right)'(x)=\dfrac{f'(x)g(x)-f(x)g'(x)}{g^2(x)}$ $(g\neq 0)$

증명 (1), (2)의 증명은 명백하므로 생략한다.

(3) $(f+g)'(x)=f'(x)+g'(x)$의 경우를 살펴보자.

$$\begin{aligned}(f+g)'(x)&=\lim_{h\to 0}\frac{(f+g)(x+h)-(f+g)(x)}{h}\\&=\lim_{h\to 0}\frac{f(x+h)+g(x+h)-f(x)-g(x)}{h}\\&=\lim_{h\to 0}\left(\frac{f(x+h)-f(x)}{h}+\frac{g(x+h)-g(x)}{h}\right)\\&=\lim_{h\to 0}\frac{f(x+h)-f(x)}{h}+\lim_{h\to 0}\frac{g(x+h)-g(x)}{h}\\&=f'(x)+g'(x)\end{aligned}$$

(4) $F(x)=f(x)g(x)$라 두면,

$$\begin{aligned}(fg)'(x)=F'(x)&=\lim_{h\to 0}\frac{F(x+h)-F(x)}{h}\\&=\lim_{h\to 0}\frac{f(x+h)g(x+h)-f(x)g(x)}{h}\\&=\lim_{h\to 0}\frac{f(x+h)g(x+h)-f(x+h)g(x)+f(x+h)g(x)-f(x)g(x)}{h}\end{aligned}$$

$$= \lim_{h\to 0} f(x+h) \cdot \lim_{h\to 0} \frac{g(x+h)-g(x)}{h} + \lim_{h\to 0} g(x) \cdot \lim_{h\to 0} \frac{f(x+h)-f(x)}{h}$$

$$= f'(x)g(x) + f(x)g'(x)$$

(5) $F(x) = \dfrac{f(x)}{g(x)}$라 두면,

$$F'(x) = \lim_{h\to 0} \frac{F(x+h)-F(x)}{h} = \lim_{h\to 0} \frac{1}{h}\left[\frac{f(x+h)}{g(x+h)} - \frac{f(x)}{g(x)}\right]$$

이므로

$$\left(\frac{f}{g}\right)'(x) = F'(x) = \lim_{h\to 0} \frac{1}{h}\left[\frac{f(x+h)}{g(x+h)} - \frac{f(x)}{g(x)}\right]$$

$$= \lim_{h\to 0} \frac{1}{h} \frac{f(x+h)g(x) - f(x)g(x+h)}{g(x+h)g(x)}$$

$$= \lim_{h\to 0}\left[\frac{1}{g(x+h)g(x)}\right] \lim_{h\to 0}\left[\frac{f(x+h)g(x) - f(x)g(x+h)}{h}\right]$$

$$= \frac{1}{g^2(x)}\left[\lim_{h\to 0} \frac{f(x+h)-f(x)}{h} g(x) - \lim_{h\to 0} f(x) \frac{g(x+h)-g(x)}{h}\right]$$

$$= \frac{f'(x)g(x) - f(x)g'(x)}{g^2(x)}$$ ✲

정리 12.2.2

$f(x) = x^{\alpha}$이면 $f'(x) = \alpha x^{\alpha-1}$(단, α는 실수)

증명 $\alpha = n$을 양의 정수라 하자.

$$f'(x) = \lim_{h\to 0} \frac{f(x+h)-f(x)}{h} = \lim_{h\to 0} \frac{(x+h)^n - x^n}{h}$$

$$= \lim_{h\to 0} \frac{\left[x^n + nx^{n-1}h + \frac{n(n-1)}{2}x^{n-2}h^2 + \cdots + nxh^{n-1} + h^n\right] - x^n}{h}$$

$$= \lim_{h\to 0} \frac{\left[nx^{n-1}h + \frac{n(n-1)}{2}x^{n-2}h^2 + \cdots + nxh^{n-1} + h^n\right]}{h}$$

$$= \lim_{h\to 0}\left[nx^{n-1} + \frac{n(n-1)}{2}x^{n-2}h + \cdots + nxh^{n-2} + h^{n-1}\right]$$

$$= nx^{n-1}$$

$f(x)=x^{-n}$, n은 양의 정수라 하자. $f(x)=x^{-n}=\dfrac{1}{x^n}$이므로 정리 12.2.1에 의하여

$$\left(\frac{1}{x^n}\right)'=\frac{(1)'\cdot x^n-1\cdot(x^n)'}{(x^n)^2}$$
$$=\frac{-nx^{n-1}}{x^{2n}}=-nx^{-n-1}$$

✲

위의 α가 실수인 경우의 증명은 로그함수와 지수함수의 미분법에서의 증명을 참조하도록 하며, 여기에서는 생략하기로 한다.

예제 12.2.3

다음 함수들의 도함수를 구하여라.

(1) $y=3x^3-2x^2+6$ (2) $y=\dfrac{3x}{2x^2-1}$

(3) $y=(x^2+1)(3x-7)$

풀이 (1) $y'=(3x^3-2x^2+6)'=(3x^3)'-(2x^2)'+(6)'$
$=3\cdot 3x^2-2\cdot 2x=9x^2-4x$

(2) $$y'=\frac{(3x)'\cdot(2x^2-1)-3x\cdot(2x^2-1)'}{(2x^2-1)^2}$$
$$=\frac{6x^2-3-3x\cdot 4x}{(2x^2-1)^2}=\frac{-6x^2-3}{(2x^2-1)^2}$$

(3) $y'=(x^2+1)'\cdot(3x-7)+(x^2+1)\cdot(3x-7)$
$=2x\cdot(3x-7)+3(x^2+1)$
$=6x^2-14x+3x^2+3=9x^2-14x+3$

✲

$y=(5x^4-4x^3+2x^2-6)^{2009}$의 도함수를 구하기 위해 위의 정리를 이용하면 우변을 전개해서 도함수를 구해야 한다. 그리고 $y=\sqrt[5]{3x^4-12x^3+5x-3}$의 도함수도 위의 정리를 이용해서 해결할 수 없다. 다음 정리가 이와 같은 문제를 쉽게 해결하는 방법(연쇄법칙)이다.

정리 12.2.4

연쇄법칙(chain rule) 함수 f, g가 미분가능이면, f, g의 합성함수 $F(x)=(g\circ f)(x)=g(f(x))$도 미분가능이며, 그 도함수는

$$F'(x)=g'(f(x))f'(x)$$

이다. $y=g(u)$와 $u=f(x)$라 하면

$$\frac{dy}{dx}=\frac{dy}{du}\frac{du}{dx}$$

이다.

증명 주어진 가정에서 다음 함수를 정의한다.

$$h(y)=\begin{cases}\dfrac{g(y)-g(f(a))}{y-f(a)}, & y\neq f(a)\text{일 때}\\[2ex] g'(f(a)), & y=f(a)\text{일 때}\end{cases}$$

극한의 성질에서 $\lim_{y\to f(a)} h(y)=g'(f(a))=h(f(a))$이므로 h는 $f(a)$에서 연속이다. 따라서

$$\lim_{x\to a}h(f(x))=h\left(\lim_{x\to a}f(x)\right)=h(f(a))=g'(f(a))$$

이다. h의 정의에 의하여

$$\frac{g(f(x))-g(f(a))}{x-a}=h(f(x))\frac{f(x)-f(a)}{x-a}$$

이므로

$$\begin{aligned}(g\circ f)'(a)&=\lim_{x\to a}\frac{g(f(x))-g(f(a))}{x-a}\\&=\lim_{x\to a}h(f(x))\cdot\lim_{x\to a}\frac{f(x)-f(a)}{x-a}\\&=g'(f(a))f'(a)\end{aligned}$$

✲

예제 12.2.5

다음 함수들의 도함수를 구하여라.

(1) $y=(5x^4-4x^3+2x^2-6)^{2009}$ (2) $y=\sqrt[5]{3x^4-12x^3+5x-3}$

풀이 정리 12.2.4와 연쇄법칙을 이용하여 주어진 함수들의 도함수를 구해보자.

(1) $$\begin{aligned}\frac{dy}{dx}&=2009(5x^4-4x^3+2x^2-6)^{2008}\frac{d}{dx}(5x^4-4x^3+2x^2-6)\\&=2009(5x^4-4x^3+2x^2-6)^{2008}(20x^3-12x^2+4x)\end{aligned}$$

(2) $$\begin{aligned}\frac{dy}{dx}&=\frac{1}{5}(3x^4-12x^3+5x-3)^{-\frac{4}{5}}\frac{d}{dx}(3x^4-12x^3+5x-3)\\&=\frac{1}{5}(3x^4-12x^3+5x-3)^{-\frac{4}{5}}(12x^3-36x^2+5)\end{aligned}$$

✲

주어진 함수의 역함수가 미분가능이면 미분법을 이용하여 역함수의 도함수를 구할 수 있다. 그러나 일반적으로 주어진 함수의 역함수를 구하는 것은 어려운 작업이다. 역함수를 구하지 않고 주어진 함수의 도함수를 이용하여 역함수의 도함수를 구하는 방법을 알아보자.

정리 12.2.6

역함수의 미분법 $y=f(x)$가 미분가능하고, $\dfrac{dy}{dx}\neq 0$ 이면

$$\frac{dx}{dy}=\frac{1}{\dfrac{dy}{dx}}$$

이다. 즉 f가 a에서 미분가능이고, $f'(a)\neq 0$이면 f^{-1}가 $c=f(a)$에서 미분가능이고

$$(f^{-1})'(c)=\frac{1}{f'(a)}$$

이다.

매개변수의 미분법 매개변수로 표시되는 함수, 즉 $x=f(t), y=g(t)$이고 $f'(t)\neq 0$ 이면

$$\frac{dy}{dx}=\frac{\dfrac{dy}{dt}}{\dfrac{dx}{dt}}$$

이다.

증명 $x=a$에서 $f(a)=c$라 하면

$$\begin{aligned}(f^{-1})'(c)&=\lim_{y\to c}\frac{f^{-1}(y)-f^{-1}(c)}{y-c}\\&=\lim_{x\to a}\frac{f^{-1}(f(x))-f^{-1}(f(a))}{f(x)-f(a)}=\lim_{x\to a}\frac{x-a}{f(x)-f(a)}\\&=\lim_{x\to a}\frac{\dfrac{1}{f(x)-f(a)}}{x-a}=\frac{1}{f'(a)}\end{aligned}$$

따라서 $\dfrac{dx}{dy}=\dfrac{1}{\dfrac{dy}{dx}}$ 이다. 한편, 연쇄법칙에 의해

$$\frac{dy}{dx}=\frac{dy}{dt}\frac{dt}{dx}=\frac{\dfrac{dy}{dt}}{\dfrac{dx}{dt}}$$

✲

예제 12.2.7

(1) $x = 2y^5 + y^3 + 7$일 때 $\dfrac{dy}{dx}$를 구하여라.

(2) $f(x) = x^5 - x^2 + 4x + 2$일 때 $(f^{-1})'(2)$를 구하여라.

풀이 (1) $x = 2y^5 + y^3 + 7$이므로 $\dfrac{dx}{dy} = 10y^4 + 3y^2$이다. 따라서

$$\frac{dy}{dx} = \frac{1}{\frac{dx}{dy}} = \frac{1}{10y^4 + 3y^2}$$

(2) $(f^{-1})'(2)$를 구하기 위하여 $f(x) = 2$인 x를 먼저 구해야 한다. $f(0) = 2$이고, $f'(x) = 5x^4 - 2x + 4$이므로

$$(f^{-1})'(2) = \frac{1}{f'(0)} = \frac{1}{4}$$

이다. ✲

지금까지 다룬 함수들은 $y = f(x)$ 등과 같이 하나의 변수가 다른 한 변수로 명료하게 나타나는 함수들로서 양함수(explicit function)라 한다. 그러나 하나의 변수가 다른 한 변수로 명료하게 나타나지 않는 함수들도 있다. 이런 함수를 우리는 음함수(implicit function)라고 부른다. 변수가 x, y 두 개일 때 음함수는 $f(x, y) = 0$의 형태를 가진다. 예를 들면, $x^2 + y^2 - 4 = 0$ 또는 $x^3 + y^3 = 6xy$이다. $x^2 + y^2 - 4 = 0$인 경우 $f(x) = \sqrt{4 - x^2}$과 $g(x) = -\sqrt{4 - x^2}$의 두 함수로 결정된다. 그리고 f와 g의 그래프는 반지름이 2인 원 $x^2 + y^2 = 4$의 상반원과 하반원이다. 이와는 달리 $x^3 + y^3 = 6xy$의 경우 y를 x에 관한 함수로 푼다는 것이 그리 간단하지 않다. 다행스럽게도 y의 도함수를 구하기 위하여 y를 x에 관하여 풀지 않고도 y의 도함수를 구하는 방법이 있다. 이러한 방법을 우리는 음함수의 미분법이라 부른다. 음함수 $f(x, y) = 0$에 대하여 y를 x에 대한 함수로 고려하여, 양변을 x에 관하여 미분하면 y'에 대한 결과를 구할 수 있다.

예제 12.2.8

(1) $x^2 + y^2 = 4$일 때 $\dfrac{dy}{dx}$를 구하고, 원 $x^2 + y^2 = 4$ 위의 점 $(1, \sqrt{3})$에서의 접선의 방정식을 구하여라.

(2) $x^3 + y^3 = 6xy$에 대하여 $\dfrac{dy}{dx}$를 구하고, $x^3 + y^3 = 6xy$ 위의 점 $(3, 3)$에서의 접선의 방정식을 구하여라.

풀이 (1) 방정식 $x^2+y^2=4$의 양변을 x에 관하여 미분한다.

$$\frac{d}{dx}(x^2+y^2)=\frac{d}{dx}(4)$$

$$\frac{d}{dx}(x^2)+\frac{d}{dx}(y^2)=0$$

y는 x의 함수로 가정하고 연쇄법칙을 적용하면

$$\frac{d}{dx}(y^2)=2y\frac{dy}{dx}$$

이고, 따라서 $2x+2y\frac{dy}{dx}=0$을 얻는다. 이제 이것을 $\frac{dy}{dx}$에 관하여 풀면,

$$\frac{dy}{dx}=-\frac{x}{y}$$

이다. $(1, \sqrt{3})$에서 $x=1$, $y=\sqrt{3}$이므로

$$\frac{dy}{dx}=-\frac{1}{\sqrt{3}}$$

이고, 따라서 $(1, \sqrt{3})$에서 원에 대한 접선의 방정식은

$$y-\sqrt{3}=-\frac{1}{\sqrt{3}}(x-1)$$

이다.

(2) $x^3+y^3=6xy$에서 y를 x에 관한 함수로 보고 양변을 x에 관하여 미분한다.

$$\frac{d}{dx}(x^3+y^3)=\frac{d}{dx}(6xy)$$

$$\frac{d}{dx}(x^3)+\frac{d}{dx}(y^3)=6y+6xy'$$

$$3x^2+3y^2y'=6y+6xy'$$

$$x^2+y^2y'=2y+2xy'$$

이제 y'에 관하여 정리하면

$$(y^2-2x)y'=2y-x^2$$

이므로

$$y'=\frac{2y-x^2}{y^2-2x}$$

이다. $x=y=3$일 때

$$y'=\frac{2\cdot 3-3^2}{3^2-2\cdot 3}=-1$$

이므로 (3, 3)에서의 접선의 방정식은

$$y-3=-1(x-3) \text{ 또는 } x+y=6$$

이다. ✲

지금부터는 삼각함수의 도함수를 구하는 방법에 대하여 공부해보자. 먼저 삼각함수의 도함수를 구하는 데 다음의 사실들이 유용하다.

(1) $\lim_{\theta\to 0}\frac{\sin\theta}{\theta}=1$ (2) $\lim_{\theta\to 0}\frac{\cos\theta-1}{\theta}=0$

정리 12.2.9

삼각함수의 도함수

$(\sin x)'=\cos x$ $(\csc x)'=-\csc x\cot x$

$(\cos x)'=-\sin x$ $(\sec x)'=\sec x\tan x$

$(\tan x)'=\sec^2 x$ $(\cot x)'=-\csc^2 x$

증명 $\sin x$와 $\cos x$에 대한 미분만 증명하고자 한다. 나머지 삼각함수들은 미분공식(정리 12.2.1)을 이용하면 쉽게 구할 수 있다. $f(x)=\sin x$라 두면

$$\begin{aligned}(\sin x)'=f'(x)&=\lim_{h\to 0}\frac{f(x+h)-f(x)}{h}\\&=\lim_{h\to 0}\frac{\sin(x+h)-\sin x}{h}\\&=\lim_{h\to 0}\frac{\sin x\cos h+\cos x\sin h-\sin x}{h}\\&=\lim_{h\to 0}\left[\sin x\left(\frac{\cos h-1}{h}\right)+\cos x\left(\frac{\sin h}{h}\right)\right]\\&=\lim_{h\to 0}\sin x\lim_{h\to 0}\frac{\cos h-1}{h}+\lim_{h\to 0}\cos x\lim_{h\to 0}\frac{\sin h}{h}\\&=\sin x\cdot 0+\cos x\cdot 1\\&=\cos x\end{aligned}$$

이고, $\cos x = \sin\left(\frac{\pi}{2}+x\right)$ 이므로

$$\cos'(x) = \sin'\left(\frac{\pi}{2}+x\right) = \cos\left(\frac{\pi}{2}+x\right) = -\sin x$$

이다. ✲

예제 12.2.10

다음에 주어진 함수들의 도함수를 구하여라.

(1) $y = \sin(\cos(\tan x))$　　(2) $\cos(x+y) = y^3 \sin x$

풀이 (1) 삼각함수의 미분과 연쇄법칙을 이용하여 구하자.

$$\begin{aligned} f'(x) &= \cos(\cos(\tan x)) \cdot \frac{d}{dx}\cos(\tan x) \\ &= \cos(\cos(\tan x)) \cdot [-\sin(\tan x)] \cdot \frac{d}{dx}(\tan x) \\ &= -\cos(\cos(\tan x)) \cdot \sin(\tan x) \cdot \sec^2 x \end{aligned}$$

(2) 삼각함수의 미분과 음함수의 미분을 이용하여 구하자.

$$-\sin(x+y) \cdot (1+y') = 3y^2 y' \sin x + y^3(\cos x)$$

y' 에 관하여 정리하면,

$$y' = -\frac{y^3 \cos x + \sin(x+y)}{3y^2 \sin x + \sin(x+y)}$$ ✲

예제 12.2.11

$x = 3\cos^2 t$, $y = 3\sin^2 t$ 일 때 $\frac{dy}{dx}$ 를 구하여라.

풀이 $x = 3\cos^2 t$, $y = 3\sin^2 t$ 이므로

$$\frac{dx}{dt} = -6\cos t \sin t, \quad \frac{dy}{dt} = 6\sin t \cos t$$

이다. 그러므로

$$\frac{dy}{dx} = \frac{\frac{dy}{dt}}{\frac{dx}{dt}} = \frac{6\sin t \cos t}{-6\cos t \sin t} = -1$$ ✲

우리가 앞에서 공부한 지수함수와 로그함수의 도함수에 대하여 공부해보자. 먼저 함수의 극한에서 $\lim_{x \to \pm\infty}\left(1+\frac{1}{x}\right)^x = e$ 임을 공부하였다. 그리고 e를 밑수로 하는 로그함수를 자연로그함수라 하고 $y = \ln x$로 표기하였다.

정리 12.2.12

(1) $(\ln|x|)' = \frac{1}{x}$ (2) $(\ln|f(x)|)' = \frac{f'(x)}{f(x)}$

증명 (1) $x > 0$인 경우부터 살펴보자.

$f(x) = \ln|x| = \ln x$, $f(x+\Delta x) = \ln(x+\Delta x)$이므로

$$\begin{aligned}\frac{\Delta y}{\Delta x} &= \frac{1}{\Delta x}[\ln(x+\Delta x) - \ln x] = \frac{1}{\Delta x}\ln\frac{x+\Delta x}{x} \\ &= \frac{1}{x}\cdot\frac{x}{\Delta x}\ln\left(1+\frac{\Delta x}{x}\right) = \frac{1}{x}\ln\left(1+\frac{\Delta x}{x}\right)^{\frac{x}{\Delta x}}\end{aligned}$$

$$\begin{aligned}\lim_{\Delta x \to 0}\frac{\Delta y}{\Delta x} &= \lim_{\Delta x \to 0}\frac{1}{x}\ln\left(1+\frac{\Delta x}{x}\right)^{\frac{x}{\Delta x}} \\ &= \frac{1}{x}\cdot\ln\lim_{\Delta x \to 0}\left(1+\frac{\Delta x}{x}\right)^{\frac{x}{\Delta x}}\end{aligned}$$

이고, $\lim_{\Delta x \to 0}\left(1+\frac{\Delta x}{x}\right)^{\frac{x}{\Delta x}} = \lim_{t \to \infty}\left(1+\frac{1}{t}\right)^t = e$이므로

$$y' = \lim_{\Delta x \to 0}\frac{\Delta y}{\Delta x} = \frac{1}{x}\ln e = \frac{1}{x}$$

$x < 0$인 경우에 $y = \ln|x| = \ln(-x)$이므로

$$y' = \frac{1}{-x}\cdot(-x)' = \frac{1}{x}$$

이다. 위의 사실에 의하여

$$(\ln|x|)' = \frac{1}{x}$$

이다.

(2) 연쇄법칙과 (1)의 결과를 이용하면 쉽게 증명할 수 있다. ✲

예제 12.2.13

다음 함수들의 도함수를 구하여라.

(1) $y=\ln(x+\sin x)$ (2) $y=x\ln x-x$ (3) $y=\ln\frac{1}{x}$

풀이 (1) $[\ln(x+\sin x)]'=\frac{(x+\sin x)'}{(x+\sin x)}=\frac{1+\cos x}{x+\sin x}$

(2) $[x\ln x-x]'=(x\ln x)'-(x)'$

$=\ln x+x\cdot\frac{1}{x}-1=\ln x$

(3) $\left(\ln\frac{1}{x}\right)'=\frac{\left(\frac{1}{x}\right)'}{\frac{1}{x}}=x\cdot\left(-\frac{1}{x^2}\right)=-\frac{1}{x}$ ✲

정리 12.2.14

(1) $(a^x)'=a^x\ln a$ (2) $(e^x)'=e^x$

(3) $[a^{f(x)}]'=a^{f(x)}f'(x)\ln a$ (4) $[e^{f(x)}]'=e^{f(x)}f'(x)$

증명 (1) $y=a^x$의 양변에 자연로그를 취하면 $\ln y=x\ln a$이므로 양변을 x에 관하여 미분하면 $\frac{y'}{y}=\ln a$이므로 $y'=y\ln a=a^x\ln a$이다.

(2) a를 e로 바꾸면 $(e^x)'=e^x$이다.

(3) 연쇄법칙과 (1)의 결과를 이용하면 $[a^{f(x)}]'=a^{f(x)}\ln a\cdot f'(x)$이다.

(4) 연쇄법칙과 (2)의 결과를 이용하면 $[e^{f(x)}]'=e^{f(x)}f'(x)$이다.

참고로 정리 12.2.2에서 $y=x^\alpha$(α는 실수)의 도함수가 $y'=\alpha x^{\alpha-1}$임을 지수함수의 미분법을 이용하여 다음과 같이 쉽게 구할 수 있다.
$y=x^\alpha$의 양변에 자연로그를 취하면 $\ln y=\alpha\ln x$이다. 따라서 양변에 x에 관하여 미분하면 $\frac{y'}{y}=\alpha x^{-1}$이므로 $y'=\alpha x^{\alpha-1}$이다. ✲

예제 12.2.15

다음 함수의 도함수를 구하여라.

(1) $y=e^{\sqrt{x}}$ (2) $y=e^{2x}+3^{4x}$

(3) $y=3^{\ln x}$ (4) $y=x^x$ $(x>0)$

풀이 (1) $y'=(e^{\sqrt{x}})'=(\sqrt{x})'e^{\sqrt{x}}=\frac{e^{\sqrt{x}}}{2\sqrt{x}}$

(2) $y'=(e^{2x})'+(3^{4x})'=2\cdot e^{2x}+3^{4x}\cdot 4\cdot\ln 3$

$=2\cdot e^{2x}+4\ln 3\cdot 3^{4x}$

(3) $y'=3^{\ln x}(\ln x)'\ln 3=3^{\ln x}\frac{\ln 3}{x}$

(4) $y=x^x$의 양변에 자연로그를 취하면 $\ln y = x\ln x$가 된다. 음함수 미분법을 이용하면 $\frac{1}{y}\cdot y' = \ln x + x\cdot\frac{1}{x}$이므로

$$y' = y(\ln x + 1) = x^x(1+\ln x)$$

이다. ✲

연습문제 12.2

1 다음에 주어진 함수에서 $\frac{dy}{dx}$를 구하여라.

(1) $\frac{1}{x}+\frac{2}{y}=3$

(2) $(x+y)^2 = x^2y^2$

(3) $x(y-1) = y(x^2-1)$

(4) $y - \ln\frac{1}{x^2}$

(5) $y = \ln\sin^3 x$

(6) $y = x^4\ln x - x$

2 다음 함수의 도함수를 구하여라.

(1) $y = 2x^4 - 3x^2 + 7x^{-3}$

(2) $y = (2x + x^3)(\sqrt{x}+1)$

(3) $y = \left(x - \frac{1}{x}\right)\left(x^2 - \frac{1}{x^2}\right)$

(4) $y = \frac{x+2}{x^2+4x+4}$

(5) $y = (x - 4x^3)^5$

(6) $y = \sqrt{1+a^2x^2}$ (a는 상수)

(7) $y = \frac{(x^2+1)^3}{(x^3+1)^2}$

(8) $y = x\sqrt{1+4x^2}$

12.3 미분의 응용

지금까지 우리가 공부한 미분에 대해 여러 가지 응용문제를 생각할 수 있다. 그중에 함수의 최댓값, 최솟값을 찾는 문제, 함수의 극한을 쉽게 구하는 방법, 함수의 그래프를 그리는 방법 등을 생각해보자. 먼저 함수의 최댓값, 최솟값을 찾는 문제를 생각해보자. f가 구간 I에서 정의된 함수라 하자. 모든 원소 $x\in I$에 대하여

$$f(c) \geq f(x)$$

를 만족할 때 함수 f는 c에서 최댓값 $f(c)$를 가진다고 하고, 마찬가지로 모든 원소 $x \in I$에 대하여

$$f(c) \leq f(x)$$

를 만족할 때 함수 f는 c에서 최솟값 $f(c)$를 가진다고 한다. 만약 c를 포함하는 개구간 I_c가 존재하여 모든 원소 $x \in I_c$에 대하여

$$f(c) \geq f(x)$$

를 만족할 때 함수 f는 c에서 극댓값(relative maximum) $f(c)$를 가진다고 하고, 이때 c를 f의 극대점이라고 한다. 마찬가지로 c를 포함하는 개구간 I_c가 존재하여 모든 원소 $x \in I_c$에 대하여

$$f(c) \leq f(x)$$

를 만족할 때 함수 f는 c에서 극솟값(relative minimum) $f(c)$를 가진다고 하고, 이때 c를 f의 극소점이라고 한다. 그리고 극댓값과 극솟값을 극값(extremum)이라고 부른다. 또한 f의 정의역 I에 속하는 원소 c에 대하여 $f'(c)=0$이거나 f가 c에서 미분가능하지 않을 때 c를 f의 임계점(critical point)이라고 부른다.

정리 12.3.1

실수 c를 포함하는 개구간에서 정의된 함수 f가 $x=c$에서 미분가능하고 극값(극댓값 또는 극솟값)을 가지면 $f'(c)=0$이다.

증명 f가 $x=c$에서 극댓값을 가진다고 가정하자. 임의의 양수 h에 대하여

$$\frac{f(c+h)-f(c)}{h} \leq 0, \quad \frac{f(c-h)-f(c)}{-h} \geq 0$$

함수 f가 $x=c$에서 미분가능이므로 $h \to 0$일 때 $0 \leq f'(c) \leq 0$이다. 따라서 $f'(c)=0$이다. f가 c에서 극솟값을 가질 때도 같은 방법으로 증명이 가능하다. ✲

참고로 정리 12.3.1의 역은 성립하지 않는다. 예를 들면, $f(x)=x^3$에서 $f'(0)=0$이지만 $f(x)$는 $x=0$에서 극값을 가지지 않는다.

최댓값과 최솟값을 찾는 방법

$f(x)$가 구간 $[a, b]$에서 연속함수일 때,

(1) (a, b)에서 $f(x)$의 모든 임계점을 찾는다.

(2) 모든 임계점에서의 $f(x)$의 값을 구한다.

(3) $f(a)$, $f(b)$의 값을 구한다.

(4) (2), (3) 단계에서 가장 큰 값이 최댓값이고, 가장 작은 값이 최솟값이다.

예제 12.3.2

함수 $f(x)=x^3-3x^2+1$의 구간 $\left[-\frac{1}{2}, 4\right]$에서 최댓값과 최솟값을 구하여라.

풀이 $f(x)$가 $\left[-\frac{1}{2}, 4\right]$에서 연속이고 $f'(x)=3x^2-6x=3x(x-2)$이다. $f(x)$의 임계점은 0, 2이고, 이 임계점에서 f의 값은 $f(0)=0$, $f(2)=-3$이다. 구간 끝점에서의 f의 값은 $f\left(-\frac{1}{2}\right)=\frac{1}{8}$, $f(4)=17$이다. 따라서 최댓값은 $f(4)=17$이고, 최솟값은 $f(2)=-3$이다. ✲

정리 12.3.3

롤(Rolle)의 정리 함수 f가 폐구간 $[a, b]$에서 연속이고, 개구간 (a, b)에서 미분가능이며 $f(a)=f(b)$이면, $f'(c)=0$인 c가 (a, b) 안에 적어도 하나 존재한다.

증명 함수 $f(x)$가 상수함수이면, 모든 x에 대하여 $f'(x)=0$이므로 c를 (a, b) 안의 임의의 점으로 선택하면 된다.

(a, b) 안에 $f(x)>f(a)$가 되는 x가 있다면 f는 폐구간 $[a, b]$에서 연속이므로 (a, b) 안의 어떤 점에서 f는 최댓값을 가진다. $f(a)=f(b)$이므로 개구간 (a, b) 안의 적당한 점 c에서 최댓값을 가져야 한다. 그리고 $f(c)$는 극댓값이 되므로 정리 12.3.1에 의하여 $f'(c)=0$이다.

만약 (a, b) 안에 $f(x)<f(a)$가 되는 x가 있다면 f는 폐구간 $[a, b]$에서 연속이므로 (a, b) 안의 어떤 점에서 f는 최솟값을 가진다. $f(a)=f(b)$이므로 개구간 (a, b) 안의 적당한 점 c에서 최솟값을 가져야 한다. 그리고 $f(c)$는 극솟값이 되므로 정리 12.3.1에 의하여 $f'(c)=0$이다. ✲

롤의 정리의 기하학적인 의미는 $(a,\ b)$ 안의 적어도 한 점에서 $y=f(x)$의 접선이 x 축과 평행하다는 것이다.

예제 12.3.4

방정식 $x^3+3x-3=0$이 오직 하나의 실근을 가짐을 보여라.

풀이 $f(x)=x^3+3x-3$이라 정의하면, $f(0)=-3<0$이고 $f(1)=1>0$이다. f는 연속이므로 중간값 정리에 의해서 0과 1 사이에 $f(c)=0$을 만족하는 c가 존재한다는 것을 알 수 있다. 이제 다른 실근을 갖지 않는다는 것을 보이면 된다. 만약 방정식이 두 개의 실근 a와 b를 갖는다고 가정하면 $f(a)=f(b)$이다. f는 다항식이기 때문에 $(a,\ b)$에서 미분가능하고 $[a,\ b]$에서 연속이다. 따라서 롤의 정리에 의하여 $f'(c)=0$을 만족하는 $c\in(a,\ b)$가 존재한다. 그러나 모든 x에 대하여 $f'(x)=3x^2+3\geq 3$이므로 $f'(c)=0$은 모순이다. 그러므로 방정식 $x^3+3x-3=0$은 두 개의 실근을 갖지 않는다. ✲

정리 12.3.5

평균값 정리(mean value theorem) 함수 f가 폐구간 $[a,\ b]$에서 연속이고 개구간 $(a,\ b)$에서 미분가능이면,

$$f'(c)=\frac{f(b)-f(a)}{b-a}$$

를 만족하는 c가 $(a,\ b)$ 안에 적어도 하나 존재한다.

증명 두 점 $(a,\ f(a))$, $(b,\ f(b))$를 연결하는 직선과 주어진 함수 f의 그래프는 a와 b에서 같은 값을 가진다. 다음의 함수를 정의하자.

$$g(x)=f(x)-f(a)-\frac{f(b)-f(a)}{b-a}(x-a)$$

그러면 $g(x)$는 폐구간 $[a,\ b]$에서 연속이고, 개구간 $(a,\ b)$에서 미분가능이다. 또한

$$g(a)=f(a)-f(a)-\frac{f(b)-f(a)}{b-a}(a-a)=0$$

$$\begin{aligned}g(b)&=f(b)-f(a)-\frac{f(b)-f(a)}{b-a}(b-a)\\&=f(b)-f(a)-[f(b)-f(a)]=0\end{aligned}$$

이므로, $g(a)=g(b)$이다. 따라서 $g(x)$는 롤의 정리의 모든 가정을 만족하므로 $g'(c)=0$인 c가 $(a,\ b)$ 안에 적어도 하나 존재한다. 이제 $g(x)$의 정의에 의해서

$$g'(c) = f'(c) - \frac{f(b)-f(a)}{b-a} = 0$$

이므로

$$f'(c) = \frac{f(b)-f(a)}{b-a}$$

이다. ✲

평균값 정리의 기하학적인 의미는 두 점 $(a, f(a))$, $(b, f(b))$를 연결하는 직선과 (a, b) 안의 적어도 한 점에서 $y=f(x)$의 접선이 평행하다는 것이다.

따름정리 12.3.6

개구간 (a, b) 안의 모든 x에 대하여 $f'(x)=0$이면, f는 (a, b)에서 상수함수이다.

증명 x_1, x_2를 $x_1 < x_2$인 (a, b) 안의 점이라 하자. 평균값 정리에 의하여

$$f(x_2) - f(x_1) = f'(c)(x_2 - x_1)$$

을 만족하는 c가 구간 (x_1, x_2) 안에 존재한다. 모든 x에 대하여 $f'(x)=0$이므로 $f(x_2)-f(x_1)=0$, $f(x_2)=f(x_1)$이다. 그러므로 $f(x)$는 (a, b) 안의 임의의 두 점에서 같은 값을 갖는다. 따라서 f는 (a, b)에서 상수함수이다. ✲

예제 12.3.7

$[1, 3]$에서 $f(x)=x^3+3x-3$의 평균변화율과 같은 미분계수를 갖는 점 c를 $(1, 3)$ 안에서 구하여라.

풀이 $[1, 3]$에서 $f(x)=x^3+3x-3$의 평균변화율은

$$\frac{f(3)-f(1)}{3-1} = \frac{(27+9-3)-(1+3-3)}{2} = \frac{32}{2} = 16$$

이다. f는 다항식이므로 모든 x에 대하여 연속이고 미분가능이다. $f'(x)=3x^2+3$이므로

$$f'(c) = 3c^2+3 = 16,\ c^2 = \frac{13}{3},\ c = \pm\sqrt{\frac{13}{3}}$$

이다. 그러나 c는 $(1, 3)$ 안의 점이어야 하므로 $c=\sqrt{\frac{13}{3}}$이다. ✲

정리 12.3.8

코시(Cauchy) 평균값 정리 두 함수 f, g가 $[a, b]$에서 연속이고 (a, b)에서 미분가능이며 $g' \neq 0$, $g(a) \neq g(b)$이면,

$$\frac{f(b)-f(a)}{g(b)-g(a)} = \frac{f'(c)}{g'(c)}$$

인 c가 (a, b) 사이에 존재한다.

증명 $F(x) = f(b) - f(x) - \dfrac{f(b)-f(a)}{g(b)-g(a)}(g(b) - g(x))$라 정의하면 F는 $[a, b]$에서 연속이고 (a, b)에서 미분가능이며,

$$F(a) = 0 = F(b),\ F'(x) = -f'(x) + \frac{f(b)-f(a)}{g(b)-g(a)} g'(x)$$

이므로, 롤의 정리에 의해서 $F'(c) = 0$, 즉

$$f'(c) = \frac{f(b)-f(a)}{g(b)-g(a)} g'(c)$$

인 c가 (a, b) 사이에 존재한다. ✲

함수의 극한값을 구할 때 $\frac{0}{0}$, $\frac{\infty}{\infty}$, $0 \cdot \infty$, $\infty - \infty$, ∞^0, 1^∞, 0^0 등으로 나타나는 극한을 부정형(indeterminate form)이라 부른다. 이러한 부정형의 극한을 구하는 데 유용한 로피탈의 정리에 대하여 알아보자.

정리 12.3.9

로피탈(L'Hospital)의 정리 두 함수 f, g가 $x = a$의 근방에서(a는 제외해도 좋음) 미분가능이고 $g' \neq 0$이라 하자. 만약 $\lim_{x \to a} f(x) = 0 = \lim_{x \to a} g(x)$이고 $\lim_{x \to a} \dfrac{f'(x)}{g'(x)}$가 존재하면 다음의 사실이 성립한다.

$$\lim_{x \to a} \frac{f(x)}{g(x)} = \lim_{x \to a} \frac{f'(x)}{g'(x)}$$

증명 주어진 함수의 정의역 안에서

$$F(x) = \begin{cases} f(x), & x \neq a \\ 0, & x = a \end{cases},\quad G(x) = \begin{cases} g(x), & x \neq a \\ 0, & x = a \end{cases}$$

라 정의하면 $x \neq a$일 때 F, G는 $[a, x]$(또는 $[x, a]$)에서 연속이고, (a, x)(또는 (x, a))에서 미분가능하므로 정리 12.3.5에 의해서

$$\frac{F(x)}{G(x)} = \frac{F(x) - F(a)}{G(x) - G(a)} = \frac{F'(c)}{G'(c)}$$

인 c가 (a, x) 안에 존재한다. 또한 다음의 사실이 성립한다.

$$\lim_{x \to a} \frac{f(x)}{g(x)} = \lim_{x \to a} \frac{F(x)}{G(x)} = \lim_{c \to a} \frac{F'(c)}{G'(c)} = \lim_{x \to a} \frac{F'(x)}{G'(x)}$$
$$= \lim_{x \to a} \frac{f'(x)}{g'(x)}$$

✲

$\frac{0}{0}$ 형태의 부정형에 대한 로피탈의 정리는 $x \to a+$, $x \to a-$, $x \to \pm\infty$ 인 경우에도 성립한다. $\frac{\infty}{\infty}$ 형태의 부정형에 대한 다음의 정리는 증명 없이 소개만 한다.

따름정리 12.3.10

두 함수 f, g가 $x = a$의 근방에서(a는 제외해도 좋음) 미분가능이고 $g' \neq 0$이며 $x \to a$일 때 f, $g \to \pm\infty$이고 $\lim_{x \to a} \frac{f'(x)}{g'(x)}$가 존재하면

$$\lim_{x \to a} \frac{f(x)}{g(x)} = \lim_{x \to a} \frac{f'(x)}{g'(x)}$$

이다.

$\frac{f(x)}{g(x)}$가 부정형일 때 그 극한값은 로피탈의 정리에 의하여 $\frac{f'(x)}{g'(x)}$의 극한값을 구하면 되고, $\frac{f'(x)}{g'(x)}$가 다시 부정형일 때는 $\frac{f''(x)}{g''(x)}$의 극한값을 구하면 된다. 그리고 $\frac{0}{0}$, $\frac{\infty}{\infty}$ 형태 외에 다른 부정형의 극한을 구할 때는 주어진 부정형을 반드시 $\frac{0}{0}$, $\frac{\infty}{\infty}$의 형태로 고친 다음 로피탈의 정리를 적용하여야 한다. 예를 들면,

(1) $f \to 0$, $g \to \infty$일 때 $f \cdot g = \frac{f}{\frac{1}{g}}$로 바꾸면 된다.

(2) $f \to \infty$, $g \to \infty$일 때 $f - g = \frac{\frac{1}{g} - \frac{1}{f}}{\frac{1}{fg}}$로 바꾸면 된다.

(3) 다음의 경우에는 $f^g = e^{g \log f}$로 바꾸면 된다.

$f \to 1,\ g \to \infty$

$f \to 0,\ g \to 0$

$f \to \infty,\ g \to 0$

예제 12.3.11

다음의 극한을 구하여라.

(1) $\displaystyle\lim_{x \to \infty} \frac{x}{e^x}$ (2) $\displaystyle\lim_{x \to \infty} \frac{x+2x^2}{3x^2-2x}$

(3) $\displaystyle\lim_{x \to \infty} \frac{\ln x}{x^a}$ $(a > 0)$ (4) $\displaystyle\lim_{x \to 0+} x^x$

풀이 (1) $\frac{\infty}{\infty}$ 형태이므로 로피탈의 정리를 이용하면,

$$\lim_{x \to \infty} \frac{x}{e^x} = \lim_{x \to \infty} \frac{1}{e^x} = 0$$

(2) $\frac{\infty}{\infty}$ 형태이므로 로피탈의 정리를 이용하되 두 번 적용하여야 한다.

$$\lim_{x \to \infty} \frac{x+2x^2}{3x^2+2x} = \lim_{x \to \infty} \frac{1+4x}{6x+2} = \lim_{x \to \infty} \frac{4}{6} = \frac{2}{3}$$

(3) $\displaystyle\lim_{x \to \infty} \frac{\ln x}{x^a} = \lim_{x \to \infty} \frac{\frac{1}{x}}{ax^{a-1}} = \lim_{x \to \infty} \frac{1}{ax^a} = 0$

(4) $x^x = y$ 라 두고 양변에 $\ln$을 취하면 $\ln y = x \ln x$ 이다.

$$\ln(\lim_{x \to 0^+} y) = \lim_{x \to 0^+} \ln y = \lim_{x \to 0^+} (x \ln x)$$

$$= \lim_{x \to 0^+} \frac{\ln x}{\frac{1}{x}} = \lim_{x \to 0^+} \frac{\frac{1}{x}}{\frac{-1}{x^2}} = \lim_{x \to 0^+} (-x) = 0$$

따라서, $\displaystyle\lim_{x \to 0+} y = 1$, 즉 $\displaystyle\lim_{x \to 0+} x^x = 1$ 이다. ✲

정리 12.3.12

(1) 어떤 구간 안의 모든 x 에 대하여, $f'(x) > 0$이면 f는 그 구간에서 증가함수이다.
(2) 어떤 구간 안의 모든 x 에 대하여, $f'(x) < 0$이면 f는 그 구간에서 감소함수이다.

증명 (1) 구간 안의 임의의 두 점이 $x_1 < x_2$라 하면 평균값 정리에 의하여

$$f(x_2)-f(x_1)=f'(c)(x_2-x_1)$$

을 만족하는 c가 x_1과 x_2 사이에 존재한다. 가정에 의하여

$$f(x_2)-f(x_1)>0 \text{ 또는 } f(x_1)<f(x_2)$$

이다. 따라서 f는 그 구간에서 증가함수이다.

(2) (1)과 유사한 방법으로 증명할 수 있다. ✲

예제 12.3.13

함수 $f(x)=x^4-8x^3+16x^2+7$이 증가하는 구간과 감소하는 구간을 구하여라.

풀이 $f'(x)=4x^3-24x^2+32x=4x(x^2-6x+8)=4x(x-2)(x-4)$이므로 $f'(x)=0$인 점은 $x=0,\ 2,\ 4$이다. 따라서

$(-\infty,\ 0)$에서 $f(x)<0$이므로 $(-\infty,\ 0)$에서 f는 감소함수

$(0,\ 2)$에서 $f'(x)>0$이므로 $(0,\ 2)$에서 f는 증가함수

$(2,\ 4)$에서 $f'(x)<0$이므로 $(2,\ 4)$에서 f는 감소함수

$(4,\ \infty)$에서 $f'(x)>0$이므로 $(4,\ \infty)$에서 f는 증가함수 ✲

아래의 정리는 증명 없이 소개한다.

정리 12.3.14

일차도함수판정법 $a,\ b$를 포함하는 구간 I에서 f가 미분가능이고 $a<c<b$인 c에 대하여 $f'(c)=0$이라고 하자.

(1) $a<x<c$에 대해 $f'(x)>0$이고 $c<x<b$에 대해 $f'(x)<0$이면, f는 c에서 극댓값을 가진다.

(2) $a<x<c$에 대해 $f'(x)<0$이고 $c<x<b$에 대해 $f'(x)>0$이면, f는 c에서 극솟값을 가진다.

(3) c에서 f'의 부호가 변하지 않으면 f는 c에서 극값을 가지지 않는다.

예제 12.3.15

함수 $f(x)=x^3(x-2)^2,\ -1 \leqq x \leqq 3$의 극대, 극소와 최대, 최솟값을 구하고 함수의 그래프를 그려라.

풀이 $f'(x)=3x^2(x-2)^2+x^3\cdot 2(x-2)=x^2(x-2)(5x-6)$이므로 임계점은 $x=0,\ 2,\ \frac{6}{5}$이다. 0에서는 $f'(x)$의 부호가 변하지 않으므로 정리 12.3.9(3)에 의하여 f는 0에서 극대 및 극소를 가지지 않는다. $\frac{6}{5}$에서 f'의 부호가 양에서 음으로 변하기 때문에

$$f\left(\frac{6}{5}\right)=(1.2)^3(-0.8)^2=1.10592$$

는 극댓값이다. 한편, 2에서는 f'의 부호가 음에서 양으로 변하기 때문에 $f(2)=0$은 극솟값이다. 최대, 최솟값을 구하기 위하여 구간의 끝점에서의 f의 값을 구하면 $f(-1)=-9$, $f(3)=27$이다. 따라서 임계점과 비교하면 최댓값은 $f(3)=27$이고, 최솟값은 $f(-1)=-9$이다(그림 12.2 참조).

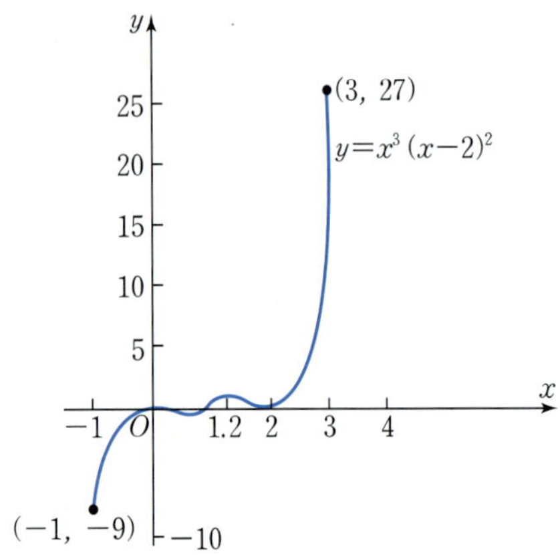

그림 12.2

함수 f의 그래프가 구간 I에서 항상 접선보다 위에 놓여 있을 때 함수 f는 위로 오목(concave up)이라고 하고, 함수 f의 그래프가 구간 I에서 항상 접선보다 아래에 놓여 있을 때 함수 f는 아래로 오목(concave down)이라고 한다. 아래의 정리는 증명 없이 소개한다.

정리 12.3.16

이차도함수판정법

(1) $f'(c)=0$이고 $f''(c)>0$이면 f는 c에서 극솟값을 가진다.

(2) $f'(c)=0$이고 $f''(c)<0$이면 f는 c에서 극댓값을 가진다.

$f''(a)=0$이고 $x=a$의 앞뒤에서 $f''(a)$의 부호가 변화할 때, 점$(a,\ f(a))$를

$y = f(x)$의 변곡점(point of inflection)이라고 부른다.

예제 12.3.17

함수 $f(x) = x^4 - 4x^3$의 오목성, 변곡점, 극값을 구하고 함수의 그래프를 그려라.

풀이 $f(x) = x^4 - 4x^3$이라 두면,

$$f'(x) = 4x^3 - 12x^2 = 4x^2(x-3)$$
$$f''(x) = 12x^2 - 24x = 12x(x-2)$$

이다. 임계점은 $x = 0,\ 3$이다. 이차도함수판정법을 이용하기 위하여 이들 임계점에 대하여 f''을 계산하면,

$$f''(0) = 0,\ \ f''(3) = 36 > 0$$

이다. $f'(3) = 0$이고 $f''(3) > 0$이므로 $f(3) = -27$은 극솟값이다. $f''(0) = 0$이므로 이차도함수판정법으로는 임계점 0에 대해서는 판단할 수 없다. 그러나 $x < 0$이고 $0 < x < 3$인 모든 x에 대하여 $f'(x) < 0$이므로 일차도함수판정법에 의하여 f는 0에서 극값을 가지지 않는다. $x = 0$ 또는 $x = 2$일 때 $f''(x) = 0$이므로 이들 점을 끝점으로 하는 구간으로 수직선을 구분하면 다음의 도표를 얻는다.

구간	$f''(x) = 12x(x-2)$	오목성
$(-\infty,\ 0)$	$+$	위로
$(0,\ 2)$	$-$	아래로
$(2,\ \infty)$	$+$	위로

점 $(0,\ 0)$에서 곡선은 위로 오목에서 아래로 오목으로 변하므로 $(0,\ 0)$은 변곡점이다. 역시 점 $(2,\ -16)$에서 곡선이 아래로 오목에서 위로 오목으로 변하기 때문에 점 $(2,\ -16)$은 변곡점이다. 극솟값, 오목구간들, 그리고 변곡점을 이용하여 함수의 그래프를 그리면 그림 12.3과 같다.

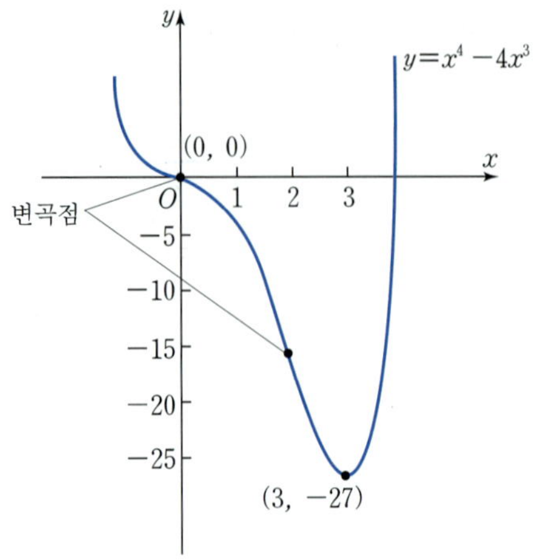

| 그림 12.3 |

연습문제 12.3

1 다음의 극한값을 계산하여라.

(1) $\lim_{x \to \frac{\pi}{2}} \frac{\sec x - 1}{\tan x}$ (2) $\lim_{x \to 0}(\csc x - \cot x)$ (3) $\lim_{x \to \infty} x\left(1 - e^{\frac{1}{x}}\right)$

(4) $\lim_{x \to 1} \frac{\ln x}{x-1}$ (5) $\lim_{x \to 1} \frac{\ln x}{\tan \pi x}$

2 다음을 증명하여라.

(1) $\lim_{x \to 0} \frac{\sin x}{x} = 1$ (2) $\lim_{x \to 0} \frac{e^x - 1}{x} = 1$

(3) $\lim_{x \to 0} \frac{\ln(1+x)}{x} = 1$ (4) $\lim_{x \to 0} \frac{\cos x - 1}{x} = 0$

(5) $\lim_{x \to \infty} \left(1 + \frac{a}{x}\right)^x = e^a$ (6) $\lim_{x \to 0} \frac{\sin^{-1} x}{x} = 1$

3 다음 함수에서 증가하는 x의 범위와 감소하는 x의 범위를 구하여라.

(1) $y = x^2 + 2x - 3$ (2) $y = 2x^3 + 3x^2 - 12x + 5$

제12장 종합문제

01 곡선 $y=x^3+1$ 위의 점 $(1,\ 2)$에 있어서의 곡선의 접선의 방정식을 구하여라.

02 다음 주어진 함수에서 $\dfrac{dy}{dx}$를 구하여라.

(1) $x^2+x^2y^2+y^2=3$ (2) $x^4+y^4=18xy$

03 다음 함수의 도함수를 구하여라.

(1) $y=\ln(t^2+4)^3$ (2) $y=\sin(\ln x)$

(3) $y=e^x\cos x$ (4) $y=\dfrac{e^x}{e^{2x}+1}$

04 다음 함수에 대해서 평균값 정리(정리 12.3.4)에 있어서의 c의 값을 구하여라.

(1) $f(x)=x^2+x$: $[-4,\ 6]$ (2) $f(x)=x^3+x-4$: $[-1,\ 2]$

(3) $f(x)=\sqrt{x+1}$: $[0,\ 3]$ (4) $f(x)=x+\dfrac{1}{x}$: $[3,\ 4]$

05 다음 함수들에 대하여 $[-1,\ 0]$에서 함수의 최솟값과 최댓값을 구하시오.

(1) $f(x)=\tan^{-1}(x^2)$ (2) $f(x)=\ln(1+x^2+2x^3+x^4)$

06 다음과 같은 $f(x)$에 대하여 f의 극값 및 변곡점을 구하여라.

(1) $f(x)=x^4-6x^2+8$ (2) $f(x)=\dfrac{1}{3}x^3-3x^2+8x$

Chapter 13

적분

13.1 부정적분

주어진 함수의 도함수를 구하는 것을 12장에서 공부하였다. 이 절에서는 도함수가 주어져 있을 때 원래의 함수를 구하는 방법에 대하여 공부할 것이다.

함수 $f(x)$가 주어져 있을 때

$$F'(x) = f(x)$$

가 되는 미분가능한 함수 F를 f의 부정적분(indefinite integral) 또는 원시함수(primitive function)라고 부른다. 주어진 함수 $f(x)$의 부정적분을 구하는 것을 $f(x)$를 x에 대하여 적분한다(integrate)고 하며, 이때 $f(x)$를 피적분함수(integrand)라고 부른다.

정리 13.1.1

$F(x)$가 $f(x)$의 부정적분이면, $f(x)$의 모든 부정적분은

$$F(x) + C \quad (\text{단, } C\text{는 상수})$$

로 나타난다.

증명 $F(x)$와 다른 $f(x)$의 부정적분을 $G(x)$라고 하면

$$\{F(x) - G(x)\}' = F'(x) - G'(x) = f(x) - f(x) = 0$$

이다. 즉 $F(x) - G(x)$의 도함수가 0이므로 $F(x) - G(x)$는 상수함수이다. 이 상수를 C라고 하면 $F(x) - G(x) = C$이고, 모든 x에 대하여 $F(x) = G(x) + C$임을 알 수 있다.

✲

주어진 함수 $f(x)$의 부정적분을 아래의 기호

$$\int f(x)\,dx$$

를 이용하여 표기하기로 하자. 그러면

$$F'(x) = f(x) \Leftrightarrow \int f(x)\,dx = F(x) + C$$

가 되고, 이때 상수 C를 적분상수(integral coefficient)라고 한다. 그리고 지금부터 모든 적분상수는 생략하기로 한다. 따라서 다음의 정리에서 주의해야 할 점은 두 개의 등식이 같다는 것이 아니라 상수만큼의 차이가 있다는 것을 기억하기 바란다.

정리 13.1.2

(1) $\int kf(x)\,dx = k\int f(x)\,dx$ (단, k는 상수)

(2) $\int \{f(x) \pm g(x)\}\,dx = \int f(x)\,dx \pm \int g(x)\,dx$

증명 $f(x)$, $g(x)$의 부정적분을 각각 $F(x)$, $G(x)$라고 하면, $F'(x) = f(x)$, $G'(x) = g(x)$이므로 임의의 상수 k에 대하여

$$\{kF(x)\}' = kF'(x) = kf(x)$$
$$\{F(x) \pm G(x)\}' = F'(x) \pm G'(x) = f(x) \pm g(x)$$

이다. 따라서 부정적분의 정의에 의하여

$$\int kf(x)\,dx = kF(x) = k\int f(x)\,dx$$
$$\int \{f(x) \pm g(x)\}\,dx = F(x) \pm G(x) = \int f(x)\,dx \pm \int g(x)\,dx$$

이다. ✲

정리 13.1.1에 의해서 알 수 있듯이 부정적분은 미분의 역연산이므로 미분공식으로부터 다음의 적분공식들을 구할 수 있다.

정리 13.1.3

적분공식

(1) $\int x^{\alpha}\,dx = \begin{cases} \dfrac{1}{\alpha+1}x^{\alpha+1}, & \alpha \neq -1 \\ \ln|x|, & \alpha = -1 \end{cases}$

(2) $\int a^x dx = a^x \frac{1}{\log a}$ $(a \neq 1,\ a > 0)$

(3) $\int \sin x\, dx = -\cos x$ $\int \cos x\, dx = \sin x$

$\int \sec^2 x\, dx = \tan x$ $\int \csc^2 x\, dx = -\cot x$

$\int \sec x \tan x\, dx = \sec x$ $\int \csc x \cot x\, dx = -\csc x$

단, 적분상수는 생략한다.

정리 13.1.3의 적분공식은 오른쪽 함수를 미분함으로써 왼쪽 적분기호 안의 피적분 함수를 쉽게 구할 수 있다. 미분법 공식 중에서 유용하게 사용되는 법칙은 연쇄법칙이다. 적분법에서도 치환적분법이 유용하게 사용되는 법칙 중 하나이며, 이 공식은 도함수의 연쇄법칙에 의해서 유도된다.

정리 13.1.4

함수 $u = g(x)$가 미분가능이면

$$\int f(g(x))g'(x)\,dx = \int f(u)\,du$$

이다. 이 적분법을 **치환적분법**(integration by substitution)이라 한다.

증명 함수 $f(u)$의 부정적분을 $F(u)$라고 하면 연쇄법칙에 의하여 다음을 얻을 수 있다.

$$\frac{d}{dx}F(g(x)) = \frac{d}{dx}F(u)\frac{du}{dx}$$

$$= f(u)\frac{du}{dx} = f(g(x))g'(x)$$

양변을 x에 대하여 적분하면

$$F(g(x)) = F(u) = \int f(g(x))g'(x)\,dx$$

$$\int f(u)\,du = \int f(g(x))g'(x)\,dx$$

이다. ✲

예제 13.1.5

다음 부정적분을 구하여라.

(1) $\int (2x^3 - x + 4)dx$ (2) $\int (2x+1)^3 dx$

(3) $\int \sin(2x+3)\,dx$ (4) $\int e^{3x-2}dx$

(5) $\int e^{f(x)} \cdot f'(x)dx$ (6) $\int \sin(f(x)) \cdot f'(x)dx$

풀이 (1) $\int (2x^3 - x + 4)dx = 2\int x^3 dx - \int x\,dx + \int 4\,dx$

$$= 2 \cdot \frac{x^4}{4} - \frac{x^2}{2} + 4x = \frac{x^4}{2} - \frac{x^2}{2} + 4$$

(2) $u = 2x+1$ 이라고 두자. 그러면 치환적분법에 의하여, 즉 $2dx = du$이므로

$$\begin{aligned}\int (2x+1)^3 dx &= \frac{1}{2}\int (2x+1)^3 \cdot 2\,dx \\ &= \frac{1}{2}\int u^3 du \\ &= \frac{1}{2} \cdot \frac{u^4}{4} = \frac{1}{8}(2x+1)^4\end{aligned}$$

(3) $u = 2x+3$ 이라고 두자. 그러면 치환적분법에 의하여

$$\begin{aligned}\int \sin(2x+3)\,dx &= \frac{1}{2}\int \sin(2x+3) \cdot 2\,dx \\ &= \frac{1}{2}\int \sin u\,du \\ &= -\frac{1}{2}\cos u = -\frac{\cos(2x+3)}{2}\end{aligned}$$

(4) $u = 3x-2$ 라고 두자. 그러면 치환적분법에 의하여

$$\begin{aligned}\int e^{3x-2}dx &= \frac{1}{3}\int e^{3x-2} \cdot 3\,dx \\ &= \frac{1}{3}\int e^u\,du \\ &= \frac{1}{3}e^u = \frac{e^{3x-2}}{3}\end{aligned}$$

(5) $f(x) = t$ 라고 두자. 그러면 치환적분법에 의하여

$$\int e^f(x) \cdot f'(x)\,dx = \int e^t\,dt = e^t = e^{f(x)}$$

(6) $f(x) = t$ 라고 두자. 그러면 치환적분법에 의하여

$$\int \sin(f(x)) \cdot f'(x)\,dx = \int \sin t\,dt = -\cos t = -\cos(f(x))$$ ✲

정리 13.1.6

두 함수 f, g가 미분가능이면 다음이 성립한다.

$$\int f(x) \cdot g'(x)\,dx = f(x) \cdot g(x) - \int f'(x) \cdot g(x)\,dx$$

이 적분법을 **부분적분법**(integration by parts)이라 한다.

증명 두 함수 f, g가 미분가능하면 정리 12.2.1에 의하여

$$(f \cdot g)' = f' \cdot g + f \cdot g'$$

이다. 그러므로 $f \cdot g$는 $f' \cdot g + f \cdot g'$의 부정적분이다. 즉,

$$\begin{aligned} f(x) \cdot g(x) &= \int \{f'(x) \cdot g(x) + f(x) \cdot g'(x)\}\,dx \\ &= \int f'(x) \cdot g(x)\,dx + \int f(x) \cdot g'(x)\,dx \end{aligned}$$

이다. 따라서

$$\int f(x) \cdot g'(x)\,dx = f(x) \cdot g(x) - \int f'(x) \cdot g(x)\,dx$$ ✲

예제 13.1.7

다음 부정적분을 구하여라.

(1) $\int \ln x\,dx$ (2) $\int x \cdot e^x\,dx$

(3) $\int x \cdot \ln x\,dx$ (4) $\int e^x \cdot \sin x\,dx$

풀이 (1) $\int \ln x\,dx = \int 1 \cdot \ln x\,dx$이므로 $f(x) = \ln x$, $g'(x) = 1$이라 두면 $f'(x) = \frac{1}{x}$, $g(x) = x$이다. 그러므로 부분적분법에 의하여

$$\int \ln x\,dx = x\ln x - \int x \cdot \frac{1}{x}\,dx = x\ln x - x$$

(2) $f(x) = x$, $g'(x) = e^x$라 두면 $f'(x) = 1$, $g(x) = e^x$이다. 그러므로

$$\int xe^x\,dx = xe^x - \int 1 \cdot e^x\,dx = xe^x - e^x$$

(3) $f(x) = \ln x$, $g'(x) = x$라 두면 $f'(x) = \frac{1}{x}$, $g(x) = \frac{1}{2}x^2$이다. 그러므로

$$\int x \cdot \ln x\,dx = \frac{1}{2}x^2\ln x - \int \frac{1}{x} \cdot \frac{1}{2}x^2\,dx$$

$$=\frac{1}{2}x^2\ln x-\frac{1}{4}x^2$$

(4) $f(x)=e^x$, $g'(x)=\sin x$ 라 두면 $f'(x)=e^x$, $g(x)=-\cos x$ 이므로

$$\int e^x\sin x\,dx=-e^x\cos x+\int e^x\cos x\,dx$$

이다. 여기서 부분적분법을 한 번 더 적용한다. $f(x)=e^x$, $g'(x)=\cos x$ 라 두면 $f'(x)=e^x$, $g(x)=\sin x$ 이므로

$$\int e^x\cos x\,dx=e^x\sin x-\int e^x\sin x\,dx$$

이다. 그러므로

$$\int e^x\sin x dx=-e^x\cos x+e^x\sin x-\int e^x\sin x dx$$

이다. 따라서 다음이 성립한다.

$$2\int e^x\sin x\,dx=e^x(\sin x-\cos x)$$

$$\int e^x\sin x\,dx=\frac{1}{2}e^x(\sin x-\cos x)$$

✲

연습문제 13.1

1 다음을 구하여라.

(1) $\int\frac{x^5+x^3+1}{x^2}dx$　　(2) $\int\sin 2x\,dx$

(3) $\int(5+5x)^{2002}dx$　　(4) $\int(1+3\sin x)\,dx$

(5) $\int\cos^2\frac{x}{2}\,dx$　　(6) $\int\left(\sin\frac{x}{2}-\cos\frac{x}{2}\right)^2dx$

(7) $\int\frac{4e^x\cos^2x-3}{\cos^2x}\,dx$　　(8) $\int\frac{e^{2x}-4^x}{e^x+2^x}\,dx$

(9) $\int\frac{8^x+1}{2^x+1}\,dx$　　(10) $\int 2^x(2^x+1)\,dx$

(11) $\int xe^{x^2}dx$　　(12) $\int\frac{1}{x}(\ln x)^n dx$ $(n\neq-1)$

(13) $\int (x^2+x+1)^3(2x+1)\,dx$ (14) $\int e^x\sqrt{e^x+2}\,dx$

(15) $\int x\sin^2 x\,dx$ (16) $\int x^2 \ln x\,dx$

13.2 정적분

함수 $y=f(x)$가 폐구간 $[a,\ b]$에서 정의된 유계인 함수라고 하자. 구간 $[a,\ b]$에서 $(n+1)$개의 점

$$a=x_0<x_1<x_2<\cdots<x_{n-1}<x_n=b$$

을 잡으면 구간 $[a,\ b]$는 n개의 작은 구간으로 나누어진다. 이렇게 하나의 구간을 여러 개의 작은 구간으로 나누는 점들의 집합 $P_n=\{x_0,\ x_1,\ x_2,\ldots,x_n\}$을 구간 $[a,\ b]$의 분할(partition)이라고 한다. $\Delta x_i=x_i-x_{i-1}$이라 두고

$$\|P_n\|=\max\{\Delta x_1,\ \Delta x_2,\ldots,\Delta x_n\}$$

이라 두면, $\overline{x_i}\in[x_{i-1},\ x_i]$에 대하여 $\displaystyle\lim_{\|P_n\|\to 0}\sum_{i=1}^{n}f(\overline{x_i})\Delta x_i$가 점 $\overline{x_i}$에 무관하게 일정한 값으로 수렴할 때 f는 $[a,\ b]$에서 적분가능(integrable)하다고 하고, 그 극한을 $\displaystyle\int_a^b f(x)dx$로 표시하며, 그 값을 함수 f의 $[a,\ b]$에서의 정적분(definite integral)이라고 한다. 즉,

$$\int_a^b f(x)dx=\lim_{\|P_n\|\to 0}\sum_{i=1}^{n}f(\overline{x_i})\Delta x_i$$

이다. 분할의 간격을 일정하게 $\Delta x_i=\dfrac{b-a}{n}$가 되도록 잡으면

$$x_i=a+\frac{i}{n}(b-a)\qquad(i=0,\ 1,\ 2,\ldots,n)$$

이고, $\overline{x_i}$를 각 소구간의 오른쪽 끝점 x_i로 잡으면 $\|P_n\|=\dfrac{b-a}{n}$이므로 $\|P_n\|\to 0$은 $n\to\infty$와 같다. 그러므로 f가 적분가능하면

$$\int_a^b f(x)dx = \lim_{\|P_n\|\to 0}\sum_{i=1}^n f(\overline{x_i})\Delta x_i$$

$$= \lim_{n\to\infty}\frac{b-a}{n}\sum_{i=1}^n f\left(a+\frac{i}{n}(b-a)\right)$$

이다. 마찬가지로 $\overline{x_i}$를 각 소구간의 왼쪽 끝점 x_{i-1}로 잡아도 무방하다.

예제 13.2.1

$\int_0^1 x^2 dx$의 값을 계산하여라.

(풀이) 구간 $[0, 1]$을 n등분하면 i번째 구간은 폐구간 $\left[\frac{i-1}{n}, \frac{i}{n}\right]$이다. 그리고 각 구간의 오른쪽 끝점은 $\frac{i}{n}$이다. 따라서

$$\begin{aligned}\int_0^1 x^2 dx &= \lim_{n\to\infty}\sum_{i=1}^n\left(\frac{i}{n}\right)^2\cdot\frac{1}{n}\\ &= \lim_{n\to\infty}\sum_{i=1}^n i^2\cdot\frac{1}{n^3}\\ &= \lim_{n\to\infty}\frac{n(n+1)(2n+1)}{6}\cdot\frac{1}{n^3}\\ &= \frac{1}{3}\end{aligned}$$

이다. 마찬가지로 각 구간의 왼쪽 끝점을 선택하여도 같은 결과를 얻을 수 있는지 살펴보자. i번째 구간의 왼쪽 끝점은 $\frac{i-1}{n}$이므로

$$\begin{aligned}\int_0^1 x^2 dx &= \lim_{n\to\infty}\sum_{i=1}^n\left(\frac{i-1}{n}\right)^2\cdot\frac{1}{n}\\ &= \lim_{n\to\infty}\frac{1}{n^3}\cdot\sum_{i=1}^n(i-1)^2\\ &= \lim_{n\to\infty}\frac{1}{n^3}\cdot\frac{(n-1)n(2n-1)}{6}\\ &= \frac{1}{3}\end{aligned}$$

이다. ✲

위의 예에서 알 수 있듯이 폐구간에서 정의된 연속함수는 각 소구간의 한 점을 어떤 점으로 선택하더라도 $\lim_{\|P_n\|\to 0}\sum_{i=1}^n f(\overline{x_i})\Delta x_i$가 같은 극한을 가진다는 사실을 다음의

정리를 통해서 알 수 있다. 다음의 정리에 대한 증명은 생략한다.

정리 13.2.2

$y=f(x)$가 $[a, b]$에서 연속이면 적분가능하다. 그리고

$$\int_a^b f(x)dx = \lim_{n\to\infty}\sum_{i=1}^{n} f\left(x_i^*\right)\Delta x$$

$$\Delta x = \frac{b-a}{n},\ x_{i-1} \leqq x_i^* \leqq x_i,\ x_i = a + i\Delta x$$

이다.

예제 13.2.3

다음의 극한값을 정적분으로 나타내어라.

(1) $\displaystyle\lim_{n\to\infty}\frac{1}{n^2}\left(\sin\frac{1}{n}+2\cdot\sin\frac{2}{n}+\cdots+n\cdot\sin\frac{n}{n}\right)$

(2) $\displaystyle\lim_{n\to\infty}\sum_{i=1}^{n}\sqrt{1+\left(3+\frac{i}{n}\right)^2}\cdot\frac{1}{n}$

풀이 (1) 주어진 극한을 먼저 간단히 다시 적어보자.

$$\begin{aligned}&\lim_{n\to\infty}\frac{1}{n^2}\left(\sin\frac{1}{n}+2\cdot\sin\frac{2}{n}+\cdots+n\cdot\sin\frac{n}{n}\right)\\&=\lim_{n\to\infty}\frac{1}{n}\left(\frac{1}{n}\cdot\sin\frac{1}{n}+\frac{2}{n}\cdot\sin\frac{2}{n}+\cdots+\frac{n}{n}\cdot\sin\frac{n}{n}\right)\end{aligned}$$

이므로 $\Delta x = \frac{1}{n}$이라고 하고 구간을 $[0, 1]$로 택하자. 그러면 i번째 구간의 오른쪽 끝점은 $x_i = \frac{i}{n}$이다.

$$f(x_i) = \frac{i}{n}\sin\frac{i}{n}$$

이므로 함수를 $f(x) = x\sin x$로 택하자. 따라서 극한값은 $\int_0^1 x\sin x\,dx$임을 알 수 있다.

(2) $\Delta x = \frac{1}{n}$이라고 하고 $x_i = 3+\frac{i}{n}$라고 생각한다면, 구간을 $[3, 4]$로 택할 수 있다. 그러면 $f(x_i) = \sqrt{1+\left(3+\frac{i}{n}\right)^2}$ 이어야 하므로 함수를 $f(x)=\sqrt{1+x^2}$으로 택하자. 그러므로

$$\lim_{n\to\infty}\sum_{i=1}^{n}\sqrt{1+\left(3+\frac{i}{n}\right)^2}\cdot\frac{1}{n}=\lim_{n\to\infty}\sum_{i=1}^{n}f(x_i)\Delta x=\int_3^4\sqrt{1+x^2}\,dx$$

이다. ✲

정리 13.2.4

(1) f, g가 $[a,\ b]$에서 적분가능한 함수이면 $f\pm g$도 적분가능하다. 또한 f가 적분가능하면 모든 상수 c에 대하여 cf도 적분가능하다. 그리고 다음의 사실이 성립한다.

$$\int_a^b\{f(x)\pm g(x)\}dx=\int_a^b f(x)dx\pm\int_a^b g(x)dx\ ,$$
$$\int_a^b cf(x)dx=c\int_a^b f(x)dx$$

(2) f, g가 $[a,\ b]$에서 적분가능하고 $f(x)\leqq g(x)$, $x\in[a,\ b]$이면

$$\int_a^b f(x)dx\leqq\int_a^b g(x)dx$$

이다.

(3) f가 $[a,\ b]$에서 적분가능하고 $a<c<b$이면, f는 $[a,\ c]$와 $[c,\ b]$에서 적분가능하며 또한

$$\int_a^b f(x)dx=\int_a^c f(x)dx+\int_c^b f(x)dx$$

이다.

(4) f, g가 $[a,\ b]$에서 적분가능하면 fg도 $[a,\ b]$에서 적분가능하다.

(5) $\int_a^a f(x)dx=0$이다. 또한 $\int_a^b f(x)dx=-\int_b^a f(x)dx$이다.

정적분의 정의를 이용하여 정적분값을 계산한다는 것은 간단한 작업이 아니므로 정적분을 쉽게 계산하는 방법을 알아보자.

정리 13.2.5

함수 $y=f(x)$가 $[a,\ b]$에서 연속이라 가정하고 각 $x\in[a,\ b]$에 대하여 $F(x)=\int_a^x f(t)dt$라고 정의하면, $y=F(x)$는 $[a,\ b]$에서 연속이고 $(a,\ b)$에서 미분가능하다. 또한 $\frac{d}{dx}F(x)=f(x)$이다.

13.1절에서 $y=f(x)$가 $[a, b]$에서 적분가능한 함수이고 F가 $[a, b]$에서 미분가능한 함수이며 $F'=f$일 때, F를 f의 부정적분이라 정의하였다. 정리 13.2.5에서 정의한 $F(x)=\int_a^x f(t)dt$는 f의 부정적분 중의 하나이며, 만약 G가 f의 부정적분이라면 $G=F+c$의 꼴이다(단, c는 상수).

정리 13.2.6

미분적분학의 기본정리(fundamental theorem of calculus) $y=f(x)$가 $[a, b]$에서 적분가능한 함수이고 G가 f의 원시함수이면 다음의 사실이 성립한다.

$$\int_a^b f(x)dx = G(b)-G(a)=[G(x)]_a^b$$

증명 정리 13.2.5에서 정의한 $F(x)=\int_a^x f(t)dt$도 f의 원시함수 중의 하나이다. 따라서 $G(x)=F(x)+c$를 만족하는 상수 c가 존재한다. 그런데

$$F(a)=\int_a^a f(t)dt=0$$

이므로 $G(a)=c$이다. 따라서 다음의 사실이 성립한다.

$$F(b)=\int_a^b f(t)dt = G(b)-c = G(b)-G(a)=[G(x)]_a^b$$ ✲

미분적분학의 기본정리(정리 13.2.6)에 의하여 $\int_a^b f(x)dx$의 값은 $f(x)$의 부정적분 $F(x)$에 대하여 $F(b)-F(a)$의 값과 같다는 것을 알았다. 따라서 부정적분에 관한 공식들이 정적분에서도 그대로 적용된다. 그중에서도 정적분에 관한 치환적분법과 부분적분법을 살펴보자.

정리 13.2.7

치환정적분(integration by substitution) f가 $[a, b]$에서 연속이고 $x=g(t)$, $a=g(\alpha)$, $b=g(\beta)$이다. 그리고 $g(t)$가 (α, β)에서 미분가능이면

$$\int_a^b f(x)dx = \int_\alpha^\beta f(g(t))\cdot g'(t)dt$$

이다.

정리 13.2.8

부분정적분(integration by parts) f, g가 $[a, b]$에서 연속인 도함수를 가지면

$$\int_a^b f(x)g'(x)\,dx = [f(x)g(x)]_a^b - \int_a^b f'(x)g(x)\,dx$$

이다.

예제 13.2.9

다음 정적분의 값을 구하여라.

(1) $\int_0^2 (x^2 - 2x + 3)\,dx$ (2) $\int_0^{\frac{\pi}{4}} (\cos x - \sin x)\,dx$

(3) $\int_1^3 \ln x\,dx$ (4) $\int_0^2 x \cdot e^x\,dx$

(5) $\int_1^3 x \cdot \ln x\,dx$ (6) $\int_0^{\frac{\pi}{4}} e^x \cdot \sin x\,dx$

풀이 (1) $\int (x^2 - 2x + 3)dx = \frac{1}{3}x^3 - x^2 + 3x$이므로

$$\int_0^2 (x^2 - 2x + 3)dx = \left[\frac{1}{3}x^3 - x^2 + 3x\right]_0^2 = \frac{14}{3}$$

(2) $\int (\cos x - \sin x)\,dx = \sin x + \cos x$이므로

$$\int_0^{\frac{\pi}{4}} (\cos x - \sin x)\,dx = [\sin x + \cos x]_0^{\frac{\pi}{4}}$$
$$= \frac{\sqrt{2}}{2} + \frac{\sqrt{2}}{2} - 0 - 1 = \sqrt{2} - 1$$

(3) $\int \ln x\,dx = x\ln x - \int x \cdot \frac{1}{x}\,dx = x\ln x - x$이므로

$$\int_1^3 \ln x\,dx = [x \cdot \ln x - x]_1^3$$
$$= 3 \cdot \ln 3 - 3 - [1 \cdot \ln 1 - 1] = 3 \cdot \ln 3 - 2$$

(4) $\int x e^x\,dx = x e^x - \int 1 \cdot e^x\,dx = x e^x - e^x$이므로

$$\int_0^2 x e^x\,dx = [x e^x - e^x]_0^2$$
$$= 2e^2 - e^2 - [0e^0 - e^0] = e^2 + 1$$

(5) $\int x \cdot \ln x\, dx = \frac{1}{2}x^2 \ln x - \frac{1}{4}x^2$ 이므로

$$\int_1^3 x \cdot \ln x\, dx = \left[\frac{1}{2}x^2\ln x - \frac{1}{4}x^2\right]_1^3$$
$$= \frac{9}{2}\ln 3 - \frac{9}{4} - \left[\frac{1}{2}\ln 1 - \frac{1}{4}\right]$$
$$= \frac{9}{2}\ln 3 - 2$$

(6) 부분적분법을 두 번 적용하면 $\int e^x \sin x\, dx = \frac{1}{2}e^x(\sin x - \cos x)$ 이므로

$$\int_0^{\frac{\pi}{4}} e^x \sin x\, dx = \left[\frac{1}{2}e^x(\sin x - \cos x)\right]_0^{\frac{\pi}{4}}$$
$$= \frac{1}{2}e^{\frac{\pi}{4}}\left(\frac{1}{\sqrt{2}} - \frac{1}{\sqrt{2}}\right) - \frac{1}{2}e^0(\sin 0 - \cos 0)$$
$$= \frac{1}{2}$$

✲

정리 13.2.10

적분의 평균값 정리(mean value theorem of integration) f가 $[a,\ b]$에서 연속이면 다음 식을 만족하는 c가 개구간 $(a,\ b)$ 안에 존재한다.

$$\int_a^b f(x)\,dx = f(c)(b-a)$$

증명 $F(x) = \int_a^x f(t)\,dt$, $x \in (a,\ b)$라고 하면 정리 13.2.5에 의하여 $F(x)$는 $[a,\ b]$에서 연속이고 $(a,\ b)$에서 미분가능이다. 따라서 미분의 평균값 정리(정리 12.3.5)에 의하여

$$F'(c) = \frac{F(b) - F(a)}{b - a}$$

인 c가 개구간 $(a,\ b)$ 안에 존재한다. 또한 $F'(x) = f(x)$이므로

$$\int_a^b f(x)\,dx = F(b) - F(a) = F'(c)(b-a) = f(c)(b-a)$$

이다. ✲

연습문제 13.2

1 다음 극한값을 정적분으로 표현하여라.

(1) $\lim_{n\to\infty}\left\{\frac{1}{n}\ln\left(1+\frac{1}{n}\right)+\frac{1}{n}\ln\left(1+\frac{2}{n}\right)+\cdots+\frac{1}{n}\ln\left(1+\frac{n}{n}\right)\right\}$

(2) $\lim_{n\to\infty}\frac{\sqrt{1}+\sqrt{2}+\sqrt{3}+\cdots+\sqrt{n}}{n\sqrt{n}}$

(3) $\lim_{n\to\infty}\frac{1}{n}\left(\cos\frac{\pi}{2n}+\cos\frac{2\pi}{2n}+\cos\frac{3\pi}{2n}+\cdots+\cos\frac{n\pi}{2n}\right)$

2 다음 정적분의 값을 구하여라.

(1) $\int_1^2 x^2 dx$

(2) $\int_0^1 e^{2x} dx$

(3) $\int_0^{\pi}(1-\cos^3 x)\cos x\sin x\, dx$

(4) $\int_0^{\pi} x|\cos x|\, dx$

13.3 정적분의 응용

정적분의 정의에서 알 수 있듯이 정적분은 곡선의 기하학적 성질을 조사하는 데 유용하게 사용된다. 이 절에서는 곡선으로 둘러싸인 부분의 넓이, 입체의 부피 및 호의 길이를 적분을 이용하여 구하는 방법을 공부한다.

정리 13.3.1

넓이(area) 폐구간 $[a, b]$에서 정의된 연속함수 $y=f(x)$가 $a \leq x \leq b$인 모든 x에 대해 $f(x) \geq 0$일 때 곡선 $y=f(x)$와 $x=a$, $x=b$ 및 x축으로 둘러싸인 부분의 넓이 A는 다음의 정적분으로 나타난다.

$$A=\int_a^b f(x)\,dx$$

정리 13.3.2

넓이 폐구간 $[a,\ b]$에서 정의된 두 연속함수 $f(x)$, $g(x)$가 $a \leqq x \leqq b$인 모든 x에 대하여 $f(x) \geqq g(x)$일 때 두 곡선 $f(x)$, $g(x)$와 $x = a$, $x = b$로 둘러싸인 부분의 넓이 A는 다음의 정적분으로 나타난다.

$$A = \int_a^b (f(x) - g(x))\,dx$$

예제 13.3.3

다음에 주어진 함수들로 둘러싸인 부분의 넓이를 구하여라.

(1) $y = \sqrt{x}$, $x = 4$, x축

(2) $y = x^2 + 1$, $y = x$, $x = 1$, y축

풀이 (1) 모든 $x(\geqq 0)$에 대하여 $\sqrt{x} \geqq 0$이므로 구하는 넓이는 아래와 같다.

$$A = \int_0^4 \sqrt{x}\ dx = \frac{2}{3}\left[x^{\frac{3}{2}}\right]_0^4 = \frac{16}{3}$$

(2) $0 \leqq x \leqq 1$인 모든 x에 대하여 $x \leqq x^2 + 1$이므로 구하는 넓이는 아래와 같다.

$$\begin{aligned} A &= \int_0^1 (x^2 + 1 - x)\,dx = \left[\frac{x^3}{3} + x - \frac{x^2}{2}\right]_0^1 \\ &= \frac{1}{3} + 1 - \frac{1}{2} = \frac{5}{6} \end{aligned}$$

✲

예제 13.3.4

직선 $y = x \quad 1$과 곡선 $y^2 - 2x + 6$으로 둘러싸인 영역의 넓이를 구하여라.

풀이 두 곡선이 만나는 점(교점)을 먼저 구하자. 두 함수를 다시 적으면

$$\begin{aligned} x = y + 1,\ x = \frac{y^2 - 6}{2} \quad &\rightarrow \quad y + 1 = \frac{y^2 - 6}{2} \\ &\rightarrow \quad y^2 - 2y - 8 = 0 \\ &\rightarrow \quad y = 4,\ -2 \end{aligned}$$

이므로 두 곡선의 교점은 $(-1,\ -2)$, $(5,\ 4)$이다. $-2 \leqq y \leqq 4$인 모든 y에 대하여

$$\frac{y^2 - 6}{2} \leqq y + 1$$

이므로 구하는 넓이는 다음과 같다.

$$A=\int_0^1\left[(y+1)-\left(\frac{y^2-6}{2}\right)\right]dx$$

$$=18$$

✲

정적분의 정의에 의하여 다음의 정리를 구할 수 있다.

정리 13.3.5

부피(volume) 입체를 평면 $x=t$로 절단한 단면의 넓이를 $S(t)$라 하고 $S(t)$가 폐구간 $[a, b]$에서 연속이면 주어진 입체의 두 평면 $x=a$, $x=b$ 사이에 있는 부분의 부피는 다음과 같다.

$$V=\int_a^b S(x)\,dx$$

연속함수 $y=f(x)$가 폐구간 $[a, b]$에서 $f(x)\geq 0$이고, 곡선 $f(x)$와 x축 및 두 직선 $x=a$, $x=b$로 둘러싸인 영역을 x축 둘레로 회전하여 생기는 회전체가 있다. 이때 구간 $[a, b]$ 안의 점에서 x축과 수직인 평면에 의하여 잘리는 회전체의 단면은 원이며, 반지름은 $|f(x)|$이므로 단면의 넓이는 $S(x)=\pi(f(x))^2$이다. 따라서 다음의 정리를 구할 수 있다.

정리 13.3.6

회전체의 부피(volume of rotation) 폐구간 $[a, b]$에서 연속함수 $y=f(x)$와 $x=a$, $x=b$ 및 x축으로 둘러싸인 영역을 x축 둘레로 회전하여 생기는 회전체의 부피는 다음과 같다.

$$V=\pi\int_a^b y^2\,dx=\pi\int_a^b\{f(x)\}^2\,dx$$

한편, 연속함수 $y=f(x)$가 폐구간 $[a, b]$에서 $f(x)\geq 0$ 일 때, 곡선 $f(x)$와 x축 및 두 직선 $x=a$, $x=b$로 둘러싸인 영역을 y축 둘레로 회전하여 생기는 회전체를 고려하자. 이때, 고정된 x에 대해 회전하여 형성된 절단면의 넓이 $S(x)$는 $S(x)=2\pi x f(x)$임을 알 수 있다. 따라서 다음의 정리를 구할 수 있다.

정리 13.3.7

회전체의 부피 폐구간 $[a, b]$에서 연속함수 $y=f(x)$와 $x=a$, $x=b$ 및 x축으로 둘러싸인 영역을 y축 둘레로 회전하여 생기는 회전체의 부피는

$$V=2\pi\int_a^b xy\,dx=2\pi\int_a^b x f(x)\,dx$$

예제 13.3.8

다음 곡선으로 둘러싸인 영역을 x축 주위로 회전한 입체의 부피를 구하여라.

(1) $y=\sqrt{x}$, $x=0$, $x=2$ (2) $y=x$, $y=x^2$

(3) $y=\sin x$, $x=0$, $x=\frac{\pi}{2}$ (4) $y=e^x$, $x=0$, $x=1$

풀이 (1) $V=\pi\int_0^2(\sqrt{x})^2dx=\pi\int_0^2 x\,dx=\pi\left[\frac{x^2}{2}\right]_0^2=2\pi$

(2) 두 곡선 $y=x$, $y=x^2$의 교점은 $(0,0), (1,1)$이다. 그리고 $0\leqq x\leqq 1$인 모든 x에 대하여 $0\leqq x^2\leqq x$이므로 구하는 부피는 다음과 같다.

$$V=\pi\int_0^1 x^2dx-\pi\int_0^1 x^4dx=\frac{2}{15}\pi$$

(3) $$V=\pi\int_0^{\frac{\pi}{2}}\sin^2x\,dx=\pi\int_0^{\frac{\pi}{2}}\frac{1-\cos 2x}{2}dx$$

$$=\frac{\pi}{2}\left[x-\frac{1}{2}\sin 2x\right]_0^{\frac{\pi}{2}}=\frac{\pi^2}{4}$$

(4) $V=\pi\int_0^1 e^{2x}dx=\pi\left[\frac{1}{2}e^{2x}\right]_0^1=\frac{\pi}{2}(e^2-1)$ ✲

예제 13.3.9

다음 곡선으로 둘러싸인 영역을 y축 주위로 회전한 입체의 부피를 구하여라.

(1) $y=\sqrt{x}$, $x=0$, $x=2$, x축 (2) $y=x$, $y=x^2$

(3) $y=\cos x$, $x=0$, $x=\frac{\pi}{2}$, x축 (4) $y=e^x$, $x=0$, $x=1$, x축

풀이 (1) $V=2\pi\int_0^2 x\sqrt{x}\,dx=2\pi\left[\frac{2}{5}x^{\frac{5}{2}}\right]_0^2=\frac{4\pi}{5}2^{\frac{5}{2}}$

(2) 두 곡선 $y=x$, $y=x^2$의 교점은 $(0,0)$, $(1,1)$이다. 그리고 $0 \leqq x \leqq 1$인 모든 x에 대하여 $0 \leqq x^2 \leqq x$이므로 구하는 부피는 다음과 같다.

$$V=2\pi\int_0^1 x(x-x^2)\,dx=\frac{\pi}{6}$$

(3) $$V=2\pi\int_0^{\frac{\pi}{2}} x\cos x\,dx=2\pi\left\{[x\sin x]_0^{\frac{\pi}{2}}-\int_0^{\frac{\pi}{2}}\sin x dx\right\}$$
$$=2\pi\left\{\frac{\pi}{2}+[\cos x]_0^{\frac{\pi}{2}}\right\}=\pi^2-2\pi$$

(4) $$V=2\pi\int_0^1 x e^x\,dx=2\pi\left\{[xe^x]_0^1-\int_0^1 e^x dx\right\}$$
$$=2\pi\left\{[e-[e^x]_0^1\right\}=2\pi(e-e+1)=2\pi$$ ✲

$[a,b]$에서 정의된 미분가능한 함수 $f(x)$에 대하여 $y=f(x)$의 그래프가 형성하는 곡선의 길이는 다음으로 정의한다.

정의 13.3.10

길이(length) 함수 $y=f(x)$가 $[a,\ b]$에서 연속이고 $(a,\ b)$에서 미분가능이면 $x=a$에서 $x=b$까지 호의 길이 s는 다음과 같다.

$$s=\int_a^b\sqrt{1+[f'(x)]^2}\,dx$$

예제 13.3.11

다음 곡선들의 주어진 구간에서의 거리를 구하여라.

(1) $y=2x$, $1\leqq x\leqq 3$ (2) $x^2+y^2=4$

풀이 (1) 구하는 곡선의 길이는 정의 13.3.10에 의하여 다음과 같다.

$$s=\int_1^3\sqrt{1+\{f'(x)\}^2}\,dx=\int_1^3\sqrt{1+2^2}\,dx=2\sqrt{5}$$

(2) 주어진 곡선은 반지름이 2 인 원이므로 1사분면에서의 길이를 구한 다음 4배를 하면 된다. 주어진 곡선의 1사분면에서의 길이는 $x=0$에서 $x=2$까지 $y=\sqrt{4-x^2}$의 길이이고, $y'=\dfrac{-x}{\sqrt{4-x^2}}$이므로

$$s=\int_0^2\sqrt{1+\{f'(x)\}^2}\,dx=\int_0^2\sqrt{1+\left\{\frac{-x}{\sqrt{4-x^2}}\right\}^2}\,dx$$

$$=\int_0^2\sqrt{\frac{4}{4-x^2}}\,dx=2\int_0^2\frac{1}{\sqrt{4-x^2}}dx$$

이다. 마지막 적분을 구하기 위하여 $x=2\sin t$로 치환하면 적분구간은 $0\leq x\leq\frac{\pi}{2}$ 이며, $4-x^2=4-4\sin^2 t=4(1-\sin^2 t)=4\cos^2 t$ 이므로

$$\frac{1}{\sqrt{4-x^2}}=\frac{1}{2\cos t}$$

이다. 또한 $dx=2\cos t\,dt$ 이므로

$$s=2\int_0^2\frac{1}{\sqrt{4-x^2}}dx=2\int_0^{\frac{\pi}{2}}\frac{1}{2\cos t}2\cos t\,dt=\pi$$

이다. 즉, 전체 호의 길이는 4π 이다. ✲

우리가 알고 있는 반지름이 r인 원의 길이공식 $2\pi r$과 일치함을 알 수 있다.

연습문제 13.3

1 다음 곡선들로 둘러싸인 부분의 넓이를 구하여라.

(1) $y=x^3,\ y=x$

(2) $y^2=x,\ x=4$

(3) 타원 $\frac{x^2}{a^2}+\frac{y^2}{b^2}=1$

(4) $y=e^x,\ y=x,\ y=1,\ y=2$

(5) $y=(1-\ln x)\ln x,\ y=0$

2 다음 곡선들로 둘러싸인 부분을 지정된 축 주위로 회전한 회전체의 부피를 구하여라.

(1) $x=y^2,\ x=1$ (x축)

(2) $y=x^2,\ y^2=x$ (x축)

(3) $y=\ln x,\ y=1,\ x=0,\ y=0$ (y축)

(4) $y=\sqrt{x}+2,\ x=0,\ y=4$ (y축)

3 다음 곡선의 지정된 두 점 사이의 길이를 구하여라.

(1) $y=\frac{1}{2}(e^{x}+e^{-x})\ (-1 \leqq x \leqq 1)$

(2) $y=\ln(1-x^{2})\ \left(0 \leqq x \leqq \frac{1}{2}\right)$

제13장 종합문제

01 다음을 구하여라.

(1) $\int xe^{-x^2}dx$

(2) $\int \frac{dx}{\cos^2 x(1+\tan x)}$

(3) $\int \frac{3^x \ln 3}{3^x+1}dx$

(4) $\int x^2 \cos x\, dx$

(5) $\int x(\ln x)^2 dx$

(6) $\int x\cos(x^2)dx$

(7) $\int (\ln x)^2 dx$

(8) $\int x\cos(x^2+2)dx$

(9) $\int \ln(x+1)dx$

(10) $\int x^2 e^{-x}dx$

02 다음 극한값을 정적분으로 표현하여라.

(1) $\lim_{n\to\infty}\frac{1}{n}\left(\sin\frac{\pi}{n}+\sin\frac{2\pi}{n}+\cdots+\sin\frac{n\pi}{n}\right)$

(2) $\lim_{n\to\infty}\frac{1}{n}(\sqrt[n]{e^2}+\sqrt[n]{e^4}+\cdots+\sqrt[n]{e^{2n}})$

(3) $\lim_{n\to\infty}\frac{1}{n}\sum_{k=1}^{n}\ln\left(\frac{\pi k}{n}+2\right)$

03 다음 정적분의 값을 구하여라.

(1) $\int_{-1}^{2} x dx$

(2) $\int_0^{\frac{\pi}{2}} 2\cos x\, dx$

(3) $\int_{\frac{\pi}{6}}^{\frac{\pi}{2}} \frac{\cos x}{\sin x+\sin^3 x}dx$

(4) $\int_0^1 x^2 e^{2x}dx$

04 다음 곡선 및 직선에 의하여 둘러싸인 도형의 넓이를 구하여라.

(1) $y=x\sin x\,(0\leq x\leq 2\pi)$, $y=0$

(2) $y=xe^{1-x}$, $y=x$

(3) $y = \sin x$, $y = \cos 2x \, (0 < x < 2\pi)$

(4) $y = x - 2$, $y^2 + 2y = x$

05 다음 곡선 및 직선에 의하여 둘러싸인 도형을 지정된 축으로 회전하여 생기는 회전체의 부피를 구하여라.

(1) $x^2 + 4y^2 = 4$, $4y^2 = 3x$ (x축)

(2) $y = \sqrt{x} \sin x \, (0 \le x \le \pi)$ (x축)

(3) $y = e^x$, $y = e$, $x = 0$ (y축)

06 다음 함수의 그래프에 의해 형성된 곡선의 길이를 구하여라.

(1) $y = \dfrac{x^3}{12} + \dfrac{1}{x}$ $(1 \le x \le 2)$

(2) $y = 2x^{\frac{3}{2}}$ $(0 \le x \le 1)$

부록

평면에서 삼각함수

$\sin\theta = \dfrac{y}{r}$ $\cos\theta = \dfrac{x}{r}$

$\tan\theta = \dfrac{y}{x}$ $\cot\theta = \dfrac{x}{y}$

$\sec\theta = \dfrac{r}{x}$ $\csc\theta = \dfrac{r}{y}$

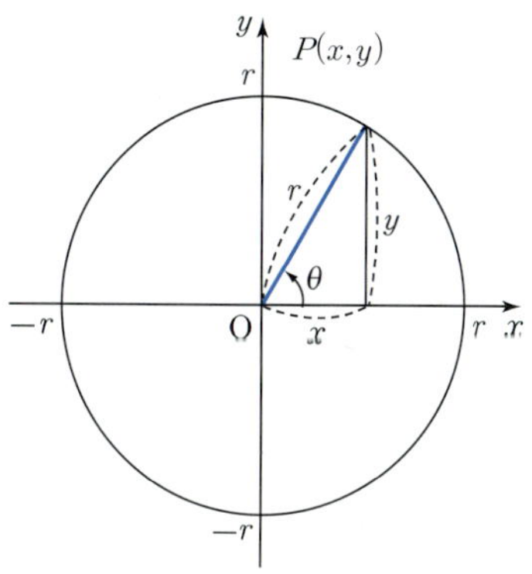

삼각함수 항등식

$\sec\theta = \dfrac{1}{\cos\theta}$ $\csc\theta = \dfrac{1}{\sin\theta}$

$\tan\theta = \dfrac{\sin\theta}{\cos\theta}$ $\cot\theta = \dfrac{\cos\theta}{\sin\theta} = \dfrac{1}{\tan\theta}$

$\sin^2\theta + \cos^2\theta = 1$ $1 + \tan^2\theta = \sec^2\theta$

$1 + \cot^2\theta = \csc^2\theta$

$\sin(-\theta) = -\sin\theta$ $\cos(-\theta) = \cos\theta$

$\tan(-\theta) = -\tan\theta$ $\sin\left(\dfrac{\pi}{2} - \theta\right) = \cos\theta$

$\cos\left(\dfrac{\pi}{2} - \theta\right) = \sin\theta$ $\tan\left(\dfrac{\pi}{2} - \theta\right) = \cot\theta$

사인법칙

$$\frac{\sin A}{a} = \frac{\sin B}{b} = \frac{\sin C}{c}$$

코사인법칙

$a^2 = b^2 + c^2 - 2bc\cos A$

$b^2 = a^2 + c^2 - 2ac\cos B$

$c^2 = a^2 + b^2 - 2ab\cos C$

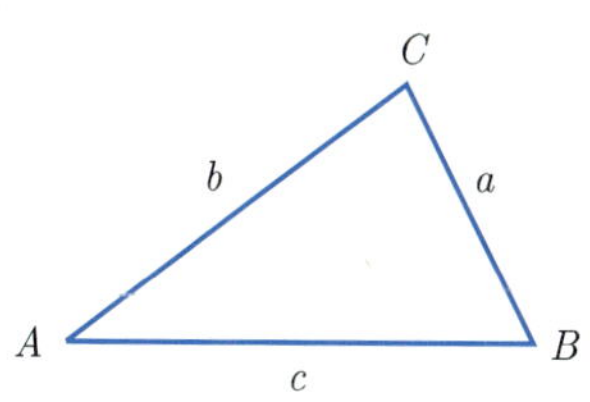

덧셈정리

$\sin(\alpha \pm \beta) = \sin\alpha\cos\beta \pm \cos\alpha\sin\beta$

$\cos(\alpha \pm \beta) = \cos\alpha\cos\beta \mp \sin\alpha\sin\beta$

$\tan(\alpha \pm \beta) = \dfrac{\tan\alpha \pm \tan\beta}{1 \mp \tan\alpha\tan\beta}$

배각공식

$\sin 2\alpha = 2\sin\alpha\cos\alpha$

$\cos 2\alpha = \cos^2\alpha - \sin^2\alpha = 2\cos^2\alpha - 1 = 1 - 2\sin^2\alpha$

$\tan 2\alpha = \dfrac{2\tan\alpha}{1 - \tan^2\alpha}$

반각공식

$\sin^2\alpha = \dfrac{1-\cos 2\alpha}{2}$ $\qquad \cos^2\alpha = \dfrac{1+\cos 2\alpha}{2}$

곱을 합 또는 차로 고치는 공식

$\sin\alpha\cos\beta = \dfrac{1}{2}\{\sin(\alpha+\beta) + \sin(\alpha-\beta)\}$ $\qquad \cos\alpha\sin\beta = \dfrac{1}{2}\{\sin(\alpha+\beta) - \sin(\alpha-\beta)\}$

$\cos\alpha\cos\beta = \dfrac{1}{2}\{\cos(\alpha+\beta) + \cos(\alpha-\beta)\}$ $\qquad \sin\alpha\sin\beta = -\dfrac{1}{2}\{\cos(\alpha+\beta) - \cos(\alpha-\beta)\}$

합 또는 차를 곱으로 고치는 공식

$\sin A + \sin B = 2\sin\dfrac{A+B}{2}\cos\dfrac{A-B}{2}$ $\qquad \sin A - \sin B = 2\cos\dfrac{A+B}{2}\sin\dfrac{A-B}{2}$

$\cos A + \cos B = 2\cos\dfrac{A+B}{2}\cos\dfrac{A-B}{2}$ $\qquad \cos A - \cos B = -2\sin\dfrac{A+B}{2}\sin\dfrac{A-B}{2}$

삼각함수의 합성

$a\sin\theta + b\cos\theta = \sqrt{a^2+b^2}\sin(\theta+\alpha)$ $\qquad \left(단,\ \sin\alpha = \dfrac{b}{\sqrt{a^2+b^2}},\ \cos\alpha = \dfrac{a}{\sqrt{a^2+b^2}}\right)$

$a\sin\theta + b\cos\theta = \sqrt{a^2+b^2}\cos(\theta-\beta)$ $\qquad \left(단,\ \sin\beta = \dfrac{a}{\sqrt{a^2+b^2}},\ \cos\beta = \dfrac{b}{\sqrt{a^2+b^2}}\right)$

역삼각함수

$\sin^{-1}x = y \Leftrightarrow \sin y = x \quad \left(-\dfrac{\pi}{2} \le y \le \dfrac{\pi}{2}\right)$ $\qquad \cos^{-1}x = y \Leftrightarrow \cos y = x \quad (0 \le y \le \pi)$

$\tan^{-1}x = y \Leftrightarrow \tan y = x \quad \left(-\dfrac{\pi}{2} < y < \dfrac{\pi}{2}\right)$

자연대수

$$e = \lim_{n\to\infty}\left(1+\frac{1}{n}\right)^{n} \approx 2.7182$$

지수함수와 로그함수

$$\log_a x = y \quad \Leftrightarrow \quad a^y = x$$

$$\ln x = \log_e x = y \quad \Leftrightarrow \quad e^y = x$$

$$\log_a(a^x) = x \qquad\qquad a^{\log_a x} = x$$

$$\ln(e^x) = x \qquad\qquad e^{\ln x} = x$$

$$a^x a^y = a^{x+y} \qquad (a^x)^y = a^{xy} \qquad (ab)^x = a^x b^x$$

$$a^{-x} = \frac{1}{a^x} \qquad a^0 = 1$$

$$\log_a xy = \log_a x + \log_a y$$

$$\log_a\left(\frac{x}{y}\right) = \log_a x - \log_a y$$

$$\log_a(x^r) = r\log_a x$$

$$\log_a x = \frac{\log_b x}{\log_b a} = \frac{\ln x}{\ln a}$$

미분법

$$\frac{d}{dx}(c) = 0$$

$$\frac{d}{dx}[cf(x)] = cf'(x)$$

$$\frac{d}{dx}[f(x) \pm g(x)] = f'(x) \pm g'(x)$$

$$\frac{d}{dx}[f(x)g(x)] = f'(x)\,g'(x)$$

$$\frac{d}{dx}\left[\frac{f(x)}{g(x)}\right] = \frac{f'(x)g(x) - f(x)g'(x)}{g^2(x)}$$

$$\frac{d}{dx}[f(g(x))] = f'(g(x))\,g'(x)$$

$$\frac{d}{dx}(x^\alpha) = \alpha x^{\alpha-1}$$

$$\frac{d}{dx}(a^x) = a^x \ln a \qquad \frac{d}{dx}(e^x) = e^x$$

$$\frac{d}{dx}(a^{f(x)}) = a^{f(x)} f'(x) \ln a \qquad \frac{d}{dx}(e^{f(x)}) = e^{f(x)} f'(x)$$

$$\frac{d}{dx}(\ln|x|) = \frac{1}{x} \qquad \frac{d}{dx}(\ln|f(x)|) = \frac{f'(x)}{f(x)}$$

$$\frac{d}{dx}(\sin x) = \cos x \qquad \frac{d}{dx}(\cos x) = -\sin x$$

$$\frac{d}{dx}(\tan x) = \sec^2 x \qquad \frac{d}{dx}(\cot x) = -\csc^2 x$$

$$\frac{d}{dx}(\sec x) = \sec x \tan x \qquad \frac{d}{dx}(\csc x) = -\csc x \cot x$$

적분법

$$\int k f(x)\,dx = k \int f(x)\,dx$$

$$\int (f(x) \pm g(x))\,dx = \int f(x)\,dx \pm \int g(x)\,dx$$

$$\int f(x)\,g'(x)\,dx = f(x)\,g(x) - \int f'(x) g(x)\,dx$$

$$\int x^\alpha\,dx = \frac{1}{\alpha+1} x^{\alpha+1} + C, \ (\alpha \neq -1)$$

$$\int \frac{1}{x}\,dx = \ln|x| + C$$

$$\int a^x\,dx = \frac{a^x}{\ln a} + C$$

$$\int e^x\,dx = e^x + C$$

$$\int \sin x\,dx = -\cos x + C$$

$$\int \cos x\,dx = \sin x + C$$

$$\int \sec^2 x\,dx = \tan x + C$$

$$\int \csc^2 x\,dx = -\cot x + C$$

$$\int \sec x \tan x\,dx = \sec x + C$$

$$\int \csc x \cot x\,dx = -\csc x + C$$

해답

1 명제와 집합

연습문제 1.1

1. 유리수들의 수열의 극한이 아닌 실수는 존재하지 않는다.
2. 만약 $f(x)=f(y)$ 이면 $x=y$이다.
3.

p	q	$p \to q$	$\sim p$	$(\sim p) \vee q$
T	T	T	F	T
T	F	F	F	F
F	T	T	T	T
F	F	T	T	T

4. (2)　　5. (1)

연습문제 1.2

1. (1)　　2. ϕ, $\{a\}$, $\{b\}$, $\{a, b\}$　　3. A
4. $A \times B = \{(a, 1), (a, 2), (b, 1), (b, 2), (c, 1), (c, 2)\}$
5. (1)　　6. (4)

■ 종합문제

1. (2)　　2. (3)　　3. (2), (3)　　4. (5)
5. (2)　　6. (1)　　7. (5)　　8. (2)
9. (4)　　10. (2)　　11. (4)　　12. (3)

2 실수와 복소수

연습문제 2.2

2. (1) $-3+7i$ (2) $22+7i$ (3) $\frac{2}{13}-\frac{3}{13}i$ (4) $\frac{22}{13}+\frac{7}{13}i$

(5) $\pm\left(\frac{\sqrt{2}}{2}+i\frac{\sqrt{2}}{2}\right)$ (6) 0

3. -14

4. $2-i,\ -2+i$

■ 종합문제

10. $\{x+iy \mid x^2+y^2=1\}$

3 함수

연습문제 3.1

1. (1) $f(0)=-4,\ f(1)=-5,\ f(-1)=-9,\ f(2)=-12$

(2) $f(0)=4,\ f(1)=5,\ f(-1)=5,\ f(2)=6$

(3) $f(0)=0,\ f(1)=\sqrt{2},\ f(-1)=0,\ f(2)=\sqrt{6}$

(4) $f(0)=-\frac{1}{5},\ f(1)=-\frac{3}{2},\ f(-1)=\frac{1}{8},\ f(2)=5$

2. (1) (a) $-x^3+3x$ (b) $-x^3+3x$ (c) $8x^3-6x$ (d) $x^3-9x^2+24x-18$

(e) $\frac{1}{x^3}-\frac{3}{x}$ (f) $\frac{1}{x^3-3x}$

(2) (a) $\frac{-x}{x^2+1}$ (b) $-\frac{x}{x^2+1}$ (c) $\frac{2x}{4x^2+1}$ (d) $\frac{x-3}{x^2-6x+10}$

(e) $\frac{x}{x^2+1}$ (f) $\frac{x^2+1}{x}$

(3) (a) $|x|$ (b) $-|x|$ (c) $2|x|$ (d) $|x-3|$

(e) $\frac{1}{|x|}$ (f) $\frac{1}{|x|}$

3. (1) $\{x \mid x \neq 1,\ x \neq -1\}$ (2) $\{x \mid x \neq -2,\ x \neq 0,\ x \neq 2\}$

(3) $\{x \mid x < 1,\ x \geqq 2\}$ (4) $\{x \mid x \leqq -1,\ x \geqq 2\}$

4. $A=-4$

5. $A=1,\ B=2$

6. 반지름 r, 높이 $h=2r$, $V=\pi r^2 h=\pi r^2(2r)=2\pi r^3$

7. (1) $A=2x\sqrt{4-x^2}$ (2) $B=4x+2\sqrt{4-x^2}$

연습문제 3.2

1. (1) 기함수 (2) 우함수 (3) 기함수

3. (1) $\{x\mid x<0\}$ (2) $\{x\mid x<0\}$ (3) $\{x\mid x<0\}$ (4) $\{x\mid x<0,\ x\neq -4\}$

4. $A=\{1,\ 2\}$, $B=\{1,\ -2\}$, $A\cap B=\{1\}$, $f(x)=x^2$

   $f(A\cap B)=\{1\}$, $f(A)=\{1,\ 4\}$, $f(B)=\{1,\ 4\}$

   $f(A)\cap f(B)=\{1,\ 4\}\ \Rightarrow\ f(A\cap B)\neq f(A)\cap f(B)$

5. (1) 23 (2) 127 (3) 17 (4) 1

6. (1) $\sqrt{7}$ (2) $3\sqrt{3}$ (3) $\sqrt{\sqrt{2}+1}$ (4) 0

연습문제 3.3

1. (1) 일대일 함수 (2) 일대일 함수 아님.

   (3) 일대일 함수 (4) 일대일 함수

2. (1) 역함수 존재하지 않음.

   (2) 역함수 $y=\sqrt{x-4}$

   (3) 역함수 $y=\dfrac{1}{x}-2$

   (4) 역함수 $y=\sqrt[3]{x-2}+1$

■ 종합문제

1. $A=-4$

2. (1) 15.1m, 14.071m, 12.944m (2) $\dfrac{10\sqrt{2}}{7}$초 후

3. $A=2x^2$

4. (1) f의 그래프 위에 있지 않다.

   (2) -3

   (3) 14

   (4) $\{x\mid x\neq 6\}$

5. (1) 우함수도 기함수도 아님.

   (2) 우함수

   (3) 기함수

6. (1)

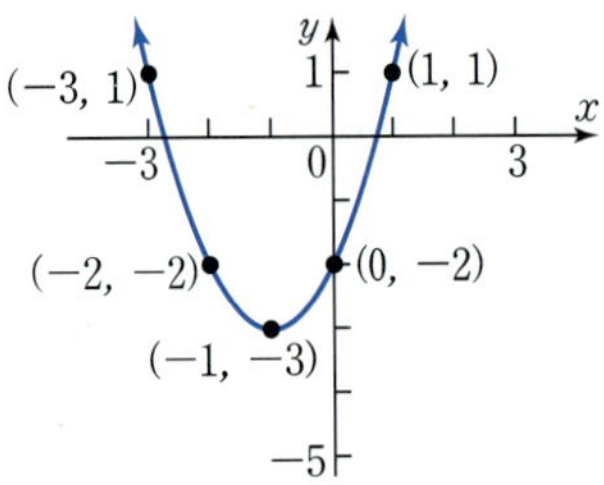

(2)

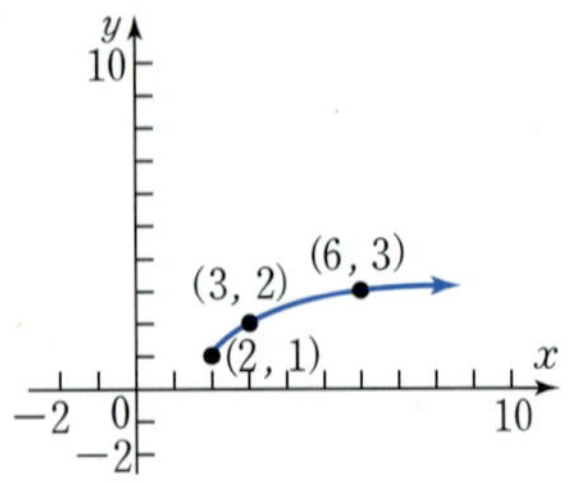

7. (1)

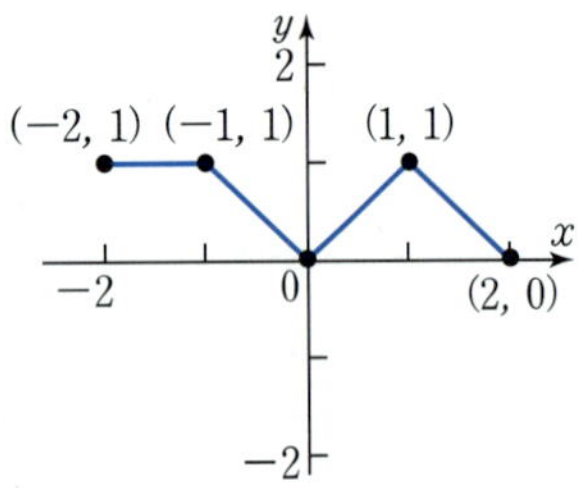

(2)

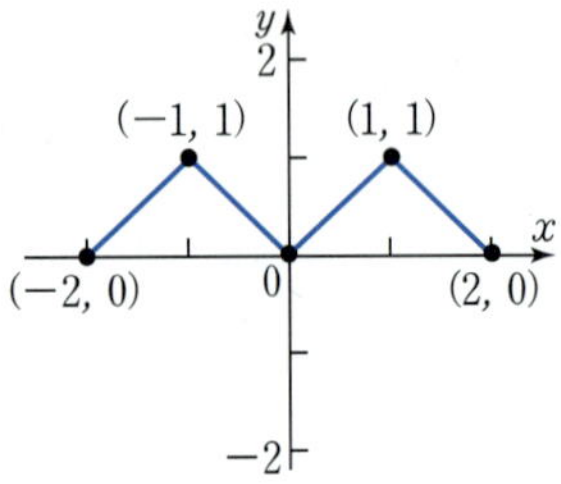

8. (1) (a) 242 (b) -191 (c) 8 (d) -2

(2) (a) $\frac{3}{2}$ (b) $\frac{3}{2}$ (c) 1 (d) $\frac{12}{17}$

10. (1) $F(x)=(g \circ f)(x)$ (2) $G(x)=(g \circ h)(x)$ (3) $R(x)=(g \circ g)(x)$

(4) $P(x)=(f \circ f)(x)$ (5) $Q(x)=(h \circ h)(x)$

11. (1) $f^{-1}(x)=1-\frac{1}{x}$

f의 정의역$=f^{-1}$의 치역$=(-\infty, 1)\cup(1, \infty)$

f의 치역$=f^{-1}$의 정의역$=(-\infty, 0)\cup(0, \infty)$

(2) $f^{-1}(x)=\frac{x}{x-2}$

f의 정의역$=f^{-1}$의 치역$=(-\infty, 1)\cup(1, \infty)$

f의 치역$=f^{-1}$의 정의역$=(-\infty, 2)\cup(2, \infty)$

(3) $f^{-1}(x)=\frac{-4x-3}{x-2}$

f의 정의역$=f^{-1}$의 치역$=(-\infty, -4)\cup(-4, \infty)$

f의 치역$=f^{-1}$의 정의역$=(-\infty, 2)\cup(2, \infty)$

(4) $f^{-1}(x)=\frac{x^3}{8}$

f의 정의역$=f^{-1}$의 치역$=(-\infty, \infty)$

f의 치역$=f^{-1}$의 정의역$=(-\infty, \infty)$

12. $V=\frac{2}{3}\pi r^3$

13. $A=\frac{1}{2}x(9-x^2)$

연습문제 4.1

1. (1) $2x-y+7=0$ (2) $x-5y+23=0$ (3) $x-2y-2=0$
   (4) $2x-y=0$ (5) $2x+y=0$ (6) $x-2y+3=0$

2. $(-1,\ 0)$, $(2,\ 3)$을 잇는 직선의 기울기는 1
   $(2, 3)$, $(4, 1)$을 잇는 직선의 기울기는 -1
   $(4,\ 1)$, $(1,\ -2)$를 잇는 직선의 기울기는 1
   $(1, -2)$, $(-1, 0)$을 잇는 직선의 기울기는 -1
   따라서 대변은 서로 평행이고, 만나는 두 직선은 수직이므로 직사각형을 이룬다.

3. (1)

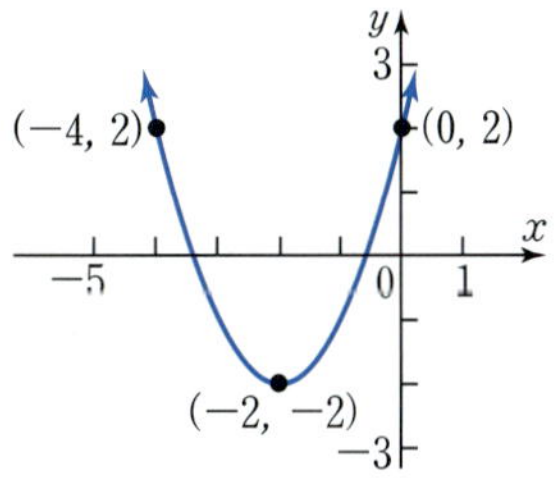

(2)

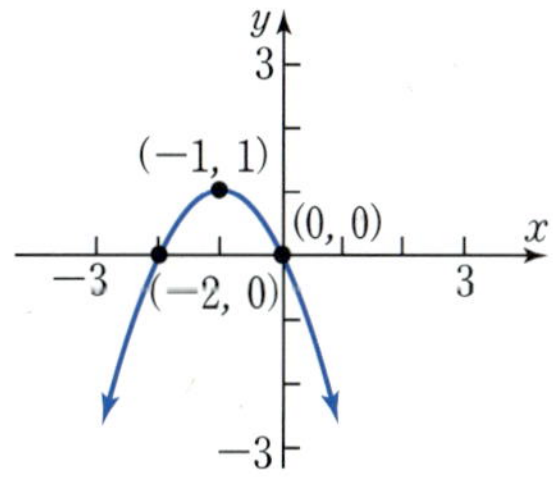

4. $x=y=15$

5. (1) 2차 (2) 정함수 아님

6. (1) 0, 1, -1 (2) 0, 1, -1

7. (1) 실근 4(중복도 1), 실근 -5(중복도 2) (2) 실근 2(중복도 3)

연습문제 4.2

1. (1) $(-\infty,\ -1)\cup(-1,\ 2)\cup(2,\ \infty)$ (2) $\left(-\infty,\ -\dfrac{1}{2}\right)\cup\left(-\dfrac{1}{2},\ 3\right)\cup(3,\ \infty)$
   (3) $(-\infty,\ 2)\cup(2,\ \infty)$ (4) $(-\infty,\ -1)\cup(-1,\ 1)\cup(1,\ \infty)$

2. (1) 수직점근선 $x=-1$, 수평점근선 $y=1$
   (2) $3x^2-x+1=0$인 x는 존재하지 않으므로 수직점근선 없음.
   분자차수 − 분모차수 = 4 − 2 = 2이므로 수평, 사선점근선 없음.
   (3) 수직점근선 $x=\pm1$, 수평점근선 $y=0$
   (4) 수직점근선 $x=0$, 사선점근선 $y=3x$

3. (1)

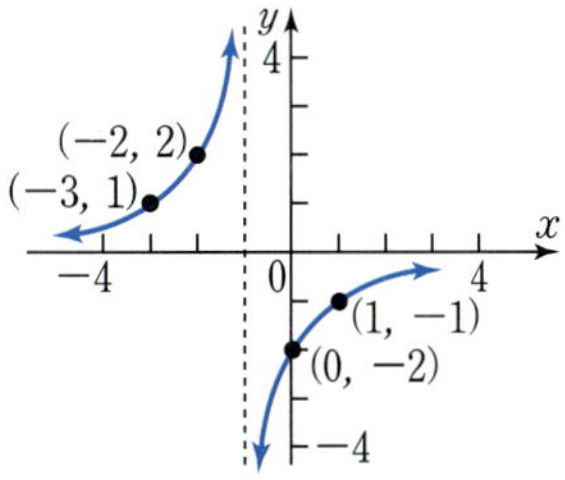

(2)

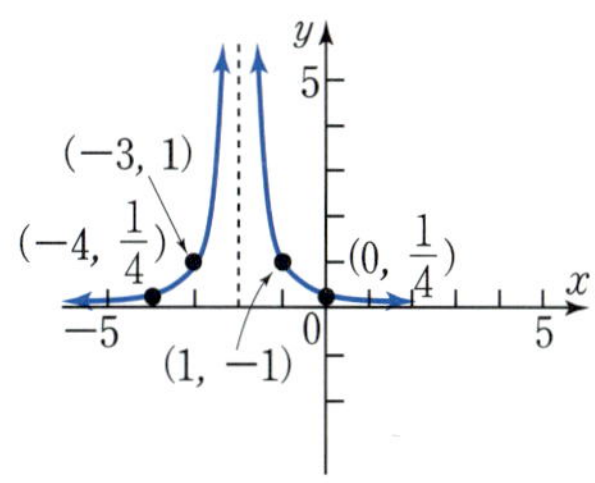

(3)

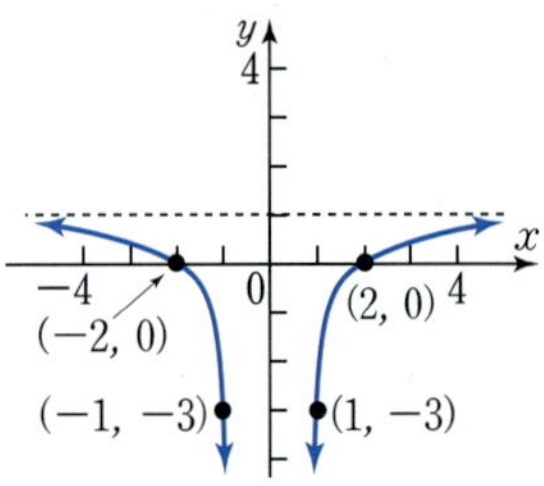

4. $x \to 0$일 때 $R(x) \to -1$이어서 $x=0$은 수직점근선이 아님.

5. (1) $F(x)$의 정의역: $\{x | x \neq 0\}$, $G(x)$의 정의역: $\{x | x \neq -2\}$

(2) $F(x)$의 점근선: $x=0$, $y=1$

$G(x)$의 점근선: $y=x-1$, $x=-2$

(3)

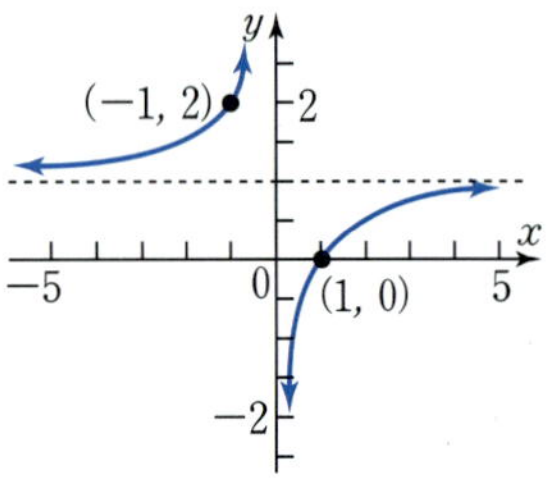

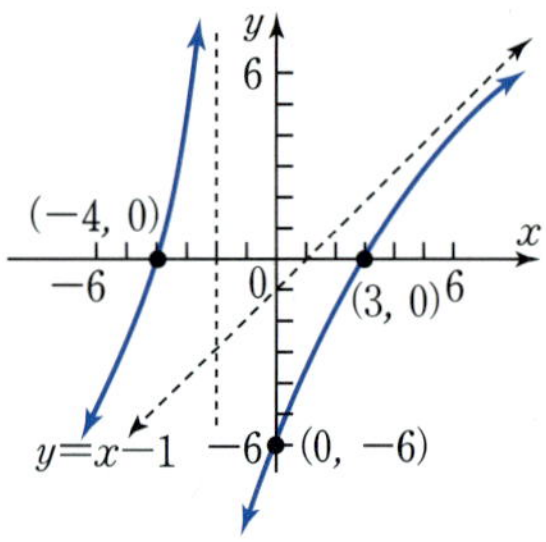

■ 종합문제

1. (1) $y=-\frac{2}{3}x-\frac{1}{3}$

(2) $y=-3x+3$

(3) $y=\frac{4-0}{0-(-4)}x+4=x+4$

(4) $y=\frac{1}{2}x$

(5) $y=-\frac{x}{2}-\frac{3}{2}$

(6) $y=-2x+4$

(7) $A=(-2, 5)$, $B=(1, 3)$, $C=(-1, 0)$

$\overline{AB}$의 기울기$=\frac{3-5}{1-(-2)}=\frac{-2}{3}$, $\overline{BC}$의 기울기$=\frac{0-3}{-1-1}=\frac{3}{2}$

$\therefore$ $\overline{AB} \perp \overline{BC}$ $\therefore$ $\triangle ABC$=직각삼각형

(8) $A=(1, -1)$, $B=(4, 1)$, $C=(5, 4)$, $D=(2, 2)$

$\overline{AB}$의 기울기$=\overline{CD}$의 기울기$=\frac{2}{3}$

$\overline{BC}$의 기울기$=\overline{CD}$의 기울기$=3$

$\therefore$ $\overline{AB} // \overline{CD}$, $\overline{BC} // \overline{AD}$. $\therefore$ $\square ABCD$=평행사변형

2. (1)

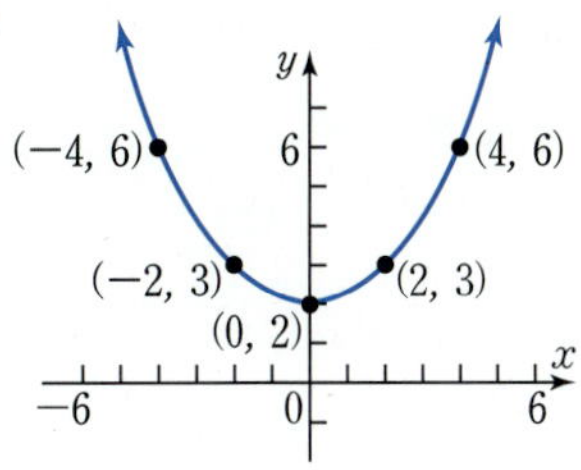

(2)

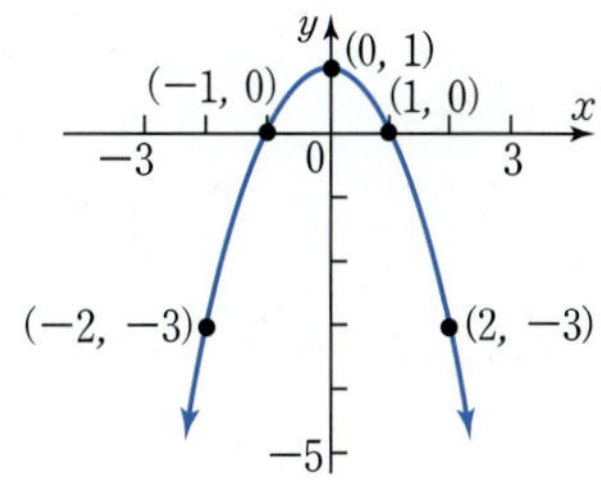

(3)

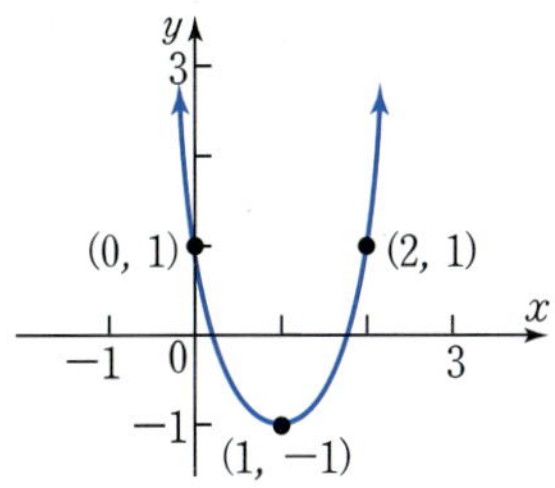

(4)

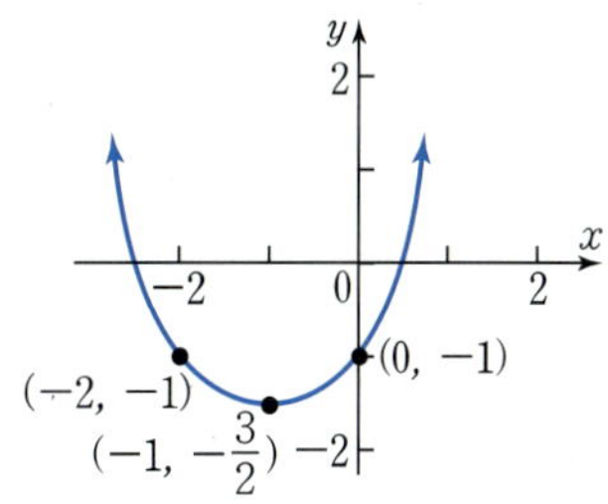

4. (1) 최솟값 -9 (2) 최댓값 21

(3) 최댓값 11 (4) 최솟값 -1

5. 가로 25, 세로 25, 최대넓이 625

6. $a=-6,\ b=12,\ c=2$

7. (1) 정함수, 차수 $=4$ (2) 정함수 아님.

(3) 정함수, 차수 $=4$ (4) 정함수 아님.

8. (1) $x=-\frac{1}{2}$(중복도 2) (2) $x=5$(중복도 3), $x=-4$(중복도 2)

9. (1)

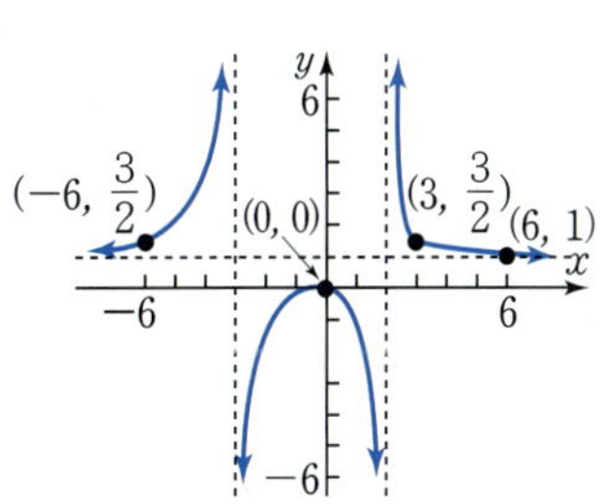

(2)

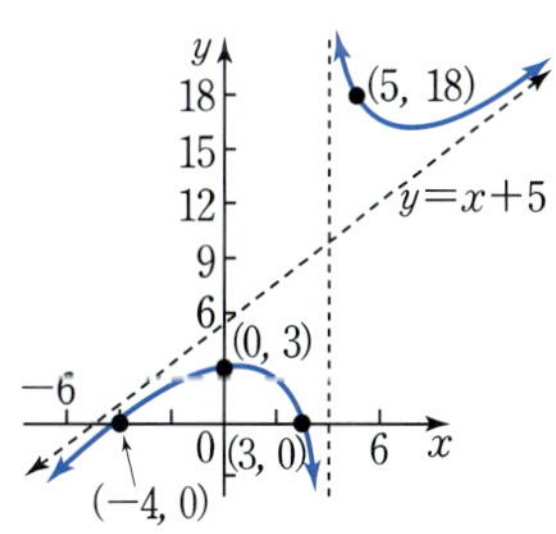

10. $x\to4$이면 $|R(x)|\to\infty$이어야 한다. 따라서 분모가 $(x-4)$로 나누어져야 한다.

5 삼각함수

연습문제 5.1

1. (1) $\frac{5\pi}{6}$ (2) 18 (3) $\frac{4}{3}$ (4) $\frac{9\pi}{16}$

2. (1) $\frac{\pi}{6}$ (2) $\frac{2\pi}{3}$ (3) $\frac{4\pi}{3}$

(4) $-\frac{\pi}{3}$ (5) $\frac{5\pi}{4}$ (6) $\frac{3\pi}{4}$

3. (1) 60° (2) 150° (3) -225°

(4) -120° (5) 405° (6) 75°

연습문제 5.2

1. (1) $\frac{\sqrt{2}+1}{2}$ (2) 2 (3) $\frac{-\sqrt{3}}{2}$

(4) $3+\sqrt{2}$ (5) $1+2\sqrt{3}$ (6) 0

2. (1) $\sin\theta=\frac{4}{5}$, $\cos\theta=-\frac{3}{5}$, $\tan\theta=-\frac{4}{3}$

(2) $\sin\theta=-\frac{3}{\sqrt{13}}$, $\cos\theta=\frac{2}{\sqrt{13}}$, $\tan\theta=-\frac{3}{2}$

(3) $\sin\theta=-\frac{1}{\sqrt{2}}$, $\cos\theta=-\frac{1}{\sqrt{2}}$, $\tan\theta=1$

(4) $\sin\theta=-\frac{1}{\sqrt{2}}$, $\cos\theta=\frac{1}{\sqrt{2}}$, $\tan\theta=-1$

(5) $\sin\theta=\frac{1}{\sqrt{2}}$, $\cos\theta=\frac{1}{\sqrt{2}}$, $\tan\theta=1$

(6) $\sin\theta=-\frac{2}{\sqrt{13}}$, $\cos\theta=-\frac{3}{\sqrt{13}}$, $\tan\theta=\frac{2}{3}$

3. (1) -0.1 (2) -0.3 (3) $-\frac{1}{3}$

(4) $\frac{1}{2}$ (5) $-\frac{5}{2\sqrt{6}}$ (6) $-\frac{5}{\sqrt{21}}$

연습문제 5.3

1. (1) $\frac{1}{\sqrt{2}}$ (2) $\frac{1}{2}$ (3) 1

(4) $\frac{1}{\sqrt{2}}$ (5) -1 (6) $\frac{1}{\sqrt{3}}$

2. (1) $\frac{\sqrt{91}}{10}$ (2) $-\frac{2}{\sqrt{21}}$ (3) $-2\sqrt{6}$

(4) $-\sqrt{3}$ (5) $-\frac{1}{\sqrt{10}}$ (6) $-\frac{5}{\sqrt{61}}$

3. (1) (i) $k=2n(n$: 정수)이면 1 (ii) $k=2n+1(n$: 정수)이면 -1

(2) (i) $k=4n(n$: 정수)이면 0 (ii) $k=4n+1(n$: 정수)이면 1

(iii) $k=4n+2(n$: 정수)이면 0 (iv) $k=4n+3(n$: 정수)이면 -1

(3) (i) $k=2n(n$: 정수)이면 -1 (ii) $k=2n+1(n$: 정수)이면 1

(4) (i) $k=2n(n$: 정수)이면 -1 (ii) $k=2n+1(n$: 정수)이면 1

(5) (i) $k=4n(n$: 정수)이면 1 (ii) $k=4n+1(n$: 정수)이면 0

(iii) $k=4n+2(n$: 정수)이면 -1 (iv) $k=4n+3(n$: 정수)이면 0

(6) (i) $k=2n(n$: 정수)이면 1 (ii) $k=2n+1(n$: 정수)이면 -1

연습문제 5.4

1. $y=\sin x$의 y절편은 $y=0$, $y=\cos x$의 y절편은 $y=1$

2. $\left[-\frac{\pi}{2}, \frac{\pi}{2}\right]$

3. $\cos x$, $\sec x$

4. 1

5. $x=0, \pi, 2\pi$

6. (1) $x=-\frac{3\pi}{2}, -\frac{\pi}{2}, \frac{\pi}{2}, \frac{3\pi}{2}$ (2) $x=-\frac{3\pi}{2}, -\frac{\pi}{2}, \frac{\pi}{2}, \frac{3\pi}{2}$

(3) $\sec x=1$인 $x=-2\pi, 0, 2\pi$ (4) $\sin x=1$인 $x=-\frac{3\pi}{2}, \frac{\pi}{2}$

$\sec x=-1$인 $x=-\pi, \pi$ $\sin x=-1$인 $x=-\frac{\pi}{2}, \frac{3\pi}{2}$

7. (1) 주기 2π (2) 주기 2π (3) 주기 π (4) 주기 2π (5) 주기 2

(6) 주기 2π (7) 주기 2π (8) 주기 2π (9) 주기 π (10) 주기 π

(11) 주기 $\frac{\pi}{2}$ (12) 주기 π (13) 주기 1 (14) 주기 $\frac{\pi}{4}$ (15) 주기 4π

연습문제 5.5

1. (1) 진폭 2, 주기 2π (2) 진폭 4, 주기 π (3) 진폭 6, 주기 2

(4) 진폭 $\frac{1}{2}$, 주기 $\frac{4\pi}{3}$ (5) 진폭 $\frac{5}{3}$, 주기 3

3. (A)-(3) (B)-(6) (C)-(7) (D)-(10) (E)-(2)

(F)-(1) (G)-(8) (H)-(5) (I)-(4) (J)-(9)

4. (1) $y=5\cos\frac{\pi}{4}x$ (2) $y=4\sin\frac{x}{4}$ (3) $y=-3\cos\frac{x}{2}$ (4) $y=-2\sin\frac{\pi}{2}x$

(5) $y=\frac{3}{4}\sin 2\pi x$ (6) $y=\frac{5}{2}\cos \pi x$ (7) $y=-\sin \frac{3}{2}x$ (8) $y=-\pi\cos x$

(9) $y=-2\cos \frac{3\pi}{2}x$ (10) $y=-\frac{1}{2}\sin \frac{3}{2}x$

연습문제 5.6

1. (1) 0 (2) $-\frac{\pi}{2}$ (3) 0

   (4) $\frac{\pi}{4}$ (5) $\frac{\pi}{3}$ (6) $\frac{5\pi}{6}$

2. (1) $\frac{1}{\sqrt{2}}$ (2) $-\frac{1}{\sqrt{3}}$ (3) 2

   (4) $\sqrt{2}$ (5) $\frac{1}{\sqrt{2}}$ (6) $-\frac{1}{\sqrt{2}}$

3. (1) $\frac{\sqrt{5}}{2}$ (2) $-\frac{\sqrt{7}}{\sqrt{2}}$ (3) $-\frac{3}{\sqrt{10}}$ (4) $\sqrt{5}$

4. (1) $-1\leq x\leq 1$ (2) $-\frac{\pi}{2}\leq x\leq \frac{\pi}{2}$

■ 종합문제

1. (1) $\frac{3}{4}\pi$ (2) $\frac{7}{6}\pi$ (3) $\frac{\pi}{10}$ (4) $\frac{\pi}{12}$

2. (1) 135° (2) 120° (3) -450° (4) -270°

3. (1) $\frac{1}{2}$ (2) $\frac{9\sqrt{2}-8\sqrt{3}}{6}$ (3) $-3\sqrt{2}-2\sqrt{3}$

   (4) 3 (5) 0 (6) 0

4. (1) $\cos\theta=\frac{3}{5}$, $\tan\theta=-\frac{4}{3}$, $\sec\theta=\frac{5}{3}$, $\csc\theta=-\frac{5}{4}$, $\cot\theta=-\frac{3}{4}$

   (2) $\sin\theta=-\frac{12}{13}$, $\cos\theta=\frac{5}{13}$, $\sec\theta=\frac{13}{5}$, $\csc\theta=-\frac{13}{12}$, $\cot\theta=-\frac{5}{12}$

   (3) $\sin\theta=\frac{3}{5}$, $\cos\theta=-\frac{4}{5}$, $\tan\theta=-\frac{3}{4}$, $\csc\theta=\frac{5}{3}$, $\cot\theta=-\frac{4}{3}$

   (4) $\cos\theta=-\frac{5}{13}$, $\tan\theta=-\frac{12}{5}$, $\sec\theta=-\frac{13}{5}$, $\csc\theta=\frac{13}{12}$, $\cot\theta=-\frac{5}{12}$

   (5) $\cos\theta=\frac{12}{13}$, $\tan\theta=-\frac{5}{12}$, $\sec\theta=\frac{13}{12}$, $\csc\theta=-\frac{13}{5}$, $\cot\theta=-\frac{12}{5}$

   (6) $\sin\theta=-\frac{\sqrt{10}}{10}$, $\cos\theta=-\frac{3}{10}\sqrt{10}$, $\sec\theta=-\frac{\sqrt{10}}{3}$, $\csc\theta=-\sqrt{10}$, $\cot\theta=3$

   (7) $\sin\theta=\frac{\sqrt{5}}{5}$, $\cos\theta=-\frac{2}{5}\sqrt{5}$, $\tan\theta=-\frac{1}{2}$, $\sec\theta=-\frac{\sqrt{5}}{2}$, $\csc\theta=\sqrt{5}$

5. (1) 진폭 4, 주기 2π (2) 진폭 1, 주기 π

(3) 진폭 8, 주기 4

(4) 진폭 2, 주기 $\frac{2}{3}$

6. (1) 진폭 4, 주기 $\frac{2\pi}{3}$, 위상이동 0

(2) 진폭 2, 주기 6π, 위상이동 0

(3) 진폭 2, 주기 4, 위상이동 $-\frac{1}{\pi}$

(4) 진폭 6, 주기 1, 위상이동 $\frac{1}{\pi}$

(5) 진폭 $\frac{1}{2}$, 주기 $\frac{4}{3}\pi$, 위상이동 $\frac{2}{3}\pi$

(6) 진폭 $\frac{3}{2}$, 주기 $\frac{\pi}{3}$, 위상이동 $-\frac{\pi}{2}$

(7) 진폭$\frac{2}{3}$, 주기 2, 위상이동 $\frac{6}{\pi}$

(8) 진폭 7, 주기 6, 위상이동 $-\frac{4}{\pi}$

7. (1) $y=5\cos\frac{x}{4}$

(2) $y=4\sin\frac{x}{4}$

(3) $y=-6\cos\frac{\pi}{4}x$

(4) $y=-7\sin\frac{\pi}{4}x$

10. (1) $\frac{\pi}{2}$ (2) $\frac{\pi}{4}$ (3) $\frac{5}{6}\pi$ (4) $\frac{\sqrt{2}}{2}$

(5) $-\sqrt{3}$ (6) $\frac{2}{3}\sqrt{3}$ (7) $\frac{3}{5}$ (8) $-\frac{4}{3}$

6 해석적 삼각함수와 삼각법의 응용

연습문제 6.1

1. (1)
$$\frac{\sin\theta}{1+\cos\theta}+\frac{1+\cos\theta}{\sin\theta}=\frac{\sin^2\theta+(1+\cos\theta)^2}{(1+\cos\theta)(\sin\theta)}=\frac{\sin^2\theta+1+2\cos\theta+\cos^2\theta}{(1+\cos\theta)(\sin\theta)}$$
$$=\frac{(\sin^2\theta+\cos^2\theta)+1+2\cos\theta}{(1+\cos\theta)(\sin\theta)}=\frac{2+2\cos\theta}{(1+\cos\theta)\sin\theta}$$
$$=\frac{2}{\sin\theta}=2\csc\theta$$

(2) $1+\tan^2(-\theta)=1+(-\tan\theta)^2=1+\tan^2\theta=\sec^2\theta$

(3) $(\sin\theta+\cos\theta)^2+(\sin\theta-\cos\theta)^2=2(\sin^2\theta+\cos^2\theta)=2$

(4) $\csc\theta\cdot\cos\theta=\frac{1}{\sin\theta}\cdot\cos\theta=\cot\theta$

(5) $\cos\theta(\tan\theta+\cot\theta)=\cos\theta\left(\frac{\sin\theta}{\cos\theta}+\frac{\cos\theta}{\sin\theta}\right)=\frac{1}{\sin\theta}=\csc\theta$

(6) $\tan\theta\cot\theta-\cos^2\theta=\frac{\sin\theta}{\cos\theta}\cdot\frac{\cos\theta}{\sin\theta}-\cos^2\theta=1-\cos^2\theta=\sin^2\theta$

(7) $\sin^2\theta(1+\cot^2\theta)=\sin^2\theta\cdot\csc^2\theta=1$

(8) $\frac{1-\tan^2\theta}{1+\tan^2\theta}=\frac{1-\tan^2\theta}{\sec^2\theta}=\frac{1}{\sec^2\theta}-\frac{\tan^2\theta}{\sec^2\theta}=\cos^2\theta-\sin^2\theta=2\cos^2\theta-1$

연습문제 6.2

1. $\cos\left(\dfrac{\pi}{12}\right)=\cos\left(\dfrac{\pi}{4}-\dfrac{\pi}{6}\right)=\cos\dfrac{\pi}{4}\cos\dfrac{\pi}{6}+\sin\dfrac{\pi}{4}\sin\dfrac{\pi}{6}$

$$=\frac{\sqrt{2}}{2}\cdot\frac{\sqrt{3}}{2}+\frac{\sqrt{2}}{2}\cdot\frac{1}{2}=\frac{1}{4}(\sqrt{6}+\sqrt{2})$$

2. $\sin\dfrac{\pi}{9}\cos\dfrac{\pi}{18}+\cos\dfrac{\pi}{9}\sin\dfrac{\pi}{18}=\sin\left(\dfrac{\pi}{9}+\dfrac{\pi}{18}\right)=\sin\dfrac{3\pi}{18}=\sin\dfrac{\pi}{6}=\dfrac{1}{2}$

3. (1) $\cos\alpha=\dfrac{4}{5}$, $\sin\beta=-\dfrac{1}{\sqrt{5}}$, $\tan\alpha=\dfrac{3}{4}$, $\tan\beta=-\dfrac{1}{2}$

(a) $\sin(\alpha+\beta)=\sin\alpha\cos\beta+\cos\alpha\sin\beta=\dfrac{2\sqrt{5}}{25}$

(b) $\cos(\alpha+\beta)=\cos\alpha\cos\beta-\sin\alpha\sin\beta=\dfrac{11\sqrt{5}}{25}$

(c) $\sin(\alpha-\beta)=\sin\alpha\cos\beta-\cos\alpha\sin\beta=\dfrac{2\sqrt{5}}{5}$

(d) $\tan(\alpha-\beta)=\dfrac{\tan\alpha-\tan\beta}{1+\tan\alpha\tan\beta}=2$

(2) $\sin\alpha=\dfrac{4}{5}$, $\cos\alpha=-\dfrac{3}{5}$, $\sin\beta=\dfrac{\sqrt{3}}{2}$, $\tan\beta=\sqrt{3}$

(a) $\sin(\alpha+\beta)=\dfrac{4-3\sqrt{3}}{10}$ (b) $\cos(\alpha+\beta)=\dfrac{-3-4\sqrt{3}}{10}$

(c) $\sin(\alpha-\beta)=\dfrac{4+3\sqrt{3}}{10}$ (d) $\tan(\alpha-\beta)=\dfrac{3\sqrt{3}+4}{4\sqrt{3}-3}$

(3) $\cos\alpha=-\dfrac{12}{13}$, $\tan\alpha=-\dfrac{5}{12}$, $\sin\beta=\dfrac{\sqrt{3}}{2}$, $\cos\beta=-\dfrac{1}{2}$

(a) $\sin(\alpha+\beta)=\dfrac{-5-12\sqrt{3}}{26}$ (b) $\cos(\alpha+\beta)=\dfrac{12-5\sqrt{3}}{26}$

(c) $\sin(\alpha-\beta)=\dfrac{-5+12\sqrt{3}}{26}$ (d) $\tan(\alpha-\beta)=\dfrac{12\sqrt{3}-5}{5\sqrt{3}+12}$

4. $\tan(\theta+\pi)=\dfrac{\tan\theta+\tan\pi}{1-\tan\theta\tan\pi}=\dfrac{\tan\theta+0}{1-\tan\theta\cdot 0}=\tan\theta$

5. $\tan\left(\theta+\dfrac{\pi}{2}\right)=\dfrac{\sin\left(\theta+\dfrac{\pi}{2}\right)}{\cos\left(\theta+\dfrac{\pi}{2}\right)}=\dfrac{\sin\theta\cos\dfrac{\pi}{2}+\cos\theta\sin\dfrac{\pi}{2}}{\cos\theta\cos\dfrac{\pi}{2}-\sin\theta\sin\dfrac{\pi}{2}}$

$$=\frac{(\sin\theta)(0)+(\cos\theta)(1)}{(\cos\theta)(0)-(\sin\theta)(1)}=\frac{\cos\theta}{-\sin\theta}=-\cot\theta$$

연습문제 6.3

1. (1) $\tan(\alpha+\beta)$에서 $\alpha=\beta=\theta$라 두면

$$\tan(\alpha+\beta)=\frac{\tan+\tan\beta}{1-\tan\alpha\tan\beta}$$

$$\tan 2\theta=\tan(\theta+\theta)=\frac{\tan\theta+\tan\theta}{1-\tan\theta\tan\theta}=\frac{2\tan\theta}{1-\tan^2\theta}$$

(2) $\sin 3\theta$에 관한 식을 구하기 위해 3θ를 $2\theta+\theta$로 적고 합의 식을 사용하면

$$\sin 3\theta=\sin(2\theta+\theta)=\sin 2\theta\cos\theta+\cos 2\theta\sin\theta$$

를 얻는다. 여기서 배각공식을 이용하여

$$\begin{aligned}\sin 3\theta&=(2\sin\theta\cos\theta)\cos\theta+(\cos^2\theta-\sin^2\theta)\sin\theta\\&=2\sin\theta\cos^2\theta+\sin\theta\cos^2\theta-\sin^3\theta\\&=3\sin\theta\cos^2\theta-\sin^3\theta\end{aligned}$$

2. (1) $$\frac{2z}{1+z^2}=\frac{2\tan\left(\frac{\alpha}{2}\right)}{1+\tan^2\left(\frac{\alpha}{2}\right)}=\frac{2\tan\left(\frac{\alpha}{2}\right)}{\sec^2\left(\frac{\alpha}{2}\right)}=\frac{2\cdot\dfrac{\sin\left(\frac{\alpha}{2}\right)}{\cos\left(\frac{\alpha}{2}\right)}}{\dfrac{1}{\cos^2\left(\frac{\alpha}{2}\right)}}$$

$$=2\sin\frac{\alpha}{2}\cos\frac{\alpha}{2}=\sin\alpha$$

(2) $$\frac{1-z^2}{1+z^2}=\frac{1-\tan^2\left(\frac{\alpha}{2}\right)}{1+\tan^2\left(\frac{\alpha}{2}\right)}=\frac{1-\dfrac{\sin^2\left(\frac{\alpha}{2}\right)}{\cos^2\left(\frac{\alpha}{2}\right)}}{1+\dfrac{\sin^2\left(\frac{\alpha}{2}\right)}{\cos^2\left(\frac{\alpha}{2}\right)}}$$

$$=\frac{\cos^2\left(\frac{\alpha}{2}\right)-\sin^2\left(\frac{\alpha}{2}\right)}{\cos^2\left(\frac{\alpha}{2}\right)+\sin^2\left(\frac{\alpha}{2}\right)}=\frac{\cos 2\left(\frac{\alpha}{2}\right)}{1}=\cos\alpha$$

3. $$\sin(4\theta)=\sin 2(2\theta)=2\sin(2\theta)\cos(2\theta)$$

$$=(4\sin\theta\cos\theta)(1-2\sin^2\theta)=\cos\theta(4\sin\theta-8\sin^3\theta)$$

4. $$\frac{1-\cos\theta}{\sin\theta}=\frac{1-\left[1-2\sin^2\left(\frac{\theta}{2}\right)\right]}{2\sin\left(\frac{\theta}{2}\right)\cos\left(\frac{\theta}{2}\right)}=\tan\left(\frac{\theta}{2}\right)$$

5. (1) $\frac{\sqrt{3}}{2}$ (2) $\frac{7}{25}$ (3) $\frac{24}{7}$ (4) $\frac{24}{25}$ (5) $\frac{1}{5}$ (6) $\frac{25}{7}$

연습문제 6.4

1. (1) $2\sin\theta\cos 3\theta$ (2) $2\cos 3\theta\cos\theta$ (3) $2\sin 2\theta\cos\theta$ (4) $2\sin\theta\sin\frac{\theta}{2}$

2. (1) $\dfrac{\sin\theta+\sin 3\theta}{2\sin 2\theta}=\dfrac{2\sin 2\theta\cos(-\theta)}{2\sin 2\theta}=\cos\theta$

(2) $\dfrac{\sin 4\theta+\sin 2\theta}{\cos 4\theta+\cos 2\theta}=\dfrac{2\sin 3\theta\cos\theta}{2\cos 3\theta\cos\theta}=\tan 3\theta$

(3) $\dfrac{\cos\theta-\cos 3\theta}{\sin\theta+\sin 3\theta}=\dfrac{-2\sin 2\theta\sin(-\theta)}{2\sin 2\theta\cos(-\theta)}=\tan\theta$

(4) $$\begin{aligned}\sin\theta(\sin\theta+\sin 3\theta)&=\sin\theta[2\sin 2\theta\cos(-\theta)]\\&=\cos\theta(2\sin 2\theta\sin\theta)\\&=\cos\theta(\cos\theta-\cos 3\theta)\end{aligned}$$

(5) $\dfrac{\sin 4\theta+\sin 8\theta}{\cos 4\theta+\cos 8\theta}=\dfrac{2\sin 6\theta\cos(-2\theta)}{2\cos 6\theta\cos(-2\theta)}=\tan 6\theta$

연습문제 6.5

1. (1) 사인함수의 주기는 2π이다. 구간 $[0,\ 2\pi)$ 내에서 사인함수는 $\frac{\pi}{6}$와 $\frac{5\pi}{6}$에서 값 $\frac{1}{2}$을 가진다(아래 그림을 참조). 결과적으로 방정식 $\sin 2\theta=\frac{1}{2}$에서 편각이 2θ이므로

$$2\theta=\frac{\pi}{6}+2k\pi \text{ 또는 } 2\theta=\frac{5\pi}{6}+2k\pi,\ k\text{는 임의의 정수}$$

$$\theta=\frac{\pi}{12}+k\pi,\ \theta=\frac{5\pi}{12}+k\pi$$

를 얻는다. 구간 $[0,\ 2\pi)$ 내에서 $\sin 2\theta=\frac{1}{2}$의 해는

$$\frac{\pi}{12},\ \frac{5}{12}\pi,\ \frac{\pi}{12}+\pi=\frac{13\pi}{12},\ \frac{5\pi}{12}+\pi=\frac{17\pi}{12}$$

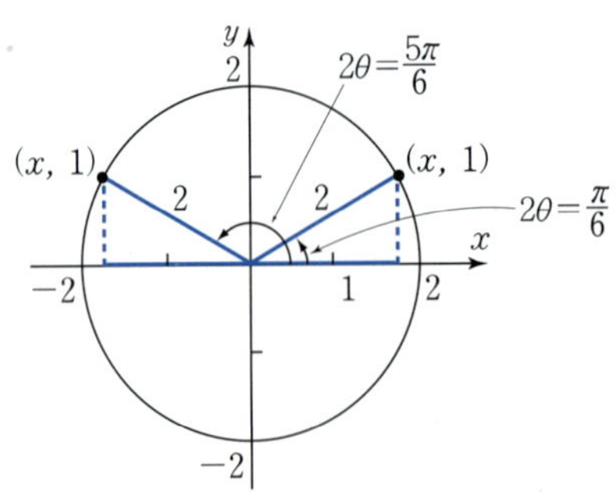

$\sin 2\theta=\frac{1}{2},\quad 0\leq\theta<2\pi$

(2) 주어진 방정식이 사인과 코사인을 포함하고 있으므로, 피타고라스 항등식을 이용하여 단지 코사인만을 포함하는 동치인 방정식으로 변형할 수 있다.

$$3\cos\theta+3=2\sin^2\theta$$
$$3\cos\theta+3=2(1-\cos^2\theta)\quad(\sin^2\theta=1-\cos^2\theta)$$
$$3\cos\theta+3=2-2\cos^2\theta$$
$$2\cos^2\theta+3\cos\theta+1=0 \Rightarrow (2\cos\theta+1)(\cos\theta+1)=0$$
$$2\cos\theta+1=0 \text{ 또는 } \cos\theta+1=0 \Rightarrow \cos\theta=-\frac{1}{2} \text{ 또는 } \cos\theta=-1$$

따라서 $\theta=\frac{2\pi}{3}$, $\theta=\frac{4\pi}{3}$, $\theta=\pi$이다.

(3) 알고 있는 항등식을 이용하더라도 풀기 어려운 방정식이 있다. 그러므로 주어진 방정식의 각 변을 제곱해본다.

$$\sin\theta+\cos\theta=1$$
$$(\sin\theta+\cos\theta)^2=1$$
$$\sin^2\theta+2\sin\theta\cos\theta+\cos^2\theta=1 \Rightarrow \sin\theta\cos\theta=0$$

따라서 $\sin\theta=0$ 또는 $\cos\theta=0$을 얻을 수 있고, 해에 해당하는 값으로서

$$\theta=0,\ \theta=\pi,\ \theta=\frac{\pi}{2},\ \theta=\frac{3\pi}{2}$$

를 얻는다. 우리는 이 해들을 점검해야 한다.

$\theta=0$: $\sin 0+\cos 0=0+1=1$	해다
$\theta=\pi$: $\sin\pi+\cos\pi=0+(-1)=-1$	해가 아니다
$\theta=\frac{\pi}{2}$: $\sin\frac{\pi}{2}+\cos\frac{\pi}{2}=1+0=1$	해다
$\theta=\frac{3\pi}{2}$: $\sin\frac{3\pi}{2}+\cos\frac{3\pi}{2}=-1+0=-1$	해가 아니다

따라서 $\theta=\frac{3\pi}{2}$, $\theta=\pi$는 여분이다. 실제 해는 $\theta=0$과 $\theta=\frac{\pi}{2}$이다.

[별해 풀이] 방정식 $\sin\theta+\cos\theta=1$로 시작하여 각 변을 $\sqrt{2}$로 나눈다(이렇게 하는 이유는 금방 알게 된다). 그러면

$$\frac{1}{\sqrt{2}}\sin\theta+\frac{1}{\sqrt{2}}\cos\theta=\frac{1}{\sqrt{2}}$$

을 얻는다. 이제 좌변은 하나의 편각이 θ인 두 편각의 사인에 관한 공식과 유사하다. 다른 편각은 알려져 있지 않다(그것을 ψ라 두자). 그러면

$$\sin(\theta+\psi) = \sin\theta\cos\psi + \cos\theta\sin\psi = \frac{1}{\sqrt{2}} \tag{1}$$

이다. 여기서

$$\cos\psi = \frac{1}{\sqrt{2}}, \ \sin\psi = \frac{1}{\sqrt{2}}, \ 0 \leqq \psi < 2\pi$$

이다. 따라서 편각 ψ는 $\frac{\pi}{4}$이다. 결과적으로 식 (1)은

$$\sin\left(\theta + \frac{\pi}{4}\right) = \frac{1}{\sqrt{2}}$$

이 된다. 이 방정식을 풀어서

$$\theta + \frac{\pi}{4} = \frac{\pi}{4} \text{ 또는 } \theta + \frac{\pi}{4} = \frac{3\pi}{4} \Rightarrow \theta = 0 \text{ 또는 } \theta = \frac{\pi}{2}$$

를 얻는다. 이 해는 앞에서 구한 해와 일치한다.

(4) $\theta = \frac{\pi}{6}, \ \frac{5}{6}\pi$ (5) $\theta = \frac{5}{6}\pi, \ \frac{11}{6}\pi$ (6) $\theta = \frac{\pi}{2}, \ \frac{3}{2}\pi$

(7) $\theta = \frac{\pi}{2}, \ \frac{7}{6}\pi, \ \frac{11}{6}\pi$ (8) $\theta = \frac{3}{4}\pi, \ \frac{7}{4}\pi$

연습문제 6.6

1. (1) $a=6$, $b=8$, $\alpha=35°$를 알고 있기 때문에 각 β를 구하기 위해 사인법칙을 이용한다.

$$\frac{\sin\alpha}{a} = \frac{\sin\beta}{b} \Rightarrow \frac{\sin 35°}{6} = \frac{\sin\beta}{8}$$

$$\sin\beta = \frac{8\sin 35°}{6} \approx 0.7648$$

$$\beta_1 \approx 49.9° \text{ 또는 } \beta_2 \approx 130.1°$$

$\alpha+\beta<180°$이므로 두 각이 모두 가능하다. 따라서 $\beta=\beta_1\approx 49.9°$를 포함하는 삼각형과 $\beta=\beta_2\approx 130.1°$를 포함하는 두 개의 삼각형이 있다. 그러므로 세 번째 각 γ는

$$\gamma_1 = 180° - \alpha - \beta_1 \approx 95.1° \text{ 또는 } \gamma_2 = 180° - \alpha - \beta_2 \approx 14.9°$$

$$\uparrow \qquad\qquad\qquad\qquad \uparrow$$

$$\alpha = 35°, \ \beta_1 \approx 49.9° \qquad\qquad \alpha = 35°, \ \beta_2 \approx 130.1°$$

이다. 세번째 변 c에 대해 사인법칙을 써서

$$\frac{\sin\gamma}{c} = \frac{\sin\alpha}{a}$$

$$\frac{\sin 95.1°}{c_1} = \frac{\sin 35°}{6} \text{ 또는 } \frac{\sin 14.9°}{c_2} = \frac{\sin 35°}{6}$$

$$c_1 = \frac{6\sin 95.1°}{\sin 35°} \approx 10.4193,\ c_2 = \frac{6\sin 14.9°}{\sin 35°} \approx 2.6898$$

이고, 구하는 삼각형은 다음 그림과 같다.

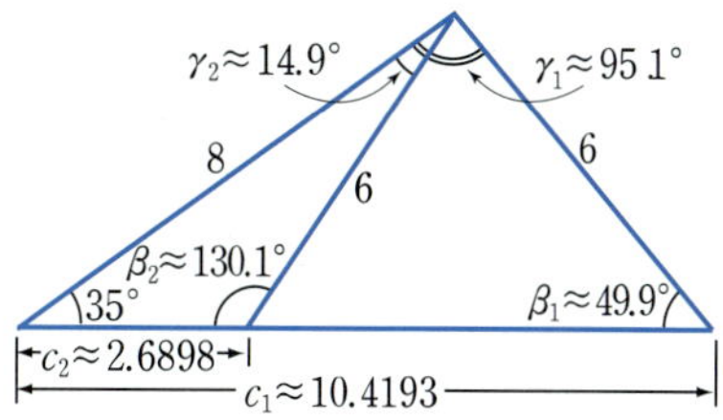

(2) $a = 2$, $c = 1$, $\gamma = 50°$를 알고 있기 때문에 각 α를 구하기 위해 사인법칙을 이용한다.

$$\frac{\sin\alpha}{a} = \frac{\sin\gamma}{c} \Rightarrow \frac{\sin\alpha}{2} = \frac{\sin 50°}{1}$$

$$\sin\alpha = 2\sin 50° \approx 1.5321$$

이고, $\sin\alpha > 1$인 각 α는 존재하지 않는다. 따라서 주어진 측정값을 갖는 삼각형은 있을 수 없다.

(3) $\gamma = 120°$, $b = 1.0642$, $c = 2.6946$

(4) $\alpha = 100°$, $a = 5.2401$, $c = 0.9240$

(5) $\beta = 40°$, $a = 5.6382$, $b = 3.8567$

2. (1) $a = 3.2262$, $b = 3.5490$, $\alpha = 40°$

(2) $a = 3.2501$, $c = 4.2265$, $\beta = 45°$

(3) $a = 6.3633$, $c = 9.8618$, $\gamma = 95°$

(4) $a = 2$, $c = 3.0642$, $\alpha = 40°$

3. (1) $\beta = 30.7°$, $\gamma = 99.3°$, $c = 3.8647$

(2) $\alpha = 43.8°$, $\gamma = 36.2°$, $a = 3.5141$

(3) 없음.

4. 우리가 구하고자 하는 거리 c는 두 변과 그 사이각을 알고 있는 삼각형의 세 번째 변이다. 따라서 코사인법칙을 이용한다.

$$c^2 = b^2 + a^2 - 2bc\cos\gamma = (50)^2 + (60)^2 - 2\times 50\times 60\cos 80°$$

$$\approx 2500 + 3600 - 1042 = 5058$$

$$c \approx 71(\text{m})$$

두 집은 약 71m 떨어져 있다.

5. (1) $2\sqrt{2}$ (2) 2.9886

6. (1) 3.8567 (2) 1.4772 (3) 30 (4) $\sqrt{3}$

연습문제 6.7

1. (1) $x=0,\ y=3$ (2) $x=-2,\ y=0$ (3) $x=-3\sqrt{3},\ y=3$

   (4) $x=\sqrt{2},\ y=-\sqrt{2}$ (5) $x=-\dfrac{1}{2},\ y=\dfrac{\sqrt{3}}{2}$

2. (1) $r=3,\ \theta=0$ (2) $r=-1,\ \theta=0$

   (3) $r=\sqrt{2},\ \theta=-\dfrac{\pi}{4}$ (4) $r=2,\ \theta=\dfrac{\pi}{6}$

3. (1) $r=\dfrac{\sqrt{6}}{2}$ (2) $r^2\cos^2\theta=4r\sin\theta$

   (3) $r^2\sin2\theta=1$ (4) $r\cos\theta=4$

4. (1) $x^2+y^2=x$ (2) $(x^2+y^2)^3=x^2$

   (3) $x^2+y^2=4$ (4) $y^2=8(x+2)$

■ 종합문제

1. (1) $\sin(\pi-\theta)=\sin\pi\cos\theta-\cos\pi\sin\theta$

$$=0\cdot\cos\theta-(-1)\sin\theta=\sin\theta$$

   (2) $\tan(\pi-\theta)=\dfrac{\tan\pi-\tan\theta}{1+\tan\pi\tan\theta}=\dfrac{0-\tan\theta}{1+0}=-\tan\theta$

   (3) $\sin(\alpha+\beta)+\sin(\alpha-\beta)=\sin\alpha\cos\beta+\cos\alpha\sin\beta+\sin\alpha\cos\beta-\cos\alpha\sin\beta$

$$=2\sin\alpha\cos\beta$$

   (4) $\dfrac{\cos(\alpha+\beta)}{\cos\alpha\cos\beta}=\dfrac{\cos\alpha\cos\beta-\sin\alpha\sin\beta}{\cos\alpha\cos\beta}=1-\tan\alpha\tan\beta$

2. (1) $\dfrac{\sqrt{3}}{2}$ (2) $\dfrac{\sqrt{3}}{2}$ (3) -1

   (4) $-\dfrac{24}{25}$ (5) $-\dfrac{33}{65}$

3. $\sin(\sin^{-1}u+\cos^{-1}u)=\sin(\sin^{-1}u)\cos(\cos^{-1}u)+\cos(\sin^{-1}u)\sin(\cos^{-1}u)$

$$=u^2+\sqrt{1-u^2}\sqrt{1-u^2}=1$$

4. (1) $\cos^4\theta-\sin^4\theta=(\cos^2\theta+\sin^2\theta)(\cos^2\theta-\sin^2\theta)=\cos2\theta$

   (2) $\cot2\theta=\dfrac{1}{\tan2\theta}=\dfrac{1}{\dfrac{2\tan\theta}{1-\tan^2\theta}}=\dfrac{1-\tan^2\theta}{2\tan\theta}=\dfrac{1-\dfrac{1}{\cot^2\theta}}{\dfrac{2}{\cot\theta}}$

$$=\frac{\cot^2\theta-1}{\cot^2\theta}\cdot\frac{\cot\theta}{2}=\frac{\cot^2\theta-1}{2\cot\theta}$$

(3) $\cot^2\frac{\theta}{2}=\frac{1}{\tan^2(\frac{\theta}{2})}=\frac{1}{\frac{1-\cos\theta}{1+\cos\theta}}=\frac{1+\cos\theta}{1-\cos\theta}=\frac{1+\frac{1}{\sec\theta}}{1-\frac{1}{\sec\theta}}$

$=\frac{\sec\theta+1}{\sec\theta}\cdot\frac{\sec\theta}{\sec\theta-1}=\frac{\sec\theta+1}{\sec\theta-1}$

(4) $\frac{\sin 3\theta}{\sin\theta}-\frac{\cos 3\theta}{\cos\theta}=\frac{\sin 3\theta\cos\theta-\cos 3\theta\sin\theta}{\sin\theta\cos\theta}=2$

5. (1) $2\sin\theta\cos 3\theta$ (2) $2\cos 3\theta\cos\theta$

(3) $2\sin 2\theta\cos\theta$ (4) $2\sin\theta\sin\frac{\theta}{2}$

6. (1) $\theta=\frac{\pi}{4},\ \frac{5}{4}\pi$ (2) $\theta=0,\ \frac{\pi}{3},\ \pi,\ \frac{5}{3}\pi$

(3) $\theta=0,\ \frac{2}{3}\pi,\ \frac{4}{3}\pi$ (4) $\theta=\frac{\pi}{6},\ \frac{5}{6}\pi,\ \frac{3}{2}\pi$

7. (1) $c=2.5720,\ \beta=91.4°,\ \alpha=48.6°$ (2) $b=4.1357,\ \alpha=43°,\ \gamma=27.0°$

(3) $c=1.6905,\ \beta=65.0°,\ \alpha=65°$ (4) $\alpha=67.4°,\ \beta=90°,\ \gamma=22.6°$

8. 70.7521

9. (1) 2.8191 (2) 1.5321

10. $A=\frac{1}{2}ab\sin\gamma=\frac{1}{2}a\sin\gamma\left(\frac{a\sin\beta}{\sin\alpha}\right)=\frac{a^2\sin\beta\sin\gamma}{2\sin\alpha}$

11. (1) (a) $\left(5,\ -\frac{4}{3}\pi\right)$ (b) $\left(-5,\ \frac{5}{3}\pi\right)$ (c) $\left(5,\ \frac{8}{3}\pi\right)$

(2) (a) $(2,\ -2\pi)$ (b) $(-2,\ \pi)$ (c) $(2,\ 2\pi)$

(3) (a) $\left(1,\ -\frac{3}{2}\pi\right)$ (b) $\left(-1,\ \frac{3}{2}\pi\right)$ (c) $\left(1,\ \frac{5}{2}\pi\right)$

(4) (a) $\left(3,\ -\frac{5}{4}\pi\right)$ (b) $\left(-3,\ \frac{7}{4}\pi\right)$ (c) $\left(3,\ \frac{11}{4}\pi\right)$

12. (1) $r^2\cos 2\theta=1$ (2) $r^2-3r\sin\theta$

(3) $\theta=\frac{\pi}{4}$ (4) $r\sin\theta=r^3\cos^3\theta+1$

13. (1) $x^2=4y$ (2) $2x-y=4$

(3) $x^2+y^2+y=2x$ (4) $x^2+y^2=x+y$

14. $d=\sqrt{(r_2\cos\theta_2-r_1\cos\theta_1)^2+(r_2\sin\theta_2-r_1\sin\theta_1)^2}$

$=\sqrt{r_1^2+r_2^2-2r_1r_2\cos(\theta_2-\theta_1)}$

7 지수함수와 로그함수

연습문제 7.1

1\. (1)

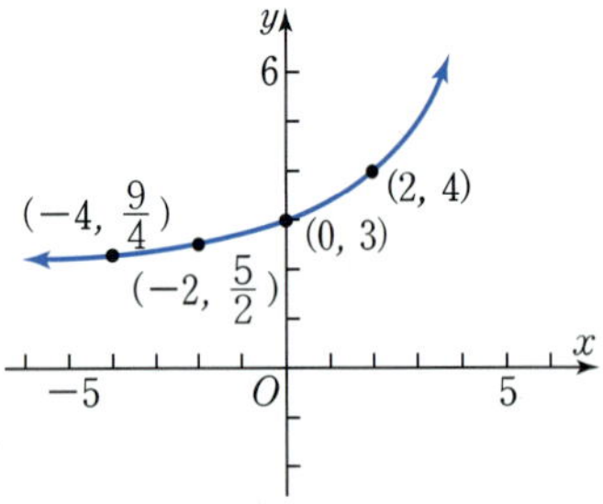

(2)

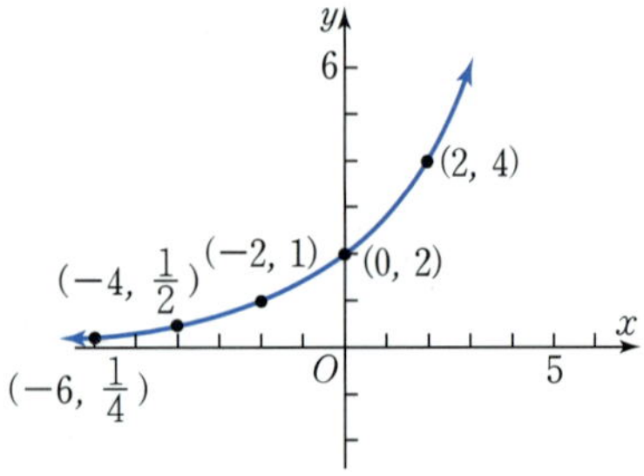

(3)

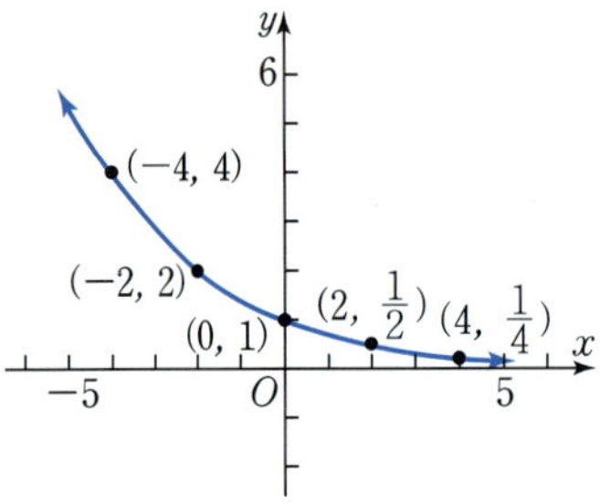

(4)

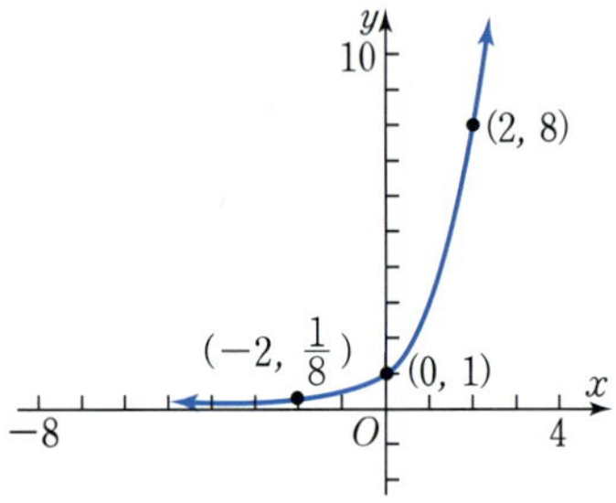

(5)

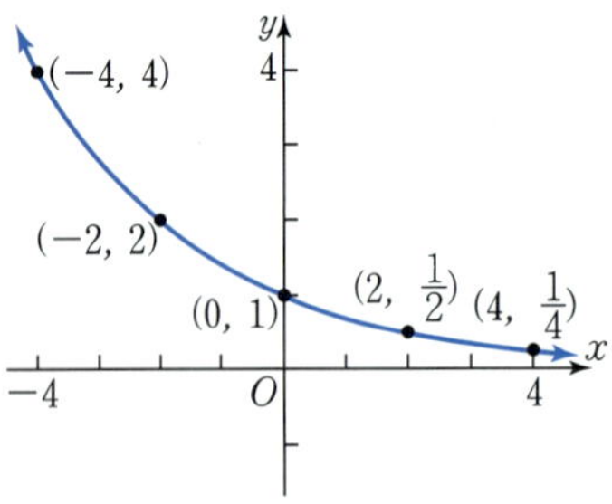

2\. (1)

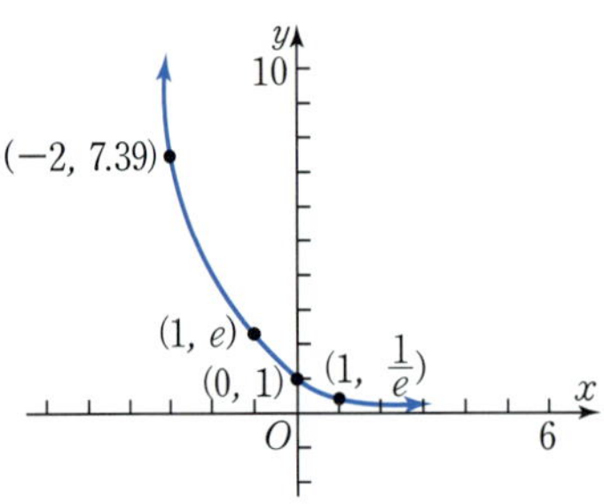

(2)

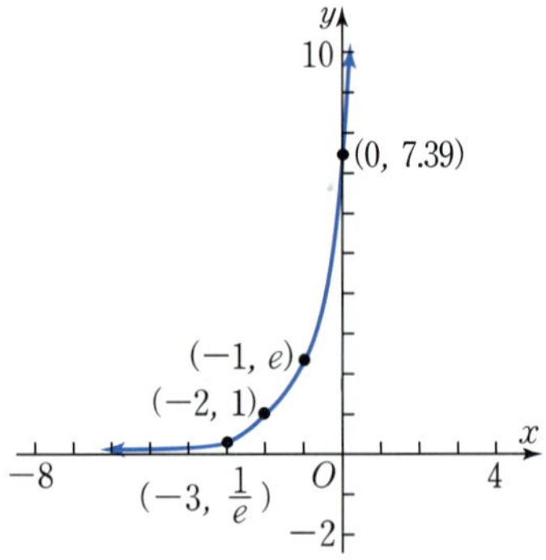

3\. (1) $\frac{1}{2}$ (2) 0, 2 (3) $\frac{3 \pm \sqrt{6}}{3}$ (4) 0

(5) 2 (6) 0

4. $P=90-80\left(\frac{1}{4}\right)^5$, $P=90-80\left(\frac{1}{4}\right)^{10}$

5. (1) $f(-x)=-f(x)=\frac{1}{2}(e^{-x}-e^x) \Rightarrow f(-x)=-f(x) \Rightarrow f(x)=\sinh x$: 기함수

(2)

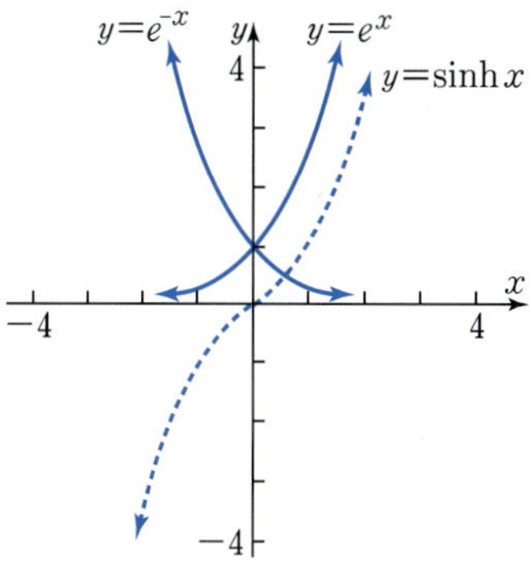

6. (1) $\cosh(-x)=\frac{1}{2}(e^{-x}+e^x)=\cosh x$

(3) $(\cosh x)^2-(\sinh x)^2=\left(\frac{e^x+e^{-x}}{2}\right)^2-\left(\frac{e^x-e^{-x}}{2}\right)^2=1$

7. $\frac{f(x+h)-f(x)}{h}=\frac{a^{x+h}-a^x}{h}=\frac{a^xa^h-a^x}{h}=\frac{a^x(a^h-1)}{h}$

8. (1) $f(A+B)=a^{A+B}=a^Aa^B=f(A)f(B)$

(2) $f(-x)=a^{-x}=\frac{1}{a^x}=\frac{1}{f(x)}$

(3) $f(\alpha x)=a^{\alpha x}=[a^x]^\alpha=[f(x)]^\alpha$

연습문제 7.2

1. (1) $(-\infty, 3)$ (2) $(-\infty, 0)\cup(0, \infty)$
   (3) $(-\infty, -2)\cup(3, \infty)$ (4) $(0, 1)\cup(1, \infty)$
   (5) $(-\infty, -1)\cup(0, \infty)$

2. (1)

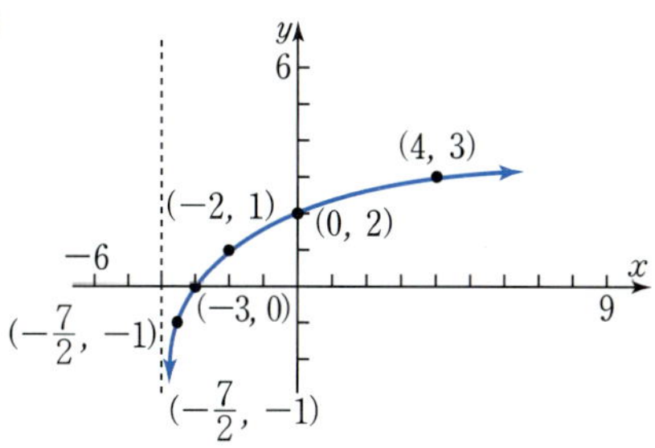

(2)

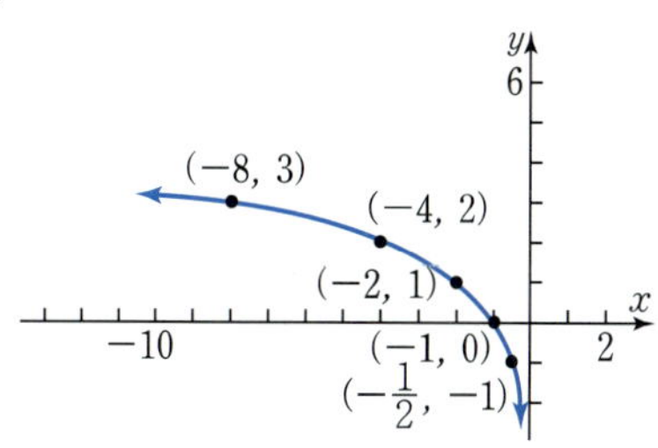

(3)

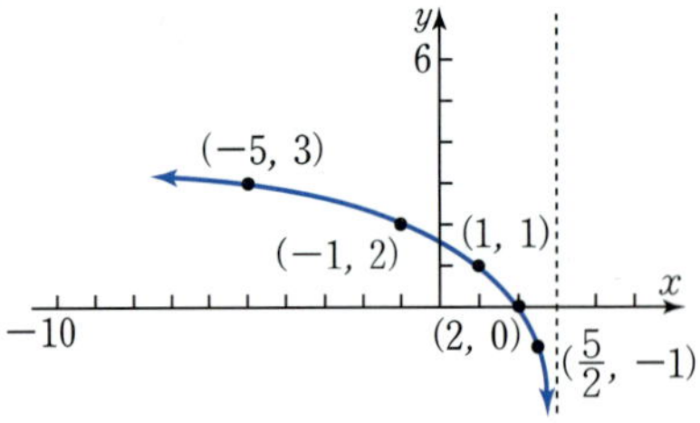

(4)

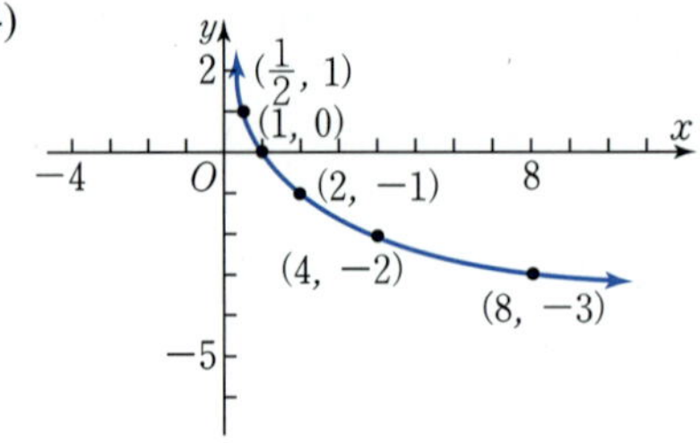

(5)

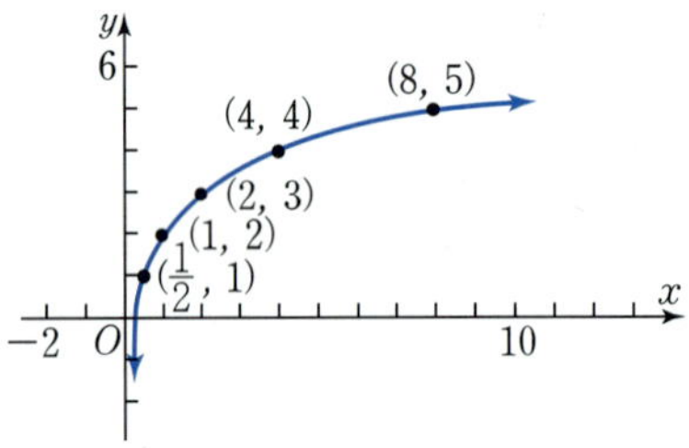

(6)

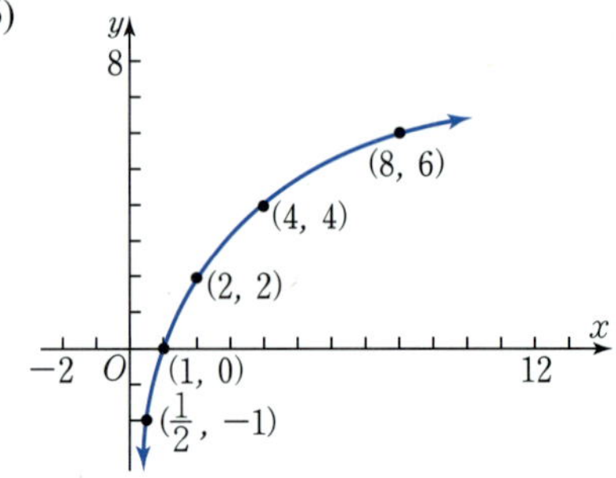

(7)

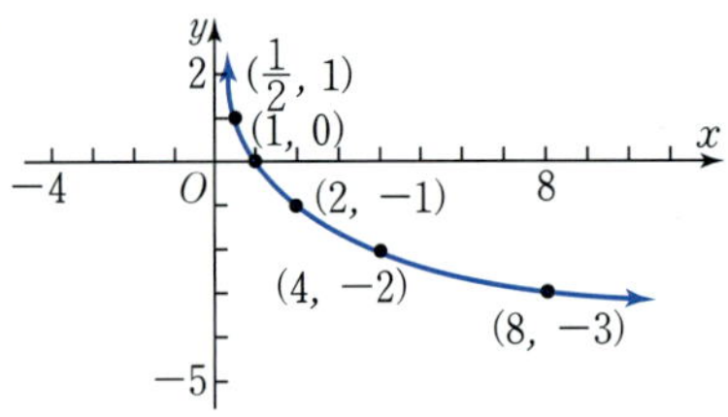

3. (1) $2^3=8$ (2) $a^6=3$ (3) $3^x=2$

(4) $2^{1.3}=M$ (5) $(\sqrt{2})^x=\pi$ (6) $e^x=4$

4. (1) $\log_3 9=2$ (2) $\log_a 1.6=2$ (3) $\log_{1.1} M=2$

(4) $\log_2 7.2=x$ (5) $\log_x \pi=\sqrt{2}$ (6) $\ln 8=x$

5. (1) 0 (2) 2 (3) -4

(4) $\frac{1}{2}$ (5) 4 (6) $\frac{1}{2}$

6. (1) $a=\sqrt{2}$ (2) $a=\sqrt[4]{2}$

7. (1) $a+b$ (2) $b-a$ (3) $a+1$

(4) $2a+b$ (5) $\frac{1}{5}(a+2b)$ (6) $\frac{b}{a}$

8. (1) $2\ln x+\frac{1}{2}\ln(1-x)$ (2) $3\log_2 x-\log_2(x-3)$

(3) $\log x+\log(x+2)-2\log(x+3)$ (4) $\frac{1}{3}(\ln(x-2)+\ln(x+1)-2\ln(x+4))$

(5) $\ln 5+\ln x+\frac{1}{2}\ln(1-3x)-3\ln(x-4)$

9. (1) $\log_5 u^3 \cdot v^4$ (2) $-\frac{5}{2}\log_{\frac{1}{2}} x$ (3) $-2\ln(x-1)$

(4) $\log_2[(3x-2)^4 x]$ (5) $\log_5 \frac{25x^6}{\sqrt{2x+3}}$

10. (1) $\log_a(x+\sqrt{x^2-1})+\log_a(x-\sqrt{x^2-1})$

$=\log_a(x+\sqrt{x^2-1})(x-\sqrt{x^2-1})=\log_a(x^2-(x^2-1))=\log_a 1=0$

(2) $-f(x)=-\log_a x=\log_{a^{-1}} x=\log_{\frac{1}{a}} x$

(3) $f(AB)=\log_a AB=\log_a A+\log_a B=f(A)+f(B)$

(4) 3

(5) $A=\log_a M$, $B=\log_a N$이라 하면, $M=a^A$, $N=a^B$

$\log_a\left(\frac{M}{N}\right)=\log_a\left(\frac{a^A}{a^B}\right)=\log_a a^{A-B}=A-B=\log M-\log N$

(6) $B=\log_a N \Rightarrow N=a^B$

$\log_a\left(\frac{1}{N}\right)=\log_a\frac{1}{a^B}=\log a^{-B}=-B=-\log_a N$

11. (1) 81 (2) 3 (3) 5 (4) 2

(5) -2, 4 (6) 21 (7) $\frac{9}{2}$ (8) 2

(9) -1 (10) ± 1

■ 종합문제

1. (1) -3 (2) 4 (3) $\sqrt{2}$

(4) 0.1 (5) 0.4 (6) $\sqrt{3}$

2. (1) $\frac{25}{4}\log_4 x$ (2) $\frac{13}{6}\log_3 x$ (3) $-2\ln(x+1)$

(4) $\log\frac{x-3}{x+4}$ (5) $\log\frac{4x^3}{\sqrt{(x+3)(x-2)}}$ (6) $\ln\frac{16\sqrt{x^2+1}}{\sqrt{x(x-4)}}$

3. (1) $y=Ce^{2x^2}$ (2) $y=2Cx^2+3$ (3) $y=\left(Ce^{3x^2}\right)^2$

(4) $y=\frac{C}{2}(x+1)(x+2)$ (5) $y=\sqrt{e^{x+C}+9}$ (6) $y=\sqrt{e^{-x+C}+1}$

(7) $y=\ln(x^2+4)-C$ (8) $y=\frac{1}{3}(\ln(x+4)^2+C)$

4. (1)

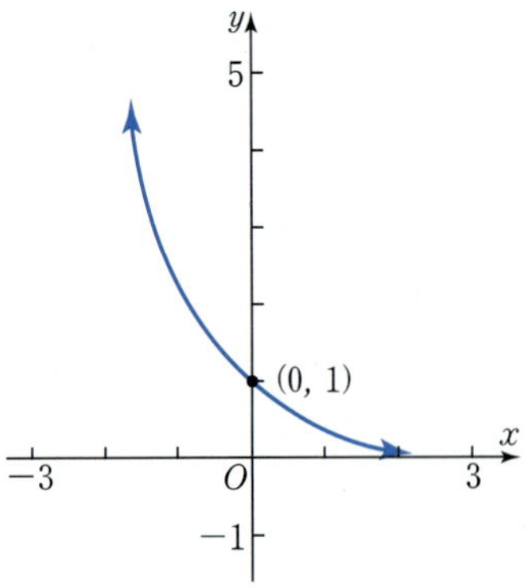

(3)

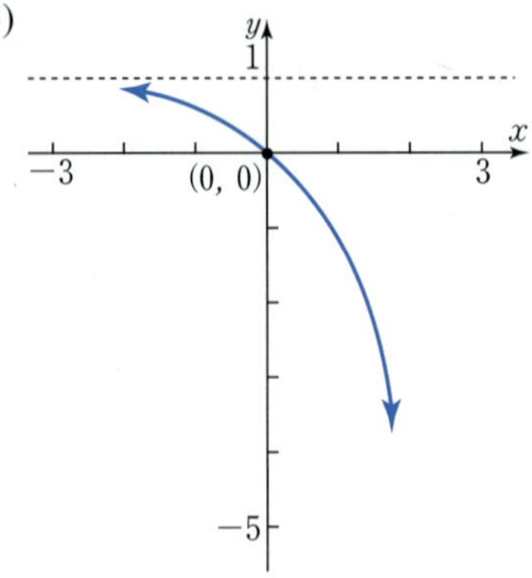

(5)

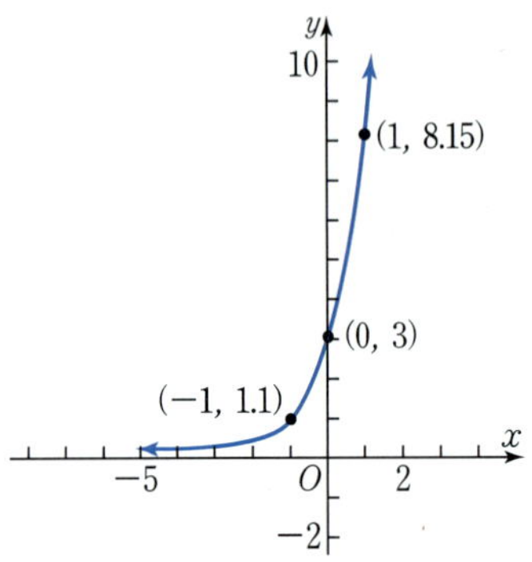

(7)

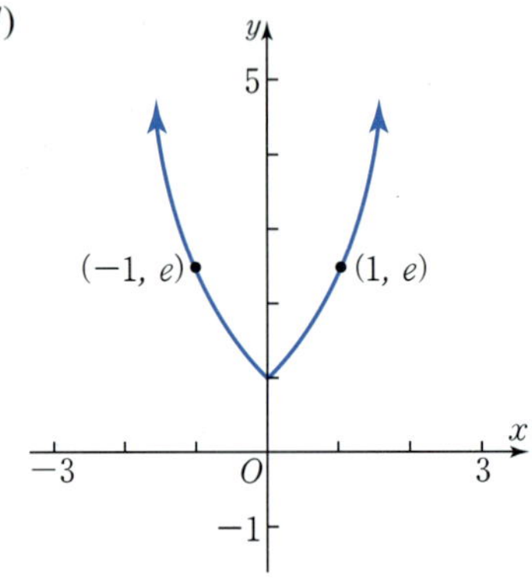

(9)

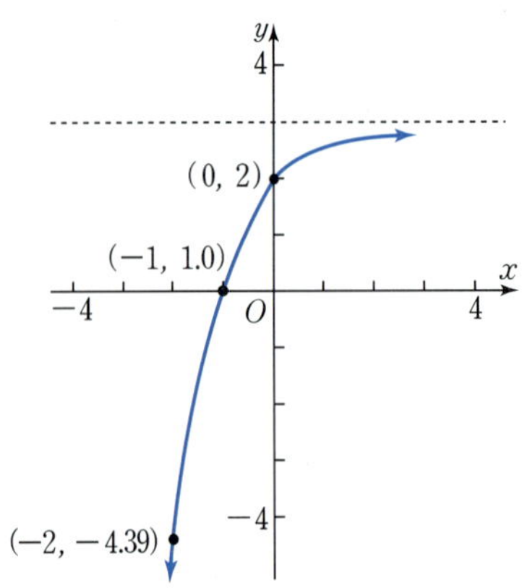

5. (1) $\frac{1}{4}$ (2) $\frac{-1\pm\sqrt{3}}{2}$ (3) $\frac{1}{4}$ (4) 5

(5) $\frac{2\ln3}{\ln5-\ln3}$ (6) $\frac{12}{5}$ (7) $x=-3$ 또는 $\frac{1}{2}$ (8) -1

(9) $1-\ln5$ (10) $\frac{\ln3}{3\ln2-2\ln3}$

8 해석기하학

연습문제 8.1

1. (1) $y^2=-8x$　　(2) $x^2=-12y$

   (3) $(x-2)^2=-16(y+3)^2$　　(4) $x^2=2y$

2. (1) 꼭짓점 $(0, 0)$, 초점 $(0, 3)$　　(2) 꼭짓점 $(2, 0)$, 초점 $(4, 0)$

   (3) 꼭짓점 $(-4, 2)$, 초점 $(-4, 4)$　　(4) 꼭짓점 $\left(-\frac{1}{2}, -2\right)$, 초점 $\left(\frac{5}{2}, -2\right)$

   (5) 꼭짓점 $(0, 1)$, 초점 $(2, 1)$　　(6) 꼭짓점 $(-3, 2)$, 초점 $(-3, 1)$

3. (1) $\frac{x^2}{36}+\frac{y^2}{27}=1$　　(2) $\frac{x^2}{9}+\frac{y^2}{25}=1$

   (3) $\frac{x^2}{9}+\frac{y^2}{5}=1$　　(4) $\frac{x^2}{7}+\frac{y^2}{16}=1$

4. (1) 중심 $(2, -1)$, 초점 $(\sqrt{5}+2, -1)$, $(-\sqrt{5}+2, -1)$, 꼭짓점 $(5, -1)$, $(-1, -1)$

   (2) 중심 $(2, -1)$, 초점 $(2, \sqrt{5}-1)$, $(2, -\sqrt{5}-1)$, 꼭짓점 $(2, 2)$, $(2, -4)$

   (3) 중심 $(1, 1)$, 초점 $\left(1, \frac{3}{\sqrt{2}}+1\right)$, $\left(1, \frac{-3}{\sqrt{2}}+1\right)$, 꼭짓점 $(1, 4)$, $(1, -2)$

   (4) 중심 $(3, -2)$, 초점 $\left(\frac{4\sqrt{6}}{3}+3, -2\right)$, $\left(-\frac{4\sqrt{6}}{3}+3, -2\right)$, 꼭짓점 $(7, -2)$, $(-1, -2)$

5. (1) $x^2-\frac{y^2}{15}=1$　　(2) $\frac{x^2}{20}-\frac{y^2}{16}=-1$

   (3) $\frac{x^2}{9}-\frac{y^2}{36}=-1$　　(4) $\frac{x^2}{8}-\frac{y^2}{8}=1$

6. (1) 정점 $(\pm 3, 0)$, 점근선 $y=\pm\frac{2}{3}x$

   (2) 정점 $(5, -2)$, $(1, -2)$, 점근선 $y+2=\pm\frac{3}{2}(x-3)$

   (3) 정점 $(1, -2)$, $(1, -6)$, 점근선 $y+4=\pm\frac{2}{3}(x-1)$

   (4) 정점 $(-1, 4)$, $(-1, 0)$, 점근선 $y-2=\pm 2(x+1)$

연습문제 8.2

1. (1) 포물선　　(2) 포물선　　(3) 타원

   (4) 쌍곡선　　(5) 타원　　(6) 쌍곡선

2. (1) $u^2-\frac{v^2}{3}=1$　　(2) $u^2+\frac{v^2}{4}=1$

   (3) $9u^2-120u-120v=0$　　(4) $11u^2+24v^2-25=0$

연습문제 8.3

1. (1) $y=\frac{1}{3}x+\frac{5}{3}$ $(-2 \leqq x \leqq 10,\ 1 \leqq y \leqq 5)$

   (2) $y=x^2+1$ $(0 \leqq x,\ 1 \leqq y)$

   (3) $(y+1)^2=\frac{x}{2}$ $(2 \leqq x \leqq 2e^8,\ 0 \leqq y \leqq e^4-1)$

   (4) $\frac{x^2}{4}+\frac{y^2}{9}=1$ $(-2 \leqq x \leqq 2,\ -3 \leqq y \leqq 3)$

2. (1) $\begin{cases} x=t^2 \\ y=t \end{cases}$　(2) $\begin{cases} x=a\cos t \\ y=b\sin t \end{cases},\ 0 \leqq t \leqq 2\pi$

   (3) $\begin{cases} x=\cos t \\ y=\sqrt{2}\,|\sin t| \end{cases}$　(4) $\begin{cases} x=\sec t \\ y=\tan t \end{cases},\ |t|<\frac{\pi}{2}$

   (5) $\begin{cases} x=\cos^3 t \\ y=\sin^3 t \end{cases}$　(6) $\begin{cases} x=t+3 \\ y=t^2-4 \end{cases}$

■ 종합문제

1. (1) $x^2=-8(y+1)$　(2) $\frac{x^2}{4^2}+\frac{y^2}{(2\sqrt{3})^2}=1$

   (3) $\frac{x^2}{2^2}+\frac{y^2}{(\sqrt{13})^2}=1$　(4) $\frac{x^2}{3^2}-\frac{y^2}{4^2}=1$

   (5) $\frac{x^2}{(4\sqrt{2})^2}-\frac{y^2}{2^2}=-1$

2. (7) $\frac{(x-3)^2}{2^2}+\frac{(y-1)^2}{3^2}=1$　(8) $x^2+1=y^2,\ 0 \leqq x \leqq \sqrt{2}$

9 방정식과 부등식

연습문제 9.1

1. (1) $x=1,\ 2$　(2) $x=-1+\sqrt{5},\ 1-\sqrt{3}$

   (3) $x=-3,\ -2,\ \frac{1}{2}$　(4) $x=-3,\ 1$

2. (1) $\theta=\frac{\pi}{12},\ \frac{5}{12}\pi,\ \frac{13}{12}\pi,\ \frac{17}{12}\pi$　(2) $\theta=\pi$

   (3) $\theta=\pi,\ \frac{2}{3}\pi,\ \frac{4}{3}\pi$　(4) $\theta=\frac{\pi}{3},\ \frac{5}{3}\pi$

연습문제 9.2

1. (1) $1<x<2$ (2) $x=2$
   (3) $1-\sqrt{3}<x<-1+\sqrt{5}$ (4) $x<-3,\ x>1$
2. (1) $-2\pi+4k\pi<\theta<\pi+4k\pi$ (k는 정수) (2) $\frac{2\pi}{3}<\theta<\frac{4}{3}\pi$
   (3) 모든 실수 (4) $0<\theta<\frac{\pi}{2}$

연습문제 9.3

1. (1) $x=2,\ y=0$ (2) $x=\frac{2}{3},\ y=\frac{2}{3}$
   (3) $x=\frac{8}{13},\ y=\frac{27}{13}$ (4) 해 없음.
2. (1) $x=2,\ y=0$ (2) $x=\frac{2}{3},\ y=\frac{2}{3}$
   (3) $x=\frac{8}{13},\ y=\frac{27}{13}$ (4) $x=-1,\ y=\frac{3}{2},\ z=-\frac{1}{2}$

■ 종합문제

1. (1) $x=4,\ x=-3$ (2) $x=-3,\ -2,\ \frac{1}{2}$
   (3) 해 없음. (4) $\theta=0,\ \frac{\pi}{2}$
   (5) $\theta=n\pi+\frac{\pi}{2},\ \theta=2n\pi+\frac{\pi}{6},\ \theta=2n\pi+\frac{5}{6}\pi$ (n은 정수)
   (6) $\theta=n\pi,\ \theta=n\pi+\left(-\frac{\pi}{4}\right)$ (n은 정수)
2. (1) $x>4,\ x<-3$ (2) $-3\leqq x\leqq -2,\ \frac{1}{2}\leqq x$
   (3) $\cos\theta<\frac{1}{2}\ \Rightarrow\ \frac{\pi}{3}<\theta<\frac{5}{3}\pi$
3. (1) $x=\frac{5}{3},\ y=\frac{4}{3}$ (2) $x=2,\ y=-1,\ z=1$

10 수학적 귀납법, 수열

연습문제 10.1

3. $(n-2)180^\circ$

연습문제 10.2

2. (1) $\frac{28}{3}$ (2) 10 (3) 21 (4) 50 (5) 1

3. (1) $x^5+5x^4+10x^3+10x^2+5x+1$

   (2) $x^6-12x^5+60x^4-160x^3+240x^2-192x+64$

   (3) $81x^4+108x^3+54x^2+12x+1$

   (4) $x^{10}+5x^8y^2+10x^6y^4+10x^4y^6+5x^2y^8+y^{10}$

   (5) $x^3+6x^2\sqrt{2x}+30x^2+40x\sqrt{2x}+60x+24\sqrt{2x}+8$

   (6) $a^5x^5+5a^4bx^4y+10a^3b^2x^3y^2+10a^2b^3x^2y^3+5ab^4xy^4+b^5y^5$

4. (1) 17010 (2) 126720 (3) 41472 (4) 2835 (5) 495 (6) 3360

5. 도움말: (1) $x \leftrightarrow 1,\ a \leftrightarrow 1$ (2) $x \leftrightarrow -1,\ a \leftrightarrow 1$

연습문제 10.3

1. (1) 1, 2, 3, 4, 5 (2) $\frac{1}{2}, \frac{2}{3}, \frac{3}{4}, \frac{4}{5}, \frac{5}{6}$

   (3) 1, -4, 9, -16, 25 (4) $\frac{1}{2}, \frac{2}{5}, \frac{2}{7}, \frac{8}{41}, \frac{8}{61}$

   (5) $-\frac{1}{6}, \frac{1}{12}, -\frac{1}{20}, \frac{1}{30}, -\frac{1}{42}$ (6) $\frac{1}{e}, \frac{2}{e^2}, \frac{3}{e^3}, \frac{4}{e^4}, \frac{5}{e^5}$

2. (1) $a_n=\frac{n}{n+1}$ (2) $a_n=\frac{1}{2^{n-1}}$

   (3) $a_n=(-1)^{n+1}$ (4) $a_n=(-1)^{n+1}n$

3. (1) 1, 3, 5, 7, 9 (2) -2, -1, 1, 4, 8

   (3) 5, 10, 20, 40, 80 (4) 3, 3, $\frac{3}{2}, \frac{1}{2}, \frac{1}{8}$

   (5) 1, 2, 2, 4, 8 (6) $A,\ A+d,\ A+2d,\ A+3d,\ A+4d$

   (7) $\sqrt{2},\ \sqrt{2+\sqrt{2}},\ \sqrt{2+\sqrt{2+\sqrt{2}}},$
   $\sqrt{2+\sqrt{2+\sqrt{2+\sqrt{2}}}},\ \sqrt{2+\sqrt{2+\sqrt{2+\sqrt{2+\sqrt{2}}}}}$

4. (1) $2+3+\cdots+(n+1)$ (2) $\frac{1}{2}+\frac{4}{2}+\cdots+\frac{n^2}{2}$

   (3) $1+\frac{1}{3}+\frac{1}{3^2}+\cdots+\frac{1}{3^n}$ (4) $\frac{1}{3}+\frac{1}{3^2}+\cdots+\frac{1}{3^n}$

   (5) $\ln 2-\ln 3+\ln 4+\cdots+(-1)^n\ln n$

5. (1) $\sum_{k=1}^{n}k$ (2) $\sum_{k=1}^{n}\frac{k}{k+1}$ (3) $\sum_{k=0}^{n}(-1)^k\frac{1}{3^k}$

   (4) $\sum_{k=1}^{n}\frac{3^k}{k}$ (5) $\sum_{k=0}^{n}(a+kd)$

연습문제 10.4

1. (1) 6, 7, 8, 9, 공차 1 (2) $-3,\ -1,\ 1,\ 3$, 공차 2

   (3) $4,\ 2,\ 0,\ -2$, 공차 -2 (4) $\frac{1}{6},\ -\frac{1}{6},\ -\frac{1}{2},\ -\frac{5}{6}$, 공차 $-\frac{1}{3}$

2. (1) $a_n=2n-1,\ a_5=9$ (2) $a_n=-3n+8,\ a_5=-7$

   (3) $a_n=\frac{1}{2}n-\frac{1}{2},\ a_5=2$ (4) $a_n=n\sqrt{2},\ a_5=5\sqrt{2}$

3. (1) $\frac{n(5n+7)}{2}$ (2) $n(n+1)$ (3) -19291

4. (1) 2, 4, 8, 16, 공비 2 (2) $-\frac{3}{2},\ -\frac{3}{4},\ -\frac{3}{8},\ -\frac{3}{16}$, 공비 $\frac{1}{2}$

   (3) $\frac{1}{4},\ \frac{1}{2},\ 1,\ 2$, 공비 2 (4) $\sqrt[3]{2},\ \sqrt[3]{2^2},\ \sqrt[3]{2^3},\ \sqrt[3]{2^4}$, 공비 $\sqrt[3]{2}$

   (5) $\frac{1}{2},\ \frac{3}{4},\ \frac{9}{8},\ \frac{81}{16}$, 공비 $\frac{3}{2}$

5. 등차수열: (1) 공차 1 (3) 공차 $-\frac{2}{3}$

   등비수열: (5) 공비 $\frac{2}{3}$ (7) 공비: $3^{\frac{1}{2}}$

6. (1) $a_n=2^{n-1},\ a_5=2^4$ (2) $a_n=5(-1)^{n-1},\ a_5=5$

   (3) $a_n=0,\ a_5=0^4$ (4) $a_n=(\sqrt{2})^n,\ a_5=(\sqrt{2})^5$

7. (1) $\frac{2^n-1}{4}$ (2) $2\left(1-\left(\frac{2}{3}\right)^n\right)$

■ 종합문제

4. (1) $x^4+8x^3+24x^2+32x+16$

   (2) $32x^5+240x^4+720x^3+1080x^2+810x+243$

5. 144

6. 84

7. 1.00501

8. (1) $-\frac{2}{3},\ \frac{3}{4},\ -\frac{4}{5},\ \frac{5}{6},\ -\frac{6}{7}$ (2) $2,\ 1,\ \frac{2}{3},\ \frac{1}{2},\ \frac{2}{5}$

   (3) $3,\ \frac{9}{2},\ \frac{27}{4},\ \frac{81}{8},\ \frac{243}{16}$ (4) 2, 0, 2, 0, 2

9. 등차수열: (1) 공차 1, $S_n=\frac{n(n+7)}{2}$ (4) 공차 4, $S_n=2n(n-1)$

   등비수열: (3) 공비 2^3, $S_n=8\cdot\frac{(8^n-1)}{7}$ (5) 공비 $\frac{1}{2}$, $S_n=6\left(1-\left(\frac{1}{2}\right)^n\right)$

11 극한과 연속

연습문제 11.1

1. (1) 상계 $[1, \infty)$, 하계 $(-\infty, 0]$, 상한 1, 하한 0
   (2) 상계 $[2, \infty)$, 상한 2
   (3) 상계 $[0, \infty)$, 하계 $(-\infty, -1]$, 상한 0, 하한 -1
   (4) 하계 $(-\infty, 1]$, 하한 1
   (5) 상계 $\left[\frac{1}{2}, \infty\right)$, 하계 $(-\infty, 0]$, 상한 $\frac{1}{2}$, 하한 0
   (6) 상계 $[1, \infty)$, 하계 $(-\infty, 0]$, 상한 1, 하한 0
   (7) 상계, 하계, 상한, 하한은 존재하지 않는다.
   (8) 상계 $\left[\frac{1}{2}, \infty\right)$, 하계 $(-\infty, -1]$, 상한 $\frac{1}{2}$, 하한 -1

2. (1) 0 (2) 0 (3) $-\frac{1}{2}$ (4) 4 (5) 0 (6) 0 (7) $\frac{1}{2}$ (8) 3 (9) 4

연습문제 11.2

1. (1) $\frac{3}{2}$ (2) 16 (3) $\frac{8}{5}$ (4) 4 (5) $\frac{18}{5}$
   (6) 2 (7) $\frac{17}{33}$ (8) $\frac{1}{4}$ (9) $\frac{2}{3}$ (10) 발산

2. (1) $\frac{1}{2}$ (2) $-\frac{7}{6}$ (3) $\frac{33}{5}$ (4) $\frac{45}{2}$

연습문제 11.3

1. (1) $-\frac{11}{2}$ (2) $\frac{7}{5}$ (3) $\frac{5}{4}$

2. 32

3. 도움말: 중간값 정리 이용

■ 종합문제

1. 2

2. (1) $\frac{9}{2}$ (2) $\frac{4}{3}$ (3) 8

3. (1) x (2) $\frac{3}{2}$

4. 좌극한 값과 우극한 값이 다르기 때문에 $\lim_{x\to 0} f(x)$는 존재하지 않는다.

5. $(-\infty,\ 0)\cup(0,\ \infty)$

6. (1) 수평점근선: $y=\pm 1$, 수직점근선: 없음.
   (2) 수평점근선: $y=0$, 수직점근선: $x=\pm 2$
   (3) 사선점근선: $y=x$, 수직점근선: 없음.
   (4) 사선점근선: $y=2x+2$, 수직점근선: 없음.

12 미분

연습문제 12.1

1. (1) 2 (2) $\dfrac{2-\sqrt{2}}{2}$ (3) -1

2. (1) 10 (2) -1 (3) 2

3. (1) $-\dfrac{1}{3}$, $y-1=\left(-\dfrac{1}{3}\right)(x-3)$
   (2) -8, $y-1=(-8)(x-2)$
   (3) $-\dfrac{\sqrt{3}}{2}$, $y-\dfrac{1}{2}=\left(-\dfrac{\sqrt{3}}{2}\right)\left(x-\dfrac{\pi}{3}\right)$

연습문제 12.2

1. (1) $\dfrac{dy}{dx}=-\dfrac{y^2}{2x^2}$ (2) $\dfrac{dy}{dx}=\dfrac{xy^2-x-y}{x+y-x^2y}$ (3) $\dfrac{dy}{dx}=\dfrac{2xy-y+1}{x-x^2+1}$
   (4) $\dfrac{dy}{dx}=-\dfrac{2}{x}$ (5) $\dfrac{dy}{dx}=\dfrac{3\cos x}{\sin x}$ (6) $\dfrac{dy}{dx}=4x^3\ln x+x^3-1$

2. (1) $y'=8x^3-6x-21x^{-4}$
   (2) $y'=(2+3x^2)(\sqrt{x}+1)+(2x+x^3)\dfrac{1}{2\sqrt{x}}$
   (3) $y'=\left(1+\dfrac{1}{x^2}\right)\left(x^2-\dfrac{1}{x^2}\right)+\left(x-\dfrac{1}{x}\right)\left(2x+\dfrac{2}{x^3}\right)$
   (4) $y'=-\dfrac{1}{x^2+4x+4}$
   (5) $y'=5(x-4x^3)^4(1-12x^2)$
   (6) $y'=\dfrac{a^2x}{\sqrt{1+a^2x^2}}$
   (7) $y'=\dfrac{6x(1-x)(x^2+1)^2}{(x^3+1)^3}$
   (8) $y'=\sqrt{1+4x^2}+\dfrac{4x^2}{\sqrt{1+4x^2}}$

연습문제 12.3

1. (1) 1 (2) 0 (3) -1 (4) 1 (5) $\frac{1}{\pi}$
2. (1) 1 (2) 1 (3) 1 (4) 0 (5) e^a (6) 1
3. (1) $x>-1$: 증가, $x<-1$: 감소
   (2) $x<-2$ 또는 $x>1$: 증가, $-2<x<1$: 감소

■ 종합문제

1. $y=3x-1$
2. (1) $\frac{dy}{dx}=-\frac{x+xy^2}{x^2y+y}$ (2) $\frac{dy}{dx}=\frac{9y-2x^3}{2y^3-9x}$
3. (1) $y'=\frac{6t}{(t^2+4)}$ (2) $y'=\cos(\ln x)\cdot\frac{1}{x}$
   (3) $y'=e^x\cos x-e^x\sin x$ (4) $y'=\frac{e^x(e^{2x}+1)-e^x\cdot 2e^{2x}}{(e^{2x}+1)^2}$
4. (1) 1 (2) 1 (3) $\frac{5}{4}$ (4) $2\sqrt{3}$
5. (1) 최솟값=0, 최댓값=$\frac{\pi}{4}$ (2) 최솟값=0, 최댓값=$\ln\left(\frac{17}{16}\right)$
6. (1) 극솟값: $f(-\sqrt{3})=-1$, $f(\sqrt{3})=-1$, 극댓값: $f(0)=8$, 변곡점: $(-1, 3)$, $(1, 3)$
   (2) 극솟값: $f(4)=\frac{16}{3}$, 극댓값: $f(2)=\frac{20}{3}$, 변곡점: $(3, 6)$

13 적분

연습문제 13.1

1. (1) $\frac{1}{4}x^4+\frac{1}{2}x^2-\frac{1}{x}$ (2) $-\frac{1}{2}\cos 2x$
   (3) $\frac{1}{5}\cdot\frac{1}{2003}(5+5x)^{2003}$ (4) $x-3\cos x$
   (5) $\frac{1}{2}(x+\sin x)$ (6) $x+\cos x$
   (7) $4e^x-3\tan x$ (8) $e^x-\frac{2^x}{\ln 2}$
   (9) $\frac{4^x}{\ln 4}-\frac{2^x}{\ln 2}+x$ (10) $\frac{4^x}{\ln 4}+\frac{2^x}{\ln 2}$
   (11) $\frac{1}{2}e^{x^2}$ (12) $\frac{1}{n+1}(\ln x)^{n+1}$ $(n\neq-1)$

(13) $\frac{1}{4}(x^2+x+1)^4$

(14) $\frac{2}{3}(e^x+2)\sqrt{e^x+2}$

(15) $\frac{1}{4}x^2-\frac{1}{4}x\sin 2x-\frac{1}{8}\cos 2x$

(16) $\frac{1}{3}x^3\ln x-\frac{1}{9}x^3$

연습문제 13.2

1. (1) $\int_0^1 \ln(1+x)dx$ (2) $\int_0^1 \sqrt{x}\,dx$ (3) $\int_0^1 \cos\frac{\pi}{2}x\,dx$
2. (1) $\frac{7}{3}$ (2) $\frac{1}{2}(e^2-1)$
   (3) $-\frac{2}{5}$ (4) π

연습문제 13.3

1. (1) $\frac{1}{2}$ (2) $\frac{32}{3}$ (3) πab (4) $-2\ln 2+\frac{5}{2}$ (5) $-e+3$
2. (1) $\frac{\pi}{2}$ (2) $\frac{3}{10}\pi$ (3) $\frac{\pi}{2}(e^2-1)$ (4) $\frac{32\pi}{5}$
3. (1) $e-\frac{1}{e}$ (2) $-\frac{1}{2}+\ln 3$

■ 종합문제

1. (1) $-\frac{1}{2}e^{-x^2}$ (2) $\ln|1+\tan x|$
   (3) $\ln|3^x+1|$ (4) $x^2\sin x+2x\cos x-2\sin x$
   (5) $\frac{1}{2}x^2(\ln x)^2-\frac{1}{2}x^2\ln x+\frac{1}{4}x^2$ (6) $\frac{1}{2}\sin(x^2)$
   (7) $x(\ln x)^2-2(x\ln x-x)$ (8) $\frac{1}{2}\sin(x^2+2)$
   (9) $(x+1)\ln(x+1)-x$ (10) $-x^2e^{-x}-2xe^{-x}-2e^{-x}$
2. (1) $\int_0^1 \sin\pi x\,dx$ (2) $\int_0^1 e^{2x}dx$ (3) $\int_0^1 \ln(\pi x+2)dx$
3. (1) $\frac{3}{2}$ (2) 2 (3) $\frac{1}{2}\ln\frac{5}{2}$ (4) $\frac{1}{4}e^2-\frac{1}{4}$
4. (1) 4π (2) $e-\frac{5}{2}$ (3) $3\sqrt{3}$ (4) $\frac{9}{2}$
5. (1) $\frac{13}{24}\pi$ (2) $\frac{\pi^3}{4}$ (3) $(e-2)\pi$
6. (1) $\frac{13}{12}$ (2) $\frac{2}{27}(^2\sqrt{10^3}-1)$

찾아보기

ㅂ

ㅅ

ㅇ

■ 대학교재연구회

권영수, 김관수, 김래영, 방세정, 윤영훈, 이재운, 천장호, 황경하

영남대학교 수학과 교수

기본부터 다지는

기초수학

인지

지은이 대학교재연구회
펴낸이 조경희
펴낸곳 경문사
펴낸날 2019년 3월 5일 1판 1쇄
2024년 3월 5일 1판 4쇄
등 록 1979년 11월 9일 제313-1979-23호
주 소 04057, 서울특별시 마포구 와우산로 174
전 화 (02)332-2004 팩스 (02)336-5193
이메일 kyungmoon@kyungmoon.com

값 27,000원

ISBN 979-11-6073-207-8